fork sys_fork System Call sys_clone sys_execve
Linus Torvalds GPLv2/GPLv3 Capabilities AppArmor secGear SELinux Linux Kernel
Richard M. Stallman UNIX iSula
openEuler ARM64 CFS Hypervisor TEE Access Control
X86/X86-64 MMU swtich_to QEMU TCB KVM Docker
StratoVirt Namespace Cgroups

庖丁解牛 Linux 操作系统分析

孟 宁 娄嘉鹏 ◎ 编著

人民邮电出版社
北京

图书在版编目（CIP）数据

庖丁解牛Linux操作系统分析 / 孟宁，娄嘉鹏编著
. -- 北京 : 人民邮电出版社，2023.8（2024.7重印）
ISBN 978-7-115-61973-0

Ⅰ. ①庖… Ⅱ. ①孟… ②娄… Ⅲ. ①Linux操作系统
Ⅳ. ①TP316.85

中国国家版本馆CIP数据核字(2023)第105389号

内容提要

本书将可移植操作系统POSIX标准和CPU指令集架构ISA两层接口通过Linux操作系统贯通起来，涵盖了Linux操作系统的各个主要方面，主要有以openEuler操作系统为例的POSIX工具集、计算机系统的工作原理、x86和ARM64汇编语言、系统调用的工作机制、进程描述和内存管理、可执行程序工作原理、内核线程和I/O驱动框架、进程调度和进程切换、KVM和容器技术、Linux安全相关技术等Linux系统运作的各个关键机制。

本书首先以Linux社区规则、Linux发展的渊源、Linux基本使用和命令工具作为导引；然后以存储程序计算机相关的工作原理、x86和ARM64汇编语言、指令乱序问题、mykernel精简内核实验以及Linux内核源代码编译和系统构建作为Linux内核的入门基础；接着聚焦深入理解系统调用，并在x86和ARM64系统调用实现的基础上延伸到进程的创建、可执行程序的加载和进程的切换，其中涉及了进程描述符、进程地址空间和程序编译构建等相关的内容；最后总结了Linux系统的一般执行过程和系统架构，并拓展到KVM和容器技术，以及Linux系统安全相关技术。

本书适合作为高等院校计算机、软件工程专业高年级本科生和研究生的教材，同时可供计算机软件相关从业人员学习参考。

◆ 编　　著　孟　宁　娄嘉鹏
　责任编辑　李　瑾
　责任印制　王　郁　焦志炜

◆ 人民邮电出版社出版发行　　北京市丰台区成寿寺路11号
　邮编　100164　　电子邮件　315@ptpress.com.cn
　网址　https://www.ptpress.com.cn
　北京捷迅佳彩印刷有限公司印刷

◆ 开本：800×1000　1/16
　印张：26　　　　2023年8月第1版
　字数：511千字　　2024年7月北京第3次印刷

定价：99.80元

读者服务热线：(010)81055410　印装质量热线：(010)81055316
反盗版热线：(010)81055315
广告经营许可证：京东市监广登字20170147号

向 Richard M. Stallman 和 Linus Torvalds 致敬

我们剖析它，深入理解它，是希望未来有一天有机会超越它。

—— 孟宁

序

不小心在 Linux 的世界畅游了多年，依稀记得刚进入这个世界时，迷失在代码的海洋里的那份恐慌和无知，更庆幸那时的无知无畏。如今 Linux 社区特别繁荣，很多中国人加入 Linux 社区贡献者的行列，国内也出现了不少像 openEuler 一样出色的 Linux 发行版。

我们分析研究 Linux 源代码的目的是什么，相信每一位读者都有自己的答案。如今 Linux 被广泛应用在数十亿台设备和各种各样的场景中，我相信很多读者不仅享受畅游在 Linux 世界里的乐趣，还有学习和工作中各自不同的、或直接或间接的学习动机。

本书为 Linux 的学习者提供了理论和实践相结合的学习方式，从自由软件和操作系统的发展、Linux 基本使用方法等概览性的内容切入，带领读者开启模型驱动、代码梳理和调试验证三位一体的学习旅程。

所谓模型驱动是从第一性原理出发，从理解计算机系统基本工作原理——存储程序计算机开始，深入关键环节和特殊机制，逐渐丰富读者心里的那个 Linux 操作系统运作的模型，使之越来越精确，越来越具体。

在模型驱动的过程中，本书始终坚持代码梳理和调试验证相结合的实践出真知的原则，比如将函数调用堆栈[①]与 C 语言代码的 x86 和 ARM64 汇编语言代码的执行过程分析结合起来；比如系统调用机制分别用系统库函数调用和汇编语言代码触发系统调用，并与系统调用内核代码分析结合起来；比如对 fork 和 execve 系统调用中的特殊代码进行剖析时，对 Linux 操作系统运作模型中的关键点做了精准的刻画。对于进程切换的关键汇编语言代码分析等这些循序渐进、独具匠心的编排设计就不在此“剧透”了。

本书不仅对操作系统核心工作机制的 Linux 实现的代码进行了验证，还进一步将这些纳入 KVM 技术、Linux 容器技术和 Linux 安全技术的理解和应用之中。我们知道虚拟化技术是云计算技术的基础，如今更是被应用到了边缘计算和终端设备中，未来的操作系统设计者需要深刻理解虚拟化技术，使得操作系统能够更好地适应云、管（边）、端等不同场景

① 一般来说，堆和栈是两个概念，我们这里的“函数调用堆栈”是指堆叠起来的函数调用栈，除非分开使用堆和栈，本书用到的“堆栈”一词可以理解为栈，或者堆叠起来的栈空间。

下的需求，而不管是在哪种场景下安全问题都是操作系统设计中不可忽视的关键问题。这些也都是实现未来新一代操作系统技术创新所必备的知识。

相信本书能让你收获颇丰，简述以上，是以为序。

陈莉君　教授

中国开源软件推进联盟“开源杰出贡献人物奖”获得者

前　言

当您拿起这本书的时候，相信您和我一样对探究 Linux 操作系统内部的运作机制抱有浓厚的兴趣。正是因为这浓厚的兴趣，我在 2009 年主动申请担任陈香兰老师主讲的 Linux 操作系统分析课程的助教，2012 年开始和李春杰老师合作主讲 Linux 操作系统分析课程。随着对 Linux 内核理解的深入，2013 年，我在 Linux 内核代码的基础上开发了 mykernel 实验平台，相对于从硬件平台或虚拟机入手编写操作系统内核，mykernel 提供了与 CPU 指令集架构基本无关的极简虚拟机和短小精悍的模拟内核，巧妙地规避了 CPU 初始化过程中晦涩、繁杂的汇编语言代码。因此 mykernel 得到了诸多内核学习者的良好反馈，也产生了诸如 kernel-in-kernel 一类的衍生项目。

正是由于 mykernel 使用者和中国科学技术大学软件学院同学们的支持和鼓励，在孙志岗老师的指导下，“Linux 内核分析”慕课课程有幸在 2015 年入选网易云课堂“顶尖中文大学计算机专业课程体系”；随后我和娄嘉鹏、刘宇栋两位老师一起合作出版了《庖丁解牛 Linux 内核分析》一书；线上课程“Linux 操作系统分析”获得了教育部“国家精品在线开放课程”和“国家级一流本科课程”认定，还被中国高校计算机教育 MOOC 联盟评为“优秀课程”。其实我自己心里清楚这一连串荣誉名不副实，我并没有真正揭开 Linux 内核运作的机制，或者说对很多地方知其然不知其所以然。几年来我一直不断扩展教学内容，比如从 32 位 x86 扩展到 64 位 x86，还扩展到了 I/O 和网络协议栈等，但是对 Linux 内核的运行机制和源代码的设计结构背后隐藏的奥秘还不够清晰，不够融会贯通。

2021 年暑假，在华为公司张相锋、伍伯东两位工程师协助下，我将课程内容扩展到了 ARM64 指令集架构，通过与 x86 架构的对比，我开始理解 Linux 内核源代码兼容不同 CPU 指令集架构的软件设计，走出了 x86 架构的思维惯性。打通 CPU 指令集架构这一底层接口之后，再结合 POSIX 标准中的工具集、标准库及系统调用这些上层接口，我深入理解了 Linux 操作系统的进程地址空间和进程切换等关键技术。从这里我体会到了老子《道德经》中“万物并作，吾以观复”的玄妙。为了分享这种洞悉玄妙的愉悦，暑假结束前我就以“ARM64 Linux 核心精讲”为题在网易云课堂上发布了视频，本书的撰写也是出于同样的目的。

本书是中国科学技术大学软件学院多年来 Linux 操作系统分析课程的教学总结，践行以代码为中心，理论和实践相结合，以系统化的视角深入分析 Linux 系统运转的结构特征和关键环节，辅助系统软件开发者将理论和实际在头脑中进行融合。“Linux 内核分析”慕课课程从 2015 年在网易云课堂“顶尖中文大学计算机专业课程体系”中上线以来，据不完全统计，在多个平台累计选课不少于 10 万人次，课程还得到不少兄弟高校和软件企业的采纳。从学员反馈看，在 mykernel 实验平台及 Linux 操作系统构建和调试中学习，代码执行的一般模型和特殊环节都能逐一得到深入理解，有效提高了学习者对计算机系统的理解水平。

在华为智能基座项目的支持下，进一步结合工业界系统软件人才能力的需求，本书和相关课程得以升级和拓展。如果能在此基础上形成与 Linux 操作系统相关的课程群，加强全国兄弟高校的教研合作和师资培训，并有组织地在全国推广我们总结出的有益做法和课程资源，就一定能为提高系统软件人才培养质量和提供国家科技战略需求人才贡献力量。

我们在 Linux 操作系统教学中一直秉持开放共享的开源理念，从慕课课程建立之初就通过网易云课堂和学堂在线等在线教育平台免费向社会开放教学视频，通过 GitHub/Gitee 免费向社会共享源代码和实验环境，而且很多教学资源都是教研室师生独创的，也因此得到兄弟高校任课教师和学员的广泛好评。相信在同行和学员的支持和帮助下，我们能够进一步推出全网独一无二的教学资源，并在此基础上创新教研形态，加强教学研究和师资培训，凝练出系统软件人才培养的新方法、新思路和新范式。

致谢

在本书编写过程中得到众多单位和个人的支持与帮助。

首先感谢我的妻子，她独自承担了家中一切事务，才使得我有精力完成本书的写作，某种意义上她是本书得以出版的第一关键。

感谢华为公司的孙海峰、罗静和严伟等业界专家对于本书的编写给予的大力支持和帮助。

感谢伍伯东、张相锋、刘昊、卢景晓等华为技术专家在本书编写过程中给予的具体指导。

本书受到 2021 年度中国科学技术大学研究生教育创新计划项目优秀教材出版项目资助，感谢学校对教材出版工作的支持。

感谢人民邮电出版社陈冀康、李瑾和出版编辑团队的辛苦努力，使得本书得以出版。

感谢我的同事陈香兰老师，我是从做她的助教开始学习 Linux 内核的；感谢西安邮电大学陈莉君老师和国防科技大学罗宇老师等前辈，我是从他们的著作中不断学习进步的；感谢中科院计算所张福新老师审阅了书稿并给出了具体修改意见；感谢李春杰、娄嘉鹏和刘宇栋老师，围绕 Linux 操作系统我们曾共同学习、一起工作。

在本书编写过程中做出贡献的有：娄嘉鹏老师负责了第 12 章的编写，其他章节的早期版本娄老师亦有所贡献；李春杰老师对全书内容的编写给予了指导并完整审阅了书稿；艾平、严炼、刘志涛、刘子洋、刘润晗、卢宇、马一飞等同学辅助了本书部分内容的编写和个别实验的验证。在此对以上老师和同学，以及所有直接或间接为本书做出贡献的朋友致以诚挚的谢意。

由于编者水平有限，书中不当之处在所难免，欢迎广大同行和读者批评指正。

孟　宁

2023 年 5 月

资源与支持

资源获取

本书提供如下资源：

- 本书源代码及教学 PPT；
- 本书思维导图
- 异步社区 7 天 VIP 会员

要获得以上资源，您可以扫描下方二维码，根据指引领取。

提交勘误信息

作者和编辑尽最大努力来确保书中内容的准确性，但难免会存在疏漏。欢迎您将发现的问题反馈给我们，帮助我们提升图书的质量。

当您发现错误时，请登录异步社区（https://www.epubit.com），按书名搜索，进入本书页面，点击“发表勘误”，输入错误信息，点击“提交勘误”按钮即可（见下图）。本书的作者和编辑会对您提交的错误信息进行审核，确认并接受后，您将获赠异步社区的 100 积分。积分可用于在异步社区兑换优惠券、样书或奖品。

图书勘误　　发表勘误

页码：1　　页内位置（行数）：1　　勘误印次：1

图书类型：纸书　电子书

添加勘误图片（最多可上传4张图片）

提交勘误

全部勘误　我的勘误

与我们联系

我们的联系邮箱是 contact@epubit.com.cn。

如果您对本书有任何疑问或建议，请您发邮件给我们，并请在邮件标题中注明本书书名，以便我们更高效地做出反馈。

如果您有兴趣出版图书、录制教学视频，或者参与图书翻译、技术审校等工作，可以发邮件给我们。

如果您所在的学校、培训机构或企业，想批量购买本书或异步社区出版的其他图书，也可以发邮件给我们。

如果您在网上发现有针对异步社区出品图书的各种形式的盗版行为，包括对图书全部或部分内容的非授权传播，请您将怀疑有侵权行为的链接发邮件给我们。您的这一举动是对作者权益的保护，也是我们持续为您提供有价值的内容的动力之源。

关于异步社区和异步图书

“异步社区”(www.epubit.com)是由人民邮电出版社创办的 IT 专业图书社区，于 2015 年 8 月上线运营，致力于优质内容的出版和分享，为读者提供高品质的学习内容，为作译者提供专业的出版服务，实现作者与读者在线交流互动，以及传统出版与数字出版的融合发展。

“异步图书”是异步社区策划出版的精品 IT 图书的品牌，依托于人民邮电出版社在计算机图书领域 30 余年的发展与积淀。异步图书面向 IT 行业以及各行业使用 IT 的用户。

目　　录

第1章 Linux 操作系统概览

本章以 Linux 操作系统为中心，讨论了开源软件社区和操作系统的发展历史等相关背景，同时介绍了 Linux 操作系统的安装和使用的基本方法，最后以 openEuler 操作系统为例分类整理了 POSIX 标准中的相关命令工具。

1.1 自由软件江湖里的“码头”和规矩

1.1.1 自由软件世界的“擎天大柱”Linux

Linux 这个名字来源于它的最初作者 Linus Torvalds 的名字 Linus，Linux 最后一个字母 x 来源于 UNIX，Linux 是 Linus 和 UNIX 的一个合成词。

Linus Torvalds 在 1991 年就读于赫尔辛基大学期间发布了第一个版本的 Linux。如今 Linux 已经成为众多领域的支柱软件，人们已经越来越离不开它。在 Linux 操作系统的支撑下，技术的变革速度超出了人们的想象，与 Linux 操作系统有关联的应用程序的增长速度也以指数规模增长。因此越来越多的开发者不断地加入开源社区和学习 Linux 开发的潮流当中。

大约在 1970 年，Dennis Ritchie 和 Ken Thompson 在贝尔实验室发明了 UNIX 操作系统。如今的 Windows、Linux、macOS，以及 Android 和 iOS 等主流操作系统，也深受 UNIX 的影响，或直接继承或克隆了 UNIX。Linux 是 UNIX 操作系统的一个克隆版本，所以 Linux 是一个类 UNIX（UNIX-like）的操作系统，即 Linux 几乎完全复制了 UNIX 操作系统的思想和做法，但是所有的源代码都是重新编写的。

1.1.2 江湖的由来——自由软件运动

为什么需要重新克隆一个类 UNIX 的操作系统 Linux 呢？因为 UNIX 涉及商业版权纠

纷，这限制了它的发展，而 Linux 从一开始就是开源且免费的，使用的是 GPLv2 的许可证。

自由软件运动的带头人 Richard M. Stallman 和他创始的自由软件基金会对 UNIX 的商业版权深恶痛绝，以至于自由软件基金会资助的 GNU 操作系统的名字 GNU 就是“GNU's Not UNIX!”的缩写，有趣的是这还是一个递归缩写。

GNU 操作系统创建于 1984 年，比 Linux 还要早 7 年，它有自己的内核，称为 Hurd，但是并不像 Linux 内核那么流行。目前使用的大多数 Linux 发行版主要是基于 Linux 内核+GNU 的基础库及应用软件打造的，严格来说 Linux 仅仅指 Linux 内核；而 Linux 系统中内核之外的基础库及应用软件大多数是自由软件基金会支持的项目。

在自由软件的世界里，如果说老大是 Richard M. Stallman，老二就是 Linus Torvalds 了。

世界充满了斗争，尤其是老大和老二的斗争更是激烈。自由软件世界里的老大和老二也有争执，集中体现在对软件许可证 GPLv3 的不同意见上。

1.1.3　江湖的规矩——开源软件许可证

开源软件许可证有很多，比如 Linux 内核采用的 GPLv2 许可证、Android 采用的 Apache 2.0 许可证等，它们之间的区别如图 1-1 所示。

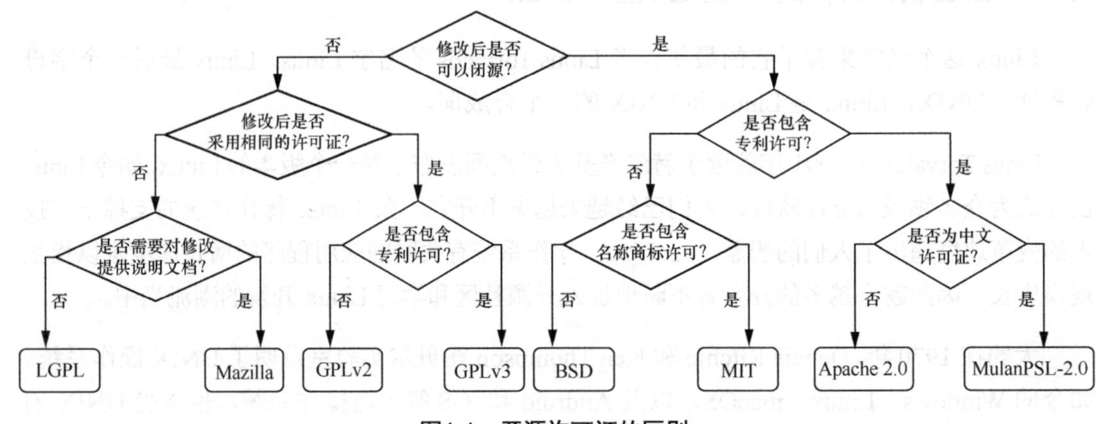

图1-1　开源许可证的区别

常见的许可证有 LGPL 许可证、Mazilla 许可证、GPLv2 许可证、GPLv3 许可证、BSD 许可证、MIT 许可证、Apache 2.0 许可证和木兰宽松许可证第 2 版（MulanPSL-2.0）。

修改后是否可以闭源？如果可以闭源，说明这个许可证对于商业使用比较友好，比如 Android App 使用了 Android 的框架和 API，但是由于 Android 采用的是 Apache 2.0 许可证，所以如果你开发一个 Android App 是可以闭源作为商业秘密的。

修改后是否采用相同的许可证？如果回答“是”，则必须采用相同的许可证，意味着基于 GPL 许可证的源代码新增的源代码也必须使用 GPL 许可证来发布，这有点像病毒感染，只要接触了 GPL 的代码，所有代码必须遵守 GPL 许可证进行开源，显然 GPL 许可证对商业不友好。但是从另一个角度来看，只要自由软件遵守 GPL 许可证，每个人就都有自由获取、修改、使用和发布它的权力。

商业软件的编写是带有营利性质的，但还是存在一些理想主义者。

很多开源软件是自由软件和商业软件的折中，借助商业世界里的资源来推动软件源代码的共享，其中以 Apache 2.0 许可证和木兰宽松许可证第 2 版（MulanPSL-2.0）最具代表性，它们都包含从 GPLv3 开始引入的专利许可，尤其值得一提的是，MulanPSL-2.0 是以中文为主的中英双语许可证。这类商业友好的开源软件取得了巨大成功。Linus Torvalds 及 Linux 基金会拒绝将 Linux 内核源代码的许可证升级到 GPLv3，大概就因为持有这种商业友好的折中观点。

1.1.4 江湖的危局——GPLv2 和 GPLv3

GPLv2 许可证只能解决版权问题，不能解决专利问题。即对于软件源代码来讲，它只包含版权，这是 Linux 克隆 UNIX 而不侵权的原因。

源代码背后的技术方法可能被申请了发明专利，而发明专利保护的是技术方法本身，不管具体用什么样的代码实现。这就会给自由软件带来拥有版权而专利侵权的问题。微软就曾借助这一点宣称要起诉 Linux 系统的用户侵犯了 Windows 的专利，造成自由软件世界的重大危机。怎么应对这一重大危机呢？Richard M.Stallman 通过升级 GPLv2 到 GPLv3 成功化解了它。

GPLv3 解决专利问题的重要思路是沉淀在互联网上的绝大多数知识产权属于自由软件，如果持有隐性专利的组织或个人要状告自由软件使用者专利侵权，那么后者也有可能反告前者在互联网上对自由软件的侵权，从而达到权利公平、法律平衡的制约效果。

尽管 GPLv3 成功化解了自由软件世界的危局，但并没有得到广泛的采纳，因为 GPLv3 不如 GPLv2 商业友好，杜绝了商业上使用的法律空间。而 Linus Torvalds 认为商业版权并不坏，还会有助于改进软件的安全性。

这里举个例子，Android 是基于 Linux 内核开发的手机操作系统，Linux 内核使用的是 GPLv2 许可证，且 Linus Torvalds 在 Linux 内核源代码的版权文件中特别说明，版权不包含通过正常系统调用来使用 Linux 内核服务的用户程序。

```
The Linux Kernel is provided under:

    SPDX-License-Identifier: GPL-2.0 WITH Linux-syscall-note

Being under the terms of the GNU General Public License version 2 only,
according with:

    LICENSES/preferred/GPL-2.0

With an explicit syscall exception, as stated at:

    LICENSES/exceptions/Linux-syscall-note
```

Android 框架却是使用 Apache 2.0 许可证发布的，因为在 Linux 内核和 Android 框架之间做了隔离，并没有使用 GNU 的自由软件，比如 glibc 等，使得 GNU/Linux 自由软件并不能感染上层代码，如果 Linux 内核升级到 GPLv3，GPLv3 不允许修改许可证，那么这种隔离措施将是无效的。

简要总结一下，LGPL 允许以动态链接的方式使用而不感染代码，GPLv2 可以通过进程间通信的方式使用而不感染代码，GPLv3 在法律上杜绝了商业软件合法调用自由软件代码的模糊空间。

需要特别说明的是，这部分涉及法律文本的理解，其中的很多问题连知识产权律师和法官都无法清晰界定，作为法律的外行，我提供的只是个人的理解，仅供参考，如有理解有误的地方欢迎批评指正。

1.2　操作系统成长记

1.2.1　操作系统诞生的背景

为了深入理解操作系统，不仅需要学习操作系统原理，还需要从操作系统成长的过程说起。图 1-2 简要梳理了操作系统的成长过程。

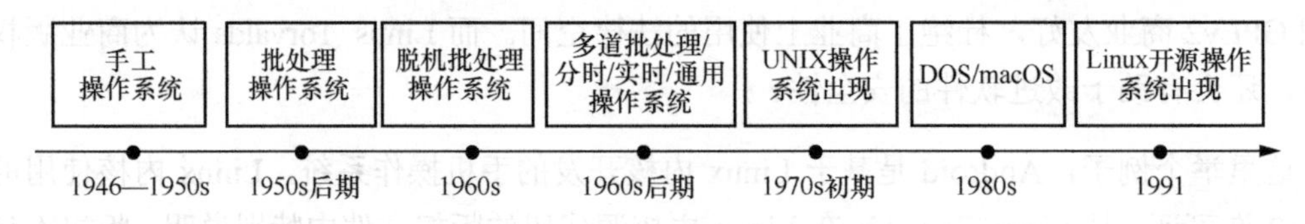

图1-2　操作系统的成长过程

最初并没有操作系统。IBM 701 开放式计算站（open shop）是由使用者手动操作的，工作效率很低。为了有效利用 IBM 701，每个用户被分配了最低 15 分钟的计算时间。在这 15 分钟里，使用者通常要为配置设备花掉 10 分钟，等准备工作完成后，经常最多只有 5 分钟来做实际的计算工作，大约浪费了 2/3 的时间。每个月因浪费计算时间造成的损失高达 14.6 万美元。

为了减少计算时间的浪费并使开发人员从计算机房中解放出来，开发人员被要求在穿孔卡上准备程序和数据，然后提交到计算中心去执行。开放式计算站由此变成了封闭式计算站（closed shop）。最初的操作系统可以认为是封闭式计算站里的操作员。

1.2.2 早期的软件操作系统

早期的软件操作系统只是一些 API 函数库，并且大多重要的工作还是由操作员来完成。开发人员在编写每个程序时都需要处理一些共同的事情，比如系统初始化和 I/O 相关的底层代码等，自然就总结出一些常用的库函数以便直接调用，这些 API 函数就是软件操作系统的源头。如果早期操作系统只是一些 API 函数，那么当时操作系统最核心的功能（即任务管理）是怎么做的呢？

这些大型机通常由操作员来管理控制，一次运行一个程序。以 IBM 7094 的工作流程（如图 1-3 所示）为例，首先操作员从开发人员那里收集一组组穿孔卡片，使用卫星计算机 1401 把卡片上的作业输入磁带；然后操作员将这个磁带安装到一个与主计算机 7094 相连接的磁带机上，这便是输入（Input）；其后主计算机按照程序在磁带中出现的顺序，每次运行一个，并将数据输出到另一个磁带上；最后输出数据的磁带被操作员移动到卫星计算机 1401 中，并通过行式打印机打印出来，这便是输出（Output）。

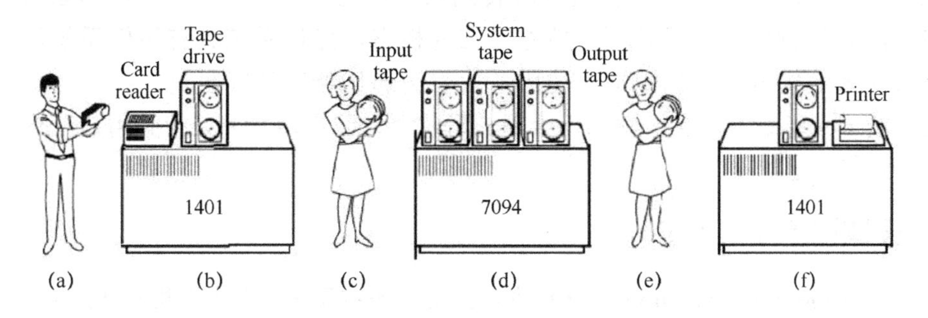

图1-3 IBM 7094工作流程示意图

当主计算机 7094 执行程序的时候，两台卫星计算机同时做着输入和输出的工作。操作员完成了现代操作系统需要做的主要工作，比如决定程序运行的顺序，也就是任务调度。

如果想让你的程序得到优先执行，就得通过操作员想办法插队。

这种计算模式就是批处理（batch processing）系统，IBM 7094 所使用的共享操作系统（shared operating system）是早期的批处理系统。一般批处理系统先做好准备工作，然后由操作员以分批的方式来执行程序。这时的计算机还没有以交互方式使用，因为早期的计算机非常昂贵，要有效利用计算机机时，而批处理方式可以最大限度地充分利用计算机机时。

1.2.3　系统调用的概念

系统调用（system call）概念的诞生是操作系统发展的一个重要里程碑。Atlas Supervisor 是第一个提出现代操作系统诸多概念的系统，它率先采用了系统调用的工作机制。

系统调用和 API 函数的过程调用（procedure call）有何不同呢？系统调用的工作机制将程序的执行权限进行了划分，就像 Linux 系统分为用户态和内核态，系统调用将用户程序和操作系统内核进行了隔离，通过添加一些特殊的硬件指令和硬件状态让用户程序进入操作系统的过程更加正式、可控，这样有效保护了操作系统提供的底层代码，使得整个系统更加稳定，不会让用户程序的错误造成整个系统的崩溃，而普通的 API 函数过程调用没有任何保护机制。

系统调用和函数过程调用之间的关键区别：系统调用将执行操作跳转到操作系统内核中，同时提高硬件执行指令的特权级别（进入内核态），用户程序在用户态运行，这意味着硬件限制了用户程序的功能。在用户态运行的用户程序通常不能直接发起 I/O 请求，不能直接访问任何物理内存或向网络上发送数据包。用户程序只能通过系统调用来访问底层硬件提供的功能，通常通过一个称为陷阱（trap）的特殊指令，比如 32 位 x86 指令集中的 int $0x80，硬件将控制权跳转到预先指定的陷阱处理程序，即系统调用处理入口，同时将特权级别提升到内核态，在内核态，操作系统具有访问系统硬件的权限。当操作系统完成系统调用请求的服务时，会通过特殊的陷阱返回指令（比如 x86 指令集中的 iret 指令）将控制权交还给用户程序，返回到用户态，回到用户程序离开的地方继续执行。

1.2.4　多道程序操作系统

多道程序（multiprogramming）从根本上改变了操作系统。在大型机时代之后，进入小型机（minicomputer）时代，像数字设备公司（DEC）的 PDP 系列就是小型机的经典，这时计算机的成本更低，同时硬件功能也日趋强大。这些变化同时也使处理器开始能够支持程序的并发执行和控制。中断技术能够使一个处理器控制多道程序的并发执行，这时多道程序操作系统开始出现。

多道程序操作系统不是一次只运行一个程序，而是将大量程序加载到内存中并在它们之间快速切换，从而提高 CPU 的利用率。这种切换是非常重要的，因为 I/O 访问速度很慢，在 I/O 访问过程中 CPU 空闲。CPU 空闲的时候为什么不切换执行其他用户程序呢？通过快速切换不同的用户程序，CPU 的利用率可以得到极大提高。

1.2.5　笼罩在 UNIX 上的阴影

小型机时代最成功的操作系统当属 UNIX 操作系统，它汇集了众多操作系统的思想，尤其是继承了 Multics 系统的诸多思想。

1969 年，Dennis Ritchie 和 Ken Thompson 在贝尔实验室开始尝试寻找 Multics 的替代品。1971 年年底，他们开发的 UNIX 系统能够在 PDP-11 小型机上支持 3 位用户。然而，直到 1973 年 UNIX 内核用 C 语言重写之后人们才开始知道它的存在，1974 年之前根本没有出版过任何关于 UNIX 的文献。随着计算机的小型化，小型机（尤其是 PDP-11）催生了一批新用户，他们对现存的操作系统软件感到失望，这群人更倾向于 UNIX 系统。UNIX 操作系统提供的功能都不是全新的，而是使已有的操作系统的功能使用起来更简便。UNIX 系统提供了 C 语言编译器，开发人员很容易编写自己的程序并分享源代码，这使得 UNIX 非常受欢迎。UNIX 成为开放源代码软件的早期形式，很重要的原因是作者向所有请求的人免费提供源代码。源代码的可读性也非常重要，UNIX 是用 C 语言编写的内核，比较容易理解，因此比较容易吸引其他人为 UNIX 添加新的、很酷的功能。到了 20 世纪 80 年代中期，UNIX 已经成为操作系统中领先的、事实上的行业标准，并诞生了诸多 UNIX 版本，比如由加利福尼亚大学伯克利分校团队发布的 BSD 版本，还有 Sun 公司的 Solaris、IBM 公司的 AIX、HP 公司的 HP-UX 等。

至此操作系统的内在成长告一段落，它从无到有，从弱到强，直到 UNIX 操作系统诞生并统治小型机时代。操作系统从幼年到成年的过程不仅经历了硬件环境的不断升级，还经历了诸多新思想、新方法的洗礼，日趋成熟、稳定和强大。

随着 UNIX 带来的市场蛋糕越来越大，AT&T 及贝尔实验室与这些不同的 UNIX 厂商产生了有关 UNIX 版权的法律纠纷，导致 UNIX 的传播速度有所放缓，从而使很多人怀疑 UNIX 能否存活下去，这成为笼罩在 UNIX 上的阴影。

另外，操作系统的发展在个人计算机兴起的初期出现了一次大的倒退。

1.2.6　早期个人计算机操作系统的大倒退

在 UNIX 笼罩阴影的同时，出现了一种称为个人计算机（personal computer，PC）的机器，相对于小型机来说，这种机器价格便宜且性能不错，非常适合大众。在苹果公司的 Apple Ⅱ

和 IBM PC 的引领下，这种可以放到桌面上的个人计算机很快占领了主流市场。由于早期的 PC 操作系统开发人员忘记了或者从未知道小型机时代的经验教训，导致 PC 操作系统在发展过程中出现了诸多痛苦的经历。早期的 PC 操作系统，比如微软的 DOS，由于没有重视内存保护，造成恶意或非恶意的用户程序能够完全访问整个内存；再比如第一代 macOS 的进程调度策略，常常意外陷入无限循环占用整个系统导致重新启动。

PC 操作系统经历过一段时间的痛苦历程后很快就重新站在了前辈操作系统打下的地基上。微软的 Windows 操作系统采用了操作系统历史上的伟大思想，特别是从 Windows NT 开始，微软在操作系统技术上有了巨大的飞跃。乔布斯重新回到苹果公司时带着基于 UNIX 的 NEXTSTEP 操作系统，并以此为基础打造了 macOS X，使得 UNIX 在台式计算机和笔记本计算机上非常流行。

1.2.7 移动互联网和 AIoT 时代的操作系统

移动互联网时代，手机操作系统没有走弯路，而是直接站在了 UNIX 之上。手机操作系统的市场被谷歌公司的 Android 操作系统和苹果公司的 iOS 操作系统垄断了。Android 是基于 Linux 内核的手机操作系统，而 Linux 是 UNIX 的克隆版本；iOS 操作系统的源头更是可以直接追溯到 UNIX 系统。至此操作系统发展到了巅峰。

然而伴随着万物互联、车联网、5G、AI 等新应用和新技术的出现，操作系统似乎开始进入“中年危机”，在应对更加复杂的分布式计算环境时显得力不从心。因此在单机操作系统的基础上，逐渐发展出了云端分布式操作系统和终端分布式操作系统，操作系统注定将重新开启新的生命历程。

云端分布式操作系统是以虚拟化和容器技术为基础的，比较有代表性的就是 openEuler 操作系统引入的 StratoVirt 技术和 iSula 通用容器引擎。StratoVirt 是计算产业中面向云数据中心的企业级虚拟化平台，实现了一套架构支持虚拟机、容器、Serverless 三种场景。相比 Docker，iSula 通用容器引擎是一种新的容器解决方案，提供统一的架构设计来满足 CT 和 IT 领域的不同需求。相比 Golang 编写的 Docker，轻量级容器使用 C/C++实现，具有轻、灵、巧、快的特点，不受硬件规格和架构的限制，底噪开销更小，可应用领域更为广泛。此外，还出现了 Hadoop、Spark、OpenStack 和 Kubernetes 等不同用途的云端分布式操作系统。

终端分布式操作系统以华为鸿蒙系统最具代表性。鸿蒙系统引入了分布式软总线技术。此技术旨在提供通信相关的能力，包括 WLAN 服务能力、蓝牙服务能力等网络服务能力，以及组网、传输和进程间通信等能力，为多终端的统一管理和调度建立基础通信环境。

在终端和云端之间还有边缘计算，未来的操作系统将面临多终端、边缘计算和云计算等多种复杂环境的挑战。

1.3 国产操作系统概述

1.3.1 国产操作系统的发展历程

操作系统在软硬件生态中扮演着承上启下的作用，具有衔接下层物理设备及资源和上层软件应用及服务的作用。因此操作系统国产化是自主可控软硬件生态的根本保障。

国产操作系统的研发可以追溯到20世纪70年代，杨芙清院士于1973年率领软件课题组设计出了150机整套操作系统软件，运行在我国第一台百万次集成电路计算机上，打破了西方的封锁。1981年，她又主持完成了我国第一个用高级语言编写的大型机操作系统——240机操作系统。杨芙清院士是中国在软件开发领域做出显著贡献的第一个程序员。

20世纪80年代末，我国探讨并提出打造自主通用操作系统，后经过专家研究论证，制定了以跟踪Unix操作系统为技术路线的计划，并在“八五”攻关计划中正式立项。20世纪90年代初，我国正式推出COSIX 1.0操作系统，随后正式提出包括中文、微内核和系统安全等特色功能的COSIX 2.0操作系统。当时国产操作系统以学习UNIX等国外先进操作系统的相关概念和进行实验性的设计为主。

COSIX操作系统项目出色地完成了国产操作系统实验性的设计工作及人才队伍建设，而UNIX操作系统因为版权问题陷入商业纠纷，为其发展前景蒙上了阴影。20世纪90年代，随着自由软件运动一起发展的Linux操作系统发展势头迅猛，它通过克隆UNIX操作系统解决了版权问题，并迅速占领了操作系统的技术高地。2000年前后，基于Linux的国产操作系统迅猛发展，诞生了一批国产Linux操作系统产品，比如中软Linux（COSIX Linux）、红旗Linux和蓝点Linux（BluePoint Linux）等。这一阶段，国产操作系统确立了以Linux内核为基础的技术路线，产品脱离实验阶段，步入实用化阶段。

经历了Linux系统发展热潮之后，受到微软Windows操作系统的冲击，也受国内外经济和政策环境的影响，国产操作系统发展势头趋缓，一些缺乏商业化运营支撑的国产操作系统产品逐步被市场淘汰。然而经过行业洗牌，个别技术和运营都较为扎实的国产操作系统还是得到了一些市场机会，比如麒麟软件旗下的麒麟操作系统、深度科技旗下的Deepin操作系统、统信软件旗下的统信UOS等都发展势头良好，这表明国产操作系统正走向成熟，逐步成为真正可用的产品。

2018 年以来发生的美国制裁中兴事件、芯片断供和对华为等中国高科技公司的各种打压，再次揭示了国产化软硬件生态的重要性，掀起了国产操作系统发展的新一轮热潮，其中最具代表性的就是华为鸿蒙系统（HarmonyOS）和欧拉系统（openEuler）。经过多年的发展，国产操作系统已取得长足进步，从“能用”走向“好用”，也从追赶走向有了一点引领操作系统发展方向的苗头。

国产操作系统积极因应外部国际环境和借助国家国产化的政策导向，向市场化发起了新一轮的冲击，相信不久的将来国产操作系统及其承上启下的软硬件生态将在以国内大循环为主体、国内国际双循环相互促进的新发展格局中大放异彩。

国产 Linux 操作系统发展历程如图 1-4 所示。国产 Linux 操作系统始于 20 世纪 90 年代，大多数基于 Fedora、CentOS、Debian/Ubuntu 等国外 Linux 发行版进行二次开发，直到 2019 年，华为公司开源了 openEuler 操作系统，它是自主演进的根操作系统，不是基于其他任何 Linux 发行版的二次开发，这是它与其他国产 Linux 操作系统的主要差异。

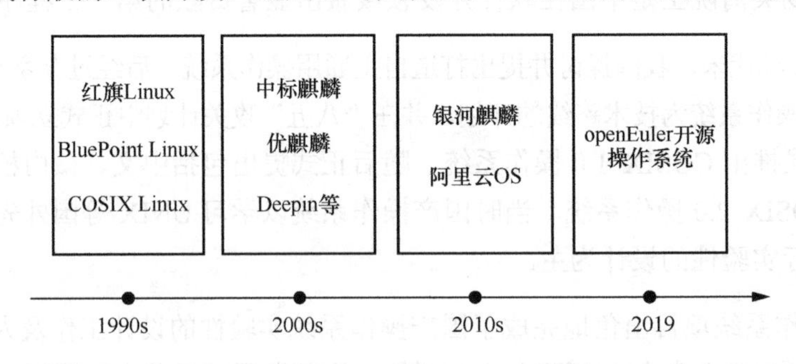

图1-4　国产Linux操作系统发展历程

1.3.2　openEuler 操作系统

openEuler 是一款开源操作系统，它的前身是华为公司发展近 10 年的服务器操作系统 EulerOS，2019 年开源，更名为 openEuler。

当前 openEuler 内核源于 Linux，支持鲲鹏及其他多种处理器，能够充分释放计算芯片的潜能，是由全球开源贡献者构建的高效、稳定、安全的开源操作系统，适用于数据库、大数据、云计算、人工智能等应用场景。同时，openEuler 是一个面向全球的操作系统开源社区，通过社区合作，打造创新平台，构建支持多处理器架构、统一和开放的操作系统，推动软硬件应用生态繁荣发展。

openEuler 以年月为版本号，以便用户了解版本发布时间，例如 openEuler 22.03 表示发布时间为 2022 年 3 月。

openEuler 22.03 基于 Linux Kernel 5.10 内核构建，在进程调度、内存管理等方面有 10 余处创新，包括深度优化调度、I/O、内存管理，提供 ARM64、x86、RISC-V 等更多算力支持；新增启动选项 preempt=none/voluntary/full，允许内核动态切换抢占模式；通过移动 PMD/PUD 级别的表项，加速映射大块内存的速度；采用 per memcg lru_lock，减少云原生容器实例锁竞争，提升系统性能；通过共享映射方式将 HugeTLB 管理页中无实际作用的 tail 页释放掉，从而降低管理结构的开销，降低大页管理自身内存占用；本地 TLB 和远端 TLB 刷新并行，优化 TLB shootdown 流程，加速 TLB 刷新，提升业务性能；对于超过基本内存页面大小的空间进行 vmalloc()分配时，会尝试使用大页而不是基本页来映射内存，可以极大地改善 TLB 的利用，降低 TLB miss；使用配置 CONFIG_UCE_KERNEL_RECOVERY 打开，在 copy_from_user 场景下消费 UCE 时，使用 kill 关联用户态进程取代内核 panic，该特性默认是关闭的，可通过内核启动参数 cmdline 接口（uce_kernel_recovery=[0,4]）和 proc 接口动态开关（/proc/sys/kernel/uce_kernel_recovery）进行配置。

openEuler 22.03 增加了新介质文件系统 Eulerfs，该文件系统创新元数据软更新技术，基于指针的目录双视图计数机制，减少元数据同步开销，有效提升文件系统 create、unlink、mkdir、rmdir 系统调用性能。

openEuler 22.03 做了内存分级扩展，支持多种内存、存储介质扩展系统内存容量，降低内存使用成本。

openEuler 22.03 新增用户态交换支持，通过 etMem 的策略配置，对于淘汰的冷内存，通过用户态 swap 功能交换到用户态存储中，达到用户无感知，性能优于内核态 swap。

openEuler 22.03 新增 gazelle 用户态协议栈，无须应用程序修改和重新编译即可使用，支撑上层业务获得高性能、低时延的网络传输。gazelle 用户态协议栈基于 dpdk 和 lwip，实现支持无锁、多线程的高性能用户态协议栈，加速应用程序的网络性能，无须修改适配和重新编译即可使用。

openEuler 22.03 做了云原生调度增强，在云业务场景中，交互类应用对延时敏感，在线业务存在潮汐现象，CPU 资源利用率普遍较低（不足 15%），在线和离线业务混合部署是提升资源利用率的有效方式。在现有的内核资源分配和管理机制上，通过 QAS 可以确保在线任务对 CPU 的快速抢占、确定性的调度运行，同时压制离线任务干扰；通过 OOM 回收支持优先级，优化 OOM 时内存回收调度算法，在发生 OOM 时，优先对低优先级的进程组进行内存回收，保障在线业务的正常运行；通过容器混合部署框架，对 K8s 集群下的混合部署，openEuler 用户仅需给业务打上在线或离线的标签，系统即能自动感知业务的创建，并根据业务优先级进行配置，实现资源的隔离和抢占。

openEuler 22.03 支持 QEMU 热补丁机制，即支持 libcareplus 热补丁机制，提供一种在线修复进程 bug 的技术，使得 QEMU 进程能够在不影响虚拟机业务的情况下，在线解决 QEMU 进程 bug。

openEuler 22.03 支撑了容器化操作系统 KubeOS，实现云原生集群 OS 的统一容器化管理。包括 OS 容器化管理、对接 K8s 容器和 OS 统一管理、原子化的生命周期管理，以及 OS 轻量化裁剪，减少不必要的冗余包，可实现快速升级、替换等。

openEuler 22.03 支持轻量安全容器增强，基于 StratoVirt 轻量虚拟化技术，实现容器级别的低负载和虚拟机的高安全。包括支持 UEFI 启动、ACPI 表的构建以及为虚拟机添加包括 virtio-pci 在内的 PCIe/PCI 设备；支持 VFIO，提供将 host 上物理设备直通给虚拟机的能力，使虚拟机获得接近裸设备的高性能；支持直通设备热插拔，即支持 virtio-blk-pci、virtio-net-pci 和 VFIO 等设备的热插拔，有效避免更换外设引起的系统停机和业务中断。

openEuler 22.03 具有 iSulad 增强，shimv2 收编了 kata-runtime、kata-shim 和 kata-proxy 进程，通过加载一次运行时并通过 RPC 调用来处理各种容器生命周期管理命令来简化架构，不必为每个容器一直运行一个容器运行时。

openEuler 22.03 具有 eggo 支持容器管理双平面部署，eggo 是 openEuler 云原生 Sig 组 K8s 集群部署管理项目，提供高效、稳定的集群部署能力。包括集群配置版本化管理，配置统一 Git repo 版本化管理，使用仓库汇总和跟踪集群的配置信息，以及 x86/ARM 双平面，实现 OS 双平面集群化部署、监控、审计等场景。

openEuler 22.03 支持边缘计算，提供跨边云的协同框架（KubeEdge+），实现边云之间的应用管理与部署、跨边云通信等基础能力。包括管理协同—— 实现单集群设备统一管理，应用秒级发放；网络协同—— 支持跨边云双向通信，私有子网中的边缘节点通信；边缘自治—— 实支持边缘自治，确保网络不稳定状态下边缘节点正常工作，支持边缘节点元数据持久化和快速恢复；边缘轻量化—— 内存占用少，可在资源受限情况下工作。

openEuler 22.03 支持嵌入式镜像，具有轻量化能力，开放 yocto 小型化构建裁剪框架，支撑 OS 镜像轻量化定制，提供 OS 镜像小于 5 M 和小于 5 s 快速启动等能力；具有多硬件支持，新增支持树莓派 4B 作为嵌入式场景通用硬件；具有软实时内核，基于 Linux-5.10 内核提供软实时能力，软实时中断响应时延为微秒级；可以混合关键性部署，实现 SoC 内实时和非实时多平面混合部署，并支持 zephyr 实时内核；具有分布式软总线基础能力，集成鸿蒙的分布式软总线，实现欧拉嵌入式设备之间的互联互通；具有嵌入式软件包支持，新增 80+嵌入式领域常用软件包的构建。

openEuler 22.03 支持 secPaver，它是一款 SELinux 安全策略开发工具，用于辅助开发人员为应用程序开发安全策略，提供高阶配置语言，根据策略配置文件内容生成 SELinux 策略文件，降低 SELinux 使用门槛。

openEuler 22.03 支持 NestOS，它是一款在 openEuler 社区 CloudNative sig 组孵化的云底座操作系统，专注于提供最佳的容器主机，大规模下安全地运行容器化工作负载。NestOS 是开箱即用的容器平台，搭载了 iSulad、docker、podman、cri-o 等主流容器基础平台；NestOS 具有简单易用的安装配置过程，采用了 Ignition 技术，提供个性化配置；NestOS 具有安全可靠的包管理方式，使用 rpm-ostree 进行包管理；NestOS 具有友好可控的自动更新代理，采用 zincati 实现无感升级；NestOS 有紧密配合的双系统分区，此分区设计确保系统安全。

openEuler 22.03 具有很多第三方应用支持，比如 KubeSphere，它是在 Kubernetes 之上构建的以应用为中心的容器平台，完全开源，由青云科技发起，并由 openEuler 社区 SIG-KubeSphere 提供支持和维护；比如 OpenStack Wallaby，Wallaby 是 2021 年 4 月份发布的 OpenStack 的最新稳定版本，包含 nova、kolla、cyborg、tacker 等核心项目的重要更新；比如 OpenResty，它是基于 Nginx 与 Lua 的高性能 Web 平台。

openEuler 22.03 具有对多种桌面环境的支持，提供更多的开发桌面选择和更好的开发体验。包括 DDE 新增支持画板、音乐和影院应用；UKUI 新增支持中文输入法和多媒体；kiran-desktop 支持麒麟信安桌面系统；支持 GNOME 桌面系统。

openEuler 操作系统的发布件包括 ISO 发布包、虚拟机镜像、容器镜像、嵌入式镜像和 repo 源等，方便不同用户的安装和使用。

1.4 与 Linux 的第一次亲密接触

1.4.1 Linux 内核发展简史

下面详细介绍 Linux 这个自由软件的发展历程。

1991 年 11 月，芬兰赫尔辛基大学的学生 Linus Torvalds 写了一个小程序，后来取名为 Linux，放在互联网上。他表达了一个愿望，希望借此搞出一个操作系统的“内核”来，这完全是一个偶然事件。

1993 年，在一批高水平黑客的参与下，Linux-1.0 版诞生了。

1994 年，Linux 的第一个商业发行版 Slackware 问世。

1996 年，美国国家标准技术局的计算机系统实验室确认 Linux-1.2.13（由 Open Linux 公司打包）符合 POSIX 标准。POSIX 标准让软件跨操作系统平台运行成为可能，因为它定义了操作系统提供的功能标准，使得软件代码只要进行适当适配就可以在另一个完全不同的操作系统上运行。比如 Linux 下的应用程序可以移植到 Windows 上运行。

2001 年，Linux-2.4 版内核发布，这是一个重要的版本，意味着 Linux 内核日趋成熟。

2003 年，Linux-2.6 版内核发布，此版内核开疆扩土，占领了很大的操作系统市场份额。Linux 内核版本号由 3 组数字组成（x.y.z），其中 x 是内核主版本；y 的偶数，表示稳定版本，y 的奇数表示开发中版本；z 是错误修补的次数。

2011 年，Linux-3.0 版内核发布，为什么从 2.6 升级到 3.x？Linus 说 Linux 进入第三个 10 年，从 3.0 开始内核不再用奇偶数表示稳定或开发版本，3.x 的版本号为 3.0～3.18。

2015 年，Linux-4.0 版内核发布，3.x 到 4.x 进行了重大的架构升级，最重要的架构升级就是支持实时内核补丁，4.x 内核的版本号为 4.0～4.20。

2019 年，Linux-5.0 版内核发布，为什么从 4.x 升级到 5.x 呢？Linus 说 4.x 的版本号到了 4.20，再升级到 4.21 就不便于计数了。

截至 2022 年 6 月，在 Linux 内核官网上可以看到的 Linux 内核是 Linux-5.18.1。

1.4.2　安装一个 Linux 系统

以使用 VirtualBox 创建 openEuler 虚拟机为例，大致步骤如下。

（1）下载安装虚拟机软件 VirtualBox。

（2）下载 openEuler。

（3）在虚拟机软件 VirtualBox 中安装 openEuler 操作系统。

（4）openEuler 操作系统的网络配置如图 1-5 所示。

① 使用 nmcli connection show 查看所有连接。

② 使用 nmcli device connect enp0s3 尝试连接。

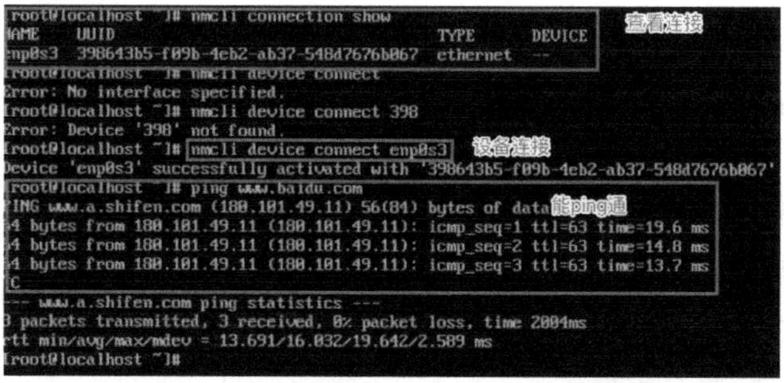

```
root@localhost ~]# nmcli connection show
NAME    UUID                                  TYPE      DEVICE
enp0s3  398643b5-f09b-4eb2-ab37-548d7676b067  ethernet  --
[root@localhost ~]# nmcli device connect
Error: No interface specified.
[root@localhost ~]# nmcli device connect 398
Error: Device '398' not found.
[root@localhost ~]# nmcli device connect enp0s3
Device 'enp0s3' successfully activated with '398643b5-f09b-4eb2-ab37-548d7676b067'
[root@localhost ~]# ping www.baidu.com
PING www.a.shifen.com (180.101.49.11) 56(84) bytes of data.
64 bytes from 180.101.49.11 (180.101.49.11): icmp_seq=1 ttl=63 time=19.6 ms
64 bytes from 180.101.49.11 (180.101.49.11): icmp_seq=2 ttl=63 time=14.8 ms
64 bytes from 180.101.49.11 (180.101.49.11): icmp_seq=3 ttl=63 time=13.7 ms
^C
--- www.a.shifen.com ping statistics ---
3 packets transmitted, 3 received, 0% packet loss, time 2004ms
rtt min/avg/max/mdev = 13.691/16.032/19.642/2.589 ms
[root@localhost ~]#
```

查看连接
设备连接
能ping通

图1-5 openEuler操作系统的网络配置

（5）在 openEuler 操作系统中下载安装常用工具，举例如下。

① git 安装：dnf install git。

② 安装 VIM：dnf install vim。

③ 安装 tar：dnf install tar。

以使用 VirtualBox 安装配置一个 Ubuntu Linux 虚拟机为例，大致步骤如下。

（1）下载安装虚拟机软件 VirtualBox。

（2）下载 Linux 发行版 Ubuntu Desktop。

（3）在虚拟机软件中安装 Ubuntu Desktop 操作系统。

（4）配置共享文件夹、共享粘贴板以方便虚拟机与宿主机之间进行数据传输。

（5）在默认情况下，Ubuntu Desktop 没有预装 C/C++开发环境，但 Ubuntu 提供了 build-essential 包可以把相关 C/C++开发环境安装好，具体安装方法如下。

```
$ sudo apt-get install build-essential
$ apt depends build-essential # 用命令查看哪些包被 build-essential 依赖
```

以使用 QEMU 创建 openEuler ARM64 虚拟机为例，大致步骤如下。

（1）下载安装虚拟机软件 QEMU。

（2）下载 openEuler ARM64 虚拟机镜像文件。

（3）运行 QEMU，安装 openEuler ARM64 虚拟机，过程如下。

新建一个文件夹，并将解压好的 openEuler ARM64 虚拟机镜像文件放到该目录，进入 QEMU 的安装路径，将 edk2-aarch64-code.fd（系统引导文件）文件复制并放入上面镜像的同级目录下。在 Shell 终端进入该目录并执行如下命令。

```
$ qemu-system-aarch64 -m 4096 -cpu cortex-a57 -smp 4 -M virt -bios edk2-aarch64-code.fd
  -hda openEuler-20.03-LTS.aarch64.qcow2 -serial vc:800x600
```

后面参数是一些虚拟机的具体配置，如内存、CPU 等。在打开的 QEMU 虚拟机窗口中按 Ctrl+Alt+2 组合键切换到串口控制台，如图 1-6 所示。

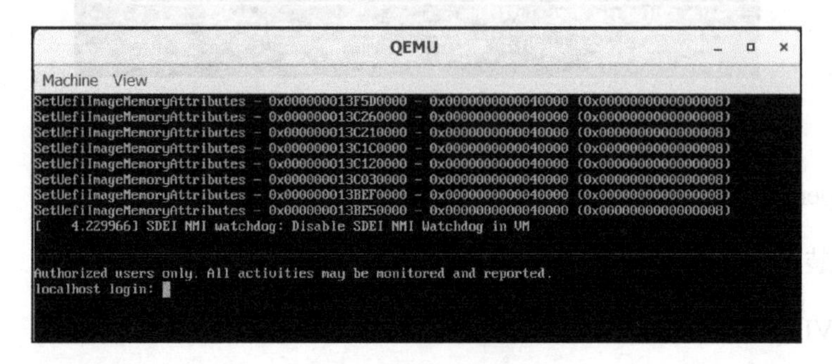

图1-6　串口控制台

输入用户名和密码，官方虚拟机镜像已经生成用户名 root 和密码 openEuler12#$。登录成功后如图 1-7 所示。

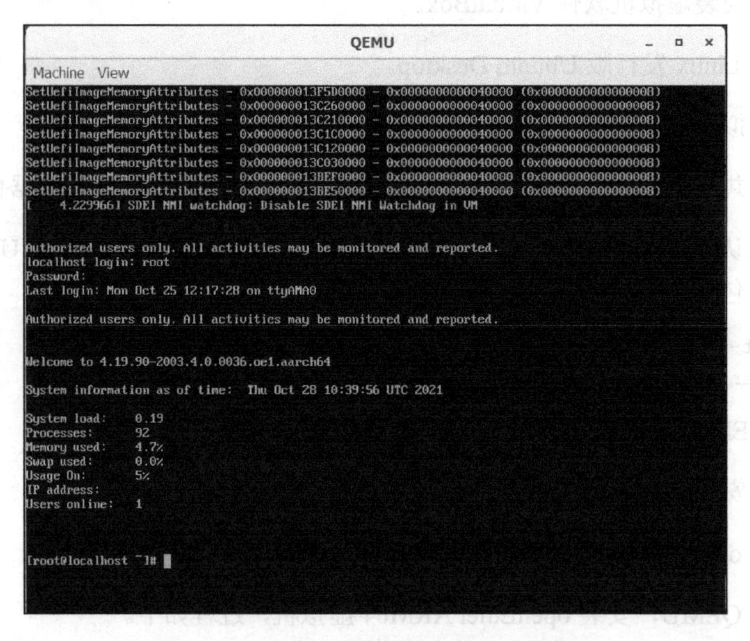

图1-7　openEuler ARM64虚拟机登录成功

到此，openEuler ARM64 虚拟机安装完成。上述镜像也可以换成官方的 ISO 镜像自行安装。

1.4.3 Linux 命令行简明指南

使用 Linux 系统的典型场景是作为开发者编写代码。在开始编写代码之前，需要在 GitHub 或者 Gitee 等代码托管平台上创建一个版本库，比如 menu。然后使用如下命令完成从代码托管平台复制一个 git 版本库到本地 Code 目录下，之后进入项目目录并创建文件夹，比如 lab1。

```
~/$ ls
~/$ cd Code
Code/ $ git clone https://github.com/mengning/menu.git
Code/ $ cd menu
menu/ (master) $ mkdir lab1
menu/ (master) $ cd lab1
```

以上命令步骤用到了几个目录操作的命令。Linux 系统的文件目录结构类似一棵树，顶层是根目录/，往下默认目录基本都会有其特定作用，如/etc 为配置文件保存目录，可以在/home 目录下对应的个人账户目录下存放自己的文件，上面代码中"~/"表示/home 目录下对应的当前登录的个人账户目录。

这里可能用到的命令简要介绍如下。

- ls：显示指定工作目录下的文件和文件夹列表。常用选项-a 显示所有文件及目录；-l 列出详细信息。
- cd：切换当前工作目录到指定目录，如"cd Code"即进入 Code 目录。
- mkdir：用于创建指定名称目录，如"mkdir lab1"在当前目录下创建了一个目录 lab1。常用选项-p 表示若上层目录尚未建立，则一并建立上层目录；-m 表示建立目录的同时设置目录的权限。

有关目录还有一些特殊的地方，比如前面提到的"~/"表示/home 目录下对应的个人账户目录。还有相对路径的用法，"."表示当前所在的目录；".."表示当前目录的上层目录。

使用 vi 编辑器编辑 hello.c 文件。

```
lab1/ (master*) $ vi hello.c
```

Vim 是 Linux 上一款功能十分强大的编辑器，从 vi 发展而来，是 vi 的增强版，其代码补全、编译及错误跳转等方便编程的功能特别丰富，被广泛使用。Vim/vi 有 3 种模式：命令模式（Normal 模式）、编辑模式和底线命令模式。

刚启动的 Vim/vi 处于命令模式（Normal 模式），在这个模式下可以通过 h、j、k、l 键作为上、下、左、右键移动光标。从命令模式切换到编辑模式和底线命令模式的方法如下。

- i 键：即 insert 的首字符，用于切换到编辑模式以插入的方式输入字符到文档。
- :键：即“Shift+;”，用于切换到底线命令模式。
- ESC 键：用于返回命令模式（Normal 模式）。

在命令模式（Normal 模式）下输入“i”（即 insert 之意）切换到编辑模式。在这种模式下，如果权限允许就可以用插入的方式输入字符到文档，对文件内容进行修改。按 ESC 键回到命令模式（Normal 模式）。

在命令模式（Normal 模式）下输入“:”切换到底线命令模式。在这个模式下可以输入的命令主要有如下 3 个。

```
q //退出程序
w //保存文件
wq//保存且退出
```

当然，如果对 Linux 命令行下的 Vim 编辑器不习惯，也可以用 Visual Studio Code 编辑器编辑代码，有关 Visual Studio Code 和 Git 的详细使用方法可以参考作者的另一本书——《代码中的软件工程》。

在编辑模式下输入 hello.c 的内容如下。

```
#include <stdio.h>
int main()
{
    printf("hello world!\n");
}
```

编译执行 hello 程序可以使用 gcc 编译器编译一个 c 文件，将此文件作为 gcc 的参数，用-o 加上可执行文件名称，比如 gcc -o hello hello.c，最后生成的可执行文件为 hello。编译完成后，使用./hello 命令即可执行 hello 程序。

```
lab1/ (master*) $ gcc -o hello hello.c
lab1/ (master*) $ ./hello
hello world!
```

有时需要将工程文件打包成压缩包作为成果以附件上传（一般情况下不会把.o 中间文件、可执行文件等打包进去），而且网上很多资源都是以压缩包的形式共享。因此，压缩、解压命令尤为重要。Linux 下常用的打包或解包命令为 tar 命令，常用选项为-zcvf 和-zxvf。

```
lab1/ (master*) $ cd ../..
Code/ $ tar -zcvf menu.tar.gz ./menu # 打包
Code/ $ tar -zxvf menu.tar.gz # 解包
```

常用选项-zcvf 和-zxvf 分别解释如下。

```
//打包
'-z' //打包同时压缩
'-c' //创建新的 tar 文件
'-v' //列出每一步处理涉及的文件的信息
'-f' //指定要处理的文件名
 //解包
'-z' //支持 gzip 解压文件
'-x' //解包提取文件
'-v' //列出每一步处理涉及的文件的信息
'-f' //指定要处理的文件名
```

除了打包的方式，现代程序员最常用的工具就是 Git 版本控制，这里提供一个简要的实验操作过程供参考练习。

```
~/ $ mkdir Code
~/ $ cd Code
# 需要到 GitHub或者Gitee等代码托管平台上创建自己的 git 版本库
Code/ $ git clone https://github.com/[your_name]/[your_git_repo].git
Code/ $ cd [your_git_repo]
Code/ $ mkdir lab1
lab1/ (master*) $ vi hello.c # 输入 hello world 程序
lab1/ (master) $ gcc -o hello hello.c # 编译 hello.c
lab1/ (master*) $ ./hello # 运行 hello 程序
hello world!
# 将源代码通过 git 进行版本控制
lab1/ (master*) $ git add hello.c
lab1/ (master*) $ git commit -m "hello world"
[master 40425fe] hello world
1 file changed, 7 insertions(+)
create mode 100644 lab1/hello.c
lab1/ (master*) $ git push
......
 5f24b93..40425fe  master -> master
```

1.5 openEuler 操作系统中的常用 Linux 命令参考

由于不同的 Linux 发行版自带的命令集有所不同，这里根据 POSIX 标准中给出的命令集作为参照，对 openEuler 操作系统中常用的命令进行大致分类和介绍。

1.5.1 查看系统相关信息的命令

- uname 命令：用于打印当前系统相关信息（内核版本号、硬件架构、主机名称和操作系统类型等）。

- date 命令：显示或设置系统时间与日期。
- locale 命令：将有关当前语言环境或全部公共语言环境的信息写到标准输出上。
- logname 命令：可以显示自己初次登录到系统中的用户名，主要识别 sudo 前后情形，与 whoami 相反。
- who 命令：显示目前登录系统的用户信息。
- whoami 命令：显示当前的用户是谁，也就是显示自己的用户名。
- df 命令：列出文件系统的整体磁盘空间的使用情况。可以用来查看磁盘已被使用多少空间。
- du 命令：也是查看使用空间的，但是与 df 命令不同的是，du 命令会列出当前目录下所有文件的磁盘占用情况。
- env 命令：用于显示系统中已存在的环境变量。
- getconf 命令：用于获取系统信息，比如 getconf PAGE_SIZE 查看系统内存页面大小。
- logger 命令：是一个 Shell 命令接口，可以通过该接口使用 Syslog 的系统日志模块，还可以从命令行直接向系统日志文件写入一行信息。
- man 命令：是 Linux 下的帮助命令，通过它可以查看 Linux 中的命令帮助、配置文件帮助和编程帮助等信息。

1.5.2 用户管理和权限管理相关的命令

- useradd 命令用来新建一个用户，groupadd 命令用来新建用户组，usermod 命令修改用户信息，passwd 命令用来更改用户密码。
- chmod 命令用来变更文件或目录的权限。chown 命令用于改变某个文件或目录的所有者和所属的组，可以向某个用户授权，使该用户变成指定文件的所有者或者改变文件所属的组。chgrp 命令用于修改文件（或目录）的所属组。为了方便初学者记忆，可以将 chgrp 理解为“change group”的缩写。
- newgrp 命令可以切换用户的有效组。
- id 命令可以显示真实有效的用户 ID UID 和组 ID GID。UID 是一个用户的唯一身份标识。组 ID（GID）则对应多个 UID。id 命令已经默认预装在大多数 Linux 系统中。要使用它，只需要在控制台输入 id。

- umask 命令设置用户创建文件的默认权限。

1.5.3 文件和目录相关的命令

- cd 命令：是 Change Directory 的缩写，用来切换工作目录。
- ls 命令：用来显示目标列表，在 Linux 中是使用率较高的命令。ls 命令的输出信息可以进行彩色加亮显示，以区分不同类型的文件。
- mkdir 命令：用来创建目录。
- mv 命令：用来对文件或目录重新命名，或者将文件从一个目录移到另一个目录中。
- cp 命令：用来将一个或多个源文件或者目录复制到指定的目的文件或目录。它可以将单个源文件复制到一个指定文件名的具体的文件或一个已经存在的目录下。此命令还支持同时复制多个文件。
- rm 命令：可以删除一个目录中的一个或多个文件或目录，也可以将某个目录及其下属的所有文件及其子目录均删除。对于链接文件，只是删除整个链接文件，而原有文件保持不变。注意，使用 rm 命令要格外小心。因为一旦删除了一个文件，就无法再恢复。unlink 命令通过系统调用函数 unlink 删除指定的文件，和 rm 命令作用一样，都是删除文件。在 openEuler 中，删除操作需要输入 Yes 才能生效。
- pwd 命令：是 Print Working Directory 的缩写，其功能是显示当前所在工作目录的全路径。主要用在当不确定当前所在位置时，查看当前目录的绝对路径。
- ar 命令：是一个备份压缩命令，用于创建、修改备存文件（archive），或从备存文件中提取成员文件。此命令最常见的用法是将目标文件打包为静态链接库。
- unzip 命令：用于解压缩由 zip 命令压缩的“.zip”压缩包。
- zcat 命令：用于不真正解压缩文件，就能显示压缩包中文件内容的场合。
- cksum 命令：是检查文件的 CRC 是否正确，确保文件从一个系统传输到另一个系统的过程中不被损坏。这种方法要求校验和在源系统中被计算出来，在目的系统中又被计算一次，两个数字进行比较，如果校验和相等，则该文件被认为是正确传输的。
- touch 命令：用于创建文件或修改文件/目录的时间戳。

- vi 命令：是 UNIX 操作系统和类 UNIX 操作系统中最通用的全屏幕纯文本编辑器。Linux 中的 vi 编辑器叫 Vim，它是 vi 的增强版，与 vi 编辑器完全兼容，而且实现了很多增强功能。
- ed 命令：是 Linux 中功能最简单的文本编辑程序，一次仅能编辑一行而非全屏幕方式的操作。ed 命令并不是一个常用的命令，一般使用比较多的是 vi 命令。
- sed 命令：是一个面向字符流的非交互式编辑器，也就是说，sed 不允许用户与它进行交互操作。
- awk 命令：是一个强大的文本分析工具，相对于 grep 的查找、sed 的编辑，awk 在对数据分析并产生报告时，显得尤为强大，简单来说，awk 将数据逐行读入，以空格作为默认分隔符，对每行进行切片，并对切开的部分进行各种分析处理。printf 是 awk 的重要格式化输出命令。
- iconv 命令：用来转换文件的编码方式，比如它可以将 UTF8 编码转换成 GB18030 编码，反过来也行。
- cat 命令：将文件或标准输入组合输出到标准输出。这个命令常用来显示文件内容，或者将几个文件连接起来显示，或者从标准输入读取内容并显示，它常与重定向符号配合使用。cat 命令的名称来源于 concatenate 一词。
- more 命令：是一个基于 vi 编辑器的文本过滤器，它以全屏幕的方式按页显示文本文件的内容，支持 vi 中的关键字定位操作。
- head 命令：用来显示档案的开头，默认打印其相应文件的开头 10 行。
- tail 命令：用于输入文件中的尾部内容，默认在屏幕上显示指定文件的末尾 10 行。
- file 命令：用来探测给定文件的类型。
- find 命令：用来在指定目录下查找文件。任何位于参数之前的字符串都将被视为欲查找的目录名。如果使用该命令时不设置任何参数，则此命令将在当前目录下查找子目录与文件，并且将查找到的子目录和文件全部进行显示。
- grep 命令：是一种强大的文本搜索工具，它能使用正则表达式搜索文本，并把匹配的行打印出来。grep 全称是 Global Regular Expression Print，表示全局正则表达式打印，它的使用权限是所有用户。
- sort 命令：在 Linux 中非常有用，它将文件进行排序，并将排序结果标准输出。

- tsort 命令：对文件执行拓扑排序。
- wc 命令：为统计指定文件中的字节数、字数、行数，并将统计结果显示输出。
- join 命令：用于将两个文件中指定栏位内容相同的行连接起来。找出两个文件中指定栏位内容相同的行，并加以合并，再输出到标准输出设备。
- split 命令：可以将一个大文件分割成很多个小文件，有时需要将文件分割成更小的片段，以提高可读性、生成日志等。
- csplit 命令：用于将一个大文件分割成小的碎片，并且将分割后的每个碎片保存成一个文件。碎片文件的命名类似“xx00”“xx01”。csplit 是 split 的一个变体，split 只能够根据文件大小或行数来分割，但 csplit 能够根据文件本身特点来分割。
- ln 命令：是 Linux 中又一个非常重要的命令，它的功能是为某一个文件在另外一个位置建立一个同步的链接，最常用的参数是-s，具体用法是：ln –s 源文件 目标文件。
- cmp 命令：用来比较两个文件是否有差异。当相互比较的两个文件完全相同时，则该指令不会显示任何信息。若发现有差异，预设会标识出第一个不同之处的字符和列数编号。
- diff 命令：用来比较两个文件或目录的不同，并且是以行为单位来比对的。一般是用在 ASCII 纯文本文件的比对上。因为是以行为比对的单位，所以 diff 通常用在同一文件（或软件）的新旧版本差异对比上，常常用于生成源代码的补丁包文件（patch）。
- patch 命令：用于修补文件，就不得不提到 diff 命令，也就是制作 patch 的必要工具，此命令用来检查文件中不可移植的部分。
- dd 命令：将指定大小的数据块复制为一个文件，并在复制的同时进行指定的转换。

1.5.4 进程相关的命令

- bg 命令：将进程搬到后台运行，使前台可以执行其他任务。该命令的运行效果与在命令后面添加符号&的效果是相同的，都是将其放到系统后台执行。
- fg 命令：将进程搬到前台运行。
- nohup 命令：可以在退出账户之后继续运行相应的进程，nohup 是 no hang up 的缩写，即不挂起。
- jobs 命令：查看当前有多少在后台运行的命令。

- fuser 命令：是用来显示一个进程所有正在使用的 file、filesystem 或者 sockets。
- ps 命令：用于报告当前系统的进程状态。可以搭配 kill 命令随时中断、删除不必要的程序。此命令是基本同时也是非常强大的进程查看命令，使用该命令可以确定有哪些进程正在运行和运行的状态、进程是否结束、进程有没有僵死、哪些进程占用了过多的资源等。
- kill 命令：通过向进程发送指定的信号来结束相应进程。在默认情况下，采用编号为 15 的 TERM 信号。此信号将终止所有不能捕获该信号的进程。对于那些可以捕获该信号的进程就要用编号为 9 的 kill 信号，强行“杀掉”该进程。
- nice 命令：用于以指定的进程调度优先级启动其他程序。
- renice 命令：可以修改正在运行的进程的调度优先级。
- time 命令：可以获取一个程序的执行时间，包括程序的实际运行时间以及程序运行在用户态和内核态的时间。

1.5.5　进程间通信（IPC）相关的命令

- ipcs 命令：输出当前系统下各种方式的 IPC 状态信息（共享内存、消息队列、信号）。
- ipcrm 命令：移除一个消息对象，或者共享内存段，或者一个信号集，同时会将相关数据也一起移除。当然，只有超级管理员或者 IPC 对象的创建者才有这项权利。
- mkfifo 命令：创建一个 FIFO 特殊文件，是一个命名管道，可以用于进行进程间通信。

1.5.6　基本的开发者工具

- c99—— compile standard C programs。
- fort77—— FORTRAN compiler。
- yacc 代表 Yet Another Compiler Compiler。
- m4 命令：是一个宏处理器，将输入复制到输出，同时将宏展开。宏可以是内嵌的，也可以是用户定义的。
- make 命令：是 GNU 的工程化编译工具，用于执行 Makefile 工程文件编译众多相互关联的源代码文件，以实现工程化的管理，提高开发效率。
- nm 命令：用于显示二进制目标文件的符号表。

- od 命令：用于将指定文件内容以八进制、十六进制或其他格式显示，通常用于显示或查看文件中不能直接显示在终端的字符。
- strip 命令：从字面上可以把它理解成脱衣服的意思，简单地说，就是给文件脱掉外衣，具体就是从特定文件中剥掉一些符号信息和调试信息，使文件变小。
- expand 命令：用于将文件的制表符（TAB）转换为空白字符（space），将结果显示到标准输出设备。

1.5.7 I/O 相关的命令

- mesg 命令：用于设置当前终端的写权限，即是否让其他用户向本终端发信息。将 mesg 设置为 y 时，其他用户可利用 write 命令将信息直接显示在屏幕上。
- read 命令：从键盘读取变量的值，通常用在 Shell 脚本中与用户进行交互的场合。
- tty 命令：可以查看现在使用的终端标识。
- stty 命令：对当前为标准输入的设备设置某些 I/O 选项，该命令将输出写到当前为标准输出的设备中。
- tee 命令：读取标准输入，把这些内容同时输出到标准输出和（多个）文件中，此命令可以重定向标准输出到多个文件。

1.5.8 Shell 脚本中的常用命令

- crontab 命令：可以在固定的间隔时间执行指定的系统指令或 Shell 脚本。时间间隔的单位可以是分钟、小时、日、月、周及以上的任意组合。这个命令非常适合周期性的日志分析或数据备份等工作。
- sh 命令：Shell 命令语言解释器，执行命令从标准输入读取或从一个文件中读取。
- test 命令：Shell 环境中测试条件表达式的实用工具。
- expr 命令：一款表达式计算工具，用来完成表达式的求值操作。
- command 命令：调用指定的命令并执行，命令执行时不查询 Shell 函数。此命令只能执行 Shell 内部的命令。
- echo 命令：用于在 Shell 中打印 Shell 变量的值，或者直接输出指定的字符串。
- at 命令：用于在指定时间执行命令。允许使用一套相当复杂的指定时间的方法。

- batch 命令：用于在指定时间，当系统不繁忙时执行任务，用法与 at 命令相似。
- basename 命令：用于显示去除路径和文件后缀部分的文件名或者目录名。
- bc 命令：英文全拼为“Binary Calculator”，是一种支持任意精度的交互执行的计算机语言。bash 内置了对整数四则运算的支持，但是并不支持浮点运算，而 bc 命令可以很方便地进行浮点运算。
- cal 命令：名字来自英语单词“Calendar”，用于显示当前日历或者指定日期的日历，如果没有指定参数，则显示当前月份。
- getopt 命令：与 getopts 都是 Bash 中用来获取与分析命令行参数的工具，常用在 Shell 脚本中分析脚本参数。
- dirname 命令：去除文件名中的非目录部分，仅显示与目录有关的内容。
- hash 命令：负责显示与清除命令运行时系统优先查询的哈希表（hash table）。Linux 系统下会有一个哈希表，每个 Shell 独立，第一次使用该命令时，Shell 解释器默认会从 PATH 路径下寻找该命令的路径。第二次使用该命令时，Shell 解释器首先会查看哈希表，表中没有该命令时才会去 PATH 路径下寻找。
- sleep 命令：常用于在 Shell 脚本中延迟时间。
- wait 命令：用来等待命令的命令，直到其执行完毕后返回终端。该命令常用于 Shell 脚本编程中，待指定的命令执行完成后，才会继续。
- xargs 命令：xargs 是给命令传递参数的过滤器，也是组合多个命令的工具。其可以将管道或标准输入（stdin）数据转换成命令行参数，也能够从文件的输出中读取数据，还可以将单行或多行文本输入转换为其他格式，例如多行变单行、单行变多行。
- true 和 false 命令：始终返回设定的退出状态。程序员和脚本通常使用退出状态评估命令执行得成功与否（0 为成功，非 0 为不成功）。

本章实验

安装 openEuler 操作系统，熟练使用 Linux 常用命令。

第2章 计算机系统的基本工作原理

本章围绕计算机系统的基本工作原理展开，以存储计算机模型为基础，以 x86 和 ARM64 汇编为抓手，试图形成核心、基本的计算机系统运作模型，同时还讨论了指令乱序问题。最后在计算机系统运作模型的基础上，以 mykernel 为实验环境给出了最精简的操作系统内核范例代码。

2.1 存储程序计算机

2.1.1 哈佛结构与冯·诺依曼结构

存储程序计算机的概念虽然简单，但在计算机发展史上具有革命性的意义，迄今为止仍是计算机发展史上非常有意义的发明。一台硬件有限的计算机或智能手机能安装各种各样的软件，执行各种各样的程序，这在人们看来都理所当然，其实背后是存储程序计算机的功劳。

存储程序计算机的主要思想是将程序存放在计算机存储器中，然后按存储器中存储的程序的首地址执行程序的第一条指令，以后就按照该程序中编写好的指令执行，直至程序执行结束。

相信很多人（特别是计算机专业的人）都听说过图灵机。图灵机关注计算的哲学定义，是一种虚拟的抽象机器，是对现代计算机的首次描述。只要提供合适的程序，图灵机就可以做任何运算。基于图灵机建造的早期计算机一般都是在存储器中存储数据，程序的逻辑都是嵌入硬件的。在图灵机之后，先后出现了哈佛结构和冯·诺依曼（Von Neumann）结构的计算机。

哈佛结构（如图 2-1 所示）起源于穿孔纸带存储程序指令，而数据则存储在存储器中，后来在嵌入式系统中沿用下来，将程序指令放在 ROM（Read Only Memory，只读存储器）或 Flash 等存储器中，可以有效地保护程序指令在执行时不被改写；而数据则保存在内存中，可以读写。哈佛结构计算机将程序指令和数据分开的做法实际上是保护了程序指令。

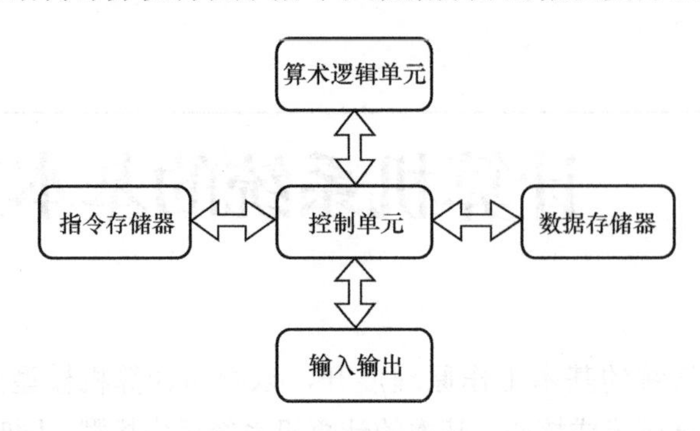

图2-1　哈佛结构示意图

冯·诺依曼结构（如图 2-2 所示）比哈佛结构出现得稍晚一些，是在哈佛结构的基础上改进而来，它是将程序指令和数据存储在一起的存储器结构，简化和统一了程序和数据的总线存取，也称为存储程序计算机。冯·诺依曼结构具有简单、通用和低成本的优势，已经成为通用计算机领域广为人知的基本结构。

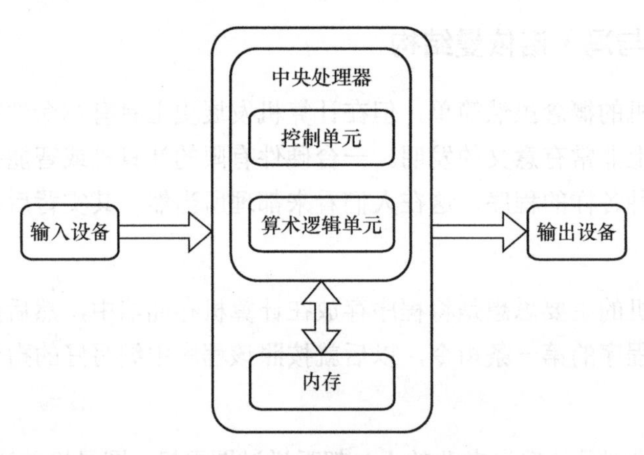

图2-2　冯·诺依曼结构示意图

在嵌入式专用计算机中，程序需要固化在硬件设备中，以硬件 IC 或固件的形式存在，产品出厂后程序几乎从不需要修改，但数据需要反复存取，因而程序和数据对存储器的类型要求是不同的，程序（固件）所需的存储器可以是一次或有限次烧写反复读取的存储器；数据所需的是需要反复读写的存储器，这样程序存储器和数据存储器是两个独立的存储器，即每个存储器独立编址、独立访问。哈佛结构将程序指令和数据分开的做法适合嵌入式设备的场景，而且这种分离的程序总线和数据总线允许在一个机器周期内同时获得指令（来自程序存储器）和操作数（来自数据存储器），通常具有较高的执行效率，可以保证嵌入式设备的实时性。因此哈佛结构在51单片机和ARM等嵌入式处理器中得以应用。

现代操作系统是以冯·诺依曼结构的通用计算机为基础开发的，比如Linux中进程地址空间就是将程序指令和数据统一编址存储的，如果把进程作为一个虚拟的计算机，那么它是冯·诺依曼结构的。问题来了，如果在ARM上运行Linux，那么这台计算机是冯·诺依曼结构还是哈佛结构呢？显然冯·诺依曼结构与哈佛结构融合起来了，可以把所有计算机都笼统、简化地理解为冯·诺依曼结构，而哈佛结构只在为了某些特殊目标而设计的硬件中存在，这大概是哈佛结构在智能手机中广为应用，却不如冯·诺依曼结构广为人知的原因吧。

2.1.2 复杂指令集和精简指令集

最初的计算机没有指令，是完全由硬件电路实现的专用计算机。硬件电路中反复使用的通用电路模块就是指令产生的基础，可以说指令最初是电路模块的编号，这些编号的集合就是指令集，可以认为这是最初的编程语言，对应机器语言和汇编语言。复杂指令集就是在经验积累的基础上产生的大量实用指令的集合。

CISC（Complex Instruction Set Computer），即“复杂指令集计算机”，从计算机诞生以来一直被沿用。CISC的指令比较丰富，有专用指令来完成特定的功能。因此，处理特殊任务效率较高。随着对指令集的反复应用和抽象，人们逐渐发现可以去除冗余指令或合并不同指令中相同的功能，用最精简的指令集来完成相同的工作，从而简化硬件芯片的复杂度，这就产生了精简指令集。

RISC（Reduced Instruction Set Computer），即“精简指令集计算机”，是一种执行较少类型计算机指令的微处理器，起源于20世纪80年代的MIPS。RISC有简单、高效的特色，对不常用的功能，常通过组合指令来完成，因此，在RISC上实现特殊功能时，效率可能较低，但可以利用流水线技术和超标量技术加以改进和弥补。

简单来说，复杂指令集相当于语言的词汇量丰富，精简指令集相当于语言的词汇量较少，但可以组合成的词组和短语较为丰富。

CISC处理器最具代表性的就是Intel和AMD的x86/x86-64指令集；RISC处理器有Power PC、MIPS、ARM/ARM64和RISC-V等指令集。

x86/x86-64是常见的个人计算机使用的指令集；ARM64，官方称为AArch64，也简称为 A64，是 ARM 架构的 64 位扩展，在 ARMv8-A 架构中被首次提出。ARM64 广泛应用于智能手机中，且逐渐向桌面和服务器领域拓展，比如基于苹果 M1 芯片的 Mac 计算机和 MacBook 笔记本电脑、基于华为鲲鹏处理器的台式机和服务器，以及树莓派等。

2.1.3　深入理解冯·诺依曼体系结构

我们都知道“庖丁解牛”这个成语，比喻经过反复实践，掌握了事物的客观规律，做事得心应手。冯·诺依曼体系结构就是各种计算机体系结构需要遵从的一个“客观规律”，了解它对于理解计算机和操作系统非常重要。下面介绍冯·诺依曼体系结构。

在 1944—1945 年，冯·诺依曼指出程序和数据在逻辑上是相同的，程序也可以存储在存储器中，以这个思路为基点形成了一种新的计算机体系结构。这种体系结构的主要特点是：CPU（Central Processing Unit，中央处理器，或简称处理器）和存储器（memory）是计算机的两个主要组成部分，存储器中保存着数据和程序指令，CPU 从存储器中取指令执行，其中有些指令让 CPU 做运算，有些指令让 CPU 读写存储器中的数据。

冯·诺依曼体系结构的要点如下。

（1）冯·诺依曼体系结构如图 2-3 所示，其中运算器、存储器、控制器、输入设备和输出设备 5 大基本类型部件组成了计算机硬件。

（2）计算机内部采用二进制来表示指令和数据。

（3）将编写好的程序和数据先存入存储器中，然后让计算机执行，这就是存储程序的基本含义。

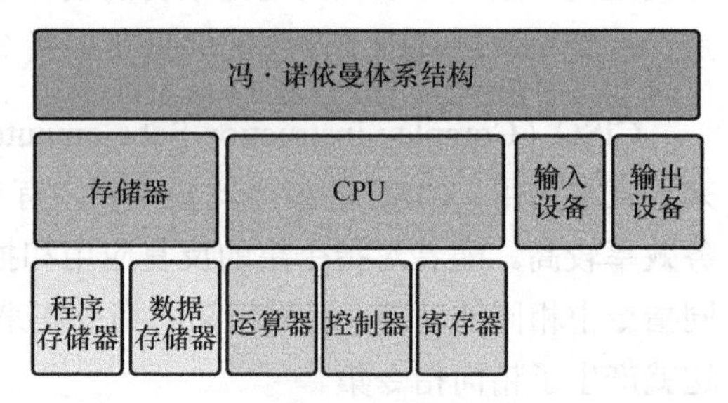

图2-3　冯·诺依曼体系结构分解示意图

计算机硬件的核心是 CPU，它与存储器和输入/输出（I/O）设备进行交互，从输入设备接收数据，向输出设备发送数据。CPU 由运算器（算术逻辑单元 ALU）、控制器和一些寄存器组成。一个非常重要的寄存器是程序计数器（Program Counter，PC），在 x86 架构的 CPU 中称为指令指针（Instruction Pointer，IP）寄存器，即 IP（16 位）、EIP（32 位）或 RIP（64 位）寄存器，而在 ARM64 中称为 PC，它负责存储将要执行的下一条指令在存储器中的地址。C/C++程序员可以将 PC 看作一个指针，因为它总是指向某一条指令的地址（见图 2-4）。CPU 就是从 PC 指向的那个地址取一条指令执行，同时 PC 会自动加 1 指向下一条指令。CPU 依次执行下一条指令，就像“贪吃蛇”一样。

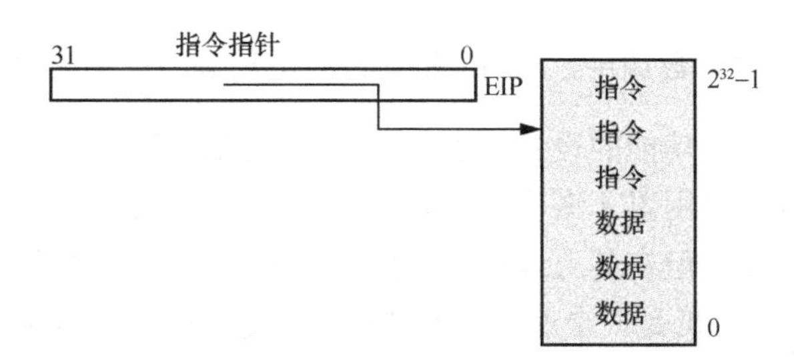

图2-4 32位x86指令指针寄存器示意图

CPU、存储器和I/O设备通过总线连接。存储器中存放指令和数据。“计算机内部采用二进制来表示指令和数据”表明，指令和数据的功能和处理是不同的，但都可以用二进制的方式存储在存储器中。

上述第3个要点指出了冯·诺依曼体系结构的核心是存储程序计算机。用程序员的思维方式来对存储程序计算机进行抽象，如图2-5所示。

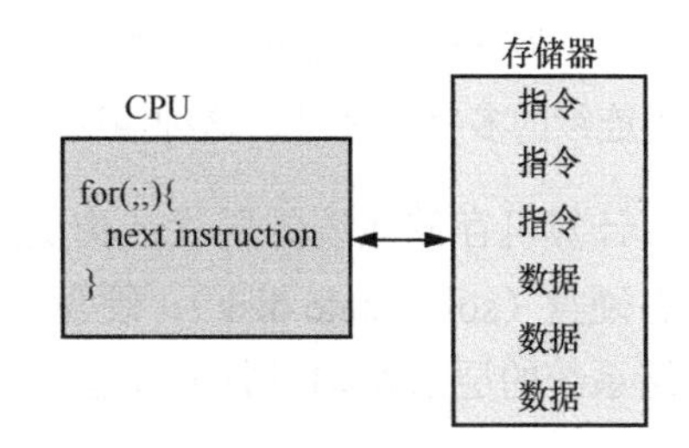

图2-5 存储程序计算机工作原理示意图

可以把CPU抽象成一个for循环，因为它总是从存储器里取下一条指令（next instruction）来执行。从这个角度来看，存储器保存指令和数据，CPU负责解释和执行这些指令，它们通过总线连接起来。这里揭示了计算机可以自动化执行程序的原理。

这里存在一个问题——CPU能识别什么样的指令，因此需要有一个定义。学过编程的读者基本都知道API（Application Program Interface，应用程序编程接口），而对于程序员来讲，还有一个ABI（Application Binary Interface），它主要是一些指令的编码。在指令编码方面，不会涉及具体的细节，只会涉及和汇编相关的内容。至于这些指令是如何编码成二进制机器指令的，有兴趣的读者可以查找指令编码的相关资料。

此外，这些指令会涉及一些寄存器，这些寄存器约定什么样的指令该用什么寄存器。同时，也需要了解寄存器的布局。对于x86架构的指令集来讲，大多数指令可以直接访问内存，而ARM64中只有str/ldr及其变种指令可以访问内存。对于x86架构中指令的编码不是固定长度的，指令指针寄存器自动加一，这里的“一”不是一个固定长度，而是智能地加一条指令的长度；而ARM64中指令编码的长度是固定的32位。

需要特别注意的是：指令指针寄存器在x86和ARM64中都不能被直接修改，它只可以被一些跳转指令修改，如x86中的call、ret、jmp等，ARM64中的b、bl、br、blr和ret

等，编译器将 C 语言中的函数调用、return 和 if-else 语句等映射为这些指令。

现在绝大多数具有计算功能的设备，小到微型嵌入式设备、智能手机，大到超级计算机，基本的核心部分都可以用冯·诺依曼体系结构（存储程序计算机）来理解，即便它的硬件结构可能是哈佛结构，但在其上运行的操作系统中抽象出的进程是存储程序计算机的模型。因此，存储程序计算机是一个非常基本的概念，是理解计算机系统工作原理的基础。

2.1.4　计算机的存储系统

计算机存储系统中最关键的是存储器或内部存储器（简称内存），它是存储程序计算机模型中两个关键部件之一。每个存储单元有一个地址（address），存储地址是从 0 开始编号的整数，CPU 通过地址找到相应的存储单元，取其中的指令或者读写其中的数据。一个地址所对应的存储单元不能存储很多东西，只能存储一字节。指令或 int、float 等多字节的数据保存在内存中要占用连续的多字节地址，这种情况下指令或数据的地址是它所占存储单元的起始字节的地址。

计算机存储系统的层次结构复杂，除了内存，还有寄存器（register）、缓存（cache）、固态硬盘（solid-state disk）、硬盘（disk）和互联网（Internet）分布式存储。下面将计算机存储系统的层次结构进行简要总结，如图 2-6 所示。

对不同的存储方式的访问速度的差别，我们往往没有具体概念，因为计算机相对于人类的感知能力来说实在太快了。将 CPU 内部的一个周期（cycle）扩大为人类能够感知的 1 秒钟，来直观对比一下寄存器、缓存、内存、固态硬盘、硬盘和互联网分布式存储之间的访问速度的差别。图 2-7 所示的 4 个方框分别表示寄存器、内存、硬盘和互联网分布式存储的访问速度。

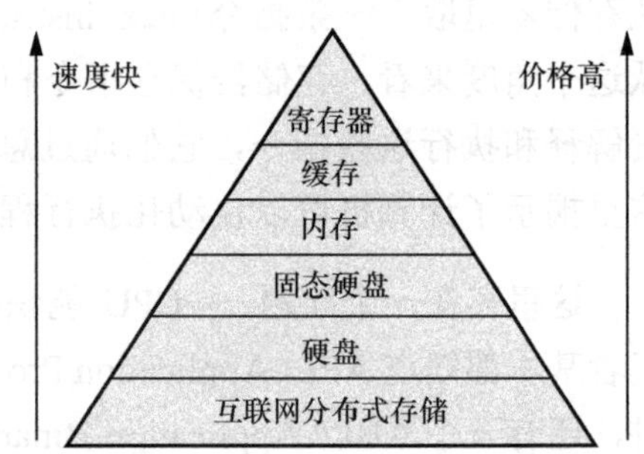

图2-6　计算机存储系统的层次结构示意图

Event	Latency	Scaled
1 CPU cycle	0.3 ns	1 s
Level 1 cache access	0.9 ns	3 s
Level 2 cache access	2.8 ns	9 s
Level 3 cache access	12.9 ns	43 s
Main memory access (DRAM, from CPU)	120 ns	6 min
Solid-state disk I/O (flash memory)	50-150 μs	2-6 days
Rotational disk I/O	1-10 ms	1-12 months
Internet: San Francisco to New York	40 ms	4 years
Internet: San Francisco to United Kingdom	81 ms	8 years
Internet: San Francisco to Australia	183 ms	19 years

图2-7　不同存储方式的访问速度

需要提及的是：5G 网络的空口延迟可达 1 ms，也就是网络访问速度可以提升到与本地硬盘访问速度大致相当，这意味着互联网云存储有逐步替代本地硬盘的潜力。

2.1.5　计算机的总线结构

CPU 执行指令除了访问存储器还要访问很多设备（device），如键盘、鼠标、硬盘、显示器等，那么它们和 CPU 之间是如何连接的呢？下面以较为通用的冯·诺依曼结构为例来展示，如图 2-8 所示。

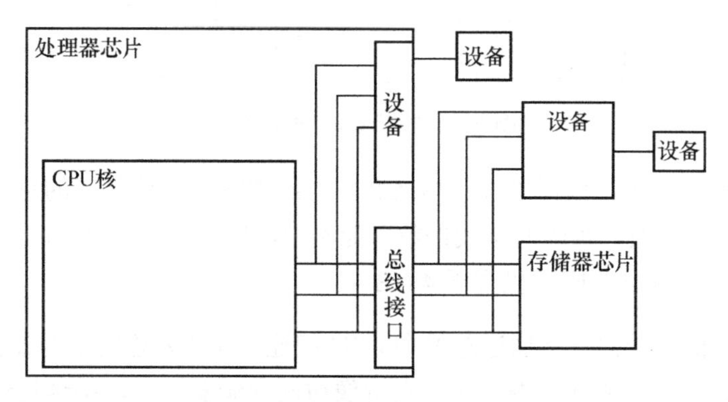

图2-8　计算机总线结构示意图

有些设备像存储器芯片一样连接到处理器接口上，正因为处理器接口上可以挂多个设备和存储器芯片所以才叫“总线”（bus）。总线内部又细分为地址总线、数据总线和控制总线。

以 32 位 CPU 和存储器之间用地址总线、数据总线和控制总线连接起来为例，每条线上有 1 和 0 两种状态。如果在执行指令过程中需要访问存储器，比如从存储器读一个数到寄存器，执行过程可以这样想象：首先，CPU 通过控制总线 RD 发送一个读请求，并且将存储器地址通过地址总线 A0～A31 发送给存储器；然后，存储器芯片收到地址和读请求之后，将相应的存储单元对接到数据总线 D0～D31；最后，存储单元每一位的 1 或 0 状态通过一条数据总线到达 CPU 寄存器中相应的位，就完成了数据传送。

计算机总线示意图如图 2-9 所示，其中画了 32 条地址总线、32 条数据总线和 1 条控制总线，CPU 寄存器也是 32 位，地址总线、数据总线和 CPU 寄存器的位数通常是一致的。32 位计算机有 32 条地址总线，可寻址的逻辑地址空间（address space）从 0x00000000 到 0xffffffff，共 4 GB（2^{32}），而 64 位计算机一般使用 48 条地址总线，可寻址的逻辑地址空间为 256 TB（2^{48}），而且这一逻辑地址空间在未来可能增加到 16 EB（2^{64}，1 EB=1 024 PB，1 PB=1 024 TB，1 TB=1 024 GB）。

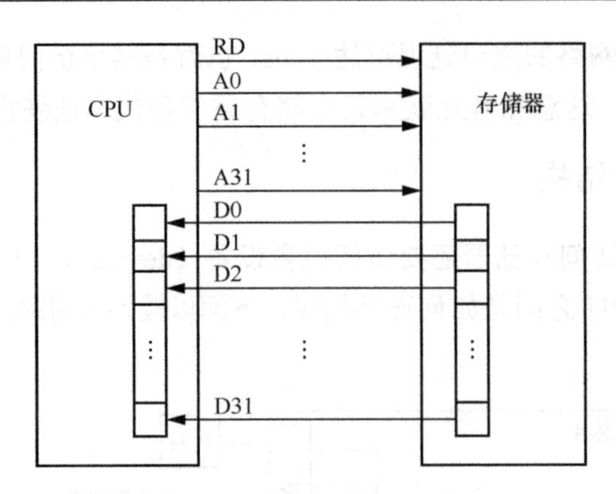

图2-9　计算机总线示意图

这里所说的地址总线、数据总线是指 CPU 内部逻辑上应该具有的总线条数，但由于 MMU 和总线接口的转换，实际的总线条数可能不同，例如，由于 MMU 和总线接口的转换，32 位处理器的可寻址空间可以大于 4 GB。

很多设备和存储器一样直接通过总线和 CPU 相连，称其为总线上的设备，总线上的设备和存储器芯片有不同的地址范围。访问它就像访问存储器一样，按地址读写即可，和访问存储器不同的是，向一个地址写数据只是给设备发送一个命令，数据不一定要保存，而从一个地址读数据也不一定是读先前保存在这个地址的数据，而是得到设备的当前状态。

总线上的设备往往也具有可供读写访问的存储单元，通常称为设备寄存器。注意设备寄存器和 CPU 寄存器不是一回事，但又是一回事，因为设备芯片是一个专用微型处理器，和通用处理器一样，内部可能包含一些存储单元，为了与 CPU 寄存器区分就称其为设备寄存器。操作设备的过程就是读写这些设备寄存器的过程。

还有一些设备集成在处理器芯片内部，但无论是在 CPU 外部接总线的设备还是在 CPU 内部接总线的设备都有各自的地址范围，都可以像访问存储器一样访问，很多体系结构（比如 ARM）采用这种方式操作设备，称为内存映射 I/O（memory-mapped I/O）。但是 x86 比较特殊，其对于设备有独立的端口地址空间，CPU 核需要引出额外的地址线来连接处理器芯片内部集成的设备，访问设备寄存器时用特殊的 in/out 指令，这种方式称为端口 I/O（port I/O）。

从 CPU 的角度来看，访问设备只有内存映射 I/O 和端口 I/O 两种，要么像存储器一样访问，要么用一种专用的指令访问。其实访问设备是相当复杂的，而且计算机的设备五花八门，各种设备的性能要求都不一样，如有的要求带宽大，有的要求响应快，有的要求热插拔，于是出现了各种适应不同要求的设备总线，比如 PCI、AGP、USB、1394、SATA 等，它们并不直接和 CPU 相连，CPU 通过内存映射 I/O 或端口 I/O 访问相应的总线控制器，再通过总线控制器去访问挂在总线上的设备。所以图 2-8 中标有“设备”的框可能是实际的设备，也可能是设备总线控制器。

在 x86 平台上，硬盘是挂在 IDE、SATA 或 SCSI 上的，不是直接挂在总线上的，保存在硬盘上的程序是不能被 CPU 直接取指令执行的，操作系统在执行程序时会把它从硬盘复制到存储器，这样 CPU 才能取指令执行，这个过程称为加载（load）。程序加载到存储器之后，成为操作系统调度执行的一个任务，就称为进程（process）。操作系统（operating system）本身也是一段保存在硬盘上的程序，计算机在启动时执行一段固定的启动代码（称为 bootloader）把操作系统从硬盘加载到存储器，然后执行操作系统中的代码把用户需要的其他程序加载到存储器。

2.2 x86 汇编语言基础

汇编语言的格式分为 AT&T 汇编格式和 Intel 汇编格式，这里与 Linux 内核采用的汇编格式保持一致，采用 AT&T 汇编格式。movl %edx,%eax 这条指令如果用 Intel 语法来写，就是 MOV EAX,EDX，寄存器名不加%，源操作数和目标操作数的位置互换，字长也不是用指令的后缀 l 表示而是用另外的方式表示，这里不详细讨论两种语法之间的区别。

以 x86 架构的汇编指令为例，经过不断的发展，x86 架构经历了 16 位（8086，1978）、32 位（i386，1985）和 64 位（Pentium 4E，2004）共 3 个关键阶段。由于很长一段时间内 32 位的 CPU 处于主流地位，因此 x86 架构常默认为 32 位，也称为 IA32（Intel Architecture 32 bit），64 位 x86 架构一般称为 x86-64 或者 x64。

2.2.1 x86 CPU 的寄存器

为了便于读者理解，下面先来介绍 16 位的 8086 CPU 的寄存器。8086 CPU 中总共有 14 个 16 位的寄存器——AX、BX、CX、DX、SP、BP、SI、DI、IP、FLAG、CS、DS、SS 和 ES。这 14 个寄存器分为通用寄存器、控制寄存器和段寄存器 3 种类型。

（1）通用寄存器又分为数据寄存器、指针寄存器和变址寄存器。

AX、BX、CX 和 DX 统称为数据寄存器。

- AX（Accumulator）：累加寄存器，也称为累加器。
- BX（Base）：基地址寄存器。

- CX（Count）：计数寄存器。
- DX（Data）：数据寄存器。

SP 和 BP 统称为指针寄存器。

- SP（Stack Pointer）：堆栈指针寄存器。
- BP（Base Pointer）：基指针寄存器。

SI 和 DI 统称为变址寄存器。

- SI（Source Index）：源变址寄存器。
- DI（Destination Index）：目的变址寄存器。

（2）控制寄存器主要分为指令指针寄存器和标志寄存器。

- IP（Instruction Pointer）：指令指针寄存器。
- FLAG：标志寄存器。

（3）段寄存器主要有代码段寄存器、数据段寄存器、堆栈段寄存器和附加段寄存器。

- CS（Code Segment）：代码段寄存器。
- DS（Data Segment）：数据段寄存器。
- SS（Stack Segment）：堆栈段寄存器。
- ES（Extra Segment）：附加段寄存器。

以上数据寄存器 AX、BX、CX 和 DX 都可以当作两个单独的 8 位寄存器来使用。如图 2-10 所示为 AX 寄存器示意图。

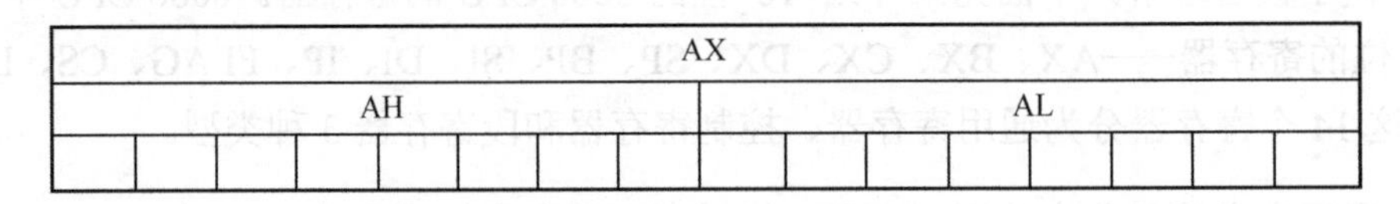

图2-10　AX 寄存器示意图

- AX 寄存器可以分为两个独立的 8 位的 AH 和 AL 寄存器。
- BX 寄存器可以分为两个独立的 8 位的 BH 和 BL 寄存器。
- CX 寄存器可以分为两个独立的 8 位的 CH 和 CL 寄存器。

- DX 寄存器可以分为两个独立的 8 位的 DH 和 DL 寄存器。

除了上面 4 个数据寄存器，其他寄存器均不可以分为两个独立的 8 位寄存器。注意，每个分开的寄存器都有自己的名称，可以独立存取。程序员可以利用数据寄存器的这种“可分可合”的特性，灵活地处理字（word）和字节（byte）的信息。需要注意的是，字这个概念用得比较混乱，在有些上下文中指 16 位（应该是最初的用法），在有些上下文中指 32 位（这种情况下，16 位被称为半字），在有些上下文中指处理器的字长（如果处理器是 32 位，那么一个字就是 32 位，如果处理器是 64 位，那么一个字就是 64 位）。

了解了 16 位的 8086 CPU 的寄存器之后，再来看 32 位的寄存器。IA32 的寄存器如下。

（1）4 个数据寄存器（EAX、EBX、ECX 和 EDX）。

（2）2 个变址寄存器（ESI 和 EDI）。

（3）2 个指针寄存器（ESP 和 EBP）。

（4）6 个段寄存器（ES、CS、SS、DS、FS 和 GS）。

（5）1 个指令指针寄存器（EIP）。

（6）1 个标志寄存器（EFlags）。

32 位寄存器只是把对应的 16 位寄存器扩展到了 32 位，EAX 寄存器如图 2-11 所示，它增加了一个 E。所有开头为 E 的寄存器，一般都是 32 位的。

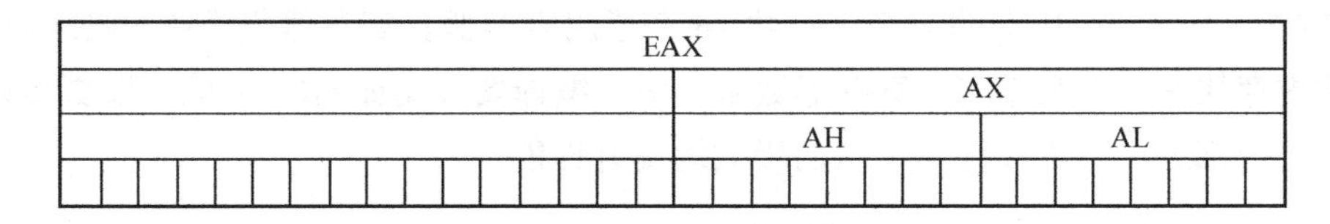

图2-11　EAX 寄存器示意图

EAX 累加寄存器、EBX 基址寄存器、ECX 计数寄存器和 EDX 数据寄存器都是通用寄存器，程序员在编写汇编语言代码时可以自己定义如何使用。ESI、EDI 是变址寄存器；EBP 是堆栈基址指针寄存器，比较重要；ESP 也比较重要，它是栈顶寄存器。这里涉及栈的概念，学过数据结构课程的读者应该知道栈这种数据结构，本书后面会具体讲到 push 指令压栈和 pop 指令出栈，它是向一个栈里面压一个数据和从栈里面弹出一个数据。这些都是 32 位的通用寄存器。

值得注意的是，在 16 位 x86 CPU 中，AX、BX、CX 和 DX 不能作为基址和变址寄存器来存放存储单元的地址，但在 32 位 CPU 中，32 位寄存器 EAX、EBX、ECX 和 EDX 不仅可以传送数据、暂存数据、保存算术逻辑运算结果，还可以作为指针寄存器，因此这些 32 位寄存器更加通用。

除了通用寄存器，还有一些段寄存器。虽然段寄存器在本书中用得比较少，但还是要了解一下。除了 CS、DS、ES 和 SS，还有其他附加段寄存器 FS 和 GS。常用的是 CS 段寄存器和 SS 段寄存器。指令都存储在代码段中，在定位一个指令时，使用 CS:EIP 来准确指明它的地址。也就是说，首先需要知道代码在哪一个代码段里，然后需要知道指令在代码段内的相对偏移地址 EIP，一般用 CS:EIP 准确地标明一个指令的内存地址。而且每一个进程都有自己的堆栈段（在 Linux 系统里，每个进程都有一个内核堆栈和一个用户堆栈）。标志寄存器的功能细节比较复杂，这里不再详细介绍，知道标志寄存器可以保存当前 CPU 的一些状态即可。

现在主流的 PC 和 PC 服务器大多采用 64 位的 CPU，所以也需要简单了解一下 x86-64 的寄存器。x86-64 是 x86 系列中集大成者，继承了向后兼容的优良传统，最早由 AMD 公司提出，代号 AMD64。不过为了名称的延续性，更习惯称这种架构为 x86-64。

在 x86-64 架构中，所有寄存器都是 64 位的，相对 32 位的 x86 来说，寄存器的标识符发生了变化，比如原来的 EBP 变成了 RBP。为了向后兼容，EBP 依然可以使用，不过指向了 RBP 的低 32 位。

x86-64 寄存器的变化不仅体现在位数上，还体现在通用寄存器的数量上。新增加寄存器 R8～R15，加上 x86 原有的 8 个，一共 16 个通用寄存器。寄存器集成在 CPU 内部，存取速度比内存快好几个数量级，寄存器数量增多，编译器（比如 GCC）就可以更多地使用寄存器，替换部分内存堆栈存储，从而极大地提升性能。

x86-64 有 16 个 64 位寄存器，分别是 RAX、RBX、RCX、RDX、RSI、RDI、RDP、RSP 以及新增的 R8～R15。这些寄存器在编译器（GCC）中的基本使用约定大致如下。

- RAX 作为函数返回值使用。
- RSP 栈指针寄存器，指向栈顶。
- RDI、RSI、RDX、RCX、R8、R9 用作函数参数，依次对应第 1～6 个参数。
- RBX、RBP、R10、R11、R12、R13、R14、R15 用作数据存储，一般按照编译器后端约定的规则使用。

64 位寄存器只是把对应的 32 位寄存器扩展到了 64 位，RAX 寄存器如图 2-12 所示，寄存器的标识符中 EAX 换成了 RAX。所有开头为 R 的寄存器一般都是 64 位的。

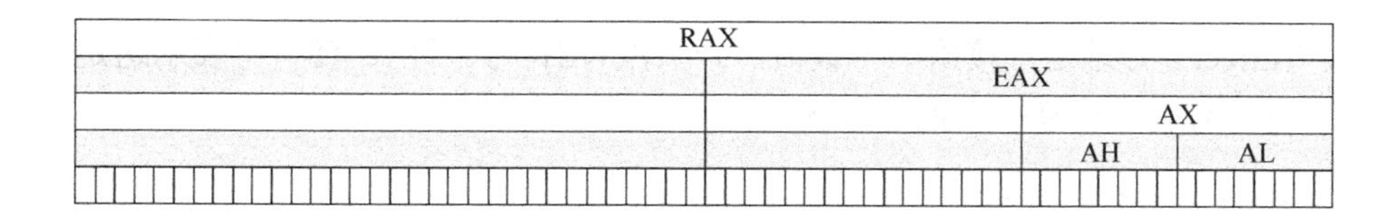

图2-12　RAX寄存器示意图

除了前述 8 个通用寄存器及新增的 8 个通用寄存器，常用的还有 RFlags、RIP 等。

2.2.2　基本汇编语言语法规则

x86 汇编指令包含操作码和操作数。其中操作码主要是一些常见的汇编指令，比如最常见的汇编指令是 mov 指令，movb 中的 b 是指 8 位，movw 中的 w 是指 16 位，movl 中的 l 是指 32 位，movq 中的 q 是指 64 位；操作数分为立即数、寄存器和存储器 3 种。

（1）立即数，即常数，如$8，用$开头后面跟一个数值。

（2）寄存器，表示某个寄存器中保存的值，如%rax、%eax，EAX 是指 RAX 的低 32 位。对字节操作而言，是 8 个单字节寄存器中的一个，如%al（RAX 寄存器中的低 8 位）。

（3）存储器，根据计算出的有效地址来访问存储器的某个位置，这就涉及寻址方式。

首先介绍寄存器（register）寻址。所谓寄存器寻址就是操作的是寄存器，不和内存打交道，如%eax，以%开头，后面跟一个寄存器名称。

```
movl %eax, %edx # 32 位
movq %rax, %rdx # 64 位
```

上述代码把寄存器%eax 的内容放到%edx 中。如果把寄存器名当作 C 语言代码中的变量名，它就相当于：

```
edx = eax; // 32 位
rdx = rax; // 64 位
```

立即（immediate）寻址是用一个$开头后面跟一个数值。例如：

```
movl $0x123,  %edx # 32 位
movq $0x123,  %rdx # 64 位
```

上述代码就是把 0x123 这个十六进制的数值直接放到 EDX 寄存器中。如果把寄存器名当作 C 语言代码中的变量名，它就相当于：

```
edx = 0x123; // 32 位
rdx = 0x123; // 64 位
```

直接（direct）寻址是直接用一个数值，开头没有$符号。开头有$符号表示这是一个立即数；没有$符号表示这是一个地址。例如：

```
movl 0x123, %edx # 32 位
movl 0x123, %rdx # 64 位
```

上述代码就是把十六进制的 0x123 内存地址所指向的那块内存里存储的数据放到 EDX 寄存器中，这相当于 C 语言代码：

```
edx = *(int*)0x123; // 32 位
rdx = *(long*)0x123; // 64 位
```

上述代码把 0x123 这个数值强制转化为一个 32 位的 int 型变量的指针，再用一个*取它指向的值，然后放到 EDX 寄存器中，称为直接寻址。换句话说，就是用内存地址直接访问内存中的数据。

间接（indirect）寻址就是寄存器加个小括号。举例说明，%ebx 这个寄存器中存储的值是一个内存地址，加个小括号表示这个内存地址所存储的数据，把它放到 EDX 寄存器中：

```
movl (%ebx), %edx # 32 位
movq (%rbx), %rdx # 64 位
```

就相当于 C 语言代码：

```
edx = *(int*)ebx; // 32 位
rdx = *(long*)rbx; // 64 位
```

上述代码把 EBX 寄存器中存储的数值强制转化为一个 32 位的 int 型变量的指针，再用一个*取它指向的值，然后放到 EDX 寄存器中，称为间接寻址。

变址（displaced）寻址比间接寻址稍微复杂一点。例如：

```
movl 4(%ebx), %edx # 32 位
movq 4(%rbx), %rdx # 64 位
```

发现代码中“(%ebx)”前面出现了一个 4，也就是在间接寻址的基础上，在原地址上加上一个立即数 4，相当于 C 语言代码：

```
edx = *(int*)(ebx+4); // 32 位
rdx = *(long*)(rbx+4); // 64 位
```

上述代码把 EBX 寄存器存储的数值加 4，然后强制转化为一个 32 位的 int 类型的指针，再用一个*取它指向的值，然后放到 EDX 寄存器中，称为变址寻址。

如上所述的 CPU 对寄存器和内存的操作方法都是比较基础的，需要牢固掌握。

x86 架构中的大多数指令都能直接访问内存，但还有一些指令能直接对内存进行操作，如 push/pop。它们根据栈顶寄存器指向的内存位置进行压栈和出栈操作，注意这是指令执行过程中默认使用了特定的寄存器 SP、ESP 或 RSP。

还需要特别说明的是，本书中使用的是 AT&T 汇编格式，也是 Linux 内核使用的汇编格式，与 Intel 汇编格式略有不同。在搜索资料时可能会遇到 Intel 汇编格式的代码，全是大写字母的一般是 Intel 汇编格式，全是小写字母的一般是 AT&T 汇编格式。本书中的代码用到的寄存器名称都遵循 AT&T 汇编格式采用全小写的方式，而正文中需要使用寄存器名称时一般使用大写，因为它们是首字母的缩写。

还有几个重要的指令：pushl/popl 和 call/ret。pushl 表示 32 位的 push，如：

```
pushl %eax # 32 位
pushq %rax # 64 位
```

上述代码就是把 EAX 寄存器的值压到堆栈栈顶。它实际上做了这样两个动作：

```
# 32 位
subl $4, %esp
movl %eax, (%esp)
# 64 位
subq $8, %rsp
movq %rax, (%rsp)
```

把堆栈的栈顶 ESP 寄存器的值减 4。因为堆栈是向下增长的，所以用减指令 subl，也就是在栈顶预留出一个存储单元。

把 ESP 寄存器加一个小括号（间接寻址），就是把 EAX 寄存器的值放到 ESP 寄存器所指向的地方，这时 ESP 寄存器已经指向预留出的存储单元了。

下面介绍 popl 指令，如：

```
popl %eax # 32 位
popq %rax # 64 位
```

上述代码就是从堆栈的栈顶取一个存储单元(32 位数值)，从堆栈栈顶的位置放到 EAX 寄存器中，称为出栈。出栈同样对应两个操作：

```
# 32 位
movl (%esp), %eax
addl $4, %esp
# 64 位
```

```
movq (%rsp), %rax
addq $8, %rsp
```

首先把栈顶的数值放到 EAX 寄存器中，然后用指令 addl 把栈顶加 4，相当于栈向上回退了一个存储单元的位置，也就是栈在收缩。每次执行指令 pushl，栈都在增长；执行指令 popl，栈都在收缩。

值得注意的是，push 和 pop 指令都是原子操作，两步操作同时完成，比如在 pushl %esp 和 popl %esp 时不会改变 ESP 寄存器的值，然后再存储到堆栈中。

call 指令是函数调用，即调用一个地址。例如：

```
call 0x12345
```

上述代码实际做了两个动作，如下面两条伪指令。注意，这两个动作并不存在实际对应的指令，用“(*)”来特别标记一下，但这两个动作是由硬件一次性完成的。出于安全考虑，EIP 寄存器不能被程序直接使用和修改。

```
# 32 位
pushl %eip (*)
movl $0x12345, %eip (*)
# 64 位
pushq %rip (*)
movq $0x12345, %rip (*)
```

上述代码先把当前的 EIP 寄存器压栈，然后把 0x12345 这个立即数放到 EIP 寄存器中，该寄存器告诉 CPU 下一条指令的存储地址。把当前的 EIP 寄存器的值压栈就是把下一条指令的地址保存起来，然后给 EIP 寄存器又赋了一个新值 0x12345，也就是 CPU 执行的下一条指令就是从 0x12345 位置取得的。

值得注意的是，32 位 x86 架构下函数调用时，参数是通过压栈的方式传递的，而 64 位 x86 架构下是通过寄存器传递参数的，RDI、RSI、RDX、RCX、R8、R9 这 6 个寄存器用作函数参数传递，依次对应第 1～6 个参数。

再看与 call 指令对应的指令 ret，该指令表示函数返回，例如：

```
ret
```

上述代码实际上做了一个动作，如下面的伪指令。注意，这个动作并不存在实际对应的指令，用“(*)”来特别标记一下，它是由硬件一次性完成的。出于安全考虑，CS:EIP 寄存器不能被直接使用和修改。

```
popl %eip(*) # 32 位
```

```
popq %rip(*) # 64 位
```

也就是把当前堆栈栈顶的一个存储单元(一般是由 call 指令压栈的内容)放到 EIP 寄存器中。

上述 pushl/popl 和 call/ret 汇编指令对应执行的动作汇总，如表 2-1 所示。

表 2-1 pushl/popl 和 call/ret 汇编指令

范例指令	对应的指令动作
pushl %eax	subl $4, %esp movl %eax, (%esp)
popl %eax	movl (%esp), %eax addl $4, %esp
call 0x12345	pushl %eip(*) movl 0x12345, %eip(*)
ret	popl %eip(*)

总结一下，call 指令对应了 C 语言中调用一个函数的语句，也就是调用一个函数的起始地址。ret 指令是把调用函数时压栈的 EIP 寄存器的值（即 call 指令的下一条指令的地址）还原到 EIP 寄存器中，ret 指令之后的下一条指令就回到函数调用位置的下一条指令。换句话说，函数调用结束了，继续执行函数调用之后的下一条指令，这和 C 语言中的函数调用过程是严格对应的。需要注意的是，带“(*)”的指令表示这些指令都是不能被程序员直接使用的，是伪指令。因为 EIP 寄存器不能被程序员直接修改，只能通过专用指令（如 call、ret、jmp 等）间接修改。若程序员可以直接修改 CS:EIP 寄存器，那么会有严重的安全隐患。读者可以自行思考原因，这里就不展开讨论了。

2.2.3 汇编语言代码片段分析

前面已经对指令和寄存器进行了大致的介绍，下面做一个练习。在堆栈为空的情况下，执行如下汇编语言代码片段之后，堆栈和寄存器都发生了哪些变化？

```
1    push    $8
2    movl    %esp, %ebp
3    subl    $4, %esp
4    movl    $8, (%esp)
```

下面分析这段汇编语言代码每一步都做了什么动作。在堆栈为空的情况下，EBP 和 ESP 寄存器都指向栈底。

第 1 行语句是将立即数 8 压栈（即先把 ESP 寄存器的值减 4，然后把立即数 8 放入当前堆栈栈顶位置）。

第 2 行语句是把 ESP 寄存器的值放到 EBP 寄存器中，即把 ESP 寄存器存储的内容放到 EBP 寄存器中，把 EBP 寄存器也指向当前 ESP 寄存器所指向的位置。换句话说，在堆栈中又新建了一个逻辑上的空栈，这一点理解起来并不容易，读者暂时理解不了也没有关系。2.2.5 节会将 C 语言程序汇编成汇编语言代码来分析函数调用是如何实现的，其中会涉及函数调用堆栈框架。

第 3 行语句中的指令是 subl，是把 ESP 寄存器存储的数值减 4，也就是说，栈顶指针 ESP 寄存器向下移了一个存储单元（4 字节）。

第 4 行语句是把立即数 8 放到 ESP 寄存器所指向的内存地址，也就是把立即数 8 通过间接寻址放到堆栈栈顶。

本例是关于栈和寄存器的一些操作，可以对照上述文字说明一步步跟踪堆栈和寄存器的变化过程，以便更加准确地理解指令的作用。

再来看一段汇编语言代码。同样在堆栈为空的情况下，执行如下汇编语言代码片段之后，堆栈和寄存器都发生了哪些变化？

```
1  pushl  $8
2  movl   %esp, %ebp
3  pushl  $8
```

同样也分析一下这段汇编语言代码每一步都做了什么动作。在堆栈为空的情况下，EBP 和 ESP 寄存器都指向栈底。

第 1 行语句是将立即数 8 压栈，即堆栈多了一个存储单元并保存了一个立即数 8，同时也改变了 ESP 寄存器。

第 2 行语句把 ESP 寄存器的值放到 EBP 寄存器中，堆栈空间没有变化，但 EBP 寄存器发生了变化。

第 3 行语句将立即数 8 压栈，即堆栈多了一个存储单元并保存了一个立即数 8。

读者会发现，这个例子和上一个例子的实际效果是完全一样的。

小试牛刀之后，再看下面这段更加复杂一点的汇编语言代码：

```
1  pushl  $8
2  movl   %esp, %ebp
3  pushl  %esp
4  pushl  $8
```

```
5  addl   $4, %esp
6  popl   %esp
```

在堆栈为空的情况下，EBP 和 ESP 寄存器都指向栈底。

第 1 行语句“pushl $8”是将立即数 8 压栈，即堆栈多了一个存储单元并保存立即数 8，同时也改变了 ESP 寄存器。

第 2 行语句“movl %esp, %ebp”把 ESP 寄存器的值放到 EBP 寄存器中，堆栈空间没有变化，但 EBP 寄存器发生了变化。

第 3 行语句“pushl %esp”是把 ESP 寄存器的内容压栈到堆栈栈顶的存储单元中。需要注意的是，pushl 指令本身会改变 ESP 寄存器。“pushl %esp”语句相当于如下两条指令：

```
subl $4, %esp
movl %esp, (%esp)
```

显然，在保存 ESP 寄存器的值到堆栈中之前改变了 ESP 寄存器，保存到栈顶的数据应该是当前 ESP 寄存器的值减 4。ESP 寄存器的值发生了变化，同时栈空间多了一个存储单元保存变化后的 ESP 寄存器的值。

第 4 行语句“pushl $8”是将立即数 8 压栈，即堆栈多了一个存储单元保存立即数 8，同时也改变了 ESP 寄存器。

第 5 行语句“addl $4, %esp”是把 ESP 寄存器的值加 4，这相当于堆栈空间减少了一个存储单元。

第 6 行语句“popl %esp”相当于如下两条指令：

```
movl (%esp), %esp
addl $4, %esp
```

也就是把当前栈顶的数据放到 ESP 寄存器中，然后又将 ESP 寄存器加 4。这一段代码比较复杂，因为 ESP 寄存器既作为操作数，又被 pushl/popl 指令在执行过程中使用和修改。读者需要仔细分析和思考这段汇编语言代码以理解整个执行过程，本书后续内容会结合 C 语言代码的函数调用和函数返回，来进一步理解这段汇编语言代码中涉及的建立一个函数调用堆栈和拆除一个函数调用堆栈。

2.2.4 分析完整的 x86 汇编程序

有了前面的汇编语言基础之后，下面开始利用学到的知识在计算机上进行实操演练。C 语言程序在计算机上是怎样工作的呢？可以通过汇编 C 语言程序代码，并分析汇编语言代码来理解程序的执行过程。

下面是一个由 3 个函数组成的 C 语言程序，为了简便，这里的代码没有调用标准库函数。

```
// assembly.c
int g(int x)
{
    return x + 3;
}

int f(int x)
{
    return g(x);
}

int main(void)
{
    return f(8) + 1;
}
```

如果想把 assembly.c 编译成一个汇编语言代码，那么可以使用如下命令：

```
gcc -S -o assembly.s assembly.c
# 64 位机器上编出 32 位代码需加-m32
sudo apt-get install gcc-multilib
gcc -S -o assembly.s assembly.c -m32
```

上述命令产生一个以“.s”作为扩展名的汇编语言代码文件 assembly.s。需要注意的是，32 位和 64 位汇编语言代码会有些差异。上述 gcc 命令中的“-m32”选项即用来在 64 位机器上编出 32 位汇编语言代码。

这时打开 assembly.s，会发现这个文件是 assembly.c 生成的，但 assembly.s 汇编文件中还有一些以“.”打头的字符串都是编译器在链接阶段所需的辅助信息，读起来会让人有点不知所措。

由于此时的任务是分析汇编语言代码，因此可以把 assembly.s 简化一下，所有以“.”打头的字符串都不会实际执行，可以删掉。在 Vim 中，通过“:g/\.s*/d”命令即可删除所有以“.”打头的字符串，获得“干净”的汇编语言代码，这样如下的代码看起来就比较亲切了。

32 位 x86 汇编语言代码如下：

```
g:
    pushl   %ebp
    movl    %esp, %ebp
    movl    8(%ebp), %eax
```

```
    addl   $3, %eax
    popl   %ebp
    ret
f:
    pushl  %ebp
    movl   %esp, %ebp
    subl   $4, %esp
    movl   8(%ebp), %eax
    movl   %eax, (%esp)
    call   g
    leave
    ret
main:
    pushl  %ebp
    movl   %esp, %ebp
    subl   $4, %esp
    movl   $8, (%esp)
    call   f
    addl   $1, %eax
    leave
    ret
```

64 位 x86 汇编语言代码如下：

```
g:
    pushq  %rbp
    movq   %rsp, %rbp
    movl   %edi, -4(%rbp)
    movl   -4(%rbp), %eax
    addl   $3, %eax
    popq   %rbp
    ret
f:
    pushq  %rbp
    movq   %rsp, %rbp
    subq   $8, %rsp
    movl   %edi, -4(%rbp)
    movl   -4(%rbp), %eax
    movl   %eax, %edi
    call   g
    leave
    ret
main:
    pushq  %rbp
    movq   %rsp, %rbp
    movl   $8, %edi
```

```
    call    f
    addl    $1, %eax
    popq    %rbp
    ret
```

下面分析上述“干净”的汇编语言代码。可以看到，上述代码对应 3 个函数：main 函数、f 函数和 g 函数。很明显，将 C 语言代码和汇编语言代码对照起来，可以看到每个函数对应的汇编语言代码。阅读 C 语言代码时一般是从 main 函数开始的，其实阅读汇编语言代码也是一样的。C 语言代码中的 main 函数只有一行代码“return f(8)+1;”。

```
int main(void)
{
  return f(8) + 1;
}
```

f 函数也只有一行代码“return g(x);”，其中的参数 x 是 8，因此，f(8)返回的是 g(8)。

```
int f(int x)
{
  return g(x);
}
```

g 函数也只有一行代码“return x＋3;”，其中的参数 x 是 8，g(8)返回的是 8+3，那么最终 main 函数返回的是 8+3+1=12。

C 语言代码比较容易读懂，因为其更接近自然语言，但汇编语言就比较难懂一些，因为其更接近机器语言。机器语言完全是二进制的，理解起来比较困难，汇编语言代码基本上是机器代码的简单翻译和对照。下面来看一下这个简单的 C 语言程序（assembly.c）在机器上是如何执行的。assembly.s 中的汇编指令前面大多都介绍过，我们已经知道它们大概的功能和用途。assembly.s 中新出现的汇编指令是 leave 指令，可以理解为宏指令，用来拆除函数堆栈，等价于下面两条指令：

```
movl %ebp,%esp
popl %ebp
```

讲解完这个陌生的 leave 指令，下面可以完整地分析 assembly.s 中的汇编语言代码了。EIP 寄存器指向代码段中的一条条指令，即 assembly.s 中的汇编指令，从“main:”开始，它会自加 1，调用 call 指令时它会修改 EIP 寄存器。EBP 寄存器和 ESP 寄存器也特别重要，它们总是指向一个堆栈，EBP 指向栈底，而 ESP 指向栈顶。注意，栈底是一个相对的栈底，每个函数都有自己的函数堆栈和基地址。另外，EAX 寄存器用于暂存一些数值，函数的返回值默认使用 EAX 寄存器存储并返回给上一级调用函数。

下面具体分析删除所有以“.”打头的字符串之后的 assembly.s 中的汇编语言代码。最初程序从 main 函数开始执行，即 EIP 寄存器指向“main:”下面的第一条汇编指令。为了简化，使用如下 32 位汇编语言代码的行号作为 EIP 寄存器的值，来表示 EIP 寄存器指向行号对应汇编指令。

```
1  g:
2      pushl    %ebp
3      movl     %esp, %ebp
4      movl      8(%ebp), %eax
5      addl     $3, %eax
6      popl     %ebp
7      ret
8  f:
9      pushl    %ebp
10     movl     %esp, %ebp
11     subl     $4, %esp
12     movl     8(%ebp), %eax
13     movl     %eax, (%esp)
14     call     g
15     leave
16     ret
17   main:
18     pushl    %ebp
19     movl     %esp, %ebp
20     subl     $4, %esp
21     movl     $8, (%esp)
22     call     f
23     addl     $1, %eax
24     leave
25     ret
```

代码在执行过程中，堆栈空间和相应的 EBP/ESP 寄存器会不断变化。首先假定堆栈为空的情况下，EBP 和 ESP 寄存器都指向栈底，为了简化，为栈空间的存储单元进行标号，压栈时标号加 1，出栈时标号减 1，这样更清晰一点。需要注意的是，x86 架构栈地址是向下增长的(地址减小)，但这里只是为了便于知道堆栈存储单元的个数，栈空间的存储单元标号是逐渐增大的。如图 2-13 所示，右侧的数字表示内存地址，EBP 和 ESP 寄存器都指向栈底，即指向一个 4 字节存储单元的下边缘 2 000 的位置，指 2 000～2 003 这 4 字节，也就是标号为 0 的存储单元，以此类推，标号 1 的存储单元为 1 996～1 999 这 4 字节。

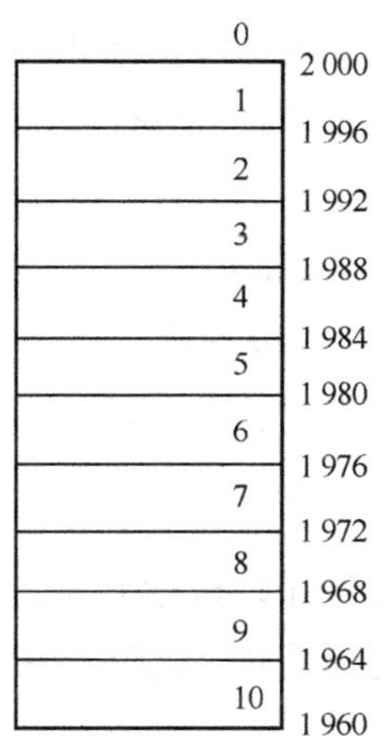

图2-13 32位x86堆栈空间示意图

程序从 main 函数开始执行，即上述代码的第 18 行，也就是“main:”下面的第一条汇编指令“pushl %ebp”，这是开始执行的第一条指令，这条指令的作用实际上就是把 EBP 寄存器的值（可以理解为标号 0，实际上是图 2-13 中的地址 2 000）压栈，pushl 指令的功能是先把 ESP 寄存器指向标号 1 的位置，即标号加 1 或地址减 4（向下移动 4 字节），然后将 EBP 寄存器的值标号 0（地址 2 000）放到堆栈标号 1 的位置。

开始执行上一条指令时，EIP 寄存器已经自动加 1 并指向了上述代码第 19 行语句“movl %esp,%ebp”，是将 EBP 寄存器也指向标号 1 的位置，这条语句只修改了 EBP 寄存器，栈空间的内容并没有变化。第 18 行和第 19 行语句是建立 main 函数自己的函数调用堆栈空间。

开始执行上一条指令时，EIP 寄存器已经自动加 1 并指向了上述代码的第 20 行语句“subl $4, %esp”，把 ESP 寄存器减 4，实际上是 ESP 寄存器向下移动一个标号，指向标号 2 的位置。这条语句只修改了 ESP 寄存器，栈空间的内容并没有变化。

开始执行上一条指令时，EIP 寄存器已经自动加 1 并指向了上述代码的第 21 行语句“movl $8, (%esp)”，把立即数 8 放入 ESP 寄存器指向的标号 2 的位置，也就是第 20 行代码预留出来的标号 2 的位置。这条语句的 EBP 和 ESP 寄存器没有变化，栈空间发生了变化。第 20 和 21 行语句是在为接下来调用 f 函数做准备，即压栈 f 函数所需的参数。

开始执行上一条指令时，EIP 寄存器已经自动加 1 并指向了上述代码的第 22 行语句“call f”，2.2.2 节已经仔细分析过 call 指令，第 22 行指令相当于如下两条伪指令：

```
pushl %eip(*)
movl f %eip(*)
```

第 22 行语句“call f”开始执行时，EIP 寄存器已经自动加 1 并指向了下一条指令，即上述代码的第 23 行语句，实际上把 EIP 寄存器的值（行号为 23 的指令地址，用行号 23 表示）放到了栈空间标号 3 的位置。因为压栈前 ESP 寄存器的值是标号 2，压栈时 ESP 寄存器先减 4 字节，即指向下一个位置标号 3，然后将 EIP 寄存器的行号 23 压栈到栈空间标号 3 的位置。接着将 f 函数的第一条指令的行号 9 放入 EIP 寄存器，这样 EIP 寄存器指向了 f 函数。这条语句既改变了栈空间，又改变了 ESP 寄存器，更重要的是它改变了 EIP 寄存器。读者会发现原来 EIP 寄存器自加 1 指令是按顺序执行的，现在 EIP 寄存器跳转到了 f 函数的位置。

接着开始执行 f 函数。首先执行第 9 行语句“pushl %ebp”，把 ESP 寄存器的值向下移一位到标号 4，然后把 EBP 寄存器的值标号 1 放到栈空间标号 4 的位置。

第 10 行语句“movl %esp, %ebp”是让 EBP 寄存器也和 ESP 寄存器一样指向栈空间标号 4 的位置。

读者可能会发现，第 9 行和第 10 行语句与第 18 行和第 19 行语句完全相同，而且 g 函数的开头两行也是这两条语句。总结一下：所有函数的前两条指令都用于初始化函数自己的函数调用堆栈空间。

第 11 行语句要把 ESP 寄存器减 4，即指向下一个位置栈空间的标号 5，实际上就是为压栈留出一个存储单元的空间。

第 12 行语句通过 EBP 寄存器变址寻址，EBP 寄存器的值加 8，当前 EBP 寄存器指向标号 4 的位置，加 8 即再向上移动两个存储单元加两个标号的位置，实际所指向的位置就是堆栈空间中标号 2 的位置。如上所述，标号 2 的位置存储的是立即数 8，那么这条语句的作用就是把立即数 8 放入 EAX 寄存器中。

第 13 行语句是把 EAX 寄存器中存储的立即数 8 放到 ESP 寄存器现在所指的位置，即第 11 行语句预留出来的栈空间标号 5 的位置。第 11～第 13 行语句等价于“pushl $8”或“pushl 8(%ebp)”，实际上是将函数 f 的参数取出来，主要目的是为调用函数 g 做好参数压栈的准备。

第 14 行语句是“call g”，与上文中调用函数 f 类似，将 ESP 寄存器指向堆栈空间标号 6 的位置，把 EIP 寄存器的内容行号 15 放到堆栈空间标号 6 的位置，然后把 EIP 寄存器指向函数 g 的第一条指令，即上述代码的第 2 行。

接下来执行函数 g，与执行函数 f 或函数 main 的开头完全相同。第 2 行语句就是先把 EBP 寄存器存储的标号 4 压栈，存到堆栈空间标号 7 的位置，此时 ESP 寄存器为堆栈空间标号 7。

第 3 行语句让 EBP 寄存器也和 ESP 寄存器一样指向当前堆栈栈顶，即堆栈空间标号 7 的位置，这样就为函数 g 建立了一个逻辑上独立的函数调用堆栈空间。

第 4 行语句“movl 8(%ebp), %eax”通过使用 EBP 寄存器变址寻址，使 EBP 寄存器加 8，也就是在当前 EBP 寄存器指向的栈空间标号 7 的位置基础上向上移动两个存储单元指向标号 5，然后把标号 5 的内容（也就是立即数 8）放到 EAX 寄存器中。实际上，这一步是将函数 g 的参数取出来。

第 5 行语句是把立即数 3 加到 EAX 寄存器中，即 8+3，所以 EAX 寄存器为 11。

这时 EBP 和 ESP 寄存器都指向标号 7，EAX 寄存器为 11，EIP 寄存器为代码行号 6，函数调用堆栈空间如图 2-14 所示。EBP 或 ESP+栈空间的标号表示存储的是某个时刻的 EBP 或 ESP 寄存器的值，EIP+代码行号表示存储的是某个时刻的 EIP 寄存器的值。

第 6 行和第 7 行语句的作用是拆除 g 函数调用堆栈，并返回到调用函数 g 的位置。第 6 行语句“popl %ebp”实际上是把标号 7 的内容（也就是标号 4）放回 EBP 寄存器，也就是恢复函数 f 的函数调用堆栈基址 EBP 寄存器，效果是 EBP 寄存器又指向原来标号 4 的位置，同时 ESP 寄存器也要加 4 字节指向标号 6 的位置。

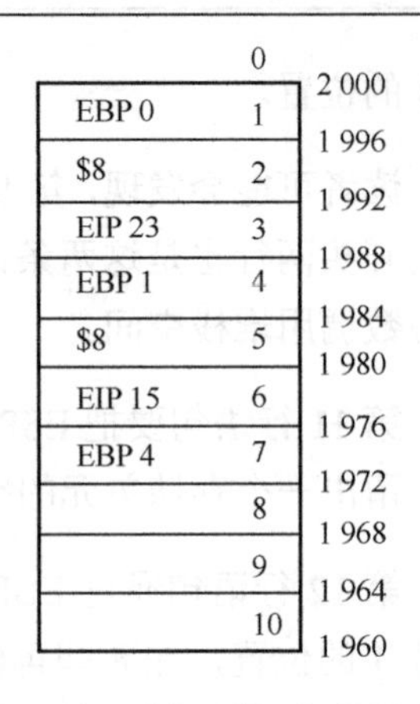

图2-14　执行到第5行代码时函数调用堆栈空间示意图

第 7 行语句“ret”就是“popl %eip”，把 ESP 寄存器所指向的栈空间存储单元标号 6 的内容（行号 15，即代码第 15 行的地址）放到 EIP 寄存器中，同时 ESP 寄存器加 4 字节指向标号 5 的位置，也就是现在 EIP 寄存器指向代码第 15 行的位置。

这时开始执行第 15 行语句“leave”。leave 指令用来撤销函数调用堆栈，等价于下面两条指令：

```
movl %ebp,%esp
popl %ebp
```

结果是把 EBP 寄存器的内容标号 4 放到了 ESP 寄存器中，也就是 ESP 寄存器也指向标号 4。然后，“popl %ebp”语句把标号 4 的内容（也就是标号 1）放回 EBP 寄存器，实际上是把 EBP 寄存器指向标号 1 的位置，同时 ESP 寄存器加 4 字节指向标号 3 的位置。

第 16 行语句“ret”是把 ESP 寄存器所指向的标号 3 的位置的内容（行号 23，即代码第 23 行指令的地址）放到 EIP 寄存器中，同时 ESP 寄存器加 4 字节指向标号 2 的位置，也就是现在 EIP 指向第 23 行的位置。

第 23 行语句“addl $1, %eax”是把 EAX 寄存器加立即数 1，也就是 11+1，此时 EAX 寄存器的值为 12。EAX 寄存器是默认存储函数返回值的寄存器。

第 24 行语句“leave”撤销函数 main 的堆栈，把 EBP 和 ESP 寄存器都指向栈空间标号 1 的位置，同时把栈空间标号 1 存储的内容标号 0 放到 EBP 寄存器，EBP 寄存器就指向了标号 0 的位置，同时 ESP 寄存器的值加 4 字节，也指向标号 0 的位置。

这时堆栈空间回到了 main 函数开始执行之初的状态，EBP 和 ESP 寄存器也都恢复到开始执行之初的状态指向标号 0。这样通过函数调用堆栈框架暂存函数的上下文状态信息，整个程序的执行过程变成了一个指令流，从 CPU 中“流”了一遍，最终栈空间又恢复到空栈状态。

2.2.5　函数调用堆栈框架

2.1 节提到了存储程序计算机，也就是冯•诺依曼体系结构。本节前面简要介绍了 x86 汇编的基础知识，并分析了一个实际的 C 语言程序，看它的汇编语言代码是怎么工作的，以此来深入介绍存储程序计算机，让读者看到代码在执行层面遵守着存储程序计算机的基本逻辑框架。前面的内容和实验实际上已经涉及了计算机里面的 3 个非常重要的基础性概念中的两个：一个是存储程序计算机，它基本上是所有计算机的基础性的逻辑框架；另外一个在分析 C 语言程序对应的汇编语言代码以及学习汇编指令时也涉及了，就是栈，准确讲是函数调用堆栈。

函数调用堆栈是计算机中一个非常基础性的内容，然而它不是一开始就有的，在最早的时候，计算机没有高级语言，只有机器语言和汇编语言。这时栈这种数据结构可能并不是太重要，用汇编语言编写代码时可以跳转语句到代码的前面形成一个循环。有了函数的概念，也就是有了高级语言之后，函数调用的实现机制就成为一个关键问题，必须要借助栈，可以说函数调用堆栈是高级语言可以实现的基础机制。

第 3 个非常基础性的概念就是中断，这 3 个关键性的方法机制是计算机的三大法宝。

下面首先仔细分析函数调用堆栈，因为它是比较基础性的概念，对读者理解操作系统的一些关键代码非常重要，然后简单介绍中断的机制。

堆栈是 C 语言程序运行时必须使用的记录函数调用路径和相关数据存储的空间，其具体的作用包括记录函数调用框架、传递函数参数（32 位，64 位采用寄存器传参）、保存返回值的地址、提供函数内部局部变量的存储空间等。

C 语言编译器对堆栈的使用有一套规则，当然不同的编译器对堆栈的使用规则会有一些差异，但总体上大同小异。前面已经涉及堆栈的部分内容，这里再具体介绍一下堆栈相关的内容。

堆栈相关的寄存器如下所述。

- RSP：堆栈指针（stack pointer）寄存器。
- RBP：基址指针（base pointer）寄存器，在 C 语言中用来记录当前函数调用的基址。

对于 64 位 x86 架构来讲，堆栈空间是从高地址向低地址增长的，如图 2-15 所示。

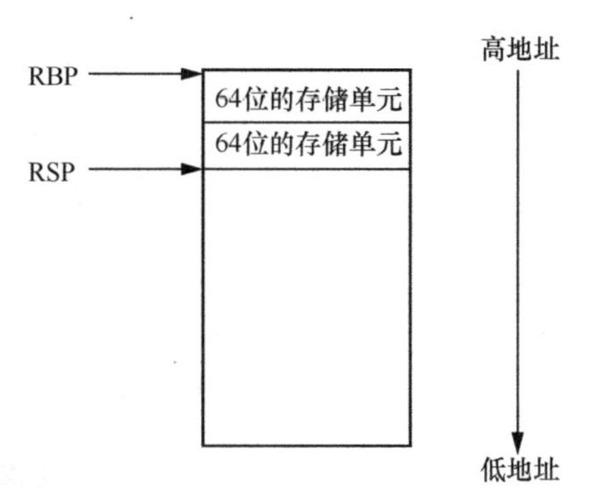

图2-15　64位x86堆栈空间示意图

堆栈操作如下所述。

- pushq：栈顶地址减少 8 字节（64 位），并将操作数放入栈顶存储单元。
- popq：栈顶地址增加 8 字节（64 位），并将栈顶存储单元的内容放入操作数。

如果当前函数调用比较深，每一个函数的 RBP 是不一样的。函数调用堆栈就是由多个逻辑上的栈堆叠起来的框架，利用这样的堆栈框架实现函数的调用和返回。

其他关键寄存器如下所述。

CS:RIP 总是指向下一条指令地址，这里用到了 CS 段寄存器，即代码段寄存器和 RIP 总是指向下一条指令地址。如果程序比较简单，只有一个代码段，那么所有的 RIP 前面的 CS 代码段寄存器的值都是相同的。当然这是一个特例，一般程序都至少会使用到标准库，整个程序会有多个代码段。

- 顺序执行：总是指向地址连续的下一条指令。
- 跳转/分支：执行这样的指令时，CS:RIP 的值会根据程序需要被修改。
- call：将当前 RIP 或 CS:RIP 的值压入栈顶，CS:RIP 指向被调用函数的入口地址。
- ret：从栈顶弹出原来保存在这里的 RIP 或 CS:RIP 的值，放入 CS 和 RIP 寄存器中。

函数调用堆栈是 C 语言程序运行时必需的一个记录函数调用路径和相关数据存储的空间，堆栈间的操作方法实际上已经是 CPU 的内置功能，是 CPU 指令集的一部分。比如 x86-64 指令集中就有 pushq 和 popq 指令用来做压栈和出栈操作，leave 指令更进一步对函数调用堆栈框架的拆除进行了封装，提供了简洁的指令来做函数调用堆栈框架的操作。堆栈里面特别关键的就是函数调用堆栈框架，函数调用过程如图 2-16 所示。

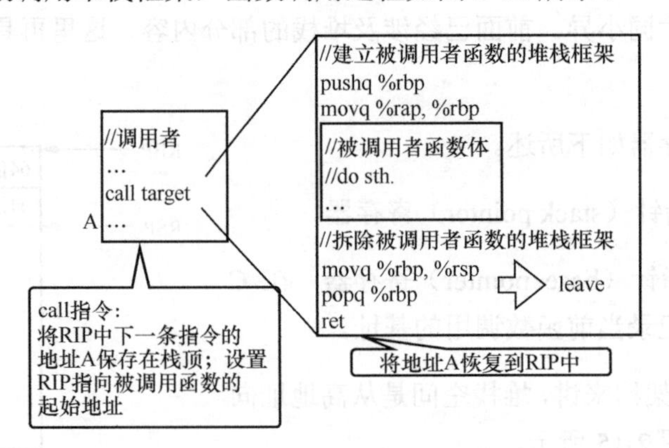

图2-16　函数调用过程示意图

对 32 位的 x86 架构来说，函数的参数是通过栈空间来传递的，传递参数的方法是从右到左依次压栈。对 64 位 x86 架构来说，函数调用传递参数的方式变化很大，整个约定相当复杂，只需要知道整数参数（包含指针）是通过 RDI、RSI、RDX、RCX、R8、R9 这 6 个寄存器传递函数参数，它们依次对应第 1～6 个参数。

函数是如何传递返回值的？使用 EAX/RAX 寄存器。如果有多个返回值，RAX 寄存器返回的是一个内存地址，这个内存地址里面可以指向很多的返回数据。

函数还可以通过参数来传递返回值。如果参数是一个指针且该指针指向的内存空间是可以写的，那么函数体的代码可以把需要返回的数据写入该内存空间。这样调用函数的代码在函数执行结束后，就可以通过该指针参数来访问这些函数返回的数据。

函数调用堆栈还提供局部变量的存储空间。函数体内的局部变量是通过栈空间来存储的，目前的编译器一般会智能地扫描整个函数，根据当前函数的需要预留出足够的栈空间来保存函数体内所有的局部变量，但早期的编译器并不能智能地预留空间，而是要求程序员必须将局部变量的声明全部写在函数体的头部。

编译器使用堆栈的规则。例如，在两台机器上编译一个相同的 C 语言程序，汇编出来的代码可能会有所不同，这是因为编译器使用寄存器的约定有所不同，也可能两台机器的处理器指令集有所不同，所以汇编出来的代码也会有所不同。因为不同的汇编指令序列可以实现完全相同的功能，所以寄存器使用的约定也有很大灵活性。总之汇编出来的代码可能会有一些细微的差异，需要明确产生差异的原因。了解堆栈存在的目的和编译器使用堆栈的规则，是理解操作系统一些关键性代码的基础。

2.2.6 C 语言代码中内嵌汇编语言代码

内嵌汇编语法如下。

```
__asm__ __volatile__ (
        汇编语句模板:
        输出部分:
        输入部分:
        破坏描述部分
);
```

下面通过一个简单的例子来理解内嵌汇编的语法规则。

内嵌 32 位 x86 汇编语言代码的范例如下，请分析一下这段代码的输出结果。

```
#include <stdio.h>

int  main()
```

```
{
    /* val1+val2=val3 */
    unsigned int val1 = 1;
    unsigned int val2 = 2;
    unsigned int val3 = 0;
    printf("val1:%d,val2:%d,val3:%d\n",val1,val2,val3);

    asm volatile(
    "movl $0,%%eax\n\t"         /* clear %eax to 0*/
    "addl %1,%%eax\n\t"         /* %eax += val1 */
    "addl %2,%%eax\n\t"         /* %eax += val2 */
    "movl %%eax,%0\n\t"         /* val2 = %eax*/
    : "=m" (val3)               /* output =m mean only write output memory variable*/
    : "c" (val1),"d" (val2) /* input c or d mean %ecx/%edx*/
    );
    printf("val1:%d+val2:%d=val3:%d\n",val1,val2,val3);

    return 0;
}
```

内嵌 64 位 x86 汇编语言代码的范例如下，请再分析一下这段代码的输出结果。

```
#include <stdio.h>

int  main()
{
    /* val1+val2=val3 */
    unsigned long val1 = 1;
    unsigned long val2 = 2;
    unsigned long val3 = 0;
    printf("val1:%ld,val2:%ld,val3:%ld\n",val1,val2,val3);

    asm volatile(
    "movq $0,%%rax\n\t"         /* clear %rax to 0*/
    "addq %1,%%rax\n\t"         /* %rax += val1 */
    "addq %2,%%rax\n\t"         /* %rax += val2 */
    "movq %%rax,%0\n\t"         /* val2 = %rax*/
    : "=m" (val3)               /* output =m mean only write output memory variable*/
    : "g" (val1),"g" (val2) /* input g mean Choose any one Register */
    );
    printf("val1:%ld+val2:%ld=val3:%ld\n",val1,val2,val3);

    return 0;
}
```

可以使用如下参考命令将内嵌汇编的 C 语言代码编译为汇编语言代码。

```
gcc -S -o assembly_in_C.s assembly_in_C.c
# 64 位机器上编出 32 位代码需加-m32
sudo apt-get install gcc-multilib
gcc -S -o assembly_in_C.s assembly_in_C.c -m32
```

这个范例是用汇编语言代码实现 val3 = val1 + val2 的功能，下面具体来看下其中涉及的语法规则。

__asm__是 GCC 关键字 asm 的宏定义，是内嵌汇编的关键字，表示这是一条内嵌汇编语句。__asm__和 asm 可以互相替换使用。

```
#define __asm__ asm
```

__volatile__是 GCC 关键字 volatile 的宏定义，告诉编译器不要优化代码，汇编指令保留原样。__volatile__和 volatile 可以互相替换使用。

```
#define __volatile__ volatile
```

内嵌汇编关键字 asm volatile 的括号内部第一部分是汇编语言代码，这里的汇编语言代码和之前学习的汇编语言代码有一点点差异，体现在%转义符号。寄存器前面会多一个%转义符号，即有两个%；而%加一个数字则表示第二部分输出、第三部分输入以及第四部分破坏描述（没有破坏则可省略）的编号。

上述内嵌汇编范例中定义了 3 个变量 val1、val2 和 val3，希望求解 val3 =val1+val2；内嵌汇编语言代码就是 asm volatile 后面的一段汇编语言代码，下面以 32 位汇编为例来具体分析。

第 1 行语句“movl $0, %%eax”是把 EAX 清 0。

第 2 行语句“addl %1，%%eax”，%1 是指下面的输出和输入的部分，第一个输出编号为%0，第二个编号为%1，第三个就是%2。%1 是指 val1，前面有一个“c”，是指用 ECX 寄存器存储 val1 的值，这样编译器在编译时就自动把 val1 的值放到 ECX 寄存器里面。%1 实际上就是把 ECX 寄存器的值与 EAX 寄存器求和然后放到 EAX 寄存器中，本例中由于 EAX 寄存器为 0，所以结果是把 ECX 寄存器的值放入了 EAX 寄存器。

第 3 行语句“addl %2，%%eax”，%2 是指 val2 的值存储在 EDX 寄存器中，就是把 val1 的值加上 val2 的值再放到 EAX 寄存器中。

第 4 行语句“movl %%eax”，%0 是存储 val1 的值加上 val2 的值（即 val3 的值）的地方这里用=m 修饰，它的意思就是写到内存变量而不是寄存器里面去，m 就是指内存（memory）。

至此，这段代码就实现了 val3 = val1 + val2 的功能。

简单总结一下，如果把内嵌汇编当作一个函数，则第二部分输出和第三部分输入相当于函数的参数和返回值，而第一部分的汇编语言代码则相当于函数内部的具体代码。

2.3 ARM64 汇编语言基础

2.3.1 ARM64 CPU 的寄存器

1. ARM64 通用寄存器

ARM64 中有 31 个 64 位的通用寄存器，即 X0～X30，低 32 位用 Wn 表示，如图 2-17 所示。读 Wn 寄存器时，会保持 Xn 寄存器的高 32 位不变；写 Wn 寄存器时，会将 Xn 寄存器的高 32 位设为 0。

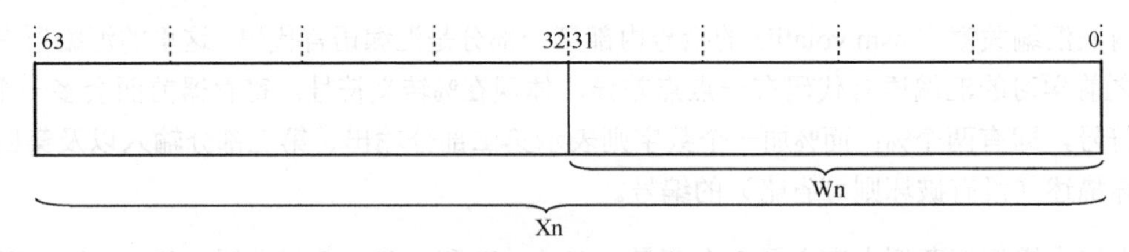

图2-17 ARM64通用寄存器示意图

ARM64 通用寄存器使用的一般约定如下。

（1）通用寄存器中 X0～X7：一般用于传递子程序参数和结果，使用时不需要保存，更多的参数采用堆栈传递，其中 X0/W0 用于保存函数返回结果，64 位返回结果采用 X0 表示，128 位返回结果采用 X1:X0 表示。

（2）通用寄存器中 X8：用于保存子程序返回地址、传递系统调用号等，尽量不要使用。

（3）通用寄存器中 X9～X15：临时寄存器，使用时不需要保存。

（4）通用寄存器中 X16～X17：子程序内部调用寄存器，使用时不需要保存，尽量不要使用。

（5）通用寄存器中 X18：平台寄存器，它的使用与平台相关，尽量不要使用。

（6）通用寄存器中 X19～X28：临时寄存器，使用时必须保存。

（7）通用寄存器中 X29：一般用作栈基址寄存器，习惯上称为栈帧指针（Frame

Pointer，FP）寄存器，而栈顶寄存器为 SP（Stack Pointer）寄存器，不是通用寄存器，是特殊的寄存器。

（8）通用寄存器中 X30：X30 寄存器是 LR（Link Register），用于保存跳转指令的下一条指令的内存地址，比如 bl 指令。

2. ARM64 特殊寄存器

ARM64 特殊寄存器如图 2-18 所示，其中的 PC（Program Counter）寄存器对应 x86 处理器的 EIP/RIP 寄存器；SP 寄存器对应 x86 处理器的 ESP/RSP 寄存器；SPSR（Saved Program Status Register）对应 x86 处理器的 EFlags/RFlags，另外还有 ZR（Zero Register）对应 XZR/WZR 和 ELR（Exception Link Register）。

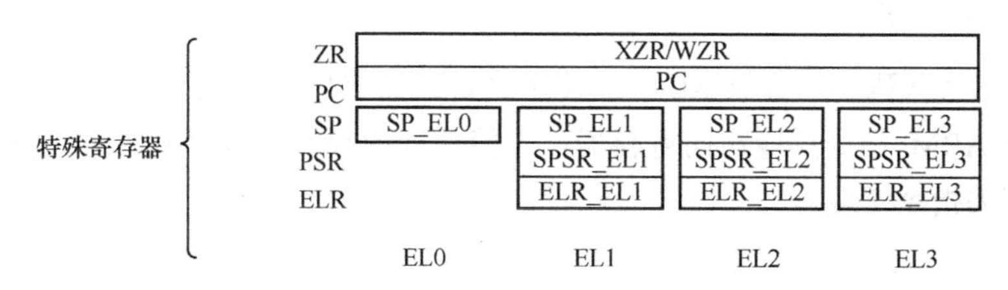

图2-18 ARM64特殊寄存器示意图

- ZR：XZR/WZR 分别代表 64 位和 32 位 ZR，其作用为写进去代表丢弃结果，读出来是 0。
- PC 寄存器：保存将要执行的指令的地址（由系统决定其值，不能由程序直接改写 PC 寄存器）。
- CPSR（Current Program Status Register）：状态寄存器，与其他寄存器不一样，其他寄存器是用来存放数据的，都是整个寄存器具有一个含义；而 CPSR 是按位起作用的，即每一位都有专门的含义，记录特定的信息；CPSR 是 32 位的，在 EL1、EL2 和 EL3 三种权限级别下各有一个。
- SP 寄存器：栈顶寄存器，将在 2.3.2 节相关的部分反复用到。
- ELR：异常链接寄存器，作用与 LR 相似，只是仅用于异常事件发生时的下一条指令的内存地址。
- ESR（Exception Syndrome Register）：异常症状寄存器，用于记录产生异常的原因。
- VBAR（Vector Base Address Register）：异常向量表基地址寄存器，用于保存异常向

量表的首地址。

- PSTATE（Processor STATE）：不是一个寄存器，它表示的是保存当前进程状态信息的一组寄存器或者一些标志位信息的统称，当异常发生的时候，这些信息就会保存到当前 EL 级别所对应的 SPSR 当中。

需要说明的是，ARM64 CPU 有 4 种权限级别，分别是 EL0、EL1、EL2 和 EL3，而 CPSR、SP、ELR、ESR 和 VBAR 都有多个寄存器对应不同的权限级别，假如当前 CPU 处于 EL1 级别，SP 则指的是 SP_EL1 寄存器。

2.3.2　常用的 ARM64 汇编指令

1．基本汇编指令

如下汇编语言代码将寄存器 X0 的值传送到寄存器 X1，相当于 X1 = X0。与 x86 指令不同，大多数 ARM 指令只能访问寄存器，不能访问内存，寄存器和内存之间传值只能通过 ldr 和 str 相关指令实现。

```
mov x1, x0
```

如下汇编语言代码将寄存器 X1 和 X2 的值相加后传送到 X0，相当于 X0 = X1 + X2。

```
add x0, x1, x2
```

如下汇编语言代码将寄存器 X1 和 X2 的值相减后传送到 X0，相当于 X0 = X1 – X2。

```
sub x0, x1, x2
```

如下汇编语言代码中 str 指令即 store（存储）的意思，是将 X0 寄存器的数据传送到 SP+0x8 地址指向的存储空间，注意这里用到了前变址寻址方式。

```
str x0, [sp, #0x8]
```

如下汇编语言代码中 ldr 指令即 load（加载）的意思，是 SP 寄存器加 0x8 的和作为内存地址取其中存储的数据传送到 X0，注意这里用到了回写前变址寻址方式，SP 被回写为 SP+0x8。

```
ldr x0, [sp, #0x8]!
```

2．3 种变址寻址方式

根据数据传输的时机以及在指令执行后基址寄存器是否被更新，寄存器变址有前变址（[sp, #0x8]）、回写前变址（[sp, #0x8]!）和后变址（[sp], #0x8）3 种方式。下面以从内存中取数据的 ldr 指令为例来看看 3 种变址寻址方式的具体用法和作用。

如下汇编语言代码中使用了前变址寻址方式，相当于 C 语言代码 X5 = *(X6+0x8)。

```
ldr x5, [x6, #0x8]
```

如下汇编语言代码中使用了后变址寻址方式，相当于 C 语言代码 X5 = *(X6)和 X6 = X6+0x8。

```
ldr x5, [x6], #0x8
```

后变址与前变址的一个重要区别：后变址用变址运算的结果更新了 X6 寄存器，这就是所谓的“回写”。显然回写是一种很有用的功能，因此 ARM 在前变址方式中又增加了一种回写前变址的寻址方式。为了与前变址方式做区分，回写前变址寻址方式要求在第二个操作数的方括号后边添加符号“!”。

如下汇编语言代码中使用了回写前变址方式，相当于 C 语言代码 X5 = *(X6+0x8)和 X6 = X6+0x8。

```
ldr x5, [x6, #0x8]!
```

3. 函数调用相关的指令和寄存器

函数调用一般使用 bl 指令来实现。bl（Branch with Link）指令是带返回的跳转指令，大致执行过程是先将下一条指令的地址（即函数返回地址）保存到寄存器 LR(X30)中，再进行跳转。

```
bl    func
// 下一条指令的地址
```

如上汇编语言代码中 bl 在跳转到 func 函数的地址之前，先将下一条指令的地址保存到寄存器 LR(X30)中，以便函数返回时继续往下执行。

除了 bl 带返回的跳转指令，还有 b 跳转指令（直接跳转到目标地址）、br 跳转指令（跳转到寄存器中存储的地址）、blr 跳转指令（跳转到寄存器中存储的地址且返回地址保存到 LR(X30)）。

函数返回指令由 ret 指令实现。ret 指令负责将寄存器 LR(X30)存入寄存器 PC。注意虽然不能由程序直接改写 PC 寄存器的值，但是可以由 bl、ret 一类的特殊指令间接改写 PC 寄存器的值。

需要说明的是，ret 指令在 x86 和 ARM64 中都有，它们的功能相同但实现方式不同，x86 中 ret 指令是从栈顶出栈存入指令指针寄存器，而 ARM64 中 ret 指令是将寄存器 LR(X30)存入指令指针寄存器。

ARM64 汇编中入栈和出栈的操作一般由 stp 和 ldp 指令实现。

入栈指令 stp 是 str 指令的变种指令，可以同时操作两个寄存器，如下汇编指令即是将 X29(FP)、X30(LR)的值存入 SP 偏移 16 字节的位置，即 SP – 16 的内存地址所在的 16 字节的存储空间。注意这里用到了回写前变址寻址方式，SP 被回写为 SP – 16。需要注意的是，ARM64 中栈空间以 16 字节作为一个存储单元。

```
stp x29, x30, [sp, #-16]!
```

出栈指令 ldp 是 ldr 指令的变种指令，可以同时操作两个寄存器，如下汇编指令即是在 SP 内存地址处取 16 字节分别存入 X29(FP)和 X30(LR)寄存器。注意这里用到了后变址寻址方式，SP 寄存器被回写为 SP + 16。

```
ldp  x29, x30, [sp], 16
```

汇编程序的注释与 C/C++程序的注释是大致相同的，特殊的地方是，在 ARM32 下，单行注释可以选择采用@或者//，而 ARM64 汇编程序的注释与 C/C++程序的注释则保持完全一致，即单行注释采用//，多行注释采用/* */。

另外还有两个特殊寄存器的访问指令 msr 和 mrs，这两条指令都由这 3 个字母 m、s 和 r 组成，m 是移动 move 的缩写，s 是特殊寄存器 special register 的缩写，r 是寄存器 register 的缩写。那么按照 ARM64 指令目的操作数在前的一般规则（注意：str 和 stp 指令是目的操作数在后），mrs 即是将特殊寄存器移动到通用寄存器中的指令，msr 即是将通用寄存器移动到特殊寄存器中的指令。举例如下指令，第一条 msr 指令即是将通用寄存器 X1 的值存入特殊寄存器 SP_EL0 中，第二条 mrs 指令即是将特殊寄存器 ESR_EL1 的值存入通用寄存器 X25 中。

```
msr  sp_el0, x1
mrs  x25, esr_el1
```

2.3.3　分析完整的 ARM64 汇编程序

以如下简单的 C 语言代码 assembly.c 为例，来看看如何将它编译成 ARM64 汇编语言代码，以及此代码是如何执行的。

```
int g(int x)
{
    return x + 3;
}

int f(int x)
{
    return g(x);
}

int main(void)
{
    return f(8) + 1;
}
```

将 C 语言代码编译成 ARM64 汇编语言代码的方式取决于当前的环境。对于使用基于 ARM64 架构的主机的用户，推荐使用基于华为鲲鹏处理器的 openEuler Linux 环境；对于使用基于 x86 架构的主机的用户，将 C 语言代码编译成 ARM64 汇编语言代码需要安装交叉编译环境；对于使用基于 ARMv8 架构的主机的用户，则可以直接使用默认编译环境，比如多数中高端智能手机、采用华为鲲鹏处理器的主机、部分版本的树莓派或采用苹果 M1 处理器的主机都支持 ARM64 指令集。

可以使用 gcc -v 命令查看当前默认编译环境。如果 Target 是 x86_64-linux-gnu，则当前是基于 x86 架构的主机；如果 Target 是 aarch64-linux-gnu，则当前是支持 ARM64 的主机。如下为基于华为鲲鹏处理器的 openEuler 操作系统云主机环境下 gcc -v 命令的输出信息和将 C 语言代码 assembly.c 编译为汇编语言代码 assembly_aarch64.s 的 gcc 命令。

```
    [root@ecs-2ad1 assembly]# gcc -v
    Using built-in specs.
    COLLECT_GCC=gcc
    COLLECT_LTO_WRAPPER=/usr/libexec/gcc/aarch64-linux-gnu/7.3.0/lto-wrapper
    Target: aarch64-linux-gnu
    Configured with: ../configure --prefix=/usr --mandir=/usr/share/man
--infodir=/usr/share/info --enable-shared --enable-threads=posix
--enable-checking=release --with-system-zlib --enable-__cxa_atexit
--disable-libunwind-exceptions --enable-gnu-unique-object --enable-linker-build-id
--with-linker-hash-style=gnu --enable-languages=c,c++,objc,obj-c++,fortran,lto
--enable-plugin --enable-initfini-array --disable-libgcj --without-isl --without-cloog
--enable-gnu-indirect-function --build=aarch64-linux-gnu --with-stage1-ldflags='
-Wl,-z,relro,-z,now' --with-boot-ldflags=' -Wl,-z,relro,-z,now'
--with-multilib-list=lp64
    Thread model: posix
    gcc version 7.3.0 (GCC)
    [root@ecs-2ad1 assembly]# gcc -S -o assembly_aarch64.s assembly.c
```

目前多数个人计算机和普通服务器是 x86 架构的。下面以 x86 主机 Ubuntu Linux 环境为例，来看看如何安装交叉编译环境以及将 C 语言代码编译成 ARM64 汇编语言代码。

```
    sudo apt-get install gcc-aarch64-linux-gnu
    aarch64-linux-gnu-gcc -S -o assembly_aarch64.s assembly.c
```

如上两行 Shell 命令可以安装 gcc-aarch64-linux-gnu 交叉编译环境，并使用 aarch64-linux-gnu-gcc 工具将上述 C 语言代码 assembly.c 编译为汇编语言代码 assembly_aarch64.s，与在基于华为鲲鹏处理器的 openEuler 操作系统下使用 gcc 编译出来的、去掉以点开头的伪操作后的汇编语言代码（如下所列）完全相同，因为它们都是使用的 GNU 汇编规范。

```
    g:
        sub  sp, sp, #16            //  sp = sp - 16
```

```
    str  w0, [sp, 12]        //  *(sp + 12) = w0
    ldr  w0, [sp, 12]        //  w0 = *(sp + 12)
    add  w0, w0, 3           //  w0 = w0 + 3
    add  sp, sp, 16          //  sp = sp + 16
    ret                      //  pc = x30
f:
    stp  x29, x30, [sp, -32]!  //  *(sp-32) = x29(fp)和x30(lr); sp = sp - 32;
    add  x29, sp, 0          //  x29 = sp + 0
    str  w0, [x29, 28]       //  *(x29+28) = w0
    ldr  w0, [x29, 28]       //  w0 =  *(x29+28)
    bl   g                   //  x30 = 下一指令地址;  pc = g;
    ldp  x29, x30, [sp], 32  //  x29(fp)和x30(lr) = *(sp); sp = sp + 32;
    ret                      //  pc = x30
main:
    stp  x29, x30, [sp, -16]!  //  *(sp-16) = x29(fp)和x30(lr); sp = sp - 16;
    add  x29, sp, 0          //  x29 = sp + 0
    mov  w0, 8               //  w0 = 8
    bl   f                   //  x30 = 下一指令地址; pc = f;
    add  w0, w0, 1           //  w0 = w0 + 1
    ldp  x29, x30, [sp], 16  //  x29(fp)和x30(lr) = *(sp); sp = sp + 16;
    ret                      //  pc = x30
```

编译出来的 ARM64 汇编语言代码中以“.”开头的都是编译器用到的伪操作，可以将其删除，只要看对应 C 函数的三段汇编指令，从 main 开始，为了便于理解，每一行右侧都给出了类似 C 伪代码的注释，可以参考 2.2.4 节内容分析汇编语言代码的执行过程，并且理解函数调用堆栈空间的变化过程。ARM64 函数调用堆栈框架的过程如图 2-19 所示。

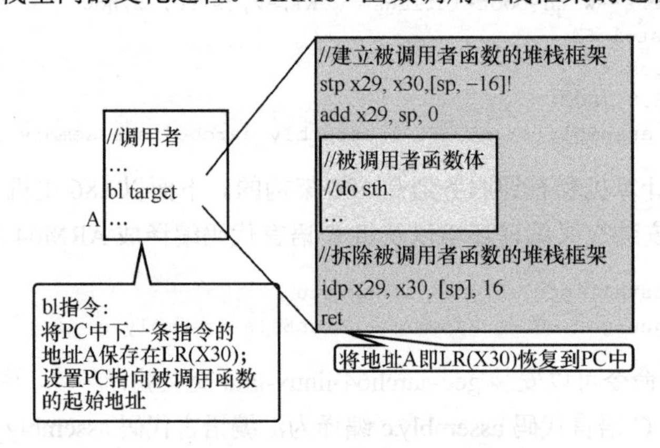

图2-19　ARM64函数调用堆栈框架示意图

本例没有涉及系统调用，在 ARM Linux 内核中，系统调用是一种特殊的异常，通常被归于同步异常的范畴，这是因为它是通过 SVC 指令触发的，而此指令在 ARMv8 架构中被归于异常处理类指令，能允许用户程序调用内核代码，即触发系统调用的执行。系统调用涉及操作系统的结构问题，将在第 4 章详细探讨。

2.4 指令乱序问题

用指令乱序（reorder）问题来进一步加深对 ARM64 架构中程序的执行过程的理解。

先来看什么是指令乱序问题以及为什么有指令乱序。程序的代码执行顺序有可能被编译器或 CPU 根据某种策略打乱，目的是提升程序的执行性能，让其尽可能并行，这就是指令乱序问题。理解指令乱序的策略是很重要的，因为软件设计人员可以在正确的位置告诉编译器或 CPU 哪里允许指令乱序，哪里不能接受指令乱序，从而在保证软件正确性的同时允许编译或执行层面的性能优化。

指令乱序问题分为 3 层：第一层是多线程编程中业务逻辑层面的函数的可重入性和线程安全问题；第二层是编译器编译优化造成的指令乱序问题；第三层是 CPU 指令乱序问题。下面分别讨论。

2.4.1 可重入函数与线程安全

先来看看线程的基本概念。线程（thread）是操作系统能够进行运算调度的最小单位，其包含在进程之中，是进程中的实际运作单位。一个线程指的是进程中一个单一顺序的控制流，一个进程中可以并发多个线程，每条线程并行执行不同的任务。一般默认一个进程中只包含一个线程。

操作系统中的线程概念也被延伸到 CPU 硬件上，多线程 CPU 就是在一个 CPU 上支持同时运行多个指令流，而多核 CPU 就是在一块芯片上集成了多个 CPU 核，比如 4 核 8 线程处理器芯片就是集成了 4 个 CPU 核，每个 CPU 核上支持 2 个线程。

有了多核多线程 CPU，操作系统就可以让不同进程运行在不同 CPU 核的不同线程上，从而极大地减少进程调度和进程切换的资源消耗。传统上，操作系统工作在单核单线程 CPU 上，通过分时共享 CPU 模拟出多个指令执行流，从而实现多进程和多线程。

代码是如何转化为一个单一顺序的控制流（即指令执行流）的？这需要一个非常重要的机制——函数调用堆栈。

函数调用堆栈是程序运行时必须使用的，其主要作用有记录函数调用框架、提供局部变量的存储空间等。局部变量的存储是指函数体内的局部变量是通过栈空间来存储的，目前的编译器会根据当前函数的需求通过预留出足够的栈空间来保存函数体内所有的局部变量。

借助函数调用堆栈可以将函数调用代码整理成一个顺序执行的指令流，也就是一个线程，每一个线程都有一个单独的函数调用堆栈空间，其中函数参数和局部变量都存储在函数调用堆栈空间中，因此函数参数和局部变量也是线程独自拥有的。除了函数调用堆栈空间，同一个进程的多个线程是共享其他进程资源的，比如全局变量是多个线程共享的。

在有了线程的概念之后，加上线程执行过程中所需的函数调用堆栈机制，就可以理解可重入函数了。

可重入（reentrant）函数可以由多于一个线程并发使用，而不必担心数据错误。相反，不可重入（non-reentrant）函数不能由超过一个线程所共享，除非能确保函数中相关临界区的互斥（或者使用信号量，或者在代码的关键部分禁用中断）。

可重入函数可以在任意时刻被中断，稍后再继续运行。而且此函数要么只使用局部变量，要么在使用全局变量时保护好自己的数据不被破坏。

可重入函数应该满足以下条件。

- 不为连续的调用持有静态数据。
- 不返回指向静态数据的指针。
- 所有数据都由函数的调用者提供。
- 使用局部变量，或者通过制作全局数据的局部变量副本来保护全局数据。
- 使用静态数据或全局变量时做周密的并行时序分析，通过临界区互斥避免临界区冲突。
- 绝不调用任何不可重入函数。

下面简单举例说明可重入函数和不可重入函数。以下的 function 函数是不可重入函数。

```
int g = 0;

int function()
{
    g++; /* switch to another thread */
    use(g);
}
```

当两个线程同时调用 function 函数时，如果在 g++之后发生线程切换，那么有可能会造成后面 use(g)使用 g 的值出现错误。

以下的 function2 函数是可重入函数。当两个线程同时调用 function2 函数时，它们都不需要访问全局变量，参数和局部变量都存储在函数调用堆栈中，而且两个线程互不影响，不会出现数据错误。

```
int function2(int a)
{
    a++;
    use(a);
}
```

如果代码所在的进程中有多个线程在同时运行，那么这些线程可能会同时运行这段代码。如果每次运行结果和单线程运行的结果是一样的，而且其他变量的值也和预期的相同，那么线程就是安全的。

从软件的代码逻辑上看，线程安全问题都是由全局变量及静态变量引起的。若每个线程中对全局变量和静态变量都只有读操作，而无写操作，那么称这个全局变量是线程安全的；若有多个线程同时执行读写操作，一般都需要考虑临界区互斥，否则就可能会有线程安全问题。

函数的可重入性与线程安全之间的关系如下。

- 可重入函数不一定是线程安全的，即可能是线程安全的也可能不是；可重入函数在多个线程中并发使用时是线程安全的，但不同的可重入函数（共享全局变量及静态变量）在多个线程中并发使用时会有线程安全问题。
- 不可重入函数一定不是线程安全的。

简单来说，函数的可重入性是线程安全的必要条件，而非充要条件。

以下代码通过给全局变量 g 添加互斥锁 gplusplus 使得 plus 由不可重入函数变为可重入函数。

```
int g = 0;

int plus()
{
    ...
    pthread_mutex_lock(&gplusplus);
    g++; /* switch to another thread */
    use(g);
    pthread_mutex_unlock(&gplusplus);
    ...
}
```

plus 函数是可重入的，但并不一定是线程安全的。以下代码中 minus 函数通过互斥锁 gminusminus 成为可重入函数，但是 minus 和 plus 这两个函数在两个线程中并发执行时，有可能会因为执行时序上的交错造成临界区冲突。因此以下代码每一个函数都是可重入的，但是整个代码模块不是线程安全的。

```
int g = 0;

int plus()
{
    ...
    pthread_mutex_lock(&gplusplus);
    g++; /* switch to another thread */
    use(g);
    pthread_mutex_unlock(&gplusplus);
    ...
}

int minus()
{
    ...
    pthread_mutex_lock(&gminusminus);
    g--; /* switch to another thread */
    use(g);
    pthread_mutex_unlock(&gminusminus);
    ...
}
```

如果将 minus 函数和 plus 函数中都会访问的临界区使用同一把互斥锁 glock，那么以下整个代码模块就变成线程安全的了。

```
int g = 0;

int plus()
{
    ...
    pthread_mutex_lock(&glock);
    g++; /* switch to another thread */
    use(g);
    pthread_mutex_unlock(&glock);
    ...
}

int minus()
{
```

```
    ...
    pthread_mutex_lock(&glock);
    g--; /* switch to another thread */
    use(g);
    pthread_mutex_unlock(&glock);
    ...
}
```

这里讨论的可重入函数与线程安全本质上也是指令乱序问题，而指令乱序问题本质上也是线程安全问题，只是问题发生在不同的层次。尽管编译器编译优化或 CPU 指令乱序执行所引发的程序正确性问题所处的层次不同，但本质上与此相似。

2.4.2 编译器指令乱序问题

编译器很重要的一项工作就是优化代码以提高性能。这包括在不改变程序正确性的条件下重新排列指令，也就是编译器指令乱序问题。

因为编译器不知道什么样的代码需要线程安全，所以其假设代码都是单线程执行的，也就是对函数的可重入问题是没有感知的，因此进行指令重排优化只能保证单线程安全。当多线程应用程序中的业务逻辑关系在编译器重新排序指令的时候可能影响程序正确性时，除非显式告诉编译器不需要重排指令顺序，否则编译器可能会在优化指令顺序时影响程序的正确性。下面一起探究编译器编译优化相关的指令乱序问题。

在阅读 Linux 内核源代码时，会看到额外插入的汇编指令，其意是告诉编译器不要优化指令顺序。如下代码摘自 Linux 内核源代码 include/linux/compiler-gcc.h 文件。

```
/* Optimization barrier */

/* The "volatile" is due to gcc bugs */
#define barrier() __asm__ __volatile__("": : :"memory")
/*
 * This version is i.e. to prevent dead stores elimination on @ptr
 * where gcc and llvm may behave differently when otherwise using
 * normal barrier(): while gcc behavior gets along with a normal
 * barrier(), llvm needs an explicit input variable to be assumed
 * clobbered. The issue is as follows: while the inline asm might
 * access any memory it wants, the compiler could have fit all of
 * @ptr into memory registers instead, and since @ptr never escaped
 * from that, it proved that the inline asm wasn't touching any of
 * it. This version works well with both compilers, i.e. we're telling
 * the compiler that the inline asm absolutely may see the contents
 * of @ptr. See also: https://llvm.org/bugs/show_bug.cgi?id=15495
 */
```

```
#define barrier_data(ptr) __asm__ __volatile__("": :"r"(ptr) :"memory")
```

如上代码定义的宏 barrier()就是常说的编译器屏障（compiler barrier），它的主要用途就是告诉编译器不要优化重排指令顺序。为了说明这个问题，用 C 语言代码及对应的 ARM64 汇编语言代码简要介绍指令乱序造成的问题及编译器屏障的作用。

编译器的主要工作就是将高级语言源代码翻译成机器指令，当然翻译的过程中编译器还会进行编译优化以提高代码的执行效率。编译优化主要是在不影响程序正确性的情况下对机器指令顺序重排，从而统筹调度 CPU 资源、改善程序性能，但是多线程应用程序编译器并不能理解程序的并发执行逻辑，很可能会好心干坏事。为了说明编译优化指令乱序造成的问题，可参考下面 compiler_reordering.c 文件中的 C 语言函数 function 的代码。

```
int  flag, data;

int  function(void)
{
    data = data + 1;
    flag = 1;
}
```

在不进行编译优化的情况下，使用 ARM64 编译器的 gcc -S compiler_reordering.c -o compiler_reordering.s 编译命令将 C 语言函数 function 直接翻译成如下 ARM64 汇编语言代码。

```
function:
    adrp  x0, :got:data
    ldr   x0, [x0, #:got_lo12:data]
    ldr   w0, [x0]       // 加载数据至w0
    add   w1, w0, 1      // w1 = w0 + 1
    adrp  x0, :got:data
    ldr   x0, [x0, #:got_lo12:data]
    str   w1, [x0]       // data = data + 1
    adrp  x0, :got:flag
    ldr   x0, [x0, #:got_lo12:flag]
    mov   w1, 1          // w1 = 1
    str   w1, [x0]       // flag = 1
    nop
    ret
```

显然汇编语言代码与 function 函数的代码顺序是一致的，编译器忠实履行自己的职责，并没有做多余的优化造成指令乱序。

在使用-O2 编译器优化选项之后，使用 ARM64 编译器的 gcc -O2 -S compiler_reordering.c -o compiler_reordering_O2.s 编译命令将上述 C 语言函数 function 翻译成如下 ARM64 汇编语言

代码。

```
function:
    adrp  x1, :got:data
    adrp  x3, :got:flag
    mov   w4, 1          // w4 = 1
    ldr   x1, [x1, #:got_lo12:data]
    ldr   x3, [x3, #:got_lo12:flag]
    ldr   w2, [x1]      // 加载数据至w2
    str   w4, [x3]      // flag = 1
    add   w2, w2, w4   // w2 = w2 + 1
    str   w2, [x1]      // data = data + 1
    ret
```

与上述 C 语言函数 function 中的代码相比，这段优化后的 ARM64 汇编语言代码的执行顺序是不同的。C 语言代码中是先存储了 data 的值，后存储了 flag 的值，而优化后的 ARM64 汇编语言代码正好相反，先存储了 flag 的值，后存储了 data 的值。

这就是编译器指令乱序问题的典型范例。为什么编译器会这么做呢？对于单线程来说，编译器认为 data 和 flag 的写入顺序没有任何问题，并且 data 和 flag 值的最终结果也是正确的。

实际上这种编译器指令乱序在大部分情况下是没有问题的，但是在某些情况下可能会引入问题。例如，使用全局变量 flag 标记共享数据 data 是否就绪，另外一个线程检测到 flag = = 1，就认为 data 已经就绪，而由于编译器指令乱序，实际上 data 的值可能还没有存入内存。

这种问题产生的根本原因是编译器不知道 data 和 flag 之间有严格的依赖关系。这种逻辑上的依赖关系是应用程序业务上的需要，是人为强加的。

因此需要在多线程编程时避免这种编译优化指令乱序造成的问题。为了解决上述变量之间存在依赖关系导致编译器错误优化的问题，编译器提供了编译器屏障用来告诉编译器不要指令重排。下面继续以上面的 function 函数为例，在代码之间插入编译器屏障。compiler_barrier.c 文件代码如下。

```
#define barrier() __asm__ __volatile__("": : :"memory")

int flag, data;

int function(void)
{
    data = data + 1;
    barrier();
```

```
    flag = 1;
}
```

在使用-O2 编译器优化选项之后，使用 ARM64 编译器的 gcc -O2 -S compiler_barrier.c -o compiler_barriers.s 编译命令将上述 C 语言函数 function 翻译成如下 ARM64 汇编语言代码。

```
function:
    adrp  x0, :got:data
    ldr   x0, [x0, #:got_lo12:data]
    ldr   w1, [x0]          // 加载数据至w1
    add   w1, w1, 1         // w1 = w1 + 1
    str   w1, [x0]          // data = data + 1
    adrp  x1, :got:flag
    mov   w2, 1             // w2 = 1
    ldr   x1, [x1, #:got_lo12:flag]
    str   w2, [x1]          // flag = 1
    ret
```

显然这份编译优化的汇编指令并没有出现指令乱序，data 和 flag 存入内存的先后顺序也没有发生改变。

编译器提供的内存屏障的作用是告诉编译器内存中的值已经改变，之前对内存的缓存（缓存到寄存器）都需要抛弃，内存屏障之后的内存操作需要重新从内存加载，而不能使用之前寄存器缓存的值。可以防止改变编译器优化内存屏障前后的内存访问顺序。内存屏障就是代码中的一道不可逾越的屏障，它前面的内存读写操作不能跑到它的后面；同样它后面的内存读写操作不能跑到它的前面。

本小节只是简单介绍了指令乱序和内存屏障，感兴趣的读者可以阅读 Linux 内核源代码中的文档 Documentation/memory-barriers.tat 等相关专业资料。

2.4.3　CPU 指令乱序问题

CPU 的流水线技术能够让指令的执行尽可能地并行起来，但是如果两条指令前后存在依赖关系，比如数据依赖、控制依赖等，那么后一条指令就必须等到前一条指令完成后才能开始执行。为了提高流水线的运行效率，CPU 会对无依赖的前后指令做适当的乱序和调整，对控制依赖的指令做分支预测，对内存访问等耗时操作提前预先处理等，这些都会导致指令乱序执行。

但是编程时一般代码在 CPU 上的执行顺序和代码的逻辑顺序是一致的，这有点让人困惑。从单核单线程 CPU 的角度来看，指令在 CPU 内部可能是乱序执行的，但是对外表现却是顺序执行的。因为指令集架构（ISA）中的指令和寄存器作为 CPU 的对外接口，CPU

只需要把内部真实的物理寄存器按照指令的执行顺序依次映射到 ISA 寄存器上，也就是 CPU 只要将结果顺序地提交到 ISA 寄存器，就可以保证顺序一致性（sequential consistency）。

显然在单核单线程 CPU 上，指令乱序问题被指令集架构所屏蔽，但是在多核多线程 CPU 上，依然存在指令乱序执行的可能性。比如存在变量 x = 0，在 CPU0 上执行写入操作 x = 1。接着在 CPU1 上执行读取操作，依然得到 x = 0，这在 x86 和 ARM 多核 CPU 上都是可能出现的。如图 2-20 所示，CPU 核和 Cache 以及内存之间存在着存储缓冲区，当 x = 1 执行写入操作成功后，修改只存在于存储缓冲区中，并未写到 Cache 以及内存上，因此 CPU1 读不到最新的 x 值。除了存储缓冲区，还可能会有无效队列，导致 CPU1 读不到最新的 x 值。为了保证多核之间的修改可见性，在编写程序的时候需要加上内存屏障，例如 x86 上的 mfence 指令。

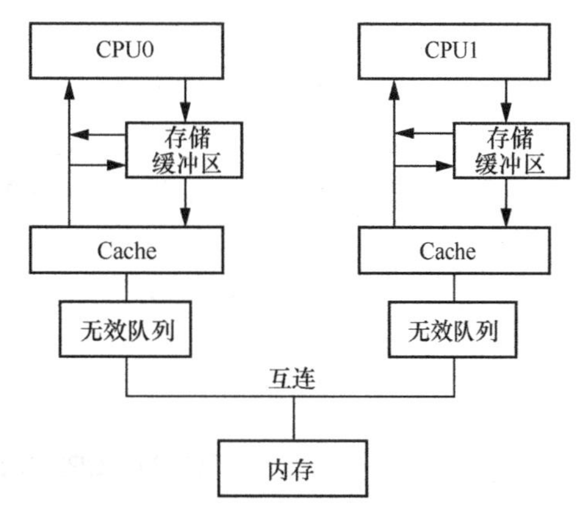

图2-20 多核计算机结构示意图

对于 x86 架构的 CPU 来说，其在单核上保证了顺序一致性，开发者可以完全不用担心指令乱序给程序带来正确性问题。在多核上，使用 mfence 指令就可以将存储缓冲区中的数据写入 Cache，x86 架构下存储缓冲区是先进先出（FIFO）的且不存在无效队列，mfence 指令能够保证多核间的数据可见性，以及指令执行的顺序一致性。总之，x86 架构是强内存序模型，且复杂指令集允许其运算指令本身支持内存访问，并允许非依赖的写后读指令乱序，其他非依赖的读后读、写后写和读后写的指令都不会发生乱序，因此 x86 架构中指令乱序问题并不突出。

对于 ARM64 架构的 CPU 来说，编程就变得危险多了。除了存在数据依赖、控制依赖和地址依赖等的指令不能被乱序执行，其余指令都有可能存在乱序执行。ARM64 架构上没有依赖关系的读后读、写后写、读后写和写后读都是可以乱序执行的。ARM64 架构下存储缓冲区并不是 FIFO 的，而且还可能存在无效队列，这让并发编程变得困难重重。总之，ARM64 架构是弱内存序模型，因为精简指令集把访存指令和运算指令分开了，为了性能，允许几乎所有的指令乱序，但前提是不影响程序的正确性。因此 ARM64 架构的指令乱序问题需要引入不同类型的屏障来保证程序的正确性。

需要特别指出的是，ARM64 架构允许指令乱序执行是出于性能的考虑，这是架构特性，不是漏洞。但是指令乱序给系统可靠性带来了风险，驱动模块、基础软件和应用软件都要做排查和设计优化。

ARM64 架构处理器并不是直接面对程序源代码的，而是面对机器代码（或者说汇编指令）的，CPU 指令乱序和编译器指令乱序如图 2-21 所示，CPU 指令乱序与硬件内存模型有关。

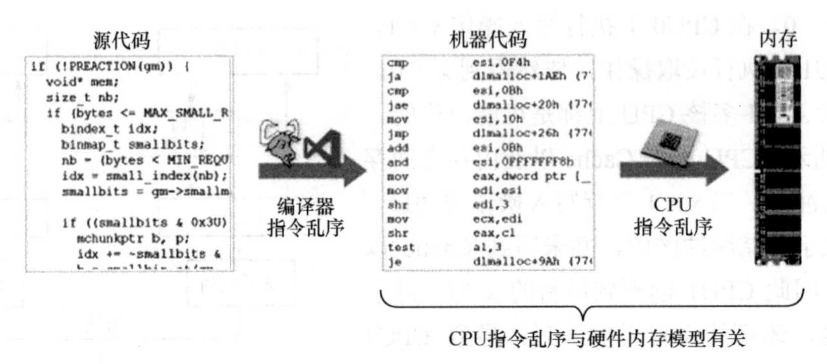

图2-21　CPU指令乱序和编译器指令乱序示意图

ARM64 架构设计了多个并行的流水部件，支持超标量，可以一个指令周期分发多条指令，实现最大程度的指令并行。指令一旦分发到不同的并行流水部件中，它们的执行顺序就是乱序的了，而有依赖的指令会放到同一个流水部件，以先进先出方式排队，防止乱序执行。ARM64 架构定义了一些陌生的机器语言指令防止有依赖的指令乱序执行，主要是围绕处理核、寄存器、内存地址、并发处理、依赖关系、指令顺序、执行顺序和观察顺序等。

高级语言代码中定义了逻辑关系，其与应用程序的业务逻辑有关；编译器将内含业务逻辑关系的高级语言代码翻译成机器语言或汇编语言，其中就定义了数据依赖、控制依赖和地址依赖等依赖关系；ARMv8 架构定义了内存模型以及实现处理这些依赖关系的机器语言指令，从而防止有依赖的指令乱序执行影响程序正确性。

显然 CPU 指令乱序与硬件内存模型及防止指令乱序的机器语言指令内部实现紧密相关，这些需要深入处理器微架构才能一探究竟，与本书专注于 Linux 内核的目标不符，这里不再深入探讨。

但是需要清楚的一点是，CPU 仅能看到机器指令或汇编指令序列中的数据依赖、控制依赖和地址依赖等依赖关系，并不能理解高级语言中定义的业务逻辑关系，因此 CPU 指令乱序执行和编译优化指令乱序都可能会破坏高级语言中定义的业务逻辑关系，这是学习指令乱序问题的原因。

2.5 编写一个精简的操作系统内核

2.5.1 虚拟一个 64 位 x86 的硬件平台

前面用了相当长的篇幅来介绍 x86 汇编和 ARM64 汇编，又仔细分析了函数调用堆栈和 C 语言代码中内嵌汇编的写法，这是理解计算机基本工作原理的基础，接下来要做一个有趣的实验。一个操作系统那么复杂，它本质上是怎么工作的呢？

下面来还原整个系统。使用 Linux 内核源代码把虚拟 CPU 初始化配置好时钟中断和程序入口，从而搭建一个开发平台 mykernel，也就是虚拟一个 64 位 x86 的 CPU，然后就可以开始编写自己的操作系统内核了。

前面介绍了计算机系统的基本工作原理，为了便于理解实验内容，这里再简要提一下中断的基本概念。

最初用于避免 CPU 轮询 I/O 设备，使得就绪状态发生时让 I/O 设备主动通过中断信号通知 CPU，极大地提高了 CPU 在输入、输出上的工作效率，这就是硬件中断（外部中断）。后来随着中断适用范围扩大，比如解决机器运行过程中出现的异常情况以及系统调用的实现等，就产生了内部中断，也称为异常。内部中断又分为故障和陷阱。

简而言之，在没有中断机制之前，计算机只能一个程序一个程序地执行，也就是批处理，而无法多个程序并发工作。有了中断机制，当一个中断信号发生时，CPU 把当前正在执行的进程 X 的 CS:RIP 寄存器和 RSP 寄存器等都压栈到一个叫内核堆栈的地方，把 CS:RIP 寄存器指向一个中断处理程序的入口，做保存现场的工作，然后去执行其他进程（比如 Y），等重新回来时再恢复现场，即恢复 CS:RIP 寄存器和 RSP 寄存器等，之后 CPU 继续执行原进程 X。显然中断机制在计算机系统中发挥着关键性作用。

需要说明的是，基于 mykernel 虚拟一个 64 位 x86 的 CPU 硬件平台已经把保存现场和恢复现场的复杂工作完成了，而且为了简化，mykernel 只提供了一个周期性发生的时钟中断。虚拟的 CPU 硬件平台中模拟了时钟中断，即每隔一段时间，发生一次时钟中断，这样就有基础写一个时间片轮转调度的操作系统内核，这也是后面的实验目标。下面来具体看看如何基于 mykernel 虚拟一个 64 位 x86 的 CPU。先来看如何把这个虚拟的 64 位 x86 CPU 实验平台 mykernel 搭建起来。

```
wget https://raw.github.com/mengning/mykernel/master/mykernel-2.0_for_linux-5.4.34.patch
wget-c https://mirrors.edge.kernel.org/pub/linux/kernel/v5.x/linux-5.4.34.tar.xz
xz -d linux-5.4.34.tar.xz
```

```
tar -xvf linux-5.4.34.tar
cd linux-5.4.34
patch -p1 <../mykernel-2.0_for_linux-5.4.34.patch
sudo apt install build-essential gcc-multilib
sudo apt install qemu # install QEMU
sudo apt install libncurses5-dev bison flex libssl-dev libelf-dev
make defconfig # Default configuration is based on 'x86_64_defconfig'
make -j$(nproc)
qemu-system-x86_64 -kernel arch/x86/boot/bzImage
```

搭建起来后的mykernel运行效果如图2-22所示，从QEMU窗口中可以看到my_start_kernel在执行，同时my_timer_handler时钟中断处理程序在周期性执行。

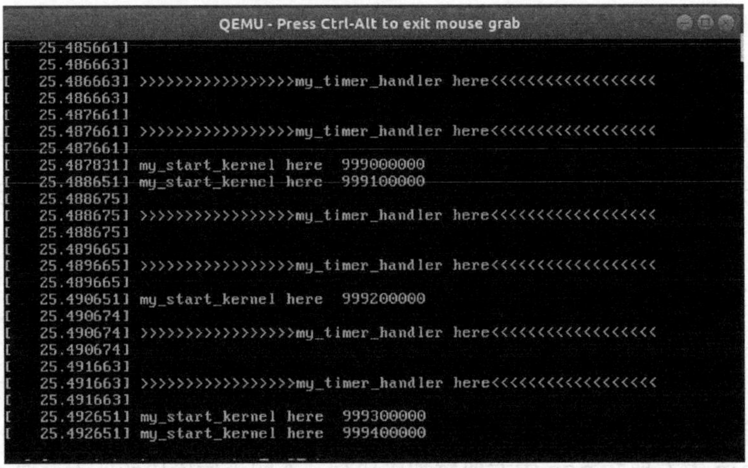

图2-22　mykernel运行效果

在 linux-5.4.34 内核源代码根目录下进入 mykernel 目录，可以看到 QEMU 窗口输出的内容的代码 mymain.c 和 myinterrupt.c，当前有一个虚拟的 CPU 执行 C 语言代码的上下文环境，可以看到 mymain.c 中的代码在不停地执行。同时有一个中断处理程序的上下文环境，周期性地产生时钟中断信号，触发 myinterrupt.c 中的代码。这样就通过 Linux 内核代码模拟了一个具有时钟中断和 C 语言代码执行环境的硬件平台。只要在 mymain.c 的基础上继续编写进程描述 PCB 和进程链表管理等代码，在 myinterrupt.c 的基础上完成进程切换代码，就可以完成一个可运行的精简内核。

2.5.2　精简的操作系统内核范例代码

庖丁解牛，一开始“所见无非牛者”，是因为对于牛体的结构还不了解，因此看见的无非是整头的牛。到“三年之后，未尝见全牛也”，因为脑海里浮现的已经是牛的内部肌理、筋骨了。之所以有了这种质的变化，一定是因为先见全牛，然后进一步深入其中，详细了解了牛的内部结构。读者需要一头“全牛”，才能进一步细致地解析它，所以我们把整个系统还原一下，看看“全牛”是什么样的。

在 mykernel 虚拟的 64 位 x86 CPU 基础上实现一个简单的操作系统内核只需要写两三百行代码，尽管代码量看起来并不大，但是对很多人来说理解起来还是很有挑战性的，这里给出一份代码范例供参考学习。

在 mykernel 目录下增加一个 mypcb.h 头文件，用来定义进程控制块（Process Control Block，PCB），也就是定义进程结构体，在 Linux 内核中是 struct task_struct 结构体。

```
/*
 *  linux/mykernel/mypcb.h
 */

#define MAX_TASK_NUM        4
#define KERNEL_STACK_SIZE   1 024*8

/* CPU-specific state of this task */
struct Thread {
    unsigned long      ip;
    unsigned long      sp;
};

typedef struct PCB{
    int pid;
    volatile long state; /* -1 unrunnable, 0 runnable, >0 stopped */
    char stack[KERNEL_STACK_SIZE];
    /* CPU-specific state of this task */
    struct Thread thread;
    unsigned long   task_entry;
    struct PCB *next;
}tPCB;

void my_schedule(void);
```

对 mymain.c 进行修改，这里是 mykernel 内核代码的入口，负责初始化内核的各个组成部分。在 Linux 内核源代码中，实际的内核入口是 init/main.c 中的 start_kernel(void) 函数。

```
/*
 *  linux/mykernel/mymain.c
 */
```

```
#include "mypcb.h"

tPCB task[MAX_TASK_NUM];
tPCB * my_current_task = NULL;
volatile int my_need_sched = 0;

void my_process(void);

void __init my_start_kernel(void)
{
    int pid = 0;
    int i;
    /* Initialize process 0*/
    task[pid].pid = pid;
    task[pid].state = 0;/* -1 unrunnable, 0 runnable, >0 stopped */
    task[pid].task_entry = task[pid].thread.ip = (unsigned long)my_process;
    task[pid].thread.sp = (unsigned long)&task[pid].stack[KERNEL_STACK_SIZE-1];
    task[pid].next = &task[pid];
    /*fork more process */
    for(i=1;i<MAX_TASK_NUM;i++)
    {
         memcpy(&task[i],&task[0],sizeof(tPCB));
         task[i].pid = i;
         task[i].state = -1;
         task[i].thread.sp = (unsigned long)&task[i].stack[KERNEL_STACK_SIZE-1];
         task[i].next = task[i-1].next;
         task[i-1].next = &task[i];
     }
     /* start process 0 by task[0] */
     pid = 0;
     my_current_task = &task[pid];
     asm volatile(
         "movq %1,%%rsp\n\t"   /* set task[pid].thread.sp to rsp */
         "pushq %1\n\t"        /* push rbp */
         "pushq %0\n\t"        /* push task[pid].thread.ip */
         "ret\n\t"             /* pop task[pid].thread.ip to rip */
    :
    :"c" (task[pid].thread.ip),"d" (task[pid].thread.sp)   /* input c or d
    mean %ecx/%edx*/
    );
}
```

在 mymain.c 中添加了 my_process 函数，用来作为进程的代码模拟一个个进程，只是这里采用的是进程运行完一个时间片后主动让出 CPU 的方式，没有采用中断机制完成进程切换，因为中断机制实现起来较为复杂，第 7 章再逐渐深入介绍。

```
void my_process(void)
{
    int i = 0;
    while(1)
    {
        i++;
        if(i%10000000 == 0)
        {
            printk(KERN_NOTICE "this is process %d -\n",my_current_task->pid);
            if(my_need_sched == 1)
            {
                my_need_sched = 0;
                my_schedule();
            }
            printk(KERN_NOTICE "this is process %d +\n",my_current_task->pid);
        }
    }
}
```

进程运行过程中是怎么知道时间片消耗完的呢？这就需要时钟中断处理过程中记录时间片。在 myinterrupt.c 中修改 my_timer_handler 用来记录时间片。

```
/*
 *  linux/mykernel/myinterrupt.c
 */
#include "mypcb.h"

extern tPCB task[MAX_TASK_NUM];
extern tPCB * my_current_task;
extern volatile int my_need_sched;
volatile int time_count = 0;

/*
 * Called by timer interrupt.
 */
void my_timer_handler(void)
{
    if(time_count%1000 == 0 && my_need_sched != 1)
    {
        printk(KERN_NOTICE ">>>my_timer_handler here<<<\n");
        my_need_sched = 1;
    }
    time_count ++ ;
```

```
        return;
    }
```

对 myinterrupt.c 进行修改，主要是增加了进程切换的代码 my_schedule(void)函数，在 Linux 内核源代码中对应的是 schedule(void)函数。

```
void my_schedule(void)
{
    tPCB * next;
    tPCB * prev;

    if(my_current_task == NULL
        || my_current_task->next == NULL)
    {
        return;
    }
    printk(KERN_NOTICE ">>>my_schedule<<<\n");
    /* schedule */
    next = my_current_task->next;
    prev = my_current_task;
    if(next->state == 0)/* -1 unrunnable, 0 runnable, >0 stopped */
    {
        my_current_task = next;
        printk(KERN_NOTICE ">>>switch %d to %d<<<\n",prev->pid,next->pid);
        /* switch to next process  */
        asm volatile(
            "pushq %%rbp\n\t"       /* save rbp of prev */
            "movq %%rsp,%0\n\t"     /* save rsp of prev */
            "movq %2,%%rsp\n\t"     /* restore  rsp of next */
            "movq $1f,%1\n\t"       /* save rip of prev */
            "pushq %3\n\t"
            "ret\n\t"               /* restore  rip of next */
            "1:\t"                  /* next process start here */
            "popq %%rbp\n\t"
                : "=m" (prev->thread.sp),"=m" (prev->thread.ip)
                : "m" (next->thread.sp),"m" (next->thread.ip)
            );
    }
    return;
}
```

2.5.3　精简的操作系统内核关键代码分析

对于以上文件中的数据类型定义等 C 语言代码在此就不赘述了。进程初始化和进程切换的汇编语言代码比较难理解，因此这里进行详细分析。

启动执行第一个进程的关键汇编语言代码。

```
asm volatile(
1     "movq %1,%%rsp\n\t" /* 将进程原堆栈栈顶的地址存入 RSP 寄存器 */
2     "pushq %1\n\t"        /* 将当前 RBP 寄存器的值压栈 */
3     "pushq %0\n\t"        /* 将当前进程的 RIP 压栈 */
4     "ret\n\t"             /* ret 命令正好可以让压栈的进程 RIP 保存到 RIP 寄存器中 */
    :
    : "c" (task[pid].thread.ip),"d" (task[pid].thread.sp)
);
```

这里需要注意的是，%1 是指后面的 task[pid].thread.sp，%0 是指后面的 task[pid].thread.ip。

这段汇编语言代码是启动第一个进程（也就是进程 0），启动过程中进程 0 的堆栈和相关寄存器的变化过程大致如下。

第 1 行语句“movq %1,%%rsp”将 RSP 寄存器指向进程 0 的堆栈栈底，task[pid].thread.sp 初始值即为进程 0 的堆栈底部。

第 2 行语句“pushq %1”将当前 RBP 寄存器的值压栈，因为是空栈，所以 RSP 与 RBP 相同。这里为了简化，直接使用进程的堆栈栈顶的值 task[pid].thread.sp，相应的 RSP 寄存器指向的位置也发生了变化，RSP = RSP – 8，RSP 寄存器指向堆栈底部第一个 64 位的存储单元。

第 3 行语句“pushq %0”将当前进程的 RIP（这里是初始化 my_process(void)函数值的位置）入栈，相应的 RSP 寄存器指向的位置也发生了变化，RSP = RSP – 8，RSP 寄存器指向堆栈底部第二个 64 位的存储单元。

第 4 行语句“ret”将栈顶位置的 task[0].thread.ip，也就是 my_process(void)函数的地址放入 RIP 寄存器中，相应的 RSP 寄存器指向的位置也发生了变化，RSP = RSP + 8，RSP 寄存器指向堆栈底部第一个 64 位的存储单元。

这样完成了进程 0 的启动，开始执行 my_process(void)函数的代码。

进程切换的关键汇编语言代码如下。

```
/* schedule */
next = my_current_task->next;
prev = my_current_task;
if(next->state == 0) /* -1 unrunnable, 0 runnable, >0 stopped */
{
    my_current_task = next;
    printk(KERN_NOTICE ">>>switch %d to %d<<<\n",prev->pid,next->pid);
    /* 进程调度关键代码 */
```

```
    asm volatile(
1           "pushq %%rbp\n\t"      /* save rbp of prev */
2           "movq %%rsp,%0\n\t"   /* save rsp of prev */
3           "movq %2,%%rsp\n\t"   /* restore  rsp of next */
4           "movq $1f,%1\n\t"     /* save rip of prev */
5           "pushq %3\n\t"
6           "ret\n\t"              /* restore  rip of next */
7           ($1f) "1:\t"           /* next process start here */
8           "popq %%rbp\n\t"
            : "=m" (prev->thread.sp),"=m" (prev->thread.ip)
            : "m" (next->thread.sp),"m" (next->thread.ip)
    );
}
```

为了简便，假设系统只有两个进程，分别是进程 0 和进程 1。进程 0 由内核启动时初始化执行，需要进程调度和进程切换，然后开始执行进程 1。进程切换过程中进程 0 和进程 1 的堆栈与相关寄存器的变化过程大致如下。

第 1 行语句“pushq %%rbp”保存 prev 进程（本例中指进程 0）当前 RBP 寄存器的值到 prev 进程的堆栈。

第 2 行语句“movq %%rsp,%0”保存 prev 进程（本例中指进程 0）当前 RSP 寄存器的值到 prev->thread.sp，这时 RSP 寄存器指向进程的栈顶地址，实际上就是将 prev 进程的栈顶地址保存；%0、%1 指这段汇编语言代码下面输入输出部分的编号。

第 3 行语句“movq %2,%%rsp”将 next 进程的栈顶地址 next->thread.sp 放入 RSP 寄存器，完成了进程 0 和进程 1 的堆栈切换。

第 4 行语句“movq $1f,%1”保存 prev 进程当前 RIP 寄存器值到 prev->thread.ip，这里$1f 是指前面的标号 1。

第 5 行语句“pushq %3”把即将执行的 next 进程的指令地址 next->thread.ip 压栈，这时的 next->thread.ip 可能是进程 1 的起点 my_process(void)函数，也可能是$1f（标号 1）。第一次被执行从头开始为进程 1 的起点 my_process(void)函数，其余的情况均为$1f（标号 1），因为如果 next 进程之前运行过，那么它就一定也作为 prev 进程被进程切换过。

第 6 行语句“ret”就是将压入栈中的 next->thread.ip 放入 RIP 寄存器，为什么不直接放入 RIP 寄存器呢？因为程序不能直接使用 RIP 寄存器，只能通过 call、ret 等指令间接改变 RIP 寄存器。

第 7 行语句“1”，标号 1 是一个特殊的地址位置，该位置的地址可以认为是$1f。

第 8 行语句“popq %%rbp”将 next 进程堆栈基地址从堆栈中恢复到 RBP 寄存器中。

到这里开始执行进程 1，如果进程 1 执行的过程中发生了进程调度和进程切换，进程 0 就重新被调度执行，就是从进程 1 再切换到进程 0，prev 进程变成进程 1，而 next 进程变成进程 0。

进一步一般化为任意一个进程 x 作为当前进程 prev，任意一个进程 y 作为被调度的下一个进程 next，那么进程 x 切换到进程 y 的关键过程大致如图 2-23 和图 2-24 所示。

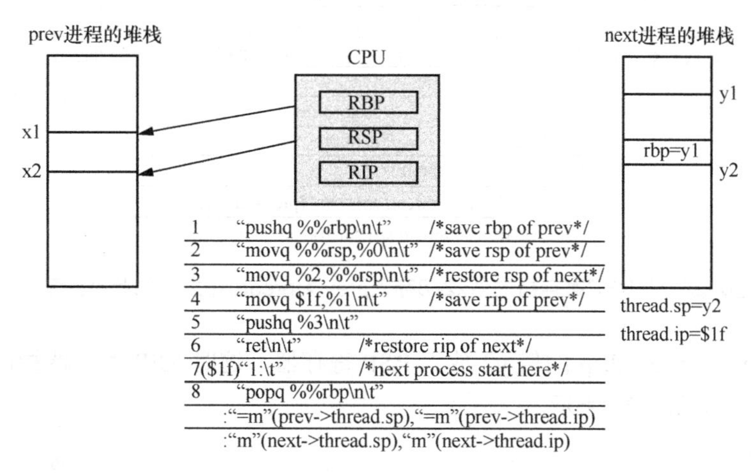

图2-23 关键汇编语言代码执行之前的初始状态示意图

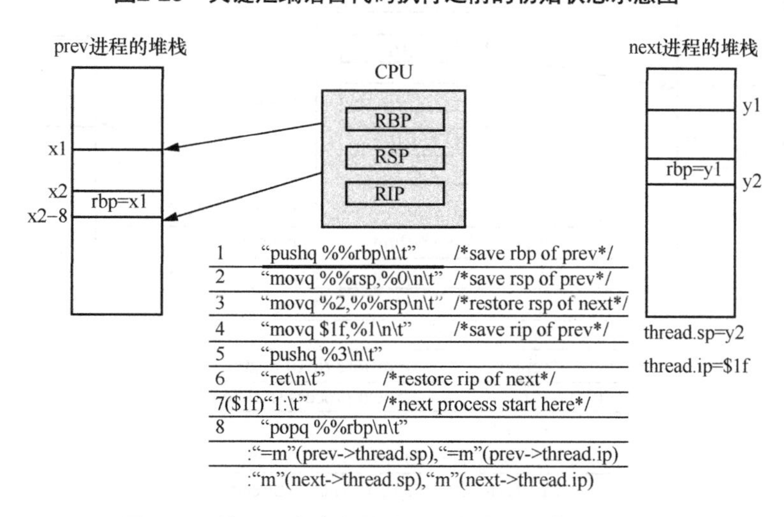

图2-24 将RBP寄存器的值x1压栈之后的状态示意图

将 RSP 寄存器的值 x2–8 存入 prev->thread.sp，如图 2-25 所示。

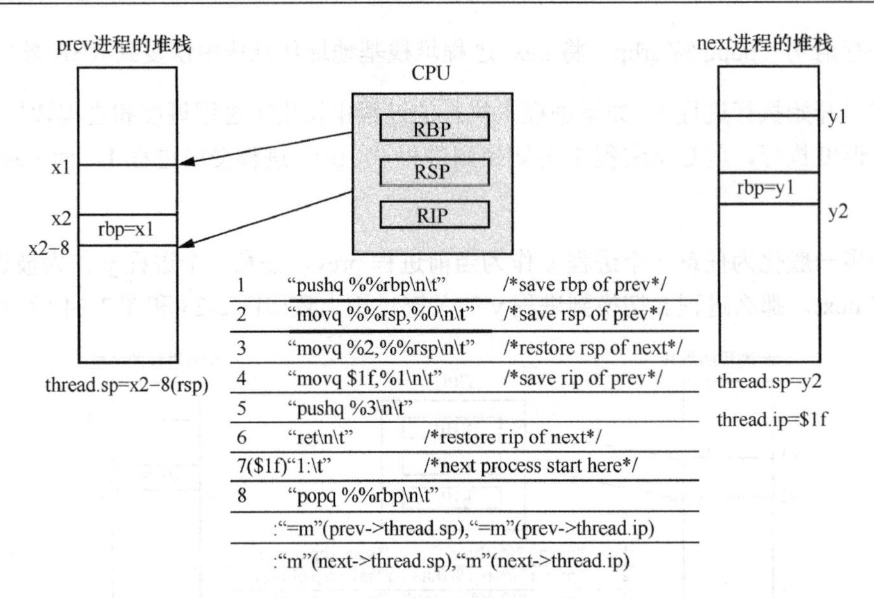

图2-25　将RSP寄存器的值x2–8存入prev->thread.sp之后的状态示意图

然后，将 next->thread.sp 的值 y2 放入 RSP 寄存器，这时 RSP 寄存器指向了 next 进程的堆栈栈顶 y2，如图 2-26 所示。

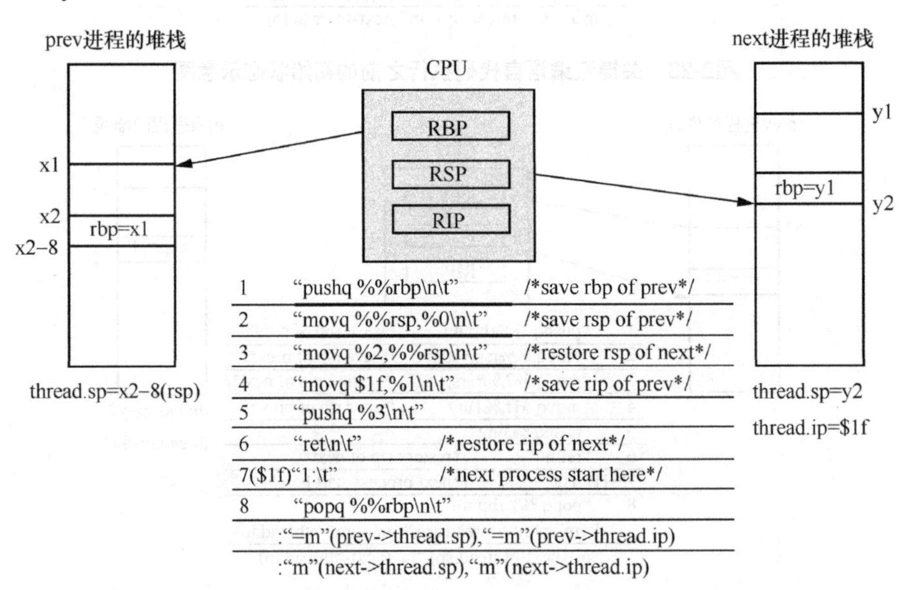

图2-26　将next->thread.sp的值y2放入RSP寄存器之后的状态示意图

将标号 1 的地址$1f 存入 prev->thread.ip 之后的状态图，如图 2-27 所示。

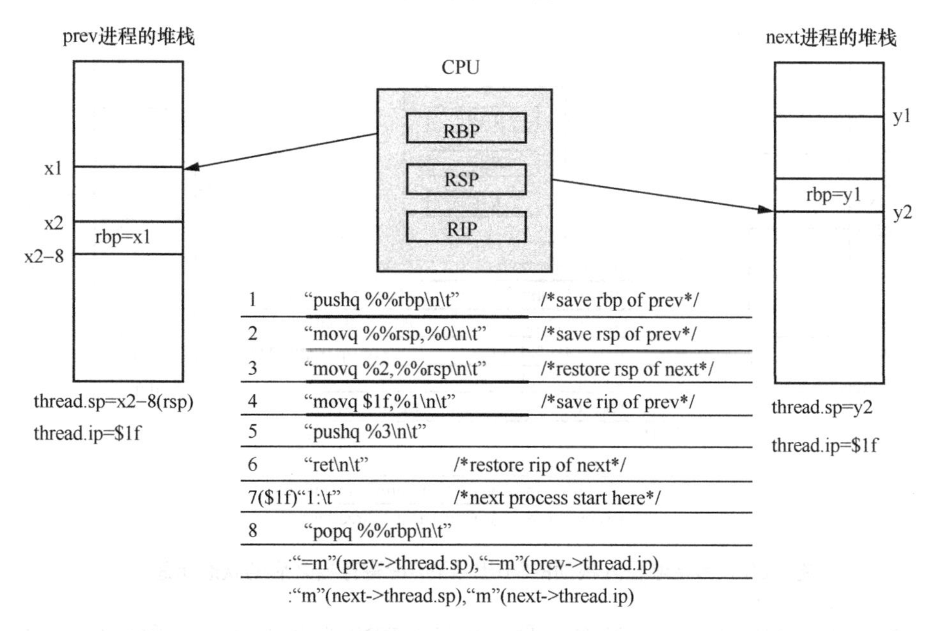

图2-27 将标号1的地址$1f存入prev->thread.ip之后的状态示意图

将 next->thread.ip 的值$1f 压栈，注意 next->thread.ip 的值$1f 是在一般情况下 next 进程上次离开 CPU 时保存的值，如图 2-28 所示，参考上一句"将标号 1 的地址$1f 存入 prev->thread.ip"。

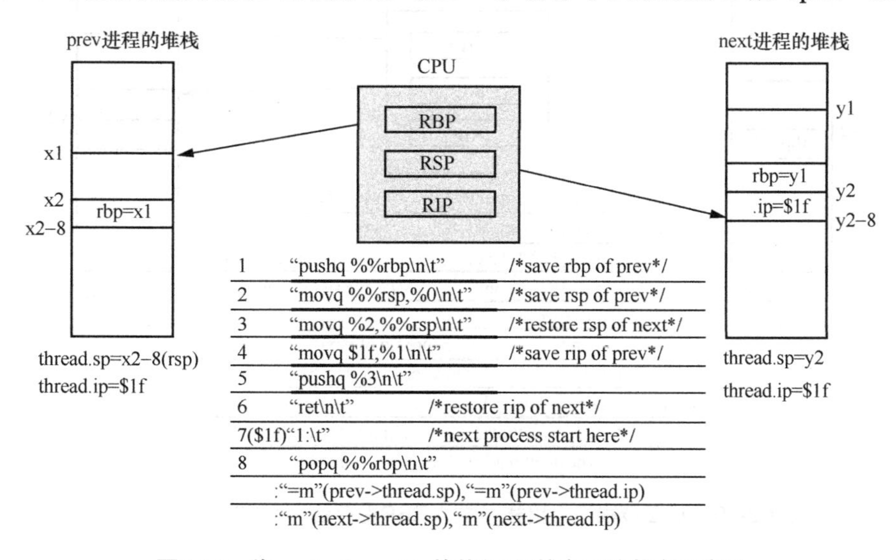

图2-28 将next->thread.ip的值$1f压栈之后的状态示意图

ret 将刚压入栈顶的$1f 出栈到 RIP 寄存器，这时完成进程最关键上下文的切换，开始执行 next 进程，如图 2-29 所示。

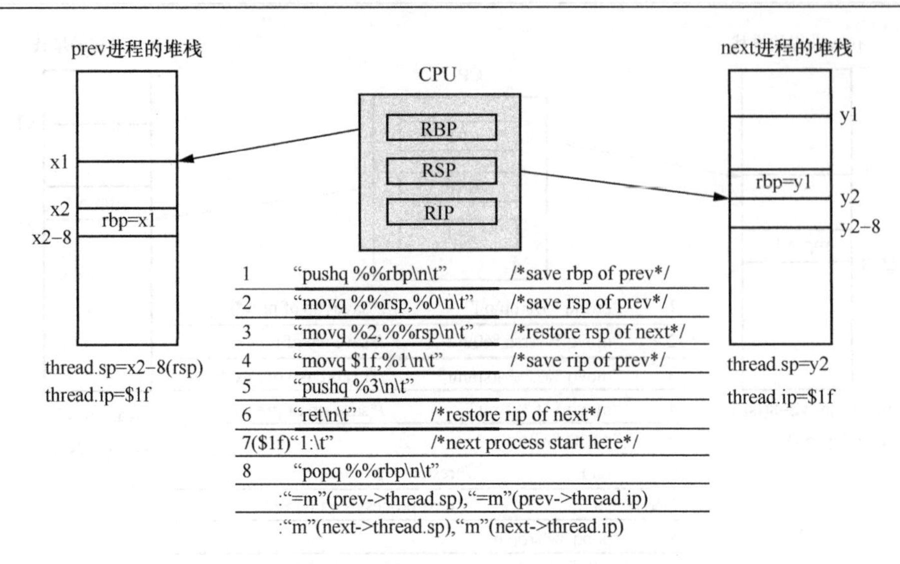

图2-29　ret将刚压入栈顶的$1f出栈到RIP寄存器之后的状态示意图

从堆栈栈顶上出栈 y1 放入 RBP 寄存器，覆盖了 RBP 原来的 x1，重新指向 y1，如图 2-30 所示，即继续恢复 next 进程的其余上下文环境。

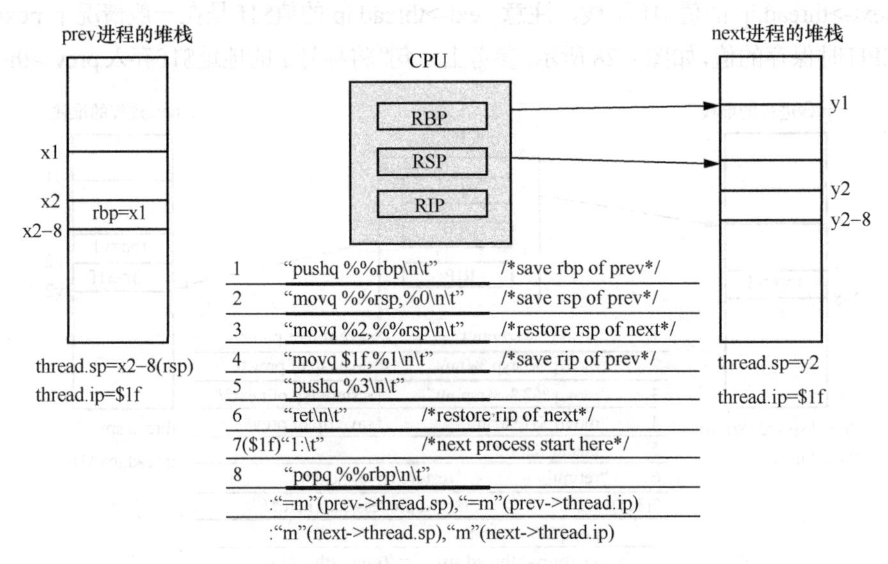

图2-30　从堆栈栈顶上出栈y1放入RBP寄存器之后的状态示意图

进程切换非常类似庄周梦蝶的典故，是庄周梦见蝴蝶，还是蝴蝶梦见庄周呢？庄周（CPU）只有一个，却有两个执行上下文（精神世界和物质世界），这段进程切换代码就是梦醒时分。

延展开来，每一个进程都好像拥有一个独立的虚拟 CPU，这样很多个进程并发运行在同一个物理 CPU 上，构成了“平行世界”的感觉，只有在“梦醒时分”（进程切换）的时间点，那个本原世界（物理 CPU）才一闪而过。就像人类生存的世界的本原一样，从来没有人真正感知到它，就像它从来没有存在过一样。

这部分最重要的是进程切换，在执行过程中，当时间片用完需要进行进程切换时，需要先保存当前的进程上下文环境，下次进程被调度执行时，需要恢复进程上下文环境，就这样通过虚拟化的进程概念实现了多道程序在同一个物理 CPU 上的并发执行。

相信到这里大家对计算机系统和操作系统有了一个初步的了解，计算机系统的基本工作原理总结起来就是计算机有“三大法宝”和操作系统有“两把宝剑”。

计算机有“三大法宝”：存储程序计算机、函数调用堆栈和中断。

操作系统有“两把宝剑”，即中断上下文和进程上下文。中断上下文的切换，即保存现场和恢复现场，这一部分还需要继续深入学习；进程上下文的切换已经通过基于 mykernel 的精简操作系统内核范例进行了仔细分析。不管是“三大法宝”还是“两把宝剑”，都和汇编语言代码有着密不可分的关系，这也是为什么本章花了相当多的篇幅介绍汇编语言。

深入理解了计算机系统的基本工作原理之后，继续学习操作系统原理或者分析 Linux 内核代码就有了一个基础性的逻辑框架，为学习更多知识、获取更多信息打下了坚实的基础，也有了一个完整的思维模型。

本章实验

1. 分析 C 语言代码对应的 x86 或 ARM64 汇编语言代码的执行过程。下面以 64 位 x86 汇编语言代码为例。

将如下 C 语言代码编译成汇编语言代码“.s”文件，并分析“.s”文件中的汇编语言代码的执行过程，其中重点关注 RBP/RSP 寄存器、RAX 寄存器、RIP 寄存器和函数调用堆栈空间在汇编语言代码的执行过程是如何变化的。

```
int g(int x)
{
    return x + 3;
}
```

```
int f(int x)
{
    return g(x);
}

int main(void)
{
    return f(8) + 1;
}
```

使用如下命令在 64 位 x86 Linux 环境下汇编上述 C 语言代码：

```
gcc -S -o assembly.s assembly.c
```

阅读如下 64 位 x86 汇编语言代码，选择正确答案填入表 2-2 的括号内。

```
1  g:
2     pushq    %rbp
3     movq     %rsp, %rbp
4     movl     %edi, -4(%rbp)
5     movl     -4(%rbp), %eax
6     addl     $3, %eax
7     popq     %rbp
8     ret
9  f:
10    pushq    %rbp
11    movq     %rsp, %rbp
12    subq     $8, %rsp
13    movl     %edi, -4(%rbp)
14    movl     -4(%rbp), %eax
15    movl     %eax, %edi
16    call     g
17    leave
18    ret
19 main:
20    pushq    %rbp
21    movq     %rsp, %rbp
22    movl     $8, %edi
23    call     f
24    addl     $1, %eax
25    popq     %rbp
26    ret
```

假定 main 函数开始执行时 RSP 和 RBP 寄存器均指向 main 函数调用堆栈栈底（假定地址为 X），汇编语言代码的行号表示其对应的代码地址。执行完第 26 行代码时，栈空间存储单元和一些寄存器的值是多少？请填写表 2-2。

表 2-2　栈空间存储单元和一些寄存器

栈地址/寄存器	64 位存储单元
X−8	（　1：　　　　　　　　　　）
X−16	（　2：　　　　　　　　　　）
X−24	（　3：　　　　　　　　　　）
X−32	（　4：　　　　　　　　　　）
X−40	（　5：　　　　　　　　　　）
X−48	（　6：　　　　　　　　　　）
X−56	（　7：　　　　　　　　　　）
RSP	（　8：　　　　　　　　　　）
RBP	（　9：　　　　　　　　　　）
EAX	（　10：　　　　　　　　　　）

2．编写一个精简的操作系统内核。

第 3 章

Linux 内核源代码及调试环境

本章首先概述 Linux 内核源代码，然后给出配置并使用 VS Code 阅读 Linux 内核源代码的方法，最后在构建 Linux 系统的基础上，采用 VS Code 和 GDB 的方式跟踪调试 Linux 内核的启动过程。

3.1 Linux 内核源代码

3.1.1 Linux 内核源代码概述

Linux 内核源代码非常庞大，以 Linux-5.4.34 内核源代码为例，已经超过 1 800 万行代码。代码统计结果如下所示。

```
$ cloc linux-5.4.34
    65717 text files.
    65282 unique files.
    14682 files ignored.

github.com/AlDanial/cloc v 1.74  T=1308.73 s (40.1 files/s, 19477.0 lines/s)
-------------------------------------------------------------------------------
Language                     files          blank        comment           code
-------------------------------------------------------------------------------
C                            27626        2733692        2498514       13694587
C/C++ Header                 19734         528029         950845        4282902
Assembly                      1316          46708         101117         227291
JSON                           276              1              0         174609
Bourne Shell                   557          12549           9369          50316
make                          2509           9403          10537          41365
```

```
Perl                            56          5593          4073         27925
Python                         112          4458          4320         23923
YAML                           188          3039           880         15427
HTML                             5           665             0          5508
yacc                             9           692           355          4627
PO File                          5           791           918          3077
lex                              8           326           300          2013
C++                              8           300            82          1873
Bourne Again Shell              51           354           296          1748
DOS Batch                        1             3             0          1325
awk                             10           140           116          1058
Glade                            1            58             0           603
NAnt script                      2           144             0           550
Cucumber                         1            28            50           173
Windows Module Definition        2            15             0           109
m4                               1            15             1            95
CSS                              1            27            28            72
XSLT                             5            13            26            61
vim script                       1             3            12            27
Ruby                             1             4             0            25
INI                              1             1             0             6
sed                              1             2             5             5
-------------------------------------------------------------------------------
SUM:                         52488       3347053       3581844      18561300
-------------------------------------------------------------------------------
```

如果根据目录来划分，drivers 和 arch 目录下的代码合计占比超过 70%，占比最大，但驱动程序和体系结构需要支持大量相似的不同硬件，结构上重复代码居多，而占比很小的 init、kernel、mm、ipc、net 等目录是 Linux 内核的核心，代码总量不是特别大。下面简要了解一下主要的代码目录。

- arch 目录：与架构相关的子目录列表，里面存放了许多与 CPU 架构相关的代码，比如 x86、ARM64、MIPS、PPC 等。此目录中的代码在 Linux 内核代码中占比相当大，主要原因是 alpha、arm、arm64 等不同目录中的代码可以使 Linux 内核支持不同的 CPU 架构。
- init 目录：存放 Linux 内核启动时的初始化代码。init 是初始化的意思。此目录中的 main.c 源文件负责整个 Linux 内核启动，而 main.c 源文件中的 start_kernel 函数是 Linux 内核启动过程的起点。

- kernel 目录：包含主内核代码。kernel 的意思是内核，就是 Linux 内核。这个文件夹存放内核本身需要的一些核心代码文件，其中有很多关键代码。
- mm 目录：包含所有的内存管理代码。mm 是指 memory management（内存管理）。
- fs 目录：此目录里面列出了 Linux 支持的各种文件系统的实现。fs 是指 file system（文件系统）。
- ipc 目录：包含进程间通信的代码。ipc 是指 inter process communication（进程间通信）。
- net 目录：包含内核中关于网络的代码，比如 TCP/IP 网络协议栈等。
- drivers 目录：包含内核中所有设备（如字符设备、块设备、SCSI 设备等）的驱动程序。
- lib 目录：包含公用的库文件，里面是一些公用的库函数。注意这里的库函数和 C 语言的库函数是不一样的，在内核编程中不能用 C 语言标准库函数，这里 lib 目录下的库函数就是用来替代那些标准库函数的。譬如把字符串转成数字要用的 atoi 函数，但是内核编程中只能用 lib 目录下的 atoi 函数，不能用标准 C 语言库中的 atoi 函数。譬如在内核中打印信息时不能用 printf 函数，而要用 printk 函数，这个 printk 函数就是在 lib 目录下实现的。
- include 目录：包含建立内核代码时所需的公共的头文件，包括各种架构共用的头文件，而模块内部的头文件放在各自模块内部，比如 ARM 架构特有的一些头文件在 arch/arm/include 目录及其子目录下。

此外，还有一些与声音、安全、脚本、工具相关的目录，不再一一赘述。Linux 内核分析中比较重要的是 arch 目录中 x86 目录下的源文件、init 目录中的 main.c、kernel 目录中和进程调度相关的代码等，其他还有内存管理、网络、文件系统等代码。

要明确 Linux 内核是从哪里开始执行的，有一个关键目录是 init 目录，与内核启动相关的代码都在这个目录中。在 init 目录中有 main.c 源文件。普通 C 语言代码程序是从 main 函数开始运行的，C 程序的阅读一般也从 main 函数开始。init 目录中的 main.c 源文件是整个 Linux 内核启动的起点，但它的起点不是 main 函数，而是 main.c 源文件中的 start_kernel 函数，如图 3-1 所示。start_kernel 前的代码使用汇编语言来进行硬件初始化，而 x86-64 CPU 初始化的汇编语言代码见 arch/x86/kernel/head_64.S，ARM64 CPU 初始化的汇编语言代码见 arch/arm64/kernel/entry.S。

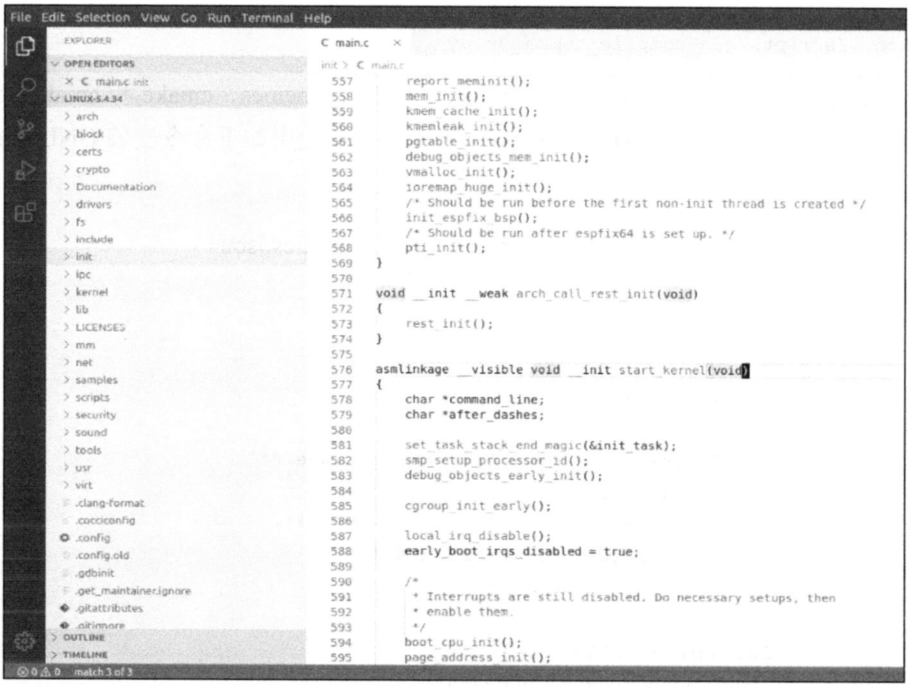

图3-1 start_kernel 函数

3.1.2 用 VS Code 阅读 Linux 内核源代码

Visual Studio Code（以下简称 VS Code）的使用量近年来获得了爆炸式增长，该软件已成为广大开发者工具库中的必备神器。VS Code 是一个轻量且功能强大的代码编辑器，支持 Windows、macOS X 和 Linux，支持 JavaScript、TypeScript 和 Node.js，而且拥有丰富的插件生态系统，可通过安装插件来支持 C++、C#、Python、PHP 等语言。可以在 Visual Studio Code 官方网站下载该软件。

下载完后即可在 Windows 和 OS X 下可视化安装，此处不做赘述。在 Linux 下以 Ubuntu Linux 为例可以使用类似如下命令安装：

```
sudo apt install ./<filename>.deb
```

VS Code 的基本使用方法可以参考官网使用手册，此处不再赘述。

由于 Linux 内核高度定制化，所以没有办法直接通过配置 includePath 等让 Intellisense 正常提示，这里借助一个 Python 脚本来生成 compile_commands.json 文件帮助 Intellisense 正常提示（包括头文件和宏定义等）。在 Linux 源代码目录下直接运行如下命令就可以生成 compile_commands.json。

```
python ./scripts/gen_compile_commands.py
```

还要安装 VS Code 插件 C/C++ Intellisense、C/C++ Themes、cmake 和 cmaketools。由于插件 C/C++ Intellisense 需要 GNU Global，所以还需要使用如下命令安装 GNU Global。

```
sudo apt install global
```

最后配置 VS Code 配置文件，即.vscode/c_cpp_properties.json。

```
{
    "configurations": [
        {
            "name": "Linux",
            "includePath": [
                "${workspaceFolder}/arch/x86/include/**",
                "${workspaceFolder}/include/**",
                "${workspaceFolder}/include/linux/**",
                "${workspaceFolder}/arch/x86/**",
                "${workspaceFolder}/**"
            ],
            "cStandard": "c11",
            "intelliSenseMode": "gcc-x64",
            "compileCommands": "${workspaceFolder}/compile_commands.json"
        }
    ],
    "version": 4
}
```

这样 VS Code 就能自动搜索并跳转到函数定义了，阅读代码会方便很多。由于 Linux 内核代码非常庞大，为加快搜索速度还可以通过设置排除一些干扰文件，比如修改配置文件.vscode/settings.json 如下。使用 VS Code 阅读 Linux 内核源代码的效果如图 3-2 所示。

```
{
    "search.exclude": {
        "**/.git": true,
        "**/.svn": true,
        "**/.DS_Store": true,
        "**/drivers": true,
        "**/sound": true,
        "**/tools": true,
        "**/arch/alpha": true,
        "**/arch/arc": true,
        "**/arch/c6x": true,
        "**/arch/h8300": true,
        "**/arch/hexagon": true,
```

```
        "**/arch/ia64": true,
        "**/arch/m32r": true,
        "**/arch/m68k": true,
        "**/arch/microblaze": true,
        "**/arch/mn10300": true,
        "**/arch/nds32": true,
        "**/arch/nios2": true,
        "**/arch/parisc": true,
        "**/arch/powerpc": true,
        "**/arch/s390": true,
        "**/arch/sparc": true,
        "**/arch/score": true,
        "**/arch/sh": true,
        "**/arch/um": true,
        "**/arch/unicore32": true,
        "**/arch/xtensa": true
    },
    "files.exclude": {
        "**/.*.*.cmd": true,
        "**/.*.d": true,
        "**/.*.o": true,
        "**/.*.S": true,
        "**/.git": true,
        "**/.svn": true,
        "**/.DS_Store": true,
        "**/drivers": true,
        "**/sound": true,
        "**/tools": true,
        "**/arch/alpha": true,
        "**/arch/arc": true,
        "**/arch/c6x": true,
        "**/arch/h8300": true,
        "**/arch/hexagon": true,
        "**/arch/ia64": true,
        "**/arch/m32r": true,
        "**/arch/m68k": true,
        "**/arch/microblaze": true,
        "**/arch/mn10300": true,
        "**/arch/nds32": true,
        "**/arch/nios2": true,
        "**/arch/parisc": true,
        "**/arch/powerpc": true,
        "**/arch/s390": true,
        "**/arch/sparc": true,
        "**/arch/score": true,
```

```
        "**/arch/sh": true,
        "**/arch/um": true,
        "**/arch/unicore32": true,
        "**/arch/xtensa": true
    },
    "[c]": {
        "editor.detectIndentation": false,
        "editor.tabSize": 8,
        "editor.insertSpaces": false
    },
    "C_Cpp.errorSquiggles": "Disabled"
}
```

```
static unsigned long get_entry_size(void)
{
    return sizeof(struct page_ext) + extra
}

static inline struct page_ext *get_entry(v
{
    return base + get_entry_size() * index
}

#if !defined(CONFIG_SPARSEMEM)

void __meminit pgdat_page_ext_init(struct pglist_data *pgdat)
{
    pgdat->node_page_ext = NULL;
}

struct page_ext *lookup_page_ext(const struct page *page)
```

```
typedef struct pglist_data {
    struct zone
node_zones[MAX_NR_ZONES];
    struct zonelist
node_zonelists[MAX_ZONELISTS];
    int nr_zones;
#ifdef CONFIG_FLAT_NODE_MEM_MAP
/* means !SPARSEMEM */
"pglist": Unknown word. cSpell
View Problem   Quick Fix... (⌘.)
```

图3-2　使用VS Code阅读Linux内核源代码的效果图

3.2　搭建 Linux 内核调试环境

3.2.1　编译配置安装 Linux 内核的步骤

在个人计算机上编译升级内核的大概步骤如下。

（1）安装开发工具。

（2）下载内核源代码。

（3）准备配置文件.config。

（4）make menuconfig 配置内核选项。

（5）make[-j #]编译内核。

（6）make modules_install 安装模块。

（7）make install 安装内核文件。

（8）安装 bzImagc。

（9）生成 initramfs 根文件系统镜像，也习惯于命名为 rootfs。

（10）编辑 bootloader 的配置文件启用新内核。

在搭建 Linux 内核调试环境时会适当简化步骤，对其中配置选项的一些方法做简要介绍，其中支持“更新”模式配置 Linux 内核的方法如下。

（1）make config：基于命令行以遍历的方式去配置内核中可配置的每个选项。

（2）make menuconfig：基于 curses 的文本窗口界面。

（3）make gconfig：基于 GTK（GNOME）环境的窗口界面。

（4）make xconfig：基于 QT（KDE）环境的窗口界面。

支持“全新配置”模式进行配置，重新生成.config 文件的方法如下。

（1）make defconfig：基于本机内核为目标平台提供的默认配置进行配置。

（2）make allyesconfig：所有选项均为 yes。

（3）make allnoconfig：所有选项均为 no。

下面以 x86-64 平台下 Ubuntu Linux 环境为例搭建 Linux 内核调试环境。

3.2.2 下载编译内核

下载内核源代码及相关工具软件。

```
$ sudo apt update
$ wget -c https://mirrors.edge.kernel.org/pub/linux/kernel/v5.x/linux-5.4.34.tar.xz
$ xz -d linux-5.4.34.tar.xz
$ tar -xvf linux-5.4.34.tar
$ cd linux-5.4.34
```

```
$ sudo apt-get install build-essential
$ sudo apt install qemu # install QEMU
$ sudo apt-get install libncurses5-dev bison flex libssl-dev libelf-dev
```

配置内核选项和编译内核。其中要特别注意：为了调试内核，需要打开 debug 相关选项，还需要关闭 KASLR，否则会导致设置断点失败。

```
$ make defconfig # Default configuration is based on 'x86_64_defconfig'
$ make menuconfig
# 打开 debug 相关选项
Kernel hacking  --->
    Compile-time checks and compiler options  --->
       [*] Compile the kernel with debug info
       [*] Provide GDB scripts for kernel debugging
       [*] Kernel debugging
# 关闭 KASLR，否则会导致设置断点失败
Processor type and features ---->
  [] Randomize the address of the kernel image (KASLR)
$ make -j$(nproc) # nproc gives the number of CPU cores/threads available
```

测试一下内核能不能正常加载运行，因为没有根文件系统，所以最终会出现 kernel panic 的错误信息，不要惊慌！

```
$ qemu-system-x86_64 -kernel arch/x86/boot/bzImage
```

3.2.3　制作内存根文件系统

计算机加电启动首先由 bootloader 加载内核，内核紧接着需要挂载内存根文件系统，其中包含必要的设备驱动和工具。bootloader 加载根文件系统到内存中，内核会将其挂载到根目录下，然后运行根文件系统中 init 脚本执行一些启动任务，最后才挂载真正的磁盘根文件系统。

这里为了简化实验环境，仅制作内存根文件系统。借助 BusyBox 构建极简内存根文件系统，提供基本的用户态可执行程序。制作内存根文件系统的过程大致如下。

首先下载 busybox 源代码解压，解压完成后，跟内核一样先配置编译并安装。

```
$ wget -c https://busybox.net/downloads/busybox-1.31.1.tar.bz2
$ tar -jxvf busybox-1.31.1.tar.bz2
$ cd busybox-1.31.1
$ make menuconfig
```

记得要编译成静态链接库，不是动态链接库。

```
Settings  --->
```

```
    [*] Build static binary (no shared libs)
```

然后编译安装，默认会安装到源码目录下的_install 目录中。

```
$ make -j$(nproc) && make install
```

接着准备内存根文件系统所需的目录和文件，代码如下。

```
$ mkdir rootfs
$ cd rootfs
$ cp ../busybox-1.31.1/_install/* ./ -rf
$ mkdir dev proc sys home
$ sudo cp -a /dev/{null,console,tty,tty1,tty2,tty3,tty4} dev/
```

准备 init 脚本文件放在根文件系统根目录下（rootfs/init），添加如下内容到 init 文件。

```
#!/bin/sh
mount -t proc none /proc
mount -t sysfs none /sys

echo "Wellcome MengningOS!"
echo "--------------------"
cd home
/bin/sh
```

给 init 脚本添加可执行权限。

```
$ chmod +x init
```

打包成内存根文件系统镜像。

```
$ find . -print0 | cpio --null -ov --format=newc | gzip -9 >../rootfs.cpio.gz
```

测试挂载根文件系统，看内核启动完成后是否执行 init 脚本。

```
$ qemu-system-x86_64 -kernel linux-5.4.34/arch/x86/boot/bzImage -initrd rootfs.cpio.gz
```

3.2.4 跟踪调试 Linux 内核的基本方法

下面具体看看如何使用 gdb 跟踪调试 Linux 内核。使用 gdb 跟踪调试内核，有两个参数：-s 和-S。-s 表示在 TCP 1234 端口上创建了一个 gdb-server。可以另外打开一个窗口，用 gdb 把带有符号表的内核镜像 vmlinux 加载进来，然后连接 gdb server，设置断点跟踪内核。若不想使用 1234 端口，可以使用-gdb tcp:xxxx 来替代-s 选项。-S 表示启动时暂停虚拟机，等待 gdb 执行 continue（可以简写为 c）指令。

```
    $ qemu-system-x86_64 -kernel linux-5.4.34/arch/x86/boot/bzImage -initrd rootfs.cpio.
gz -S -s
    # 纯命令行下启动虚拟机
```

```
$ qemu-system-x86_64 -kernel /home/mengning/linux-code/linux-5.4.34/arch/x86/boot/
bzImage -initrd ../rootfs.cpio.gz -S -s -nographic -append "console=ttyS0"
```

用以上命令先启动，然后可以看到虚拟机一启动就暂停了。加-nographic -append "console=ttyS0"参数启动不会弹出 QEMU 虚拟机窗口，可以在纯命令行下启动虚拟机，此时可以通过"killall qemu-system-x86_64"命令强行关闭虚拟机。

再打开一个窗口，启动 gdb，把内核符号表加载进来，建立连接。

```
$ cd linux-5.4.34/
$ gdb vmlinux
...
(gdb) target remote:1234
Remote debugging using :1234
0x000000000000fff0 in entry_stack_storage ()
(gdb) b start_kernel
Breakpoint 1 at 0xffffffff829aeabb: file init/main.c, line 577.
(gdb) c
Continuing.

Breakpoint 1, start_kernel () at init/main.c:577
577 {
(gdb) bt
#0 start_kernel () at init/main.c:577
#1 0xffffffff810000d4 in secondary_startup_64 ()
   at arch/x86/kernel/head_64.S:241
#2 0x0000000000000000 in ?? ()
(gdb) list
572 {
573      rest_init();
574 }
575
576 asmlinkage __visible void __init start_kernel(void)
577 {
578      char *command_line;
579      char *after_dashes;
580
581      set_task_stack_end_magic(&init_task);
(gdb)
```

"b start_kernel"是在 start_kernel 处设置断点。在 Stopped 状态，如果按 c 继续执行，那么系统开始启动执行，启动到 start_kernel 函数的位置停在断点处，如图 3-3 所示，在断点处通过"bt"查看代码的调用栈，通过"list"可以看到断点处 start_kernel 附近的代码。

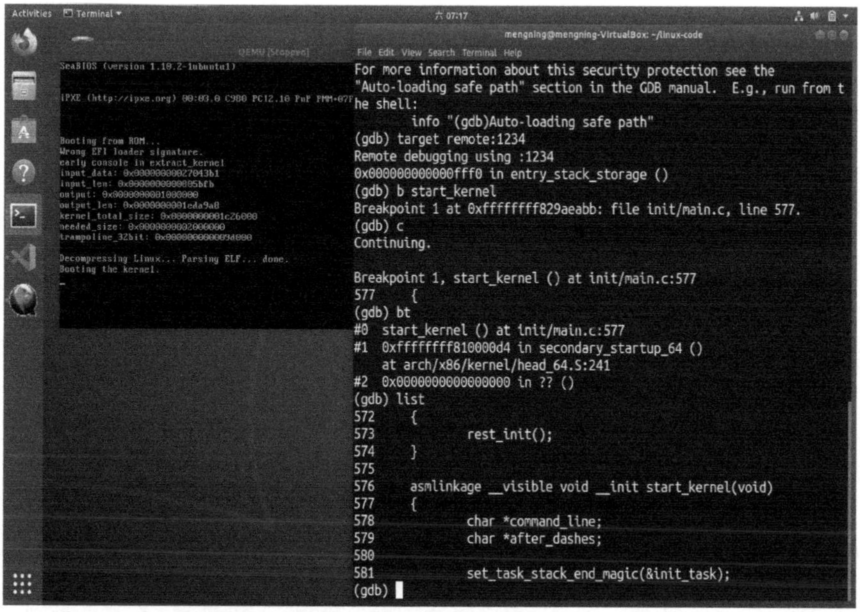

图3-3 start_kernel断点处

这里就可以像调试普通程序一样调试 Linux 内核了。Linux 的内核入口函数是位于 init/main.c 中的 start_kernel，相当于普通 C 程序的 main 函数，负责完成各种内核模块的初始化。

3.2.5 配置 VS Code 调试 Linux 内核

如果认为在命令行下设置断点跟踪代码不够方便，可以配置 VS Code 调试 Linux 内核，用 VS Code 边看代码边随时设置断点单步执行，更方便一些。详细的配置过程这里不再叙述，仅提供配置文件.vscode/tasks.json 和.vscode/launch.json 供参考。

配置文件.vscode/tasks.json

```
{
    // See
    // for the documentation about the tasks.json format
    "version": "2.0.0",
    "tasks": [
        {
            "label": "vm",
            "type": "shell",
            "command": "qemu-system-x86_64 -kernel ${workspaceFolder}/arch/x86/
boot/bzImage -initrd ../rootfs.cpio.gz -S -s -nographic -append \"console=ttyS0\"",
            "presentation": {
                "echo": true,
```

```
                "clear": true,
                "group": "vm"
            },
            "isBackground": true,
            "problemMatcher": [
                {
                    "pattern": [
                        {
                            "regexp": ".",
                            "file": 1,
                            "location": 2,
                            "message": 3
                        }
                    ],
                    "background": {
                        "activeOnStart": true,
                        "beginsPattern": ".",
                        "endsPattern": ".",
                    }
                }
            ]
        },
        {
            "label": "build linux",
            "type": "shell",
            "command": "make",
            "group": {
                "kind": "build",
                "isDefault": true
            },
            "presentation": {
                "echo": false,
                "group": "build"
            }
        }
    ]
}
```

配置文件.vscode/launch.json。

```
{
    // Use IntelliSense to learn about possible attributes.
    // Hover to view descriptions of existing attributes.
    // For more information, visit:
    "version": "0.2.0",
    "configurations": [
```

```
        {
            "name": "(gdb) linux",
            "type": "cppdbg",
            "request": "launch",
            "preLaunchTask": "vm",
            "program": "${workspaceRoot}/vmlinux",
            "miDebuggerServerAddress": "localhost:1234",
            "args": [],
            "stopAtEntry": true,
            "cwd": "${workspaceFolder}",
            "environment": [],
            "externalConsole": false,
            "MIMode": "gdb",
            "miDebuggerArgs": "-n",
            "targetArchitecture": "x64",
            "setupCommands": [
                {
                    "text": "set arch i386:x86-64:intel",
                    "ignoreFailures": false
                },
                {
                    "text": "dir .",
                    "ignoreFailures": false
                },
                {
                    "text": "add-auto-load-safe-path ./",
                    "ignoreFailures": false
                },
                {
                    "text": "-enable-pretty-printing",
                    "ignoreFailures": true
                }
            ]
        }
    ]
}
```

3.3 跟踪 Linux 内核的启动过程

3.3.1 Linux 内核的启动过程概述

要想跟踪分析 Linux 内核的启动过程，首先要找到内核启动的起点 start_kernel 函数所在的 main.c 文件，此文件中没有 main 函数，start_kernel 函数相当于普通 C 程序中的 main

函数。因此 start_kernel 函数是一切的起点，在此函数被调用之前，内核代码主要是用汇编语言编写的，用于完成硬件系统的初始化工作，为 C 语言代码的运行设置环境。

简单浏览 start_kernel 函数（如下代码所示），start_kernel 函数在 init/main.c 文件中第一句函数调用 set_task_stack_end_magic(&init_task)里面有一个 init_task 变量，相当于之前分析 mykernel 时有第一个进程的 PCB，这里就是初始化 0 号进程的地方。

```
asmlinkage __visible void __init start_kernel(void)
{
    char *command_line;
    char *after_dashes;

    set_task_stack_end_magic(&init_task);
    smp_setup_processor_id();
    debug_objects_early_init();

    cgroup_init_early();

    local_irq_disable();
    early_boot_irqs_disabled = true;

    /*
    * Interrupts are still disabled. Do necessary setups, then
    * enable them.
    */
    boot_cpu_init();
    page_address_init();
    pr_notice("%s", linux_banner);
    early_security_init();
    setup_arch(&command_line);
    setup_command_line(command_line);
    ...
```

另外，start_kernel 函数还有很多其他的模块初始化工作，因为每一个启动的点都涉及比较复杂的模块，而且内核非常庞大。反过来说，在学习内核的某个模块时，往往都需要涉及 main.c 中的 start_kernel 函数，因为该模块的初始化工作是在 start_kernel 函数里直接或间接完成的。

由于 start_kernel 函数涉及的模块太多且太复杂，只需要简略地了解一部分，比如 trap_init 函数，在 x86 架构下负责初始化中断向量表，用 set_intr_gate 函数设置了很多中断门，其中有一个系统陷阱门用于进行系统调用 int $0x80 软件中断的初始化，其他还有 mm_init 内存管理模块的初始化等。

start_kernel 函数中的最后一句为 arch_call_rest_init 函数调用，其中调用了 rest_init，内核启动完成后，有一个 cpu_startup_entry，当系统没有进程需要执行时就调用 idle 进程，这些可以认为是 0 号进程，其中 rest_init 创建了 1 号进程 init 和 2 号进程 kthreadd。1 号进程是所有用户进程的祖先，2 号进程是特殊的进程，仅有内核态，没有用户态，2 号进程创建了许多内核线程用于提供各种系统服务。Linux 的进程树示意图如图 3-4 所示。

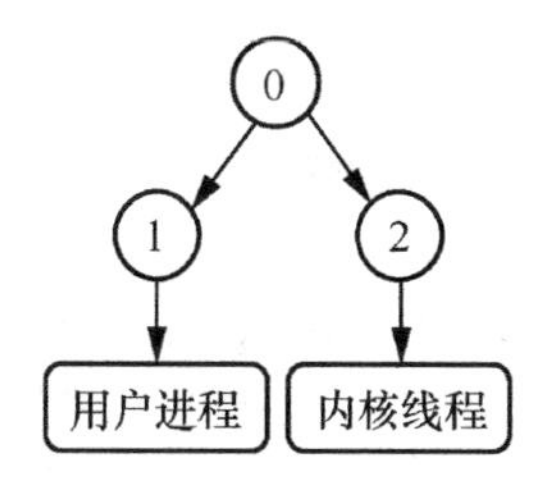

图3-4 Linux的进程树示意图

3.3.2 跟踪分析 start_kernel 函数

在 start_kernel 处设置断点，系统开始启动执行，执行到 start_kernel 函数的位置停在断点处，就可以看到 start_kernel 函数的代码。

此时再设置一个断点 rest_init，继续执行，停在断点处，可以看到 rest_init 在 start_kernel 的尾部调用的 arch_call_rest_init 函数中。

掌握了如何跟踪分析内核代码以后，就可以有目的地跟踪内核的启动过程。接下来通过 0 号进程、1 号进程和 2 号进程（内核线程）的创建追踪代码，理解 Linux 内核的启动过程。

start_kernel 函数几乎涉及了内核的所有主要模块，如 mm_init（内存管理的初始化）、sched_init（调度模块的初始化）等，这里将重点放在 0 号进程、1 号进程和 2 号进程（内核线程）的创建过程。

首先从 start_kernel 函数开始查看，除去变量声明，在第一行代码就能看到 0 号进程的进程描述符 init_task。

```
asmlinkage __visible void __init start_kernel(void)
{
    char *command_line;
    char *after_dashes;

    set_task_stack_end_magic(&init_task);
    smp_setup_processor_id();
    debug_objects_early_init();
    ...

    /* Do the rest non-__init'ed, we're now alive */
    arch_call_rest_init();
}
```

在 init/init_task.c 文件中可以看出，init_task（0 号进程）是 task_struct 类型的结构体变

量，是进程描述符，在操作系统原理中一般称为 PCB。从如下代码中可以看到，0 号进程是手动编码创建的。

```
/*
 * Set up the first task table, touch at your own risk!. Base=0,
 * limit=0x1fffff (=2MB)
 */
struct task_struct init_task
#ifdef CONFIG_ARCH_TASK_STRUCT_ON_STACK
    __init_task_data
#endif
= {
#ifdef CONFIG_THREAD_INFO_IN_TASK
    .thread_info = INIT_THREAD_INFO(init_task),
    .stack_refcount = REFCOUNT_INIT(1),
#endif
    .state = 0,
    .stack = init_stack,
    .usage = REFCOUNT_INIT(2),
    .flags = PF_KTHREAD,
    .prio = MAX_PRIO - 20,
    .static_prio = MAX_PRIO - 20,
    .normal_prio = MAX_PRIO - 20,
    .policy = SCHED_NORMAL,
    .cpus_ptr = &init_task.cpus_mask,
    .cpus_mask = CPU_MASK_ALL,
    .nr_cpus_allowed= NR_CPUS,
    .mm = NULL,
    .active_mm = &init_mm,
    .restart_block= {
        .fn = do_no_restart_syscall,
    },
    .se = {
        .group_node = LIST_HEAD_INIT(init_task.se.group_node),
    },
    .rt = {
        .run_list = LIST_HEAD_INIT(init_task.rt.run_list),
        .time_slice = RR_TIMESLICE,
    },
    .tasks = LIST_HEAD_INIT(init_task.tasks),
#ifdef CONFIG_SMP
    .pushable_tasks = PLIST_NODE_INIT(init_task.pushable_tasks, MAX_PRIO),
#endif
#ifdef CONFIG_CGROUP_SCHED
    .sched_task_group = &root_task_group,
```

```
#endif
    .ptraced = LIST_HEAD_INIT(init_task.ptraced),
    .ptrace_entry = LIST_HEAD_INIT(init_task.ptrace_entry),
    .real_parent = &init_task,
    .parent = &init_task,
    .children = LIST_HEAD_INIT(init_task.children),
    .sibling  = LIST_HEAD_INIT(init_task.sibling),
    .group_leader = &init_task,
    RCU_POINTER_INITIALIZER(real_cred, &init_cred),
    RCU_POINTER_INITIALIZER(cred, &init_cred),
    .comm = INIT_TASK_COMM,
    .thread = INIT_THREAD,
    .fs = &init_fs,
    .files = &init_files,
    .signal = &init_signals,
    .sighand = &init_sighand,
    .nsproxy = &init_nsproxy,
    ...
};
EXPORT_SYMBOL(init_task);
```

然后看 start_kernel 函数的最后一行是 arch_call_rest_init 函数，其中调用了 rest_init 函数。

```
void __init __weak arch_call_rest_init(void)
{
    rest_init();
}
```

在 rest_init 函数中，通过 kernel_thread 函数分别创建了 kernel_init（1 号进程）和 kthreadd（2 号进程）两个内核线程，其中 kernel_init 加载了用户程序，成为第一个用户态进程，一般称为 init 进程。rest_init 函数最后进入 cpu_idle，即 0 号进程在系统初始化完成后作为空闲进程。

```
noinline void __ref rest_init(void)
{
    struct task_struct *tsk;
    int pid;

    rcu_scheduler_starting();
    /*
     * We need to spawn init first so that it obtains pid 1, however
     * the init task will end up wanting to create kthreads, which, if
     * we schedule it before we create kthreadd, will OOPS.
     */
    pid = kernel_thread(kernel_init, NULL, CLONE_FS);
```

```
    /*
     * Pin init on the boot CPU. Task migration is not properly working
     * until sched_init_smp() has been run. It will set the allowed
     * CPUs for init to the non isolated CPUs.
     */
    rcu_read_lock();
    tsk = find_task_by_pid_ns(pid, &init_pid_ns);
    set_cpus_allowed_ptr(tsk, cpumask_of(smp_processor_id()));
    rcu_read_unlock();

    numa_default_policy();
    pid = kernel_thread(kthreadd, NULL, CLONE_FS | CLONE_FILES);
    rcu_read_lock();
    kthreadd_task = find_task_by_pid_ns(pid, &init_pid_ns);
    rcu_read_unlock();

    /*
     * Enable might_sleep() and smp_processor_id() checks.
     * They cannot be enabled earlier because with CONFIG_PREEMPTION=y
     * kernel_thread() would trigger might_sleep() splats. With
     * CONFIG_PREEMPT_VOLUNTARY=y the init task might have scheduled
     * already, but it's stuck on the kthreadd_done completion.
     */
    system_state = SYSTEM_SCHEDULING;

    complete(&kthreadd_done);

    /*
     * The boot idle thread must execute schedule()
     * at least once to get things moving:
     */
    schedule_preempt_disabled();
    /* Call into cpu_idle with preempt disabled */
    cpu_startup_entry(CPUHP_ONLINE);
}
```

可以对比一下通过 init_task 结构体变量的初始化和 kernel_thread 函数创建一个新进程的方法。kernel_thread 函数通过复制当前进程从而创建一个新进程来执行 kernel_init 函数，而 init_task 结构体变量通过手动编码来初始化一个新进程。也就是说，0 号进程不是系统通过复制的方式（即 fork 方式）创建的，它是唯一没有通过 fork 方式创建的进程。

如下 kernel_init 函数负责加载内核启动时传递过来的或者默认的 init 用户程序。

```
static int __ref kernel_init(void *unused)
{
```

```
    int ret;

    kernel_init_freeable();
    /* need to finish all async __init code before freeing the memory */
    async_synchronize_full();
    ftrace_free_init_mem();
    free_initmem();
    mark_readonly();

    /*
     * Kernel mappings are now finalized - update the userspace page-table
     * to finalize PTI.
     */
    pti_finalize();

    system_state = SYSTEM_RUNNING;
    numa_default_policy();

    rcu_end_inkernel_boot();

    if (ramdisk_execute_command) {
        ret = run_init_process(ramdisk_execute_command);
        if (!ret)
            return 0;
        pr_err("Failed to execute %s (error %d)\n",
                ramdisk_execute_command, ret);
    }

    /*
     * We try each of these until one succeeds.
     *
     * The Bourne shell can be used instead of init if we are
     * trying to recover a really broken machine.
     */
    if (execute_command) {
        ret = run_init_process(execute_command);
        if (!ret)
            return 0;
        panic("Requested init %s failed (error %d).",
            execute_command, ret);
    }
    if (!try_to_run_init_process("/sbin/init") ||
        !try_to_run_init_process("/etc/init") ||
        !try_to_run_init_process("/bin/init") ||
        !try_to_run_init_process("/bin/sh"))
```

```
        return 0;

    panic("No working init found.  Try passing init= option to kernel. "
    "See Linux Documentation/admin-guide/init.rst for guidance.");
}
```

kthreadd 函数是一个内核线程，它的任务是负责创建其他内核线程，如下 kthreadd 函数来自 kernel/kthread.c 文件。for 循环中运行 kthread_create_list 全局链表中维护的 kthread，在 create_kthread 函数中，会调用 kernel_thread 来创建一个新的进程（内核线程）并加入此链表中，因此所有的内核线程都是直接或者间接地以 kthreadd 为父进程的。

```
int kthreadd(void *unused)
{
    struct task_struct *tsk = current;

    /* Setup a clean context for our children to inherit. */
    set_task_comm(tsk, "kthreadd");
    ignore_signals(tsk);
    set_cpus_allowed_ptr(tsk, cpu_all_mask);
    set_mems_allowed(node_states[N_MEMORY]);

    current->flags |= PF_NOFREEZE;
    cgroup_init_kthreadd();

    for (;;) {
        set_current_state(TASK_INTERRUPTIBLE);
        if (list_empty(&kthread_create_list))
            schedule();
        __set_current_state(TASK_RUNNING);

        spin_lock(&kthread_create_lock);
        while (!list_empty(&kthread_create_list)) {
            struct kthread_create_info *create;

            create = list_entry(kthread_create_list.next,
                        struct kthread_create_info, list);
            list_del_init(&create->list);
            spin_unlock(&kthread_create_lock);

            create_kthread(create);

            spin_lock(&kthread_create_lock);
        }
        spin_unlock(&kthread_create_lock);
```

```
    }

    return 0;
}
```

1 号进程 init 和 2 号进程 kthreadd（内核线程）分别完成初始化后，就可以使用如下命令查看当前系统中 0 号、1 号和 2 号进程的进程树。

```
$ pstree -p 0
$ pstree -p 1
$ pstree -p 2
```

下面给出 0 号进程的进程树，经过删减后大致如下。

```
$ pstree -p 0
?()─┬─kthreadd(2)─┬─acpi_thermal_pm(79)
    │             ├─ata_sff(26)
    │             ├─ ...
    │             ├─watchdogd(30)
    │             └─writeback(19)
    └─systemd(1)─┬─ModemManager(599)─┬─{ModemManager}(618)
                 │                   └─{ModemManager}(621)
                 ├─NetworkManager(580)─┬─dhclient(24072)
                 │                     ├─{NetworkManager}(630)
                 │                     └─{NetworkManager}(633)
                 ├─VBoxClient(863)───VBoxClient(864)
                 ├─ ...
                 ...
```

本章实验

1．配置 VS Code 并阅读 Linux 内核源代码。

2．构建 Linux 内核调试环境，配置 VS Code 并跟踪调试 Linux 内核的执行过程。

第4章 深入理解系统调用

本章围绕系统调用，从多个角度展开介绍。在 32 位 x86、x86-64 和 ARM64 三种架构下，分别用 C 语言标准库 API 和汇编语言代码两种方式触发系统调用，并分别深入系统调用在 Linux 内核源代码中的实现。

4.1 系统调用概述

下面开始研究操作系统中一个非常重要的概念——系统调用。大多数程序员在编写程序时都很难离开系统调用，通过标准库函数的方式与系统调用打交道，标准库函数用来把系统调用封装起来。要理解系统调用的概念还需要一些储备知识，比如用户态和内核态，以及中断/异常的工作机制。

4.1.1 用户态、内核态和中断

下面介绍用户态与内核态。从代码执行权限上，Linux 操作系统可以分为用户态程序和内核，它们通过系统调用作为主要接口，系统调用在操作系统架构中的位置如图 4-1 所示，特别需要说明的是，系统调用是内核的一部分。

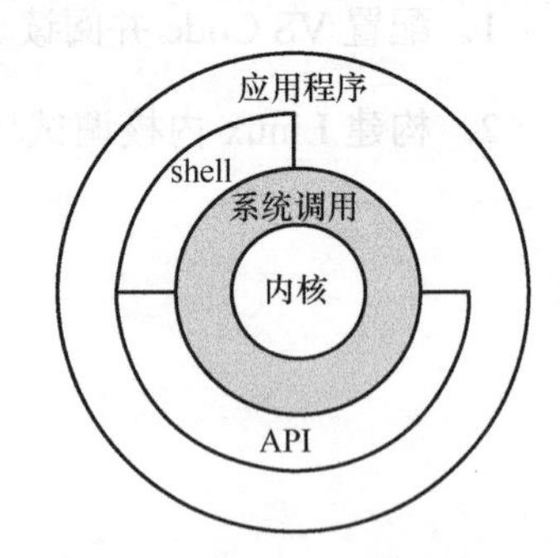

图4-1 系统调用在操作系统架构中的位置示意图

计算机的硬件资源是有限的，为了减少对有限资源的访问和避免使用冲突，CPU 和操作系统必须提供一些机制对用户程序进行权限划分。现代 CPU 一般都有不同的指令执行权限级别，在高的执行权限级别下，代码可以执行特权指令，比如访问任意内存，这时 CPU 的执行级别对应的就是内核态，所有的指令包括特权指令都可以执行。相应

地，在用户态，代码（低权限级别指令）能够掌控的范围会受到限制，比如只能访问特定范围的内存。

为什么会出现这种情况呢？其实很容易理解，如果没有权限级别的划分，那么系统中不同程序员编写的应用程序都可以使用特权指令，但不同的应用程序质量参差不齐，质量不高的程序就很容易导致整个系统崩溃。另外，有些应用程序会非法访问其他进程甚至内核的资源，会导致产生系统安全上的问题。

系统调用是操作系统发展过程中保证系统稳定性和安全性的一种重要机制。系统调用的出现让普通程序员编写的用户态代码很难导致整个系统的崩溃，而操作系统内核的代码是由更专业的程序员编写的，有规范的测试，相对就会更稳定、更健壮。

以 Intel x86 CPU 为例，它有 4 种不同的指令执行权限级别，分别是 0、1、2、3，数值越小，权限越高。按照 Intel 的设想，操作系统内核为 Ring0 级别，驱动程序运行在 Ring1 和 Ring2 级别，应用程序运行在 Ring3 级别，如图 4-2 所示。实际上主流的操作系统，如 Linux、Windows 等，都没有采用图 4-2 所示的 4 级执行权限划分。Linux 操作系统在 x86 平台下只采用了其中的 0 和 3 两个级别，分别对应内核态和用户态。

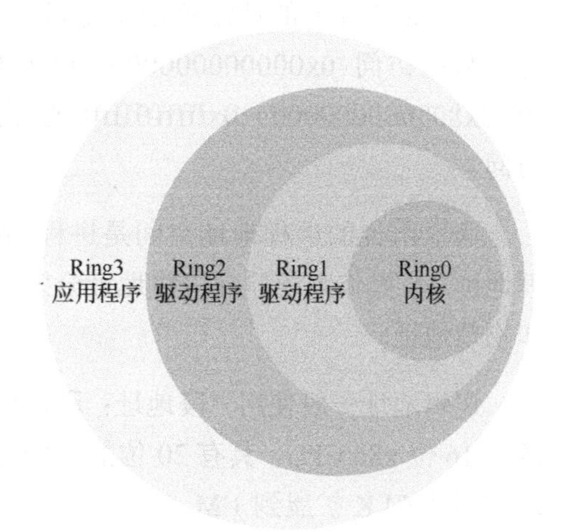

图4-2 Intel对CPU执行权限级别的定义

ARM64 架构的 CPU 中，指令执行权限级别被称为异常级别（Exception Level，EL），如图 4-3 所示，也是分为 4 级，普通的用户程序处于 EL0，级别最低，Rich OS（Supervisor）处于 EL1，Hypervisor 处于 EL2，Secure Monitor 处于 EL3。Linux 操作系统在 ARM64 环境中只用了其中的 EL0 作为用户态，EL1 作为内核态。

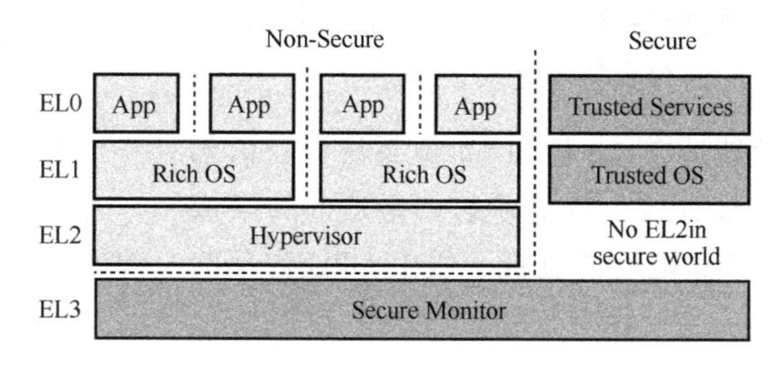

图4-3 ARM64架构的CPU中的异常级别

在 Linux 系统中，用户态和内核态很明显的区分方法就是指令指针寄存器的指向范围不同。在内核态下，指令指针寄存器的值可以是任意的地址，而用户态下指令指针寄存器的值只能访问受限的地址范围。

在 32 位 Linux 系统中，每个进程有 4 GB 的进程地址空间，如图 4-4 所示。在内核态，4 GB 的地址空间全都可以访问；但是在用户态，只能访问 0x00000000～0xbfffffff 的地址范围，0xc0000000 以上的部分只能在内核态下访问。

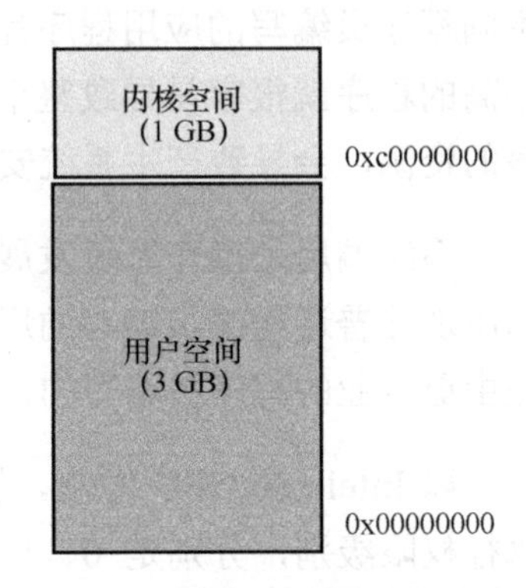

图4-4　32位Linux系统的进程地址空间示意图

在 64 位 Linux 系统中，一般使用 48 位的地址总线，每个进程有 256 TB 的进程地址空间，如图 4-5 所示。在内核态，256 TB 的地址范围全都可以访问；但是在用户态，只能访问 0x000000000000～0x7ffffffff000 的地址范围，0x800000000000～0xffffffffffff 的部分只能在内核态下访问。

这里所说的进程地址空间是进程的线性地址而不是物理地址。在操作系统原理中将地址分为逻辑地址、线性地址和物理地址。

逻辑地址一般使用“段地址：段内偏移量”来表示，起源于 16 位 x86 CPU，具有 20 位的地址总线，可以访问的地址空间从 64 K 扩展到 1 M。

线性地址就是进程的地址空间里从 0 开始线性递增的地址空间范围里的地址，是逻辑地址经过段地址转换之后的地址。

物理地址就是实际物理内存的地址，是线性地址经过内存管理单元（MMU）的内存页转换之后的地址。

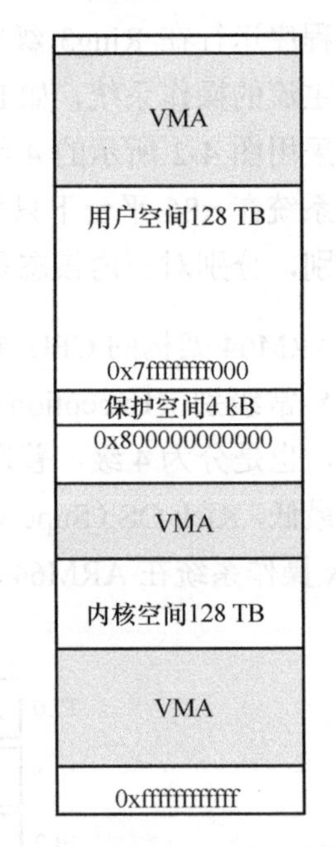

图4-5　64位Linux系统的进程地址空间示意图

逻辑地址和线性地址在 32 位和 64 位系统中目前都是虚拟地址，需要经过分段、分页映射，最后才转换成物理地址。这个映射计算地址的过程一般由 CPU 内部的 MMU 完成。

谈用户态和内核态就会引出一个问题——系统调用，其最初是一种特殊的中断，而中断（interrupt）一般分外部中断和内部中断，内部中断又称为异常（exception），异常又分为故障（fault）和陷阱（trap）。系统调用就是利用陷阱这种软件中断方式主动从用户态进入内核态的。

值得注意的是，在 ARM64 架构中，各种中断的划分与 x86 架构有所不同，比如中断被称为异常，异常又进一步分为同步（synchronous）异常和异步（asynchronous）异常，异步异常又分为普通优先级的外部中断请求（IRQ）、高优先级的外部中断请求（FIQ）和系统错误（system error）。这里需要解释一下 ARM64 架构中的同步异常和异步异常。在程序运行过程中发生的异常属于同步异常，这种异常的处理相当于同步阻塞方式调用了异常处理程序；而在计算机运行过程中，出现某些意外情况需要干预时，CPU 能自动停止正在运行的程序并转入处理新情况的程序，处理完毕后又返回原被暂停的程序继续运行，这些意外情况属于异步异常。

显然 ARM64 架构中的“异常”对应 x86 架构中的“中断”，“同步异常”对应“陷阱”，“系统错误”对应“故障”，“同步异常”和“系统错误”都属于内部中断，IRQ 和 FIQ 都属于外部中断。

一般来说，从用户态进入内核态是由中断触发的，可能是外部中断，在用户态进程执行时，硬件中断信号到来，进入内核态，就会执行这个中断对应的中断处理程序。也可能是用户态程序执行过程中，调用了一个系统调用，陷入了内核态，叫作陷阱或同步异常。

任何类型的中断处理都会有中断上下文的切换问题，当用户态切换到内核态时，就要把用户态程序执行的上下文环境保存起来，然后执行中断处理程序。

在 x86 架构下，int $0x80 指令或 syscall 指令触发系统调用；在 ARM64 架构下，svc 指令触发系统调用。一般系统调用会在堆栈上保存中断发生时执行程序的栈顶地址、当时的状态字、当时的指令指针寄存器的值。同时会将当前进程内核态中断处理程序的栈顶地址、内核态的状态字放入 CPU 对应的寄存器，并且指令指针寄存器的值会指向中断处理程序的入口，对于系统调用来讲是指向系统调用处理的入口。

4.1.2　系统调用的基本工作原理

有了用户态、内核态和中断处理过程的概念之后，下面以系统调用为例来看中断服务具体是怎么执行的。系统调用的意义是操作系统为用户态进程与硬件设备进行交互提供了一组接口。系统调用具有以下功能和特性。

（1）把用户从底层的硬件编程中解放出来。操作系统管理硬件，用户态进程不用直接与硬件设备打交道。

（2）极大地提高系统的安全性。如果用户态进程直接与硬件设备打交道，会产生安全隐患，可能引起系统崩溃。

（3）使用户程序具有可移植性。用户程序与具体的硬件已经解耦，用接口代替了，不会有紧密的关系，便于在不同系统间移植。

应用程序编程接口（API）和系统调用的关系。系统调用的库函数就是使用操作系统提供的 API，API 只是函数定义。系统调用是通过特定的软件中断向内核发出服务请求，比如 x86 架构下 int $0x80 或 syscall 指令的执行会触发一个系统调用，ARM64 架构下 svc 指令的执行会触发一个系统调用。C 语言库函数内部使用了系统调用的封装例程，其主要目的是发布系统调用，使程序员在编写代码时不需要用汇编指令和用寄存器传递参数来触发系统调用。一般每个系统调用对应一个系统调用的封装例程，函数库再用这些封装例程定义出给程序员调用的 API，这样把系统调用最终封装成方便程序员使用的 C 语言库函数。

C 语言库函数 API 可能直接提供一些用户态的服务，并不需要通过系统调用与内核打交道，比如一些数学函数，但涉及与内核空间进行交互的 C 语言库函数 API 内部会封装系统调用，反之，则不封装系统调用，比如用于求绝对值的数学函数 abs()。一个 API 可能只对应一个系统调用，也可能内部由多个系统调用实现，一个系统调用也可能被多个 API 调用。对于返回值，大部分系统调用的封装例程返回一个整数，其值的含义依赖于对应的系统调用，返回值为–1 在多数情况下表示内核不能满足进程的请求，glibc 库函数中进一步定义了 errno 变量，它包含特定的出错码。

系统调用执行过程如图 4-6 所示，其中 User Mode 表示用户态，Kernel Mode 表示内核态。xyz()就是一个 C 语言库函数，是系统调用对应的 C 语言库函数 API，其中封装了一个系统调用会执行的 int $0x80/syscall 指令或者 svc 指令，这里用 SYSCALL 代表该指令及上下文相关指令，即触发了一个系统调用，接着就执行系统调用处理入口（这里用 system_call 表示）的 Linux 内核汇编语言代码，即 x86 架构下中断向量 0x80 或 syscall 指令对应的系统调用处理入口，ARM64 架构下 svc 指令对应的异常向量表中的系统调用处理入口。系统调用处理入口位置的汇编语言代码会调用 sys_xyz()系统调用处理函数，执行完 sys_xyz()后是信号处理和进程调度等最常见的时机点。如果没有发生进程调度或者已经调度回来，并且各项工作已经处理完毕，就会执行系统调用返回指令，x86 架构中中断返回指令 iret 或 sysret，ARM64 架构中是异常返回指令 eret，这里用 SYSEXIT 代表该指令及上下文相关指令，最后返回用户态继续执行系统调用指令的下一条指令。

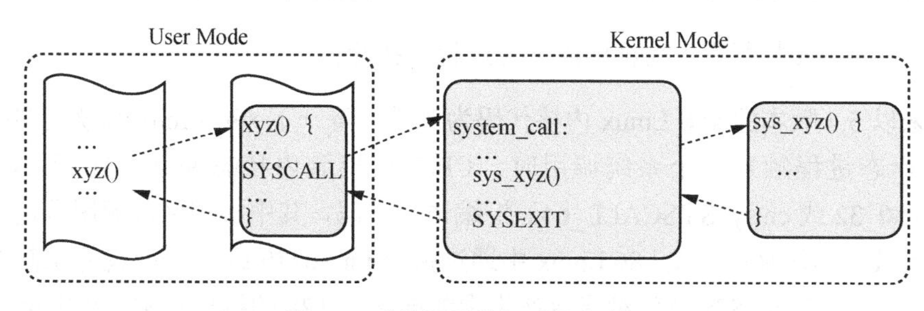

图4-6 系统调用执行过程示意图

4.1.3 x86 Linux 系统调用概述

系统调用是一种特殊的中断事件，首先讨论中断处理过程，然后具体看下 x86 Linux 系统调用的处理过程。

在 x86 架构下系统调用或中断信号等中断事件发生之后即进入中断处理程序，中断发生时，CPU 第一时间保存当前 CPU 执行的关键上下文（栈顶指针寄存器、标志寄存器和指令指针寄存器等），进入中断处理程序要做的是保存现场（比如老版本内核中的 SAVE_ALL），就是把其他寄存器的值也通过入栈操作放到内核堆栈里去。中断处理结束前的最后一件事是恢复现场（比如老版本内核中的 RESTORE_ALL）。恢复现场在 32 位 x86 3.18.6 的内核中是由 restore_all 和 INTERRUPT_RETURN（iret）实现的，恢复现场就是负责把中断时保存现场入栈的寄存器再依次出栈恢复到当前的 CPU 寄存器里。最后的 iret 与中断信号（包括 int 指令）发生时 CPU 做的动作正好相反，之前是保存栈顶指针寄存器、标志寄存器和指令指针寄存器，这里就是恢复栈顶指针寄存器、标志寄存器和指令指针寄存器。

以 32 位 x86 架构为例仔细分析中断处理过程。系统调用通过 int $0x80 软件中断（陷阱）触发，硬件中断则是由中断信号或故障触发，中断发生时将当前 CS:EIP 的值、当前的堆栈栈顶地址 SS:ESP，以及 EFLAGS 标志寄存器当前的值压栈到内核堆栈中，同时把当前的中断信号、故障或者是系统调用对应的中断服务程序的入口加载到 CS:EIP 里，把当前内核堆栈的栈顶信息也加载到寄存器 SS:ESP 里，这些都是由中断信号、故障或者是 int 指令触发 CPU 自动完成的。完成后，当前 CPU 在执行下一条指令时就已经开始执行中断处理程序的入口了，这时对堆栈的操作已经是在内核堆栈上进行了，中断处理程序入口首先就是继续保存现场，然后完成中断服务，其间可能发生进程调度，如果没有发生进程调度或者已经调度回来，并且各项工作已经处理完毕，就开始准备中断返回，中断返回要恢复现场，最后 iret 返回到中断发生前的状态。

中断返回前如果发生了进程调度，当前的这些状态都会暂时保存在当前进程的内核堆栈里，当下一次发生进程调度有机会再切换回该进程时，就会在处理完毕各项工作后，接着把恢复现场和 iret 执行完，这样中断处理过程就执行完了。

接下来以 5.4 版本的 x86 Linux 内核代码为例具体看一下 x86 Linux 系统调用的处理过程。当用户态进程触发一个系统调用时，CPU 切换到内核态并开始执行 system_call（entry_INT80_32 或 entry_SYSCALL_64）汇编语言代码，其中根据系统调用号调用对应的内核处理函数。具体来说，在 x86 Linux 中通过执行 int $0x80 或 syscall 指令来触发系统调用的执行，其中这条 int $0x80 汇编指令产生中断向量为 128 的编程异常，另外 Intel 处理器中还引入了 sysenter 指令（快速系统调用），因为 sysenter 指令由 Intel 系列 CPU 专用，AMD 的 CPU 并不支持，因此不再详述。此外只关注 int 指令和 syscall 指令触发的系统调用，进入内核后，开始执行对应的中断服务程序 entry_INT80_32 或 entry_SYSCALL_64。

Linux 内核中大约定义了四五百个系统调用，这时内核如何知道用户态进程希望调用的是哪个系统调用呢？内核通过给每个系统调用一个编号来区分，即系统调用号，将 API 函数 xyz()和系统调用内核函数 sys_xyz()关联起来。内核实现了很多不同的系统调用，用户态进程必须指明需要执行哪个系统调用，这需要使用寄存器传递系统调用号。除了系统调用号，系统调用也可能需要传递参数，在 32 位 x86 架构下函数调用是通过将参数压栈的方式传递的。系统调用从用户态切换到内核态，在用户态和内核态这两种执行模式下使用的是不同的函数调用堆栈，即进程的用户态堆栈和进程的内核态堆栈，系统调用传递参数的方法无法像函数调用一样通过参数压栈的方式，而是通过寄存器传递参数的方式。寄存器传递参数的个数是有限制的，而且每个参数的长度不能超过寄存器的长度，32 位 x86 架构下寄存器的长度最大为 32 位。除了 EAX 用于传递系统调用号，参数还按顺序赋值给 EBX、ECX、EDX、ESI、EDI、EBP，参数的个数不能超过 6 个，即上述 6 个寄存器。如果超过 6 个，就把某一个寄存器作为指针，指向内存，这样就可以通过内存来传递更多的参数。以上就是 32 位 x86 架构下系统调用的参数传递方式。

由于压栈的方式需要读写内存，函数调用速度较慢，64 位 x86 架构下函数调用和系统调用都是通过寄存器传递参数，RDI、RSI、RDX、RCX、R8、R9 这 6 个寄存器用作函数调用和系统调用的参数传递，依次对应第 1～6 个参数。

总的来说，系统调用可以划分为 3 层，分别为 C 语言库函数 xyz()、系统调用事件处理过程和系统调用处理函数 sys_xyz()。4.2 节～4.4 节将重点聚焦用户态程序如何触发系统调用和系统调用事件处理过程。

4.1.4 ARM64 Linux 系统调用概述

在 ARM64 架构下，Linux 系统调用由同步异常 svc 指令触发。当用户态（EL0）程序调用库函数 xyz()从而触发系统调用的时候，先把系统调用的参数依次放入 X0～X5 这 6 个寄存器（Linux 系统调用最多有 6 个参数，ARM64 函数调用参数允许使用 X0～X7 这 8 个寄存器），然后把系统调用号放在 X8 寄存器里，最后执行 svc 指令，CPU 即进入内核态（EL1）。svc 指令允许带一个立即数参数，在 Linux 系统中一般是 0x0，因为这个参数并没有被 Linux 系统使用，而是把系统调用号放到了 X8 寄存器里。

在 ARM64 架构 CPU 中，Linux 系统调用（同步异常）和其他异常处理过程大致相同。异常发生时，CPU 首先把异常的原因（比如执行 svc 指令触发系统调用）放在 ESR_EL1 寄存器里；把当前的处理器状态（PSTATE）放入 SPSR_EL1 寄存器里；把当前程序指针寄存器（PC）放入 ELR_EL1 寄存器里，然后 CPU 通过异常向量表基地址和异常的类型计算出异常处理程序的入口地址，即 VBAR_EL1 寄存器加上偏移量取得异常处理的入口地址，接着开始执行异常处理入口的第一行代码。这一过程是 CPU 自动完成的，不需要程序干预。

进入异常处理入口之后，以 svc 指令对应的 el0_sync 为例，el0_sync 处的内核汇编语言代码首先做的就是保存异常发生时程序的执行现场（保存现场），然后根据异常发生的原因（ESR_EL1 寄存器）跳转到 el0_svc，在 el0_svc 处会根据系统调用号找到对应的系统调用内核处理函数 sys_xyz()，接着执行该函数。

系统调用内核处理函数执行完成后，系统调用返回前，需要恢复异常发生时程序的执行现场（恢复现场），其中就包括主动设置 ELR_EL1 和 SPSR_EL1 的值，原因是异常会发生嵌套，而一旦发生异常嵌套，ELR_EL1 和 SPSR_EL1 的值就会随之发生改变，所以当系统调用返回时，需要恢复之前保存的 ELR_EL1 和 SPSR_EL1 的值。最后内核调用异常返回指令 eret，CPU 自动把 ELR_EL1 写回 PC，把 SPSR_EL1 写回 PSTATE，并返回用户态程序，这样就可以继续运行用户态程序了。

4.2 触发系统调用的方法

下面以 time 系统调用为例来看看触发系统调用的方法，分别使用 C 语言库函数 API、int $0x80/syscall 指令和 svc 指令触发系统调用。

4.2.1 使用 C 语言库函数 API 触发系统调用

如下 C 语言库函数 time，返回值是自 1970-01-01 00:00:00（UTC 国际时区）起经过的时间，以秒为单位。如果参数 seconds 指针不为空，则返回值也存储在指针 seconds 所指向的变量中。

```
time_t time(time_t *seconds);
```

如下 C 语言库函数 localtime，使用参数 timer 指针所指向的变量值来填充 struct tm 结构体作为返回值。即 timer 所指向的数据值被分解到 struct tm 结构体中，可以方便地用本地时区的年月日和时分秒来输出当前时间。

```
struct tm *localtime(const time_t *timer);
```

使用 C 语言库函数触发 time 系统调用的范例代码如下。

```
#include <stdio.h>
#include <time.h>
int main()
{
    time_t tt;
    struct tm *t;
    tt = time(NULL);
    t = localtime(&tt);
    printf("time: %d/%d/%d  %d:%d:%d\n",
          t->tm_year + 1900,
          t->tm_mon,
          t->tm_mday,
          t->tm_hour,
          t->tm_min,
          t->tm_sec);
    return 0;
}
```

通过如下命令可以得到 64 位和 32 位的静态编译程序的反汇编语言代码，而得到的是哪一种取决于当前的系统环境。

```
$ gcc -o time time.c -static
$ objdump -S time > time64.S
# 在x86 64位机器上编写32位代码需加-m32，同时需要安装32位的库
$ sudo apt install gcc-multilib
$ gcc -o time time.c -static -m32
$ objdump -S time > time32.S
```

通过追踪 C 语言库函数 time 的反汇编语言代码可以发现，32 位和 64 位 x86 中分别使用 int $0x80 和 syscall 汇编指令触发 time 系统调用；ARM64 系统环境下使用 svc 汇编指令触发 time 系统调用。

在 x86 系统环境下，通过 EAX 寄存器传递系统调用号，分析静态编译反汇编语言代码可以发现，32 位 x86 Linux 系统中 time 系统调用号为 0xd（13），64 位 x86 Linux 系统中 time 系统调用号为 0xc9（201），通过查阅 Linux 内核源代码中的 arch/x86/entry/syscalls/syscall_32.tbl 可以找到 13 号 time 系统调用对应的内核处理函数为 sys_time，在 arch/x86/entry/

syscalls/syscall_64.tbl 可以找到 201 号 time 系统调用对应的内核处理函数为__x64_sys_time。

在 ARM64 系统环境下，通过 X8 寄存器传递系统调用号，在基于华为鲲鹏处理器的 openEuler 操作系统云主机环境下，分析静态编译反汇编语言代码可以发现，C 语言库函数 time 内部封装的是 gettimeofday 系统调用，系统调用号为 0xa9（169），通过查阅 Linux 内核源代码中的 include/uapi/asm-generic/unistd.h 可以找到 169 号 gettimeofday 系统调用对应的内核处理函数为 sys_gettimeofday。

4.2.2 触发系统调用的 32 位 x86 汇编语言代码

触发 time 系统调用的 32 位 x86 汇编语言代码如下。

```
    #include <stdio.h>
    #include <time.h>
    int main()
    {
        time_t tt;
        struct tm *t;
        asm volatile(
1           "movl $0,%%ebx\n\t"           //系统调用传递第一个参数，使EBX寄存器为0
2           "movl $0xd,%%eax\n\t"         //使用%eax传递系统调用号13，用十六进制表示为0xd
3           "int $0x80\n\t"               //触发系统调用
4           "movl %%eax,%0\n\t"           //通过EAX寄存器返回系统调用的返回值
            :"=m"(tt)
        );
        t = localtime(&tt);
        printf("time: %d/%d/%d  %d:%d:%d\n",
               t->tm_year + 1900,
               t->tm_mon,
               t->tm_mday,
               t->tm_hour,
               t->tm_min,
               t->tm_sec);
        return 0;
    }
```

用如上代码替换 4.2.1 节范例代码中的“tt = time(NULL);”一句，可以实现相同的运行效果。具体解释以下汇编语言代码。

第 1 行语句“movl $0,%%ebx”，把 EBX 寄存器清 0。

第 2 行语句“movl $0xd,%%eax”，把 0xd 放到 EAX 寄存器里面，此寄存器用于传递系统调用号，这里十六进制的 d 是 13，所以系统调用号是 13。

第 3 行语句“int $0x80”是触发系统调用，陷入内核态，执行 13 号系统调用的内核处理函数，具体的内核处理过程会在 4.4.3 节详细分析。

第 4 行语句“movl %%eax,%0”，系统调用会有一个返回值，通过 EAX 寄存器返回，把 EAX 寄存器的值放到 tt 变量中。

这样使用内嵌汇编语言代码完成了触发 13 号系统调用 time，并将该系统调用的返回值输出到内存变量 tt 中。

接下来的代码与 4.2.1 节的范例代码的内容相同，都是使用 localtime 库函数将 tt 转换成可读的格式并输出。如果没有差错，在 32 位 x86 Linux 环境下执行效果与 4.2.1 节的范例代码是完全一样的。这段代码更清楚地描述用户态进程通过系统调用的方式陷入内核态之前具体做的工作，也就是它传递了系统调用号，还通过 EBX 寄存器传递了参数。首先就是给 EBX 寄存器赋值，第一个是一个参数，第二个是系统调用号，最后是 int 指令。其次系统调用执行完以后，返回值存储在 EAX 寄存器中，把 EAX 寄存器的值放到 tt 变量中即完成了 C 语言代码中嵌入汇编语言代码触发 13 号系统调用 time。

4.2.3　触发系统调用的 64 位 x86 汇编语言代码

触发 time 系统调用的 64 位 x86 汇编语言代码如下。

```
#include <stdio.h>
#include <time.h>
int main()
{
    time_t tt;
    struct tm *t;
    asm volatile(
        "movl $0, %%edi\n\t"        //EDI寄存器用于传递参数
        "movl $0xc9,%%eax\n\t"      //使用EAX寄存器传递系统调用号
        "syscall\n\t"               //触发系统调用
        "movq %%rax,%0\n\t"         //保存返回值
        :"=m"(tt));
    t = localtime(&tt);
    printf("time: %d/%d/%d %d:%d:%d\n",
           t->tm_year + 1900,
           t->tm_mon,
           t->tm_mday,
           t->tm_hour,
           t->tm_min,
           t->tm_sec);
   return 0;
}
```

可以将 64 位 x86 汇编语言代码与 32 位 x86 汇编语言代码对应起来理解，这里不再赘述。

4.2.4 触发系统调用的 ARM64 汇编语言代码

因为在基于华为鲲鹏处理器的 openEuler 操作系统云主机环境下 C 语言库函数 time 内部使用的是 gettimeofday 系统调用，这里分别使用 gettimeofday 库函数和内嵌 ARM64 汇编语言代码的方式触发系统调用。

在标准库 sys/time.h 文件中定义了 gettimeofday 的函数原型。

```
int gettimeofday(struct timeval*tv, struct timezone *tz );
```

gettimeofday 系统调用会把时间包装为 timeval 和 timezone 结构体返回，timeval 中包括秒和微秒值，timezone 中包括时区等信息。gettimeofday 系统调用比 time 系统调用提供的时间信息更多也更精确，timeval 中的 tv_sec 与 time 系统调用的返回值是相同的，这里只需要使用 tv_sec 的值。

```
struct  timeval{
    long  tv_sec;/*秒*/
    long  tv_usec;/*微秒*/
};
struct  timezone{
    int tz_minuteswest;
    int tz_dsttime;
}
```

下面就可以分别使用 gettimeofday 库函数和内嵌 ARM64 汇编语言代码的方式触发系统调用。如下代码中使用条件编译的方式选择是使用 gettimeofday 库函数还是使用内嵌 ARM64 汇编语言代码。

```
#include <stdio.h>
#include <time.h>
#include<sys/time.h>

int main()
{
    time_t tt;
    struct timeval tv;
    struct tm *t;
#if 0
    gettimeofday(&tv,NULL);
#else
    asm volatile(
```

```
        "add   x0, x29, 16\n\t"  //X0寄存器用于传递参数&tv，即X29是栈基地址+16，正如是tv
变量的存储地址
        "mov   x1, #0x0\n\t"     //X1寄存器用于传递参数NULL
        "mov   x8, #0xa9\n\t"    //使用X8寄存器传递系统调用号169
        "svc   #0x0\n\t"         //触发系统调用
    );
#endif
    tt = tv.tv_sec;
    t = localtime(&tt);
    printf("time: %d/%d/%d %d:%d:%d\n",
          t->tm_year + 1900,
          t->tm_mon,
          t->tm_mday,
          t->tm_hour,
          t->tm_min,
          t->tm_sec);
    return 0;
}
```

在 ARM64 架构下，Linux 系统调用由同步异常 svc 指令触发。当用户态（EL0）程序调用库函数 gettimeofday 从而触发系统调用的时候，先把系统调用的参数依次放入 X0～X5 这 6 个寄存器（这里仅需要使用 X0 和 X1 两个寄存器）中，然后把系统调用号放在 X8 寄存器中，最后执行 svc 指令，CPU 即进入内核态（EL1）。顺便提一下，svc 指令允许带一个立即数作为参数，这里参数是#0x0，但在 Linux 系统中并没有使用这个参数，而是把系统调用号放到了 X8 寄存器中传递。

4.3　深入理解 x86 Linux 系统调用

4.3.1　x86 Linux 系统调用的初始化

系统调用的初始化，也就是将系统调用处理入口地址告诉 CPU。int $0x80 触发的系统调用和其他中断一样按中断向量依次存放在中断描述符表（IDT）中；而 sysenter 和 syscall 都借助 CPU 内部的 MSR 来存放，因为这种方式查找系统调用处理入口地址的速度会更快，因此也称为快速系统调用。

这两种方式本质上都是从用户态主动陷入内核态，只是实现机制稍有不同，初始化都可以通过 start_kernel 中的 trap_init 函数完成，trap_init 函数可以在 arch/x86/kernel/traps.c 文件中找到，具体代码如下。

```
void __init trap_init(void)
{
    /* Init cpu_entry_area before IST entries are set up */
    setup_cpu_entry_areas();

    idt_setup_traps();

    /*
    * Set the IDT descriptor to a fixed read-only location, so that the
    * "sidt" instruction will not leak the location of the kernel, and
    * to defend the IDT against arbitrary memory write vulnerabilities.
    * It will be reloaded in cpu_init() */
    cea_set_pte(CPU_ENTRY_AREA_RO_IDT_VADDR, __pa_symbol(idt_table), PAGE_KERNEL_RO);
    idt_descr.address = CPU_ENTRY_AREA_RO_IDT;

    /*
    * Should be a barrier for any external CPU state:
    */
    cpu_init();

    idt_setup_ist_traps();

    x86_init.irqs.trap_init();

    idt_setup_debugidt_traps();
}
```

int $0x80 触发的系统调用是通过设置 IDT 来初始化的，具体来说是 trap_init 函数调用 idt_setup_traps 函数来初始化的，idt_setup_traps 函数见 arch/x86/kernel/idt.c，其中 def_idts 是 struct idt_data def_idts[]的结构体数组，定义了用来初始化 IDT 的默认陷阱。

```
/**
 * idt_setup_traps - Initialize the idt table with default traps
 */
void __init idt_setup_traps(void)
{
    idt_setup_from_table(idt_table, def_idts, ARRAY_SIZE(def_idts), true);
}
```

struct idt_data def_idts[]结构体数组的初始化代码如下，其中最后一行将中断向量 IA32_SYSCALL_VECTOR（即为 0x80）和系统调用处理入口 entry_INT80_32 关联起来。这样当 int $0x80 触发系统调用时，CPU 通过查询 IDT 找到 128 号（即为 0x80）中断向量对应的系统调用处理入口 entry_INT80_32，立即转到此处开始执行。

```
/*
 * The default IDT entries which are set up in trap_init() before
 * cpu_init() is invoked. Interrupt stacks cannot be used at that point and
 * the traps which use them are reinitialized with IST after cpu_init() has
 * set up TSS.
 */
static const __initconst struct idt_data def_idts[] = {
    ...
    #if defined(CONFIG_IA32_EMULATION)
           SYSG(IA32_SYSCALL_VECTOR,entry_INT80_compat),
    #elif defined(CONFIG_X86_32)
           SYSG(IA32_SYSCALL_VECTOR,entry_INT80_32),
    #endif
};
```

快速系统调用方式的初始化，以 Intel 和 AMD 都支持的 syscall 指令为例。syscall 快速系统调用方式是通过 MSR 存储系统调用处理入口地址，因此快速系统调用方式的初始化不再是设置 IDT，而是设置 CPU，具体来说是 trap_init 函数调用 cpu_init 函数来初始化的，CPU 的初始化涉及的内容比较多，系统调用只是其中之一，因此在 cpu_init 函数中可以找到 syscall_init 函数。

syscall_init 函数见于 arch/x86/kernel/cpu/common.c 文件中，syscall_init 函数的头部代码如下，从中就可以看到将快速系统调用处理入口 entry_SYSCALL_64 设置到 MSR_LSTAR 寄存器中。这样当 syscall 指令触发快速系统调用时，CPU 通过查询 MSR_LSTAR 寄存器立即转到系统调用处理入口 entry_SYSCALL_64 处执行。

```
/* May not be marked __init: used by software suspend */
void syscall_init(void)
{
    wrmsr(MSR_STAR, 0, (__USER32_CS << 16) | __KERNEL_CS);
    wrmsrl(MSR_LSTAR, (unsigned long)entry_SYSCALL_64);
    ...
}
```

简单总结一下，系统调用的初始化实际上就是告诉 CPU 当发生系统调用时到哪里去找系统调用处理入口地址。32 位 x86 架构下是将系统调用处理入口 entry_INT80_32 设置到 IDT 中，当 int $0x80 触发系统调用时，CPU 通过查询 IDT 找到 128 号（即为 0x80）中断向量对应的系统调用处理入口 entry_INT80_32，然后立即转到此处开始执行。64 位 x86 架构下是将系统调用处理入口 entry_SYSCALL_64 设置到 CPU 中的 MSR 里，当 syscall 指令触发快速系统调用时，CPU 通过查询 MSR 立即转到系统调用处理入口 entry_SYSCALL_64 处执行。

4.3.2 x86 Linux 系统调用的执行

系统调用的执行，也就是用户程序触发系统调用之后，CPU 及内核执行系统调用的过程。

32 位 x86 架构下，int $0x80 使 CPU 压栈一些关键寄存器，接着内核负责保存现场，系统调用内核函数处理完成后恢复现场，最后通过 iret 出栈那些 CPU 压栈的关键寄存器。简要来说，int $0x80 指令触发 entry_INT80_32 执行并以 iret 返回系统调用。

64 位 x86 架构下，sysenter 和 syscall 都借助 CPU 内部的 MSR 来查找系统调用处理入口，可以快速切换 CPU 的指令指针（RIP 寄存器）到系统调用处理入口，但本质上还是中断处理的思路，压栈关键寄存器、保存现场、恢复现场，最后系统调用返回。简要来说，syscall 指令触发 entry_SYSCALL_64 执行并以 sysret 返回系统调用，或者用向前兼容方式以 iret 返回系统调用。

另外，64 位 x86 架构还引入了 swapgs 指令，用类似快照的方式将保存现场和恢复现场时的 CPU 寄存器也通过 CPU 内部的存储器快速保存和恢复，进一步加快了系统调用。

entry_INT80_32 处的代码见 arch/x86/entry/entry_32.S 文件，部分代码如下。

```
/*
 * 32-bit legacy system call entry.
 *
 * 32-bit x86 Linux system calls traditionally used the INT $0x80
 * instruction.  INT $0x80 lands here.
 *
 * This entry point can be used by any 32-bit perform system calls.
 * Instances of INT $0x80 can be found inline in various programs and
 * libraries.  It is also used by the vDSO's __kernel_vsyscall
 * fallback for hardware that doesn't support a faster entry method.
 * Restarted 32-bit system calls also fall back to INT $0x80
 * regardless of what instruction was originally used to do the system
 * call.  (64-bit programs can use INT $0x80 as well, but they can
 * only run on 64-bit kernels and therefore land in
 * entry_INT80_compat.)
 *
 * This is considered a slow path.  It is not used by most libc
 * implementations on modern hardware except during process startup.
 *
 * Arguments:
 * eax  system call number
 * ebx  arg1
 * ecx  arg2
 * edx  arg3
```

```
 * esi  arg4
 * edi  arg5
 * ebp  arg6
 */
ENTRY(entry_INT80_32)
    ASM_CLAC
    pushl  %eax             /* pt_regs->orig_ax */

    SAVE_ALL pt_regs_ax=$-ENOSYS switch_stacks=1 /* save rest */

    /*
     * User mode is traced as though IRQs are on, and the interrupt gate
     * turned them off.
     */
    TRACE_IRQS_OFF

    movl   %esp, %eax
    call   do_int80_syscall_32
...
restore_all:
...
    /* Restore user state */
    RESTORE_REGS pop=4          # skip orig_eax/error_code
.Lirq_return:
    IRET_FRAME
    /*
     * ARCH_HAS_MEMBARRIER_SYNC_CORE rely on IRET core serialization
     * when returning from IPI handler and when returning from
     * scheduler to user-space.
     */
    INTERRUPT_RETURN
```

int $0x80 指令在 CPU 中执行时会完成将 SS:ESP、EFLAGS 和 CS:EIP 压栈，然后 CPU 开始执行 entry_INT80_32 处的代码，如上面代码所示，首先将 EAX 压栈，其次通过 SAVE_ALL 宏保存现场压栈其他寄存器，再次通过 do_int80_syscall_32 函数处理系统调用，最后通过 restore_all 恢复现场，并通过 INTERRUPT_RETURN（即 iret）系统调用返回。

entry_SYSCALL_64 处的代码见 arch/x86/entry/entry_64.S 文件，摘录如下。

```
/*
 * 64-bit SYSCALL instruction entry. Up to 6 arguments in registers.
 *
 * This is the only entry point used for 64-bit system calls.  The
```

```
 * hardware interface is reasonably well designed and the register to
 * argument mapping Linux uses fits well with the registers that are
 * available when SYSCALL is used.
 *
 * SYSCALL instructions can be found inlined in libc implementations as
 * well as some other programs and libraries.  There are also a handful
 * of SYSCALL instructions in the vDSO used, for example, as a
 * clock_gettimeofday fallback.
 *
 * 64-bit SYSCALL saves rip to rcx, clears rflags.RF, then saves rflags to r11,
 * then loads new ss, cs, and rip from previously programmed MSRs.
 * rflags gets masked by a value from another MSR (so CLD and CLAC
 * are not needed). SYSCALL does not save anything on the stack
 * and does not change rsp.
 *
 * Registers on entry:
 * rax  system call number
 * rcx  return address
 * r11  saved rflags (note: r11 is callee-clobbered register in C ABI)
 * rdi  arg0
 * rsi  arg1
 * rdx  arg2
 * r10  arg3 (needs to be moved to rcx to conform to C ABI)
 * r8   arg4
 * r9   arg5
 * (note: r12-r15, rbp, rbx are callee-preserved in C ABI)
 *
 * Only called from user space.
 *
 * When user can change pt_regs->foo always force IRET. That is because
 * it deals with uncanonical addresses better. SYSRET has trouble
 * with them due to bugs in both AMD and Intel CPUs.
 */

ENTRY(entry_SYSCALL_64)
    UNWIND_HINT_EMPTY
    /*
     * Interrupts are off on entry.
     * We do not frame this tiny irq-off block with TRACE_IRQS_OFF/ON,
     * it is too small to ever cause noticeable irq latency.
     */

    swapgs
    /* tss.sp2 is scratch space. */
    movq  %rsp, PER_CPU_VAR(cpu_tss_rw + TSS_sp2)
```

```
    SWITCH_TO_KERNEL_CR3 scratch_reg=%rsp
    movq    PER_CPU_VAR(cpu_current_top_of_stack), %rsp

    /* Construct struct pt_regs on stack */
    pushq  $__USER_DS                /* pt_regs->ss */
    pushq  PER_CPU_VAR(cpu_tss_rw + TSS_sp2)    /* pt_regs->sp */
    pushq  %r11                  /* pt_regs->flags */
    pushq  $__USER_CS                /* pt_regs->cs */
    pushq  %rcx                  /* pt_regs->ip */
GLOBAL(entry_SYSCALL_64_after_hwframe)
    pushq  %rax                  /* pt_regs->orig_ax */

    PUSH_AND_CLEAR_REGS rax=$-ENOSYS

    TRACE_IRQS_OFF

    /* IRQs are off. */
    movq  %rax, %rdi
    movq  %rsp, %rsi
    call  do_syscall_64       /* returns with IRQs disabled */

    TRACE_IRQS_IRETQ       /* we're about to change IF */

    /*
     * Try to use SYSRET instead of IRET if we're returning to
     * a completely clean 64-bit userspace context.  If we're not,
     * go to the slow exit path.
     */
    movq  RCX(%rsp), %rcx
    movq  RIP(%rsp), %r11

    cmpq  %rcx, %r11   /* SYSRET requires RCX == RIP */
    jne  swapgs_restore_regs_and_return_to_usermode

    /*
     * On Intel CPUs, SYSRET with non-canonical RCX/RIP will #GP
     * in kernel space.  This essentially lets the user take over
     * the kernel, since userspace controls RSP.
     *
     * If width of "canonical tail" ever becomes variable, this will need
     * to be updated to remain correct on both old and new CPUs.
     *
     * Change top bits to match most significant bit (47th or 56th bit
     * depending on paging mode) in the address.
```

```
	 */
#ifdef CONFIG_X86_5LEVEL
	ALTERNATIVE "shl $(64 - 48), %rcx; sar $(64 - 48), %rcx", \
		"shl $(64 - 57), %rcx; sar $(64 - 57), %rcx", X86_FEATURE_LA57
#else
	shl $(64 - (__VIRTUAL_MASK_SHIFT+1)), %rcx
	sar  $(64 - (__VIRTUAL_MASK_SHIFT+1)), %rcx
#endif

	/* If this changed %rcx, it was not canonical */
	cmpq %rcx, %r11
	jne  swapgs_restore_regs_and_return_to_usermode

	cmpq  $__USER_CS, CS(%rsp)		/* CS must match SYSRET */
	jne  swapgs_restore_regs_and_return_to_usermode

	movq  R11(%rsp), %r11
	cmpq  %r11, EFLAGS(%rsp)		/* R11 == RFLAGS */
	jne  swapgs_restore_regs_and_return_to_usermode

	/*
	 * SYSCALL clears RF when it saves RFLAGS in R11 and SYSRET cannot
	 * restore RF properly. If the slowpath sets it for whatever reason, we
	 * need to restore it correctly.
	 *
	 * SYSRET can restore TF, but unlike IRET, restoring TF results in a
	 * trap from userspace immediately after SYSRET.  This would cause an
	 * infinite loop whenever #DB happens with register state that satisfies
	 * the opportunistic SYSRET conditions.  For example, single-stepping
	 * this user code:
	 *
	 * movq  $stuck_here, %rcx
	 * pushfq
	 * popq %r11
	 *   stuck_here:
	 *
	 * would never get past 'stuck_here'.
	 */
	testq  $(X86_EFLAGS_RF|X86_EFLAGS_TF), %r11
	jnz  swapgs_restore_regs_and_return_to_usermode

	/* nothing to check for RSP */

	cmpq  $__USER_DS, SS(%rsp)		/* SS must match SYSRET */
```

```
	jne	swapgs_restore_regs_and_return_to_usermode

	/*
	 * We win! This label is here just for ease of understanding
	 * perf profiles. Nothing jumps here.
	 */
syscall_return_via_sysret:
	/* rcx and r11 are already restored (see code above) */
	UNWIND_HINT_EMPTY
	POP_REGS pop_rdi=0 skip_r11rcx=1

	/*
	 * Now all regs are restored except RSP and RDI.
	 * Save old stack pointer and switch to trampoline stack.
	 */
	movq	%rsp, %rdi
	movq	PER_CPU_VAR(cpu_tss_rw + TSS_sp0), %rsp

	pushq	RSP-RDI(%rdi)	/* RSP */
	pushq	(%rdi)		/* RDI */

	/*
	 * We are on the trampoline stack.  All regs except RDI are live.
	 * We can do future final exit work right here.
	 */
	STACKLEAK_ERASE_NOCLOBBER

	SWITCH_TO_USER_CR3_STACK scratch_reg=%rdi

	popq	%rdi
	popq	%rsp
	USERGS_SYSRET64
END(entry_SYSCALL_64)
```

这段代码看起来要复杂一些，除了前述的 swapgs 指令用于优化保存现场和恢复现场，syscall 快速系统调用还需要兼容传统软件中断方式的系统调用，比如/*Construct struct pt_regs on stack*/下面的部分就是模拟 int 指令，系统调用返回时还要兼容 sysret 和 iret 两种方式，感兴趣的读者可以仔细分析这一部分代码，这里不再详述。

4.3.3　x86 Linux 系统调用内核处理函数

Linux 内核源代码中的 arch/x86/entry/syscalls/syscall_32.tbl 和 arch/x86/entry/syscalls/syscall_64.tbl 分别定义了 32 位 x86 和 64 位 x86 的系统调用内核处理函数，它们最终通过

脚本转换按照系统调用号依次存入 ia32_sys_call_table 和 sys_call_table 数组中。而系统调用内核处理函数则是由系统调用入口 entry_INT80_32 和 entry_SYSCALL_64 分别调用的 do_int80_syscall_32 和 do_syscall_64 来执行，代码如下，详见 arch/x86/entry/common.c 文件。

```
#ifdef CONFIG_X86_64
__visible void do_syscall_64(unsigned long nr, struct pt_regs *regs)
{
	struct thread_info *ti;

	enter_from_user_mode();
	local_irq_enable();
	ti = current_thread_info();
	if (READ_ONCE(ti->flags) & _TIF_WORK_SYSCALL_ENTRY)
		nr = syscall_trace_enter(regs);

	if (likely(nr < NR_syscalls)) {
		nr = array_index_nospec(nr, NR_syscalls);
		regs->ax = sys_call_table[nr](regs);
		...
	}
	syscall_return_slowpath(regs);
}
#endif

#if defined(CONFIG_X86_32) || defined(CONFIG_IA32_EMULATION)
/*
 * Does a 32-bit syscall.  Called with IRQs on in CONTEXT_KERNEL.  Does
 * all entry and exit work and returns with IRQs off.  This function is
 * extremely hot in workloads that use it, and it's usually called from
 * do_fast_syscall_32, so forcibly inline it to improve performance.
 */
static __always_inline void do_syscall_32_irqs_on(struct pt_regs *regs)
{
	struct thread_info *ti = current_thread_info();
	unsigned int nr = (unsigned int)regs->orig_ax;
	...
	if (likely(nr < IA32_NR_syscalls)) {
		nr = array_index_nospec(nr, IA32_NR_syscalls);
#ifdef CONFIG_IA32_EMULATION
		regs->ax = ia32_sys_call_table[nr](regs);
#else
		/*
		 * It's possible that a 32-bit syscall implementation
```

```
             * takes a 64-bit parameter but nonetheless assumes that
             * the high bits are zero.  Make sure we zero-extend all
             * of the args.
             */
            regs->ax = ia32_sys_call_table[nr](
                    (unsigned int)regs->bx, (unsigned int)regs->cx,
                    (unsigned int)regs->dx, (unsigned int)regs->si,
                    (unsigned int)regs->di, (unsigned int)regs->bp);
#endif /* CONFIG_IA32_EMULATION */
        }

        syscall_return_slowpath(regs);
}

/* Handles int $0x80 */
__visible void do_int80_syscall_32(struct pt_regs *regs)
{
        enter_from_user_mode();
        local_irq_enable();
        do_syscall_32_irqs_on(regs);
}
```

如上代码中通过 ia32_sys_call_table[nr]和 sys_call_table[nr]可以分别定位系统调用号 nr 对应的系统调用内核处理函数指针，比如 32 位 x86 Linux 系统中 time 系统调用号为 0xd（13），可以在 Linux 内核源代码中的 arch/x86/entry/syscalls/syscall_32.tbl 里找到 13 号 time 系统调用对应的内核处理函数 sys_time；64 位 x86 Linux 系统中 time 系统调用号为 0xc9（201），可以在 arch/x86/entry/syscalls/syscall_64.tbl 中找到 201 号 time 系统调用对应的内核处理函数__x64_sys_time。这样通过 ia32_sys_call_table[nr]和 sys_call_table[nr]函数指针就可以调用 sys_time 和__x64_sys_time。

sys_time 和__x64_sys_time 系统调用处理函数对应如下相同的一段代码，详见 kernel/time/time.c 文件。

```
SYSCALL_DEFINE1(time, time_t __user *, tloc)
{
    time_t i = (time_t)ktime_get_real_seconds();

    if (tloc) {
        if (put_user(i,tloc))
            return -EFAULT;
    }
    force_successful_syscall_return();
    return i;
}
```

4.3.4 x86 Linux 系统调用的内核堆栈

do_int80_syscall_32 和 do_syscall_64 的参数 struct pt_regs *regs 非常重要，它实际上是系统调用的内核堆栈栈底的一部分，也是中断上下文中保存现场和恢复现场所存储的关键数据。这里破坏了栈的逻辑结构，直接用 struct pt_regs 结构体来操作它，因为需要有一些特殊处理来修改内核堆栈的栈底，这一点尤其值得关注。内核堆栈栈底数据如图 4-7 所示。

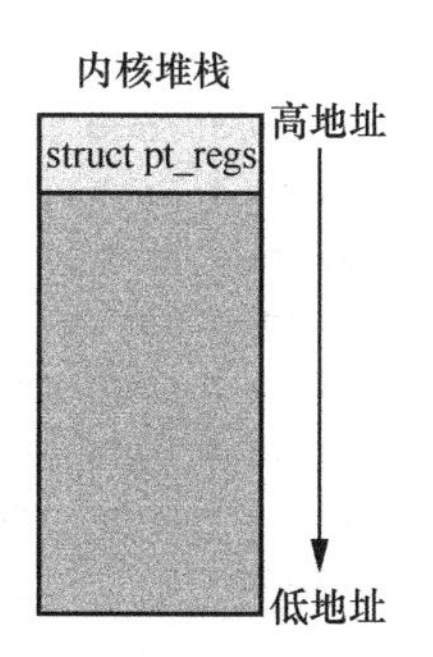

图4-7 内核堆栈栈底数据示意图

```
#ifdef __i386__

struct pt_regs {
    /*
     * NB: 32-bit x86 CPUs are inconsistent as what happens in the
     * following cases (where %seg represents a segment register):
     *
     * - pushl %seg: some do a 16-bit write and leave the high
     *   bits alone
     * - movl %seg, [mem]: some do a 16-bit write despite the movl
     * - IDT entry: some (e.g. 486) will leave the high bits of CS
     *   and (if applicable) SS undefined.
     *
     * Fortunately, x86-32 doesn't read the high bits on POP or IRET,
     * so we can just treat all of the segment registers as 16-bit
     * values.
     */
    unsigned long bx;
    unsigned long cx;
    unsigned long dx;
    unsigned long si;
    unsigned long di;
    unsigned long bp;
    unsigned long ax;
    unsigned short ds;
    unsigned short __dsh;
    unsigned short es;
    unsigned short __esh;
    unsigned short fs;
    unsigned short __fsh;
    /* On interrupt, gs and __gsh store the vector number. */
    unsigned short gs;
    unsigned short __gsh;
```

```
    /* On interrupt, this is the error code. */
    unsigned long orig_ax;
    unsigned long ip;
    unsigned short cs;
    unsigned short __csh;
    unsigned long flags;
    unsigned long sp;
    unsigned short ss;
    unsigned short __ssh;
};

#else /* __i386__ */

struct pt_regs {
/*
 * C ABI says these regs are callee-preserved. They aren't saved on kernel entry
 * unless syscall needs a complete, fully filled "struct pt_regs".
 */
    unsigned long r15;
    unsigned long r14;
    unsigned long r13;
    unsigned long r12;
    unsigned long bp;
    unsigned long bx;
/* These regs are callee-clobbered. Always saved on kernel entry. */
    unsigned long r11;
    unsigned long r10;
    unsigned long r9;
    unsigned long r8;
    unsigned long ax;
    unsigned long cx;
    unsigned long dx;
    unsigned long si;
    unsigned long di;
/*
 * On syscall entry, this is syscall#. On CPU exception, this is error code.
 * On hw interrupt, it's IRQ number:
 */
    unsigned long orig_ax;
/* Return frame for iretq */
    unsigned long ip;
    unsigned long cs;
    unsigned long flags;
    unsigned long sp;
    unsigned long ss;
```

```
/* top of stack page */
};

#endif /* !__i386__ */
```

如上 struct pt_regs 结构体分别定义了 32 位 x86 和 64 位 x86 下中断和保存现场需要存储的寄存器数据，在后续 fork/clone 创建进程和 execve 加载可执行程序时都需要用到 struct pt_regs 结构体。

4.3.5　系统调用中的进程调度时机

do_int80_syscall_32 和 do_syscall_64 函数直接或间接地执行到结尾处，都调用了 syscall_return_slowpath(regs)，这个位置是执行完系统调用内核处理函数之后与准备返回系统调用之前的时间点，是一个很好的进程调度和进程切换的时机点。进一步跟踪 syscall_return_slowpath(regs)可以跟踪到 schedule 函数，也就是进程调度和进程切换的代码，如下所列，详见 arch/x86/entry/common.c。

```
static void exit_to_usermode_loop(struct pt_regs *regs, u32 cached_flags)
{
    /*
     * In order to return to user mode, we need to have IRQs off with
     * none of EXIT_TO_USERMODE_LOOP_FLAGS set.  Several of these flags
     * can be set at any time on preemptible kernels if we have IRQs on,
     * so we need to loop.  Disabling preemption wouldn't help: doing the
     * work to clear some of the flags can sleep.
     */
     while (true) {
        /* We have work to do. */
        local_irq_enable();

        if (cached_flags & _TIF_NEED_RESCHED)
                schedule();

        if (cached_flags & _TIF_UPROBE)
                uprobe_notify_resume(regs);

        if (cached_flags & _TIF_PATCH_PENDING)
                klp_update_patch_state(current);

        /* deal with pending signal delivery */
        if (cached_flags & _TIF_SIGPENDING)
                do_signal(regs);
```

```
        if (cached_flags & _TIF_NOTIFY_RESUME) {
                clear_thread_flag(TIF_NOTIFY_RESUME);
                tracehook_notify_resume(regs);
                rseq_handle_notify_resume(NULL, regs);
        }

        if (cached_flags & _TIF_USER_RETURN_NOTIFY)
                fire_user_return_notifiers();

        /* Disable IRQs and retry */
        local_irq_disable();

        cached_flags = READ_ONCE(current_thread_info()->flags);

        if (!(cached_flags & EXIT_TO_USERMODE_LOOP_FLAGS))
                break;
    }
}

/* Called with IRQs disabled. */
__visible inline void prepare_exit_to_usermode(struct pt_regs *regs)
{
    struct thread_info *ti = current_thread_info();
    u32 cached_flags;

    addr_limit_user_check();

    lockdep_assert_irqs_disabled();
    lockdep_sys_exit();

    cached_flags = READ_ONCE(ti->flags);

    if (unlikely(cached_flags & EXIT_TO_USERMODE_LOOP_FLAGS))
            exit_to_usermode_loop(regs, cached_flags);
...
/*
 * Called with IRQs on and fully valid regs.  Returns with IRQs off in a
 * state such that we can immediately switch to user mode.
 */
__visible inline void syscall_return_slowpath(struct pt_regs *regs)
{
    struct thread_info *ti = current_thread_info();
    u32 cached_flags = READ_ONCE(ti->flags);

    CT_WARN_ON(ct_state() != CONTEXT_KERNEL);
```

```
    if (IS_ENABLED(CONFIG_PROVE_LOCKING) &&
        WARN(irqs_disabled(), "syscall %ld left IRQs disabled", regs->orig_ax))
        local_irq_enable();

    rseq_syscall(regs);

    /*
     * First do one-time work.  If these work items are enabled, we
     * want to run them exactly once per syscall exit with IRQs on.
     */
    if (unlikely(cached_flags & SYSCALL_EXIT_WORK_FLAGS))
        syscall_slow_exit_work(regs, cached_flags);

    local_irq_disable();
    prepare_exit_to_usermode(regs);
}
```

分析如上代码可以发现，syscall_return_slowpath 中调用了 prepare_exit_to_usermode，而 prepare_exit_to_usermode 中调用了 exit_to_usermode_loop，exit_to_usermode_loop 中又调用 schedule()进行进程调度和进程切换。这地方不仅是进程调度的时机，也是处理进程间通信信号的时机，schedule()之后，也就是进程被重新唤醒并开始执行时，可以看到调用了 do_signal(regs)处理信号。

简要总结一下系统调用的完整过程，首先通过系统库函数 API 内封装的 int $0x80 或 syscall 指令触发系统调用，CPU 根据中断向量表或 MSR 直接跳转到系统调用处理入口 entry_INT80_32 或 entry_SYSCALL_64 保存现场，然后调用 do_int80_syscall_32 或 do_syscall_64，通过系统调用号找到并执行 ia32_sys_call_table 或 sys_call_table 数组中对应的系统调用内核处理函数，并在 syscall_return_slowpath(regs)中判断是否需要进程调度（执行 schedule 函数）和是否需要处理信号（执行 do_signal 函数）等，最后恢复现场和系统调用返回（iret 或 sysret），返回用户态继续执行系统库函数 API 中 int $0x80 或 syscall 指令的下一条指令。

4.4 深入理解 ARM64 Linux 系统调用

4.4.1 ARM64 Linux 异常向量表的初始化

在 start_kernel 函数开始执行之前是用汇编语言代码初始化 CPU，其中非常重要的就是将异常向量表的基地址配置到 VBAR_EL1 寄存器中，从 arch/arm64/kernel/head.S 中可以找到如下代码，这段代码不仅配置了异常向量表，还配置了 0 号进程的内核堆栈和进程描述符。

```
/*
 * The following fragment of code is executed with the MMU enabled.
 *
 *   x0 = __PHYS_OFFSET
 */
__primary_switched:
    adrp     x4, init_thread_union
    add  sp, x4, #THREAD_SIZE
    adr_l  x5, init_task
    msr   sp_el0, x5                  // Save thread_info

    adr_l  x8, vectors                // load VBAR_EL1 with virtual
    msr   vbar_el1, x8                // vector table address
...
```

这段汇编语言代码首先负责配置 0 号进程的内核堆栈和进程描述符，即将 init_thread_union 地址保存在 x4 中；然后将 x4+THREAD_SIZE 作为内核堆栈的栈底，Linux 内核中的堆栈是从高地址向低地址增长的；接着将 0 号进程的进程描述符 init_task 保存到 SP_EL0 寄存器，注意因为当前处于 EL1 权限级别，所以这里 SP 实际上是 SP_EL1 寄存器。

init_thread_union 是 thread_union 联合体的变量。Include/linux/sched.h 中 thread_union 联合体的定义如下，从中可以看出进程描述符和内核堆栈处于同一块内存区域，进程描述符处于低地址区域，而内核堆栈从高地址向低地址增长，只要不发生堆栈溢出，它们就可以相安无事。

```
union thread_union {
#ifndef CONFIG_ARCH_TASK_STRUCT_ON_STACK
    struct task_struct task;
#endif
#ifndef CONFIG_THREAD_INFO_IN_TASK
    struct thread_info thread_info;
#endif
    unsigned long stack[THREAD_SIZE/sizeof(long)];
};
```

接下来的两行汇编语言代码是将异常向量表的基地址配置到 VBAR_EL1 寄存器中，这样当发生异常时，CPU 可以根据异常的类型和 VBAR_EL1 寄存器计算出异常处理入口地址。ARM64 架构中的中断向量表包含 16 个 kernel_ventry，分为 4 组，每组包含 4 个，参见/arch/arm64/kernel/entry.S 文件，摘录代码如下，4 组 kernel_ventry 以空行隔开。

```
/*
 * Exception vectors.
 */
    .pushsection ".entry.text", "ax"
```

```
    .align  11
ENTRY(vectors)
    kernel_ventry  1, sync_invalid              // Synchronous EL1t
    kernel_ventry  1, irq_invalid               // IRQ EL1t
    kernel_ventry  1, fiq_invalid               // FIQ EL1t
    kernel_ventry  1, error_invalid             // Error EL1t

    kernel_ventry  1, sync                      // Synchronous EL1h
    kernel_ventry  1, irq                       // IRQ EL1h
    kernel_ventry  1, fiq_invalid               // FIQ EL1h
    kernel_ventry  1, error                     // Error EL1h

    kernel_ventry  0, sync                      // Synchronous 64-bit EL0
    kernel_ventry  0, irq                       // IRQ 64-bit EL0
    kernel_ventry  0, fiq_invalid               // FIQ 64-bit EL0
    kernel_ventry  0, error                     // Error 64-bit EL0

#ifdef CONFIG_COMPAT
    kernel_ventry  0, sync_compat, 32           // Synchronous 32-bit EL0
    kernel_ventry  0, irq_compat, 32            // IRQ 32-bit EL0
    kernel_ventry  0, fiq_invalid_compat, 32    // FIQ 32-bit EL0
    kernel_ventry  0, error_compat, 32          // Error 32-bit EL0
#else
    kernel_ventry  0, sync_invalid, 32          // Synchronous 32-bit EL0
    kernel_ventry  0, irq_invalid, 32           // IRQ 32-bit EL0
    kernel_ventry  0, fiq_invalid, 32           // FIQ 32-bit EL0
    kernel_ventry  0, error_invalid, 32         // Error 32-bit EL0
#endif
END(vectors)
```

这 4 个组是根据发生异常时是否发生异常级别切换，以及使用的堆栈指针的不同来划分的。

第 1 组：异常发生在当前级别且使用 SP_EL0（EL0 对应的堆栈指针），即发生异常时不发生异常级别切换，可以简单理解为异常发生在内核态（EL1），且使用 EL0 对应的 SP。这种情况在 Linux 内核中未进行实质处理。

第 2 组：异常发生在当前级别且使用 SP_ELx（ELx 对应的堆栈指针，x 可能为 1、2、3），即发生异常时不发生异常级别切换，对于 Linux 系统来说，可以简单理解为异常发生在内核态（EL1），且使用 EL1 对应的 SP。这是比较常见的场景。

第 3 组：异常发生在更低级别且在异常处理时使用 AArch64 模式。对于 Linux 系统来说，可以简单理解为异常发生在用户态（EL0），且进入内核处理异常时，使用的是 AArch64

执行模式（非 AArch32 模式）。这也是比较常见的场景。

第 4 组：异常发生在更低级别且在异常处理时使用 AArch32 模式。可以简单理解为异常发生在用户态，且进入内核处理异常时，使用的是 AArch32 执行模式（非 AArch64 模式）。在这种场景下，条件编译 32 位兼容模式或者不做处理。

对于 Linux 系统来说主要关注第 2 组和第 3 组。这 4 组中每组包含 4 个 kernel_ventry，分别对应如下 4 种类型的异常。

（1）同步异常，是指由正在运行的指令或指令运行的结果造成的异常，在一般计算机术语中称为陷阱类型的异常或软件中断。

（2）IRQ，普通优先级的外部中断请求，属于异步异常。

（3）FIQ，高优先级的外部中断请求，属于异步异常。

（4）系统错误，是指由硬件错误触发的异常，也属于异步异常。

由表 4-1 可知，异常向量表分为 4 组，每组有 4 个向量入口地址，分别处理 4 种不同类型的异常。每个向量入口空间 128 字节，也就是说，在这个异常向量空间里可以放入 32 条指令（每条指令 4 字节）。

表 4-1 ARM 异常向量表

地址	异常类型	描述
VBAR_El*n*+0x000	Synchronous	发生的异常没有导致异常级别（EL）切换，并且使用的栈指针是 SP_EL0
0x080	IRQ/vIRQ	
0x100	FIQ/vFIQ	
0x180	SError/vSError	
0x200	Synchronous	发生的异常没有导致异常级别（EL）切换，并且使用的栈指针是 SP_EL*x*（*x*=1,2,3）
0x280	IRQ/vIRQ	
0x300	FIQ/vFIQ	
0x380	SError/vSError	
0x400	Synchronous	运行在AArch64模式，发生的异常会导致异常级别（EL）切换
0x480	IRQ/vIRQ	
0x500	FIQ/vFIQ	
0x580	SError/vSError	

续表

地址	异常类型	描述
0x600	Synchronous	运行在AArch32模式，发生的异常会导致异常级别（EL）切换
0x680	IRQ/vIRQ	
0x700	FIQ/vFIQ	
0x780	SError/vSError	

在 Linux 系统中，用户态为 EL0，内核态为 EL1，结合上面 ARM64 异常向量表的规则，可得到如下结论：

（1）异常向量表的第一部分用不到，因为 EL0 使用 SP_EL0，但发生 EL0 异常会切换到 EL1；

（2）异常向量表的第二部分用于 CPU 运行在 EL1（即内核态），发生异常时 EL 不发生切换；

（3）异常向量表的第三部分用于 CPU 运行在 EL0（即用户态的 AArch64 模式）时发生的异常；

（4）异常向量表的第四部分用于 CPU 运行在 EL0（即用户态的 AArch32 模式）时发生的异常。

系统调用属于发生在用户态的同步异常，对于分析 ARM64 Linux 内核来讲，也就是第 3 组的第一个。下面进一步分析该 kernel_ventry 的宏定义，代码如下，对于第 3 组的第一个 kernel_ventry 来说，宏参数 el 为 0，label 为 sync。

```
    .macro kernel_ventry, el, label, regsize = 64
    .align 7
#ifdef CONFIG_UNMAP_KERNEL_AT_EL0
...
#endif

    sub  sp, sp, #S_FRAME_SIZE
#ifdef CONFIG_VMAP_STACK
...
#endif
    B  el\()\el\()_\label
    .endm
```

具体来看这段代码，“.align 7”表示这一向量入口指令编译是以 2 的 7 次方对齐，也就是说，每一个向量入口都有 128 字节存储空间，只要指令数量限制在 128 字节以内就可对应 ARM64 的向量偏移机制，正常工作。

忽略条件编译部分的代码后，只剩下两句汇编指令。

“sub sp, sp, #S_FRAME_SIZE”汇编语言代码是当前堆栈指针 SP 的内容减去 S_FRAME_SIZE（值为 sizeof(struct pt_regs)），由于 Linux 堆栈是向低地址方向发展的，所以此行代码的功能相当于在堆栈中留出 S_FRAME_SIZE 大小的空间，用于保存现场（保存通用寄存器的值）。struct pt_regs 结构体在 arch/arm64/include/asm/ptrace.h 文件中定义，代码如下。

```
/*
 * This struct defines the way the registers are stored on the stack during an
 * exception. Note that sizeof(struct pt_regs) has to be a multiple of 16 (for
 * stack alignment). struct user_pt_regs must form a prefix of struct pt_regs.
 */
struct pt_regs {
    union {
        struct user_pt_regs user_regs;
        struct {
            u64 regs[31];
            u64 sp;
            u64 pc;
            u64 pstate;
        };
    };
    u64 orig_x0;
#ifdef __AARCH64EB__
    u32 unused2;
    s32 syscallno;
#else
    s32 syscallno;
    u32 unused2;
#endif

    u64 orig_addr_limit;
    /* Only valid when ARM64_HAS_IRQ_PRIO_MASKING is enabled. */
    u64 pmr_save;
    u64 stackframe[2];
};
```

“b el\()\el\()_\label”汇编代码中\el 和\label 的意思是引用传入宏的参数，\()的意思与 C 语言宏定义中的##一样，表示连接字符串，所以把参数 0 和 sync 代入后此行代码等同于“b el0_sync”，即为跳转到 el0_sync。

4.4.2 ARM64 Linux 系统调用的执行

用户态程序执行 svc 指令，CPU 会把当前程序指针寄存器 PC 放入 ELR_EL1 寄存器里，把 PSTATE 放入 SPSR_EL1 寄存器里，把异常产生的原因（这里是调用了 svc 指令触发系统调用）放在 ESR_EL1 寄存器里。这时 CPU 是知道异常类型和异常向量表的起始地址的，所以可以自动把 VBAR_EL1 寄存器的值（vectors）和第 3 组 Synchronous 的偏移量 0x400 相加，即 vectors + 0x400，得出该异常向量空间的入口地址，然后跳转到那里执行异常向量空间里面的指令。每个异常向量空间仅有 128 字节，最多可以存储 32 条指令（每条指令 4 字节），而且异常向量空间最后一条指令是 b 指令，对于系统调用来说会跳转到 el0_sync，这样就从异常向量空间跳转到同步异常处理程序的入口。

从 arch/arm64/kernel/entry.S 文件中可以摘出 el0_sync 中的部分关键代码如下，这段代码就是同步异常处理程序，当然其中包括 ARM64 Linux 系统调用的执行过程。

```
/*
 * EL0 mode handlers.
 */
el0_sync:
    kernel_entry 0
    mrs   x25, esr_el1                   // read the syndrome register
    lsr   x24, x25, #ESR_ELx_EC_SHIFT    // exception class
    cmp   x24, #ESR_ELx_EC_SVC64         // SVC in 64-bit state
    b.eq el0_svc
    ...
ENDPROC(el0_sync)
```

值得注意的是 el0_sync 的第一句代码“kernel_entry 0”，这个 kernel_entry 和异常向量表的 kernel_entry 有所不同，因为它只有一个宏参数 el，而异常向量表的 kernel_entry 有两个宏参数 el 和 label，它们都包含默认宏参数 regsize。这里从 arch/arm64/kernel/entry.S 文件中摘录只有一个宏参数 el 的 kernel_entry 宏定义的部分代码如下，它主要负责保存现场。

```
    .macro    kernel_entry, el, regsize = 64
    ...
    stp   x0, x1, [sp, #16 * 0]
    stp   x2, x3, [sp, #16 * 1]
    stp   x4, x5, [sp, #16 * 2]
    stp   x6, x7, [sp, #16 * 3]
    stp   x8, x9, [sp, #16 * 4]
    stp   x10, x11, [sp, #16 * 5]
    stp   x12, x13, [sp, #16 * 6]
    stp   x14, x15, [sp, #16 * 7]
    stp   x16, x17, [sp, #16 * 8]
    stp   x18, x19, [sp, #16 * 9]
    stp   x20, x21, [sp, #16 * 10]
    stp   x22, x23, [sp, #16 * 11]
    stp   x24, x25, [sp, #16 * 12]
```

```
    stp   x26, x27, [sp, #16 * 13]
    stp   x28, x29, [sp, #16 * 14]
    ...
    mrs   x21, sp_el0
    mrs   x22, elr_el1
    mrs   x23, spsr_el1
    stp   lr, x21, [sp, #S_LR] // lr is x30
    stp   x22, x23, [sp, #S_PC]
    ...
    .endm
```

值得注意的是，在 Linux 系统中系统调用发生时，CPU 会把当前程序指针寄存器 PC 放入 ELR_EL1 寄存器里，把 PSTATE 放入 SPSR_EL1 寄存器里，同时 Linux 系统从用户态切换到内核态（从 EL0 切换到 EL1），这时 SP 指的是 SP_EL1 寄存器，用户态堆栈的栈顶地址依然保存在 SP_EL0 寄存器中。也就是说，异常（这里是指系统调用）发生时 CPU 的关键状态 SP、PC 和 PSTATE 分别保存在 SP_EL0、ELR_EL1 和 SPSR_EL1 寄存器中。保存现场的主要工作如上面代码所示，是保存 X0～X30 及 SP、PC 和 PSTATE，这和 struct pt_regs 结构体的起始部分正好一一对应。

el0_sync 在完成保存现场的工作之后，会根据 ESR_EL1 寄存器确定同步异常产生的原因。在 ARM64 Linux 中最常见的原因是 svc 指令触发了系统调用，所以排在最前面的就是条件判断跳转到 el0_svc，而 el0_svc 中有 el0_svc_handler（处理系统调用）和 ret_to_user（系统调用返回）。el0_svc 处理过程的汇编语言代码从 arch/arm64/kernel/entry.S 文件中摘录如下。

```
/*
 * SVC handler.
 */
    .align 6
el0_svc:
    gic_prio_kentry_setup tmp=x1
    mov x0, sp
    bl  el0_svc_handler
    b  ret_to_user
ENDPROC(el0_svc)
```

el0_svc_handler 函数在 arch/arm64/kernel/syscall.c 文件中定义，如下面代码所示，其中会根据内核堆栈栈底保存现场中 X8 寄存器传递过来的系统调用号查找系统调用表调用对应的系统调用内核处理函数。

```
asmlinkage void el0_svc_handler(struct pt_regs *regs)
{
    sve_user_discard();
```

```
    el0_svc_common(regs, regs->regs[8], __NR_syscalls, sys_call_table);
}
```

为了连贯性，假定系统调用处理完毕，先来看看 ret_to_user（系统调用返回）相关的代码。

```
/*
 * Ok, we need to do extra processing, enter the slow path.
 */
work_pending:
    mov  x0, sp                        // 'regs'
    bl   do_notify_resume
#ifdef CONFIG_TRACE_IRQFLAGS
    bl   trace_hardirqs_on             // enabled while in userspace
#endif
    ldr   x1, [tsk, #TSK_TI_FLAGS]     // re-check for single-step
    b  finish_ret_to_user
/*
 * "slow" syscall return path.
 */
ret_to_user:
    disable_daif
    gic_prio_kentry_setup tmp=x3
    ldr   x1, [tsk, #TSK_TI_FLAGS]
    and   x2, x1, #_TIF_WORK_MASK
    cbnz  x2, work_pending
finish_ret_to_user:
    enable_step_tsk x1, x2
#ifdef CONFIG_GCC_PLUGIN_STACKLEAK
    bl   stackleak_erase
#endif
    kernel_exit 0
ENDPROC(ret_to_user)
```

从如上代码中可以看到，从系统调用返回前会处理一些工作（work_pending），比如处理信号、判断是否需要进程调度等，ret_to_user 的最后是 kernel_exit 0，其作用是恢复现场，与保存现场 kernel_entry 0 相对应，kernel_exit 0 的最后会执行 eret 指令系统调用返回。eret 指令所做的工作与 svc 指令相对应，会将 ELR_EL1 寄存器的值恢复到程序指针寄存器 PC 中，把 SPSR_EL1 寄存器的值恢复到 PSTATE 处理器状态中，同时会从内核态转换到用户态，在用户态堆栈栈顶指针 SP 代表的是 SP_EL0 寄存器。kernel_exit 0 负责恢复现场的代码和 kernel_entry 0 负责保存现场的代码相对应，kernel_exit 0 代码如下。

```
.macro    kernel_exit, el
    ...
    msr   sp_el0, x23
```

```
        msr   elr_el1, x21               // set up the return data
        msr   spsr_el1, x22
        ldp   x0, x1, [sp, #16 * 0]
        ldp   x2, x3, [sp, #16 * 1]
        ldp   x4, x5, [sp, #16 * 2]
        ldp   x6, x7, [sp, #16 * 3]
        ldp   x8, x9, [sp, #16 * 4]
        ldp   x10, x11, [sp, #16 * 5]
        ldp   x12, x13, [sp, #16 * 6]
        ldp   x14, x15, [sp, #16 * 7]
        ldp   x16, x17, [sp, #16 * 8]
        ldp   x18, x19, [sp, #16 * 9]
        ldp   x20, x21, [sp, #16 * 10]
        ldp   x22, x23, [sp, #16 * 11]
        ldp   x24, x25, [sp, #16 * 12]
        ldp   x26, x27, [sp, #16 * 13]
        ldp   x28, x29, [sp, #16 * 14]
        ldr   lr, [sp, #S_LR]
        ...
        eret
...
```

以 fopen 打开一个文件的系统调用为例，简要总结一下 ARM64 Linux 系统调用的执行过程，如图 4-8 所示。

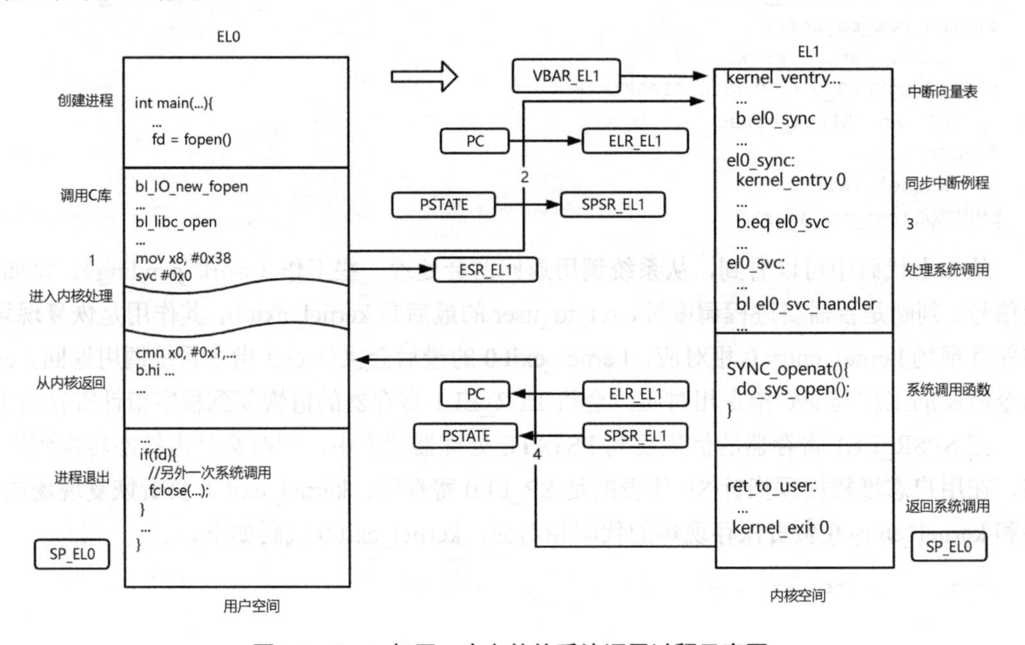

图4-8 fopen打开一个文件的系统调用过程示意图

当用户态程序调用 fopen 打开一个文件的时候，使用寄存器 X0～X5 传递系统调用所需参数，最多可传递 6 个参数，系统调用号 0x38 放在 X8 寄存器中，然后执行 svc 指令触发系统调用，CPU 进入内核态（EL1）。顺便提一下，svc 的参数（立即数 0x0）并没有被 Linux 内核使用，而是把系统调用号放到了 X8 寄存器中。

CPU 把当前程序指针寄存器 PC 放入 ELR_EL1，把 PSTATE 放入 SPSR_EL1，把异常的原因（调用了 svc 指令触发系统调用）放在 ESR_EL1 中，然后通过 VBAR_EL1 加上偏移量 0x400 取得异常向量表中异常向量空间的入口地址，接着开始执行入口的第一行代码。这一过程是 CPU 自动完成的，不需要程序干预。

Linux 内核保存异常发生时程序的执行现场，然后通过异常的原因及系统调用号找到系统调用的内核函数，接着执行系统调用内核函数，把返回值放入 X0 寄存器中。这一过程是 Linux 内核实现的。

系统调用完成后，程序需要主动设置 ELR_EL1 和 SPSR_EL1 的值，原因是异常会发生嵌套，一旦发生异常嵌套，ELR_EL1 和 SPSR_EL1 的值就会随之发生改变，所以当系统调用返回时，需要恢复之前保存的 ELR_EL1 和 SPSR_EL1 的值。最后内核调用 eret 命令，CPU 自动把 ELR_EL1 写回 PC，把 SPSR_EL1 写回 PSTATE，并返回到用户态（EL0）继续运行 fopen 系统调用后面的代码。

4.4.3 ARM64 Linux 系统调用内核处理函数

系统调用的内核处理是由 el0_svc_handler 函数完成的，其中调用了 el0_svc_common 函数，调用代码如下。

```
el0_svc_common(regs, regs->regs[8], __NR_syscalls, sys_call_table);
```

el0_svc_common 函数第一个参数 regs 是内核堆栈栈底的部分，主要是传递系统调用参数 X0～X5；第二个参数 regs->regs[8]是指 X8 寄存器传递过来的系统调用号；第三个参数 __NR_syscalls 是指当前系统的系统调用总数，目前分析的 ARM64 Linux-5.4.34 内核的系统调用总数为 436 个；第四个参数 sys_call_table 则是以系统调用号作为下标的系统调用内核处理函数的数组，这个 sys_call_table 数组非常重要，稍后具体分析。

el0_svc_common 函数在 arch/arm64/kernel/syscall.c 文件中，摘录关键代码如下。

```
static void el0_svc_common(struct pt_regs *regs, int scno, int sc_nr,
                           const syscall_fn_t syscall_table[])
{
    unsigned long flags = current_thread_info()->flags;
```

```
    regs->orig_x0 = regs->regs[0];
    regs->syscallno = scno;
    ...
    invoke_syscall(regs, scno, sc_nr, syscall_table);
    ...
}
```

注意，如上代码中el0_svc_common函数将实参和形参一一对应又传递给了invoke_syscall函数。invoke_syscall函数在arch/arm64/kernel/syscall.c文件中，摘录代码如下。

```
static void invoke_syscall(struct pt_regs *regs, unsigned int scno,
                unsigned int sc_nr,
                const syscall_fn_t syscall_table[])
{
    long ret;

    if (scno < sc_nr) {
        syscall_fn_t syscall_fn;
        syscall_fn = syscall_table[array_index_nospec(scno, sc_nr)];
        ret = __invoke_syscall(regs, syscall_fn);
    } else {
        ret = do_ni_syscall(regs, scno);
    }

    regs->regs[0] = ret;
}
```

从invoke_syscall函数可以看到，当系统调用号（scno）小于系统调用总个数（sc_nr）时，会找到用系统调用号作为下标的syscall_table数组中的函数指针（syscall_fn）。注意这里syscall_table数组就是sys_call_table数组，只是实参和形参传递过程中改了名字。然后通过__invoke_syscall函数执行该系统调用内核处理函数，即将__invoke_syscall函数的两个参数regs和syscall_fn变为调用syscall_fn(regs)，regs中存储着系统调用参数（regs->regs[0-5]）和系统调用号（regs->regs[8]），从而执行该系统调用内核处理函数。最后将系统调用内核处理函数的返回值保存到内核堆栈中保存X0的位置，以便将返回值在恢复现场系统调用返回时可以传递到用户态X0寄存器。

```
static long __invoke_syscall(struct pt_regs *regs, syscall_fn_t syscall_fn)
{
    return syscall_fn(regs);
}
```

在用户态编程时，用到的所有系统调用都会对应到sys_call_table数组中。此数组的初始化是由一系列复杂的宏定义实现的，也就是由编译器对宏定义预处理生成了对

sys_call_table 数组成员赋值的代码。下面先来看看 arch/arm64/kernel/sys.c 文件中与 sys_call_table 数组相关的代码。

```
/*
 * Wrappers to pass the pt_regs argument.
 */
#define __arm64_sys_personality     __arm64_sys_arm64_personality

#undef __SYSCALL
#define __SYSCALL(nr, sym) asmlinkage long __arm64_##sym(const struct pt_regs *);
#include <asm/unistd.h>


#undef __SYSCALL
#define __SYSCALL(nr, sym) [nr] = __arm64_##sym,

const syscall_fn_t sys_call_table[__NR_syscalls] = {
    [0 ... __NR_syscalls - 1] = __arm64_sys_ni_syscall,
        #include <asm/unistd.h>
};
```

这段代码做了两次__SYSCALL 的宏定义和包含（include）了两次 asm/unistd.h 头文件（即 arch/arm64/include/asm/unistd.h）。第一次将头文件中定义的系统调用转换成了一组函数声明；第二次将头文件中定义的系统调用转换成了用逗号隔开的一组函数名。这样就可以自动生成对 sys_call_table 数组成员赋值的代码。但是头文件中定义了哪些系统调用呢？主要是 asm/unistd.h 进一步包含（include）了 uapi/asm/unistd.h 头文件（即 include/uapi/asm-generic/unistd.h），其中可看到系统调用号和以 sys_开头的系统调用内核处理函数，比如 169 号 gettimeofday 系统调用，代码摘录如下。

```
#define __NR_gettimeofday 169
__SC_COMP(__NR_gettimeofday, sys_gettimeofday, compat_sys_gettimeofday)
```

再进一步以系统调用内核处理函数 sys_gettimeofday 为例大致看一下它的实现。由于 sys_gettimeofday 这个函数名称是宏定义生成的，所以想找到它并不容易，还好我们知道与系统时间相关的系统调用一般都是在 kernel/time/time.c 文件中实现的，所以很快就在其中找到了 gettimeofday 系统调用的内核处理函数，代码如下。也就是说，研究某一个系统调用就要熟悉某一模块的代码，简单地通过函数调用关系在代码中跟踪有时是行不通的，当然还可以通过 gdb 调试内核，通过设置断点来跟踪和阅读代码，找出线索。

```
SYSCALL_DEFINE2(gettimeofday, struct timeval __user *, tv,
         struct timezone __user *, tz)
{
```

```
    if (likely(tv != NULL)) {
        struct timespec64 ts;

        ktime_get_real_ts64(&ts);
        if (put_user(ts.tv_sec, &tv->tv_sec) ||
            put_user(ts.tv_nsec / 1000, &tv->tv_usec))
             return -EFAULT;
    }
    if (unlikely(tz != NULL)) {
        if (copy_to_user(tz, &sys_tz, sizeof(sys_tz)))
             return -EFAULT;
    }
    return 0;
}
```

SYSCALL_DEFINE2 宏定义是如何将 gettimeofday 系统调用转换为 sys_gettimeofday 的呢？这是由一组非常复杂的宏定义实现的，可以仔细阅读分析 include/linux/syscalls.h 文件中的相关代码，由于篇幅所限，这里不一步步详细分析。sys_call_table 数组初始化的系统调用处理函数都是__arm64_##sym(const struct pt_regs *)，参数是 struct pt_regs *类型的，但 sys_gettimeofday 的参数是具体的 tv 和 tz，为什么呢？为了说明这一点，有必要将 SYSCALL_DEFINE2 宏定义中的关键环节进行详细介绍。在 arch/arm64/include/asm/syscall_wrapper.h 中摘录如下代码，其中可以看到参数转换的过程。

```
struct pt_regs;

#define SC_ARM64_REGS_TO_ARGS(x, ...)                \
     __MAP(x,__SC_ARGS                               \
     ,,regs->regs[0],,regs->regs[1],,regs->regs[2]   \
     ,,regs->regs[3],,regs->regs[4],,regs->regs[5])
...
#define __SYSCALL_DEFINEx(x, name, ...) \
asmlinkage long __arm64_sys##name(const struct pt_regs *regs); \
ALLOW_ERROR_INJECTION(__arm64_sys##name, ERRNO); \
static long __se_sys##name(__MAP(x,__SC_LONG,__VA_ARGS__)); \
static inline long __do_sys##name(__MAP(x,__SC_DECL,__VA_ARGS__)); \
asmlinkage long __arm64_sys##name(const struct pt_regs *regs) \
{ \
     return __se_sys##name(SC_ARM64_REGS_TO_ARGS(x,__VA_ARGS__)); \
} \
static long __se_sys##name(__MAP(x,__SC_LONG,__VA_ARGS__)) \
{ \
     long ret = __do_sys##name(__MAP(x,__SC_CAST,__VA_ARGS__)); \
     __MAP(x,__SC_TEST,__VA_ARGS__); \
```

```
        __PROTECT(x, ret,__MAP(x,__SC_ARGS,__VA_ARGS__)); \
        return ret; \
    } \
    static inline long __do_sys##name(__MAP(x,__SC_DECL,__VA_ARGS__))
```

本章实验

使用 C 语言库函数和汇编语言代码（x86 或 ARM64）分别触发系统调用，并跟踪调试 Linux 内核中该系统调用的执行过程。

第5章 进程的描述和创建

本章围绕进程描述符逐步展开，涉及进程地址空间和大页内存，然后进一步分析进程创建的过程，其中重点讨论子进程执行的起始状态。

5.1 进程的描述

5.1.1 Linux 进程描述符概览

Linux 内核实现了操作系统的三大核心功能，即进程管理、内存管理和文件系统，对应操作系统原理课程中最重要的 3 个抽象概念——进程、地址空间和文件。其中，操作系统内核中最核心的功能是进程管理。谈到进程管理就要明确一个问题：进程是怎样描述的？进程的描述有提纲挈领的作用，它可以把内存管理、文件系统、进程间通信等内容串起来。Linux 内核中的进程是非常复杂的，在操作系统原理中，通过 PCB 描述进程。为了管理进程，内核要描述进程的结构，也称其为进程描述符，其直接或间接提供了进程相关的所有信息。

在 Linux 内核中用 struct task_struct 结构体来描述进程，下面的代码是摘录的 struct task_struct 结构体的一部分，具体见 include/linux/sched.h 文件。

```
struct task_struct {
#ifdef CONFIG_THREAD_INFO_IN_TASK
    /*
     * For reasons of header soup (see current_thread_info()), this
     * must be the first element of task_struct.
     */
    struct thread_info  thread_info;
#endif
    /* -1 unrunnable, 0 runnable, >0 stopped: */
    volatile long  state;
```

```
    /*
     * This begins the randomizable portion of task_struct. Only
     * scheduling-critical items should be added above here.
     */
    randomized_struct_fields_start

    void  *stack;
    ...
    /* CPU-specific state of this task: */
    struct thread_struct  thread;

    /*
     * WARNING: on x86, 'thread_struct' contains a variable-sized
     * structure.  It *MUST* be at the end of 'task_struct'.
     *
     * Do not put anything below here!
     */
};
```

struct task_struct 结构体非常庞大，其中 pid 是进程的标识符，state 是进程状态，stack 是堆栈，thread 用于保存进程上下文中 CPU 相关状态信息的关键数据等。因为涉及的内容过于庞杂，可以通过进程描述符的结构示意图从总体上看清 struct task_struct 的结构关系，比如进程的状态、进程双向链表的管理，以及控制台 tty、文件系统 fs 的描述、进程打开文件的文件描述符 files、内存管理的描述 mm，还有进程间通信的信号 signal 的描述等，如图 5-1 所示。

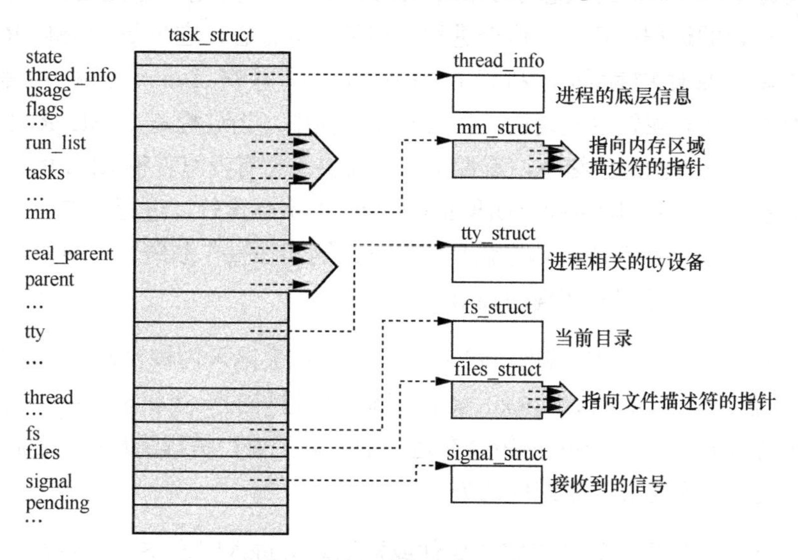

图5-1　进程描述符的结构示意图

5.1.2 Linux 进程的状态

先来看下 Linux 进程的状态与在操作系统原理中的进程状态有什么不同。操作系统原理中的进程有就绪态、运行态、阻塞态这 3 种基本状态，实际的 Linux 内核管理的进程状态与这 3 种状态是明显不同的。Linux 内核管理的进程状态转换如图 5-2 所示。

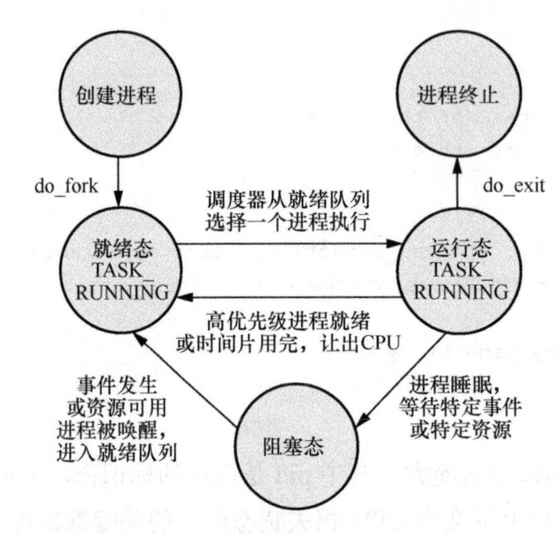

图5-2　Linux内核管理的进程状态转换示意图

当使用 fork 或 clone 等系统调用来创建一个新进程时，会陷入内核，执行内核函数 do_fork()创建进程，新进程的状态是 TASK_RUNNING（就绪态，但是没有运行）。当调度器选择这个新创建的进程运行时，这个进程就切换到运行态，它也是 TASK_RUNNING。为什么操作系统原理中就绪态和运行态这两个状态在 Linux 内核中都是相同的 TASK_RUNNING 状态呢？也就是说，在 Linux 内核中，当进程是 TASK_RUNNING 状态时，它是可运行的，也就是就绪态，是否在运行取决于它有没有获得 CPU 的控制权，即这个进程有没有在 CPU 中实际执行。如果正在 CPU 中实际执行，进程状态就是运行态；如果被内核调度出去了，在等待队列里就是就绪态。这和在操作系统原理中介绍的内容有些不一样，需要注意分辨原理与实现的细节差异。

对于一个正在运行的进程，调用用户态库函数 exit()会陷入内核执行内核函数 do_exit()，也就是终止进程，那么会进入 tsk->exit_state 状态，即进程的终止状态。tsk->exit_state 状态的进程一般叫作僵尸进程，Linux 内核会在适当的时候把僵尸进程清理掉，之后进程描述符被释放了，该进程才从 Linux 系统中消失。

一个正在运行的进程在等待特定的事件或资源时会进入阻塞态。阻塞态主要有两种：TASK_INTERRUPTIBLE 和 TASK_UNINTERRUPTIBLE。如果事件发生或者资源可用，进程被唤醒并被放到运行队列上（操作系统原理的说法应该是就绪队列）。如果阻塞的条件没有了，就进入就绪态，调度器选择到它时就进入运行态。这和操作系统原理中介绍的内容本质上是一样的，显然操作系统原理是操作系统更加精简、抽象的模型。接下来看下 Linux 内核中描述的所有进程状态，如下面代码片段所示，完整代码见 include/linux/sched.h 文件。

```
/*
 * Task state bitmask. NOTE! These bits are also
 * encoded in fs/proc/array.c: get_task_state().
 *
 * We have two separate sets of flags: task->state
 * is about runnability, while task->exit_state are
 * about the task exiting. Confusing, but this way
 * modifying one set can't modify the other one by
 * mistake.
 */

/* Used in tsk->state: */
#define TASK_RUNNING            0x0000
#define TASK_INTERRUPTIBLE      0x0001
#define TASK_UNINTERRUPTIBLE    0x0002
#define __TASK_STOPPED          0x0004
#define __TASK_TRACED           0x0008
/* Used in tsk->exit_state: */
#define EXIT_DEAD               0x0010
#define EXIT_ZOMBIE             0x0020
#define EXIT_TRACE          (EXIT_ZOMBIE | EXIT_DEAD)
/* Used in tsk->state again: */
#define TASK_PARKED             0x0040
#define TASK_DEAD               0x0080
#define TASK_WAKEKILL           0x0100
#define TASK_WAKING             0x0200
#define TASK_NOLOAD             0x0400
#define TASK_NEW                0x0800
#define TASK_STATE_MAX          0x1000

/* Convenience macros for the sake of set_current_state: */
#define TASK_KILLABLE           (TASK_WAKEKILL | TASK_UNINTERRUPTIBLE)
#define TASK_STOPPED            (TASK_WAKEKILL | __TASK_STOPPED)
#define TASK_TRACED             (TASK_WAKEKILL | __TASK_TRACED)

#define TASK_IDLE               (TASK_UNINTERRUPTIBLE | TASK_NOLOAD)

/* Convenience macros for the sake of wake_up(): */
#define TASK_NORMAL             (TASK_INTERRUPTIBLE | TASK_UNINTERRUPTIBLE)
```

5.1.3　Linux 进程链表结构及父子、兄弟关系

用于管理进程数据结构的双向链表 struct list_head tasks 是一个很关键的进程链表。

```
struct list_head  tasks;
```

struct list_head 数据结构代码如下，详见 include/linux/types.h 文件。

```
struct list_head {
    struct list_head *next, *prev;
};
```

struct list_head tasks 把所有的进程用双向链表链接起来，而且还会头尾相连，这个数据结构非常重要。

进程描述符通过 struct list_head tasks 双向循环链表来管理所有进程，但涉及将进程之间的父子、兄弟关系记录管理起来，情况就比较复杂了。进程的描述符 struct task_struct 结构体中的如下代码记录了当前进程的父进程 real_parent、parent，记录当前进程的子进程的是双向链表 struct list_head children；记录当前进程的兄弟进程的是双向链表 struct list_head sibling。下面摘录了部分涉及进程关系的代码，并进一步梳理了进程的父子、兄弟关系。

```
/*
 * Pointers to the (original) parent process, youngest child, younger sibling,
 * older sibling, respectively.  (p->father can be replaced with
 * p->real_parent->pid)
 */

/* Real parent process:    */
struct task_struct __rcu  *real_parent;
/* Recipient of SIGCHLD, wait4() reports: */
struct task_struct __rcu  *parent;

/*
 * Children/sibling form the list of natural children:
 */
struct list_head  children;
struct list_head  sibling;
struct task_struct  *group_leader;
```

进程的父子、兄弟关系如图 5-3 所示。

在图 5-3 中，P_0 有 3 个儿子 P_1、P_2、P_3，P_1 有两个兄弟，P_3 有一个儿子。这些父子、兄弟之间复杂的链表关系都通过指针或双向链表关联起来，这样设计数据结构是为了方便在内核代码中快速获取当前进程的父子、兄弟进程的信息。

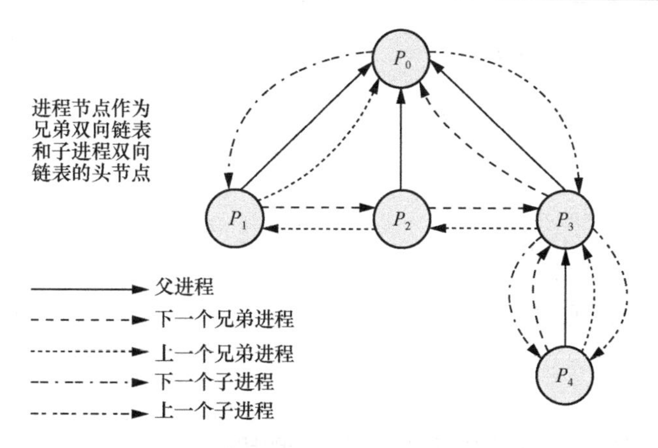

图5-3 进程的父子、兄弟关系示意图

5.1.4 Linux 进程关键上下文

task_struct 结构体的最后是保存进程上下文中 CPU 相关的一些状态信息的关键结构体变量 thread。mykernel 中也定义了一个 thread，从 Linux-3.18.6 内核版本的 struct thread_struct thread 裁剪而来，为了和 mykernel 中的代码对应起来，这里先看 Linux-3.18.6 版本的内核代码，然后看 Linux-5.4.34 版本的内核代码。

struct thread_struct 结构体在进程描述符最后定义了结构体变量 thread，参见 5.1.3 节 struct task_struct 结构体的摘录代码。

struct thread_struct 结构体内部的东西比较多，其中最关键的是 sp 和 ip。在 x86 下 32 位 Linux 内核 Linux-3.18.6 中，sp 用来保存进程上下文中 ESP 寄存器的状态，ip 用来保存进程上下文中 EIP 寄存器的状态；结构体中还有很多其他和 CPU 相关的状态。在 mykernel 项目中定义了 PCB，其中就有 sp 和 ip，也是模仿这个结构体简化而来的。

Linux-3.18.6 内核版本的 struct thread_struct 结构体完整摘录如下，详见 linux-3.18.6/arch/x86/include/asm/ processor.h#468 文件。

```
468  struct thread_struct {
469   /* Cached TLS descriptors: */
470   struct desc_struct     tls_array[GDT_ENTRY_TLS_ENTRIES];
471   unsigned long     sp0;
472   unsigned long     sp;
473 #ifdef CONFIG_X86_32
474   unsigned long     sysenter_cs;
475 #else
476   unsigned long     usersp;  /* Copy from PDA */
```

```
477    unsigned short    es;
478    unsigned short    ds;
479    unsigned short    fsindex;
480    unsigned short    gsindex;
481 #endif
482 #ifdef CONFIG_X86_32
483    nsigned long    ip;
484 #endif
485 #ifdef CONFIG_X86_64
486    unsigned long    fs;
487 #endif
488    unsigned long    gs;
489    /* Save middle states of ptrace breakpoints */
490    struct perf_event*ptrace_bps[HBP_NUM];
491    /* Debug status used for traps, single steps, etc... */
492    unsigned long    debugreg6;
493    /* Keep track of the exact dr7 value set by the user */
494    unsigned long    ptrace_dr7;
495    /* Fault info: */
496    unsigned long    cr2;
497    unsigned long    trap_nr;
498    unsigned long    error_code;
499    /* floating point and extended processor state */
500    struct fpu    fpu;
501 #ifdef CONFIG_X86_32
502    /* Virtual 86 mode info */
503    struct vm86_struct __user *vm86_info;
504    unsigned long    screen_bitmap;
505    unsigned long    v86flags;
506    unsigned long    v86mask;
507    unsigned long    saved_sp0;
508    unsigned int    saved_fs;
509    unsigned int    saved_gs;
510 #endif
511    /* IO permissions: */
512    unsigned long    *io_bitmap_ptr;
513    unsigned long    iopl;
514    /* Max allowed port in the bitmap, in bytes: */
515    unsigned    io_bitmap_max;
516    /*
517     * fpu_counter contains the number of consecutive context switches
518     * that the FPU is used. If this is over a threshold, the lazy fpu
519     * saving becomes unlazy to save the trap. This is an unsigned char
520     * so that after 256 times the counter wraps and the behavior turns
521     * lazy again; this to deal with bursty apps that only use FPU for
```

```
522      * a short time
523      */
524     unsigned char fpu_counter;
525 };
```

在 Linux-5.4.34 内核版本中，64 位 x86 Linux 内核代码有了一些变化，struct thread_struct 结构体如下，详见 arch/x86/include/asm/processor.h 文件。需要特别说明的是，在 Linux-5.4.34 代码中 struct thread_struct 结构体中没有了 ip，而是将 ip 通过内核堆栈来保存，比如 fork 创建的子进程内核堆栈中会有一个 ret_addr。

```
struct thread_struct {
    /* Cached TLS descriptors: */
    struct desc_struct  tls_array[GDT_ENTRY_TLS_ENTRIES];
#ifdef CONFIG_X86_32
    unsigned long    sp0;
#endif
    unsigned long    sp;
#ifdef CONFIG_X86_32
    unsigned long    sysenter_cs;
#else
    unsigned short   es;
    unsigned short   ds;
    unsigned short   fsindex;
    unsigned short   gsindex;
#endif

#ifdef CONFIG_X86_64
    unsigned long    fsbase;
    unsigned long    gsbase;
#else
    /*
     * XXX: this could presumably be unsigned short.  Alternatively,
     * 32-bit kernels could be taught to use fsindex instead.
     */
    unsigned long fs;
    unsigned long gs;
#endif

    /* Save middle states of ptrace breakpoints */
    struct perf_event    *ptrace_bps[HBP_NUM];
    /* Debug status used for traps, single steps, etc... */
    unsigned long    debugreg6;
    /* Keep track of the exact dr7 value set by the user */
    unsigned long    ptrace_dr7;
```

```
    /* Fault info: */
    unsigned long     cr2;
    unsigned long     trap_nr;
    unsigned long     error_code;
#ifdef CONFIG_VM86
    /* Virtual 86 mode info */
    struct vm86      *vm86;
#endif
    /* IO permissions: */
    unsigned long     *io_bitmap_ptr;
    unsigned long     iopl;
    /* Max allowed port in the bitmap, in bytes: */
    Unsigned    io_bitmap_max;

    mm_segment_t     addr_limit;

    unsigned int     sig_on_uaccess_err:1;
    unsigned int     uaccess_err:1;  /* uaccess failed */

    /* Floating point and extended processor state */
    struct fpu     fpu;
    /*
     * WARNING: 'fpu' is dynamically-sized.  It *MUST* be at
     * the end.
     */
};
```

可以看到 Linux-5.4.34 版本的这个结构体中没有 ip，这一细微的变化造成进程上下文切换的代码有很大改变，为了与 mykernel 范例代码的逻辑一致，涉及进程上下文切换的代码会同时给出 Linux-3.18.6 和 Linux-5.4.34 的例子。

另外，进程描述符中还有与文件系统相关的数据结构、打开的文件描述符，以及与信号处理、管道相关的文件描述符。篇幅所限，不再一一详述。

这里大致了解了进程描述符的数据结构，但数据结构中的链表关系比较复杂，想要从整体上理解它还是需要一些想象力的。其中，进程状态、堆栈、保存进程上下文 CPU 状态的 thread（ip 和 sp 等）是比较关键的，另外还有文件系统、信号、内存、进程地址空间等，这些在进程描述符里面有相应的结构体变量或指针，包含或指向其中的具体内容。进程描述符为进一步深入研究 Linux 内核提供了基础，下面来了解系统的某一方面。比如进程是怎么创建起来的，在系统中可以按相同的方式创建好多个进程，这就需要理解进程之间如何调度、切换等，逐渐理解整个系统的工作机制，最终就能从整体上准确把握 Linux 内核的运作机制。

5.2 进程地址空间

5.2.1 Linux 内存管理概述

内存管理和 CPU 及内存管理单元（Memory Management Unit，MMU）紧密相关，针对不同 CPU 架构，网上有关内存管理的资料非常繁杂。比如仅仅 x86 架构就有内存的分段管理、分段分页管理等多种不同的内存管理模型，而 ARM 架构则没有内存分段管理，只有内存分页管理，其他 CPU 架构也都有自己的内存管理模型。

Linux 的内存管理需要兼容不同 CPU 架构的内存管理模型。根据最小抽象原则，Linux 内核将多个 CPU 内存管理模型中的共性抽象出来作为 Linux 内存管理模型，那么 Linux 内存管理模型就可以在不同的 CPU 架构上实现。一般情况下，Linux 内核采用的是 4 级页表方式的分页管理机制，为了简化，下面以 64 位 x86 CPU 常见的配置（即 48 位地址总线，4 级页表，4 KB 页面大小）为例来讨论 Linux 内核的内存管理方式。

32 位处理器地址总线位宽为 32 位，其最大寻址能力为 2^{32} 字节（即 4 GB 内存），64 位处理器的地址总线位宽已经可以支持 64 位，但是 64 位处理器的物理地址总线实际位宽并没有达到 64 位，常见的地址总线位宽有 39 位、48 位和 52 位。那么为什么没有支持 64 位呢？以常用的 48 位地址总线位宽为例，其最大寻址能力是 2^{48} 字节（即 256 TB 内存），对于当今的个人计算机或服务器来说都是够用的。再加上增加地址总线的宽度会给芯片设计带来不小的难度，所以并没有一步到位达到 64 位。

一般来说，CPU 寻址的范围是一个虚拟地址空间，其内存地址也就是虚拟地址，需要通过 MMU 将虚拟地址转换成物理地址才能访问物理内存。

虚拟地址和物理地址的映射关系存储在页表中，以 48 位地址总线和 4 KB 页面大小为例，页表非常庞大，因此为了提高查询效率，页表又需要进一步分级，最常用的是 4 级页表。把虚拟地址转换成物理地址的过程实际上就是对虚拟地址的分级解析过程，即通过不断深入页表层次，逐渐定位到最终地址的过程。如下所示为分级解析中对 48 位虚拟地址的划分。

```
47    38          29          20          11             0
+------+-----------+-----------+-----------+--------------+
| PGD  |    PUD    |    PMD    |    PTE    | page offset  |
+------+-----------+-----------+-----------+--------------+
```

有趣的是，这个虚拟地址的页表分级与互联网 IP 地址的子网划分逻辑上是一样的，查询多级页表的过程和 IP 包在多级路由器上通过无类别域间路由（CIDR）机制查询路由表的过程在逻辑上也是一样的。

CPU 每次访问内存都一级一级地查表，非常烦琐、耗时。根据程序存储的局部性原理，CPU 访问一个内存地址之后，往往还会访问这个内存地址附近的位置，比如在一个页面大小（4 KB）之内的位置，那么只要缓存这次查表的结果，这 4 KB 页面大小内的内存访问都不再需要 4 级页表查询了。

TLB（Translation Lookaside Buffer，转译后备缓冲区）就是一块高速缓存，缓存查表结果中虚拟地址和其映射的物理地址。有了 TLB 之后，MMU 把虚拟地址转换成物理地址的过程就是先查询 TLB 高速缓存，如果没有命中，再一级一级地查询 4 级页表。

虚拟地址映射物理地址的单位是 4 KB 页面大小，TLB 其实不需要存储虚拟地址和物理地址的低 12 位。

在现代 CPU 中，按大小增加和速度递减的顺序，高速缓存分为 L1、L2 和 L3，而且这些缓存存储了一部分内存数据。当 CPU 通过 MMU 及 TLB 找到虚拟地址对应的物理地址，需要访问物理地址上的内存数据时，先搜索当前 CPU 核的 L1 缓存。如果找不到，则搜索 L2 和 L3 缓存。如果找到了，则称为缓存命中。如果缓存中不存在所需数据，则 CPU 必须请求将其从主内存或存储设备加载到缓存中，但这需要时间，并且会对性能产生不利影响，称为缓存未命中。TLB 就是其中一种高速缓存，专门用于页表查询，可以极大地提高地址虚实转换的查询性能。

Linux 内核是基于内存页面来管理物理内存的，使用 struct page 结构体来表示一个物理页，也称为页框。假如需要分配内存申请连续的 10 个页框。这时候就会遍历空闲页框，如果当前这段空闲内存不足，就会去下一段空闲内存寻找，久而久之就会造成内存碎片化，浪费空闲页框。为了避免出现这种情况，Linux 内核中引入了伙伴系统（buddy system）算法。

伙伴系统把所有的空闲页框分为 11 组，每组一个链表，11 个链表中分别包含大小为 2^0、2^1、2^2…2^{10} 个连续页框的空闲内存块。最大可以申请 1 024（2^{10}）个连续页框，对应 4 MB 大小的连续内存。每个内存块的第一个页框的物理地址是该块大小的整数倍。

假设要分配内存，申请一个 32 个页框的块，先从 32 个页框的链表中查找空闲内存，如果没有，就去 64 个页框的链表中查找，找到了则将页框块分为 2 个 32 个页框的块，一个分配给应用，另外一个移到 32 个页框的链表中。如果 64 个页框的链表中仍没有空闲块，继续在 128 个页框的链表中查找，如果一直查找到 1 024 个页框的链表仍然没有找到空闲内存块，则返回错误。假如要释放内存，会主动将两个连续的页框块合并为一个较大的页框块。

在 Linux 内核中，伙伴系统以页框为单位分配内存。但实际上很多时候以字节为单位分配内存，如果申请 10 字节内存还要给 1 个 4 KB 的页框，就太浪费了。slab 分配器就是为小内存分配而生的，其分配内存以字节为单位。但是 slab 分配器并没有脱离伙伴系统，而是基于伙伴系统分配的大内存进一步细分成小内存来管理内存的。Linux 内核内存管理体系如图 5-4 所示。

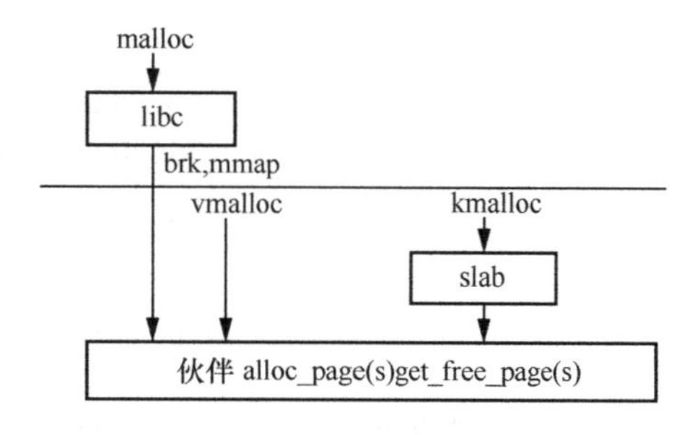

图5-4 Linux内核内存管理体系示意图

Linux 内存管理要复杂得多，因为 Linux 系统中每一个进程可以认为是一个虚拟的计算机，它独占了一个虚拟的 CPU，每一个进程都有独立的进程地址空间，往往和 CPU 寻址的虚拟地址空间保持一致，这样多个进程分时共享 CPU，CPU 执行哪个进程就把哪个进程的地址空间当作自己的虚拟地址空间。因此进程地址空间和虚拟地址空间往往是相同的，不同的是所站的角度。那么问题来了，每一个进程的地址空间都需要映射物理内存，进程地址空间与物理内存的映射是如何管理的呢？5.2.2 节重点分析 Linux 进程地址空间的管理。

5.2.2 Linux 进程地址空间

进程描述符 struct task_struct 中关于内存描述的成员有 mm 和 active_mm 两个，其中 mm 是进程拥有的用户空间内存描述符，active_mm 是进程运行时所使用的内存描述符，对于普通进程，这两个指针变量相同。对于内核线程，不拥有任何内存描述符，mm 成员总是设为 NULL，当内核线程运行时，它的 active_mm 成员被初始化为前一个运行进程的 active_mm 值。

```
struct task_struct {
    ...
    struct mm_struct    *mm;
    struct mm_struct    *active_mm;
    ...
}
```

每一个用户进程都会有自己独立的用户地址空间内存描述符 struct mm_struct，这样每一个进程都会有自己独立的进程地址空间，才能互不干扰。进程的用户地址空间内存描述符 struct mm_struct 结构体的代码摘录如下，详见 include/linux/mm_types.h 文件。

```
struct mm_struct {
    struct {
    struct vm_area_struct *mmap;            /* list of VMAs */
        struct rb_root mm_rb;
        u64 vmacache_seqnum;                /* per-thread vmacache */
```

```
        ...
        unsigned long task_size;          /* size of task vm space */
        unsigned long highest_vm_end;     /* highest vma end address */
        pgd_t * pgd;

        /**
         * @mm_users: The number of users including userspace.
         *
         * Use mmget()/mmget_not_zero()/mmput() to modify. When this
         * drops to 0 (i.e. when the task exits and there are no other
         * temporary reference holders), we also release a reference on
         * @mm_count (which may then free the &struct mm_struct if
         * @mm_count also drops to 0).
         */
        atomic_t mm_users;

        /**
         * @mm_count: The number of references to &struct mm_struct
         * (@mm_users count as 1).
         *
         * Use mmgrab()/mmdrop() to modify. When this drops to 0, the
         * &struct mm_struct is freed.
         */
        atomic_t mm_count;

#ifdef CONFIG_MMU
        atomic_long_t pgtables_bytes; /* PTE page table pages */
#endif
        int map_count;                  /* number of VMAs */

        spinlock_t page_table_lock;     /* Protects page tables and some
                                         * counters
                                         */
        struct rw_semaphore mmap_sem;

        struct list_head mmlist;        /* List of maybe swapped mm's.  These
                                         * are globally strung together off
                                         * init_mm.mmlist, and are protected
                                         * by mmlist_lock
                                         */


        unsigned long hiwater_rss; /* High-watermark of RSS usage */
        unsigned long hiwater_vm;  /* High-water virtual memory usage */

        unsigned long total_vm;    /* Total pages mapped */
```

```
        unsigned long locked_vm;    /* Pages that have PG_mlocked set */
        atomic64_t   pinned_vm;     /* Refcount permanently increased */
        unsigned long data_vm;      /* VM_WRITE & ~VM_SHARED & ~VM_STACK */
        unsigned long exec_vm;      /* VM_EXEC & ~VM_WRITE & ~VM_STACK */
        unsigned long stack_vm;     /* VM_STACK */
        unsigned long def_flags;

        spinlock_t arg_lock;        /* protect the below fields */
        unsigned long start_code, end_code, start_data, end_data;
        unsigned long start_brk, brk, start_stack;
        unsigned long arg_start, arg_end, env_start, env_end;

        unsigned long saved_auxv[AT_VECTOR_SIZE]; /* for /proc/PID/auxv */

        /*
         * Special counters, in some configurations protected by the
         * page_table_lock, in other configurations by being atomic.
         */
        struct mm_rss_stat rss_stat;

        struct linux_binfmt *binfmt;

        /* Architecture-specific MM context */
        mm_context_t context;

        unsigned long flags; /* Must use atomic bitops to access */

        struct core_state *core_state; /* coredumping support */
        ...
        struct user_namespace *user_ns;

        /* store ref to file /proc/<pid>/exe symlink points to */
        struct file __rcu *exe_file;
        ...
        struct work_struct async_put_work;
    } __randomize_layout;

    /*
     * The mm_cpumask needs to be at the end of mm_struct, because it
     * is dynamically sized based on nr_cpu_ids.
     */
    unsigned long cpu_bitmap[];
};
```

struct mm_struct 结构体描述了进程的地址空间，包含代码段 start_code、数据段

start_data、堆栈段 start_stack 等。struct mm_struct 结构体中 struct vm_area_struct *mmap 是指向进程地址空间中线性区对象的链表头，struct vm_area_struct 结构体如下，其中最重要的就是线性区起始地址 vm_start 和结尾地址 vm_end。

```
/*
 * This struct defines a memory VMM memory area. There is one of these
 * per VM-area/task.  A VM area is any part of the process virtual memory
 * space that has a special rule for the page-fault handlers (ie a shared
 * library, the executable area etc).
 */
struct vm_area_struct {
    /* The first cache line has the info for VMA tree walking. */

    unsigned long vm_start;       /* Our start address within vm_mm. */
    unsigned long vm_end;         /* The first byte after our end address
                                  within vm_mm. */

    /* linked list of VM areas per task, sorted by address */
    struct vm_area_struct *vm_next, *vm_prev;

    struct rb_node vm_rb;
    ...
} __randomize_layout;
```

粗略了解了进程地址空间相关的数据结构之后，就可以继续考虑 5.2.1 节提出的问题，即每一个进程的地址空间都需要映射物理内存，进程地址空间与物理内存的映射是如何管理的。所有的用户进程地址空间都有相同的地址范围，不同的进程中可能具有相同起始地址的线性区分别映射到不同的物理内存，不同进程中不同起始地址的线性区可能映射到同一块物理内存，而 CPU 寻址的虚拟地址空间理论上只有一个，那么 Linux 内核是怎么在一个虚拟地址空间上虚拟出众多进程地址空间的呢？

struct mm_struct 结构体和 struct vm_area_struct 结构体提供了对进程地址空间的描述，为管理众多进程的地址空间提供了可能，其中尤为重要的是每一个进程的内存描述符中都有自己的地址空间映射到物理内存的页表。这样 CPU 将虚拟地址转换成物理地址时使用的是当前进程内存管理页表。简要说，页表是 Linux 内核软件实现的，但是查询页表是 MMU 完成的。

页表 PGD 的首地址是放在 struct mm_struct 结构体中的。在创建一个进程时，会为它分配页面空间，并由 struct mm_struct 结构体中的 pgd_t * pgd 指针指向页面空间。从此处分配的页表空间包括了用户空间页表和内核空间页表。不同进程的用户空间是不同的，所以不同进程的用户空间页表也是不同的，但是不同进程的内核空间是共享的，所以所有进程的内核空间页表是相同的。

由于页表的查找是由 MMU 完成的，所以硬件定义了页表的实现规则，这就造成 Linux 内核需要兼容不同 CPU 的页表实现规则，相关代码细节与 CPU 架构关系密切，这里不再深入讨论 x86、ARM 或其他 CPU 有关内存管理页表的实现。但从逻辑上要明确进程的地址空间与物理内存的映射是由进程自己的内存管理页表所规定的，这样 CPU 在执行一个进程时就把该进程的地址空间当作自己的虚拟地址空间，从而实现了一个虚拟地址空间上派生出诸多进程地址空间，而它们又并行不悖。

5.2.3 大页内存

在探讨大页（huge page）内存之前，以 48 位地址总线、4 级页表和 4 KB 页面大小的典型 Linux 系统配置为例，简要总结一下 Linux 系统中的内存管理。

Linux 系统中每一个进程都有 256 TB 的进程地址空间，由 struct mm_struct 及相关数据结构描述，其中包括进程地址空间和物理内存之间映射的页表。当进程在 CPU 上执行时，访问内存就需要先将虚拟地址转换为物理地址，先是通过虚拟地址查询页表的高速缓存 TLB，如果缓存命中则直接获得物理地址，否则通过 MMU 查询 4 级页表获得物理地址。实际上，MMU 的页表查询获得的物理地址是物理内存页框地址，还需要加上虚拟地址的低 12 位页框内偏移量才能得到所需的物理地址。通过物理地址依次查询 L1、L2 和 L3 高速缓存，如果都不命中，才需要实际访问物理内存，将该物理地址所在内存页加载到高速缓存中。

上面以 4 KB 的内存页作为内存管理的基本单位，但有些场景希望使用更大的内存页（比如 2 MB）作为内存管理的基本单位。而且使用更大的内存页作为内存管理的基本单位，可以减少页表的内存消耗，同时也能减少 TLB 缓存不命中的情况。因为内存页越大，所需要的页表就越小，假设页框大小为 4 KB，对占用 40 GB 内存的程序来说，页表大小为 10 M 个页框映射关系，而且还要求空间是连续的；页面越大页表就越小，在 TLB 高速缓存大小一定的情况下，它存储的页表也就越多，那么显然 TLB 缓存命中率就越高。

因此一般使用大于 4 KB 的内存页作为内存管理的基本单位的机制叫大页内存。目前 Linux 常用的大页内存页面大小为 2 MB 和 1 GB。以 2 MB 大页内存为例，从 4 KB 到 2 MB 只需要增加偏移量，使其从 12 位到 21 位，对占用 40 GB 内存的程序来说，页表由 10 M 个页框映射关系降低到 20 K 个页框映射关系。这样对于消耗大量内存的进程来说，可以极大地减少页表部分的内存消耗，从而腾出内存空间将更多的数据直接加载到内存中，减少了虚拟内存的使用，也就减少了缺页异常的发生，对访问内存局部性不好的程序的性能提升尤为明显，同时由于内存映射关系变少，TLB 高速缓存命中率提高，所以大页内存对于管理大量数据、消耗大量内存且访问内存局部性不好的进程来说，可以极大地提升性能。

了解了大页内存的原理后，下面来做实验感受一下怎么使用大页内存提升程序的性能。

首先需要安装 libhugetlbfs 库，它实现了大页内存的访问。安装可以通过 apt-get 或者 yum 命令完成，下面以 apt-get 为例进行介绍。

```
$ sudo apt-get update
$ sudo apt-get install libhugetlbfs-dev
```

然后建立挂载点，以/mnt/huge 目录作为挂载点。

```
$ sudo mkdir /mnt/huge
$ sudo mount none /mnt/huge -t hugetlbfs
```

可以通过 hugeadm --list-all-mounts 检测挂载是否成功。

```
$ hugeadm --list-all-mounts
Mount Point  Options
/dev/hugepages  rw,relatime,pagesize=2M
/mnt/huge  rw,relatime,pagesize=2M
```

由于大页内存是由大页池进行维护的，需要设置维护池中大页的个数。为了简单，我们设置大页个数的最小值为 20，最大值为 40。

```
$ sudo hugeadm --pool-pages-min 2MB:20
$ sudo hugeadm --pool-pages-max 2MB:40
```

可以通过 hugeadm --pool-list 和 grep HugePages /proc/meminfo 去查看大页池中大页的数目。

```
$ hugeadm --pool-list
     Size  Minimum  Current  Maximum  Default
2097152       20       20       40        *
$ grep HugePages /proc/meminfo
AnonHugePages:         0 kB
ShmemHugePages:        0 kB
HugePages_Total:      20
HugePages_Free:       20
HugePages_Rsvd:        0
HugePages_Surp:        0
```

使用类似如下的程序通过 malloc 分配和使用大块内存。

```
#include<stdio.h>
```

```
#include<stdlib.h>

int main()
{
    int i, len;
    int *mem;
    len = 2 * 1024 * 1024;
    mem = (int *)malloc(sizeof(int) * len);

    for (i = 0; i < len; i++)
    {
    mem[i] = i;
    }

    getchar();
    free(mem);
    return 0;
}
```

通过如下命令编译和运行如上代码（文件名 hugetbl.c），其中 LD_PRELOAD 是 Linux 系统的一个环境变量，用来影响程序运行时的链接，用于定义程序运行前优先加载的动态链接库，主要用来有选择性地加载不同动态链接库中的相同函数。通过这个环境变量，可以在主程序和其动态链接库的中间加载别的动态链接库，甚至覆盖正常的函数库。这里通过 LD_PRELOAD=libhugetlbfs.so 加载 libhugetlbfs.so 中的 malloc()/free()函数实现覆盖./hugetbl 中的 malloc()/free()标准库函数。

```
$ sudo gcc hugetbl.c -o hugetbl
LD_PRELOAD=libhugetlbfs.so HUGETLB_MORECORE=yes ./hugetbl
```

程序运行之后，可以通过另一个 Shell 控制台进行查看，发现 HugePages_Free 的数量减少。

```
$ grep HugePages /proc/meminfo
AnonHugePages: 0 kB
ShmemHugePages: 0 kB
HugePages_Total: 20
HugePages_Free: 14
HugePages_Rsvd: 0
HugePages_Surp: 0
```

libhugetlbfs 库对 malloc()/free()等常用的内存相关的库函数进行了重载覆盖，使得应用程序的数据可以放置在采用大页内存的区域中，对于数据量大且访问内存局部性不好的程序来说，可以提高其性能。有兴趣的读者可以比较一下使用标准库函数 malloc()/free()与使用 libhugetlbfs.so 中的 malloc()/free()函数在内存性能上的差异。

5.3　进程的创建

通过对进程描述符和进程地址空间的介绍，了解进程描述符的内容，包括进程状态转换、双向循环链表、thread、内存访问等。下面从头梳理进程的创建过程。

5.3.1　Linux 内核中进程的初始化

分析 start_kernel 时会看到 Linux 内核 0 号进程的初始化，详见 init/main.c 文件。下面先来回顾一下 Linux 内核初始化过程中，与进程初始化相关的内容。

```
set_task_stack_end_magic(&init_task);
```

其中，init_task 为第一个进程（0 号进程）的进程描述符结构体变量，它的初始化是通过硬编码方式固定下来的。所有其他进程都是通过 do_fork 复制父进程的方式初始化的。如下为 init_task 进程描述符的初始化代码，详见 init/init_task.c 文件。

```
/*
 * Set up the first task table, touch at your own risk!. Base=0,
 * limit=0x1fffff (=2MB)
 */
struct task_struct init_task
#ifdef CONFIG_ARCH_TASK_STRUCT_ON_STACK
    __init_task_data
#endif
= {
#ifdef CONFIG_THREAD_INFO_IN_TASK
    .thread_info = INIT_THREAD_INFO(init_task),
    .stack_refcount = REFCOUNT_INIT(1),
#endif
    .state = 0,
    .stack = init_stack,
    .usage = REFCOUNT_INIT(2),
    .flags = PF_KTHREAD,
    .prio = MAX_PRIO - 20,
    .static_prio = MAX_PRIO - 20,
    .normal_prio = MAX_PRIO - 20,
    .polic = SCHED_NORMAL,
    .cpus_ptr = &init_task.cpus_mask,
    .cpus_mask = CPU_MASK_ALL,
    .nr_cpus_allowed= NR_CPUS,
```

```
    .mm = NULL,
    .active_mm = &init_mm,
    .restart_block = {
        .fn = do_no_restart_syscall,
    },
    .se = {
        .group_node = LIST_HEAD_INIT(init_task.se.group_node),
    },
    .rt = {
        .run_list = LIST_HEAD_INIT(init_task.rt.run_list),
        .time_slice = RR_TIMESLICE,
    },
    .tasks = LIST_HEAD_INIT(init_task.tasks),
#ifdef CONFIG_SMP
    .pushable_tasks = PLIST_NODE_INIT(init_task.pushable_tasks, MAX_PRIO),
#endif
#ifdef CONFIG_CGROUP_SCHED
    .sched_task_group = &root_task_group,
#endif
    .ptraced = LIST_HEAD_INIT(init_task.ptraced),
    .ptrace_entry = LIST_HEAD_INIT(init_task.ptrace_entry),
    .real_parent = &init_task,
    .parent = &init_task,
    .children = LIST_HEAD_INIT(init_task.children),
    .sibling = LIST_HEAD_INIT(init_task.sibling),
    .group_leader = &init_task,
    RCU_POINTER_INITIALIZER(real_cred, &init_cred),
    RCU_POINTER_INITIALIZER(cred, &init_cred),
    Comm. = INIT_TASK_COMM,
    .thread = INIT_THREAD,
    .fs = &init_fs,
    .files = &init_files,
    .signal = &init_signals,
    .sighand = &init_sighand,
    .nsproxy = &init_nsproxy,
    .pending = {
        .list = LIST_HEAD_INIT(init_task.pending.list),
        .signal = {{0}}
    },
    .blocked = {{0}},
    .alloc_lock = __SPIN_LOCK_UNLOCKED(init_task.alloc_lock),
    .journal_info = NULL,
    INIT_CPU_TIMERS(init_task)
    .pi_lock = __RAW_SPIN_LOCK_UNLOCKED(init_task.pi_lock),
    .timer_slack_ns = 50000, /* 50 usec default slack */
```

```
	.thread_pid = &init_struct_pid,
	.thread_group = LIST_HEAD_INIT(init_task.thread_group),
	.thread_node = LIST_HEAD_INIT(init_signals.thread_head),
#ifdef CONFIG_AUDIT
	.loginuid = INVALID_UID,
	.sessionid = AUDIT_SID_UNSET,
#endif
#ifdef CONFIG_PERF_EVENTS
	.perf_event_mutex = __MUTEX_INITIALIZER(init_task.perf_event_mutex),
	.perf_event_list = LIST_HEAD_INIT(init_task.perf_event_list),
#endif
#ifdef CONFIG_PREEMPT_RCU
	.rcu_read_lock_nesting = 0,
	.rcu_read_unlock_special.s = 0,
	.rcu_node_entry = LIST_HEAD_INIT(init_task.rcu_node_entry),
	.rcu_blocked_node = NULL,
#endif
#ifdef CONFIG_TASKS_RCU
	.rcu_tasks_holdout = false,
	.rcu_tasks_holdout_list = LIST_HEAD_INIT(init_task.rcu_tasks_holdout_list),
	.rcu_tasks_idle_cpu = -1,
#endif
#ifdef CONFIG_CPUSETS
	.mems_allowed_seq = SEQCNT_ZERO(init_task.mems_allowed_seq),
#endif
#ifdef CONFIG_RT_MUTEXES
	.pi_waiters = RB_ROOT_CACHED,
	.pi_top_task = NULL,
#endif
	INIT_PREV_CPUTIME(init_task)
#ifdef CONFIG_VIRT_CPU_ACCOUNTING_GEN
	.vtime.seqcount = SEQCNT_ZERO(init_task.vtime_seqcount),
	.vtime.starttime = 0,
	.vtime.state = VTIME_SYS,
#endif
#ifdef CONFIG_NUMA_BALANCING
	.numa_preferred_nid = NUMA_NO_NODE,
	.numa_group = NULL,
	.numa_faults = NULL,
#endif
#ifdef CONFIG_KASAN
	.kasan_depth = 1,
#endif
#ifdef CONFIG_TRACE_IRQFLAGS
	.softirqs_enabled = 1,
```

```
#endif
#ifdef CONFIG_LOCKDEP
    .lockdep_depth = 0, /* no locks held yet */
    .curr_chain_key = INITIAL_CHAIN_KEY,
    .lockdep_recursion = 0,
#endif
#ifdef CONFIG_FUNCTION_GRAPH_TRACER
    .ret_stack = NULL,
#endif
#if defined(CONFIG_TRACING) && defined(CONFIG_PREEMPTION)
    .trace_recursion = 0,
#endif
#ifdef CONFIG_LIVEPATCH
    .patch_state = KLP_UNDEFINED,
#endif
#ifdef CONFIG_SECURITY
    .security = NULL,
#endif
};
EXPORT_SYMBOL(init_task)
```

1 号和 2 号进程是 start_kernel 初始化到最后由 rest_init 通过 kernel_thread 创建的两个内核线程：一个是 kernel_init，最终把用户态的程序 init 启动起来，是所有用户态进程的祖先；另一个是 kthreadd，它是所有内核线程的祖先，负责管理所有内核线程。下面为 init/main.c 文件中的 rest_ init 函数的代码。

```
noinline void __ref rest_init(void)
{
    struct task_struct *tsk;
    int pid;

    rcu_scheduler_starting();
    /*
     * We need to spawn init first so that it obtains pid 1, however
     * the init task will end up wanting to create kthreads, which, if
     * we schedule it before we create kthreadd, will OOPS.
     */
    pid = kernel_thread(kernel_init, NULL, CLONE_FS);
    /*
     * Pin init on the boot CPU. Task migration is not properly working
     * until sched_init_smp() has been run. It will set the allowed
     * CPUs for init to the non isolated CPUs.
     */
    rcu_read_lock();
```

```
    tsk = find_task_by_pid_ns(pid, &init_pid_ns);
    set_cpus_allowed_ptr(tsk, cpumask_of(smp_processor_id()));
    rcu_read_unlock();

    numa_default_policy();
    pid = kernel_thread(kthreadd, NULL, CLONE_FS | CLONE_FILES);
    rcu_read_lock();
    kthreadd_task = find_task_by_pid_ns(pid, &init_pid_ns);
    rcu_read_unlock();

    /*
     * Enable might_sleep() and smp_processor_id() checks.
     * They cannot be enabled earlier because with CONFIG_PREEMPTION=y
     * kernel_thread() would trigger might_sleep() splats. With
     * CONFIG_PREEMPT_VOLUNTARY=y the init task might have scheduled
     * already, but it's stuck on the kthreadd_done completion.
     */
    system_state = SYSTEM_SCHEDULING;

    complete(&kthreadd_done);

    /*
     * The boot idle thread must execute schedule()
     * at least once to get things moving:
     */
    schedule_preempt_disabled();
    /* Call into cpu_idle with preempt disabled */
    cpu_startup_entry(CPUHP_ONLINE);
}
```

其中 kernel_thread 创建进程的过程和 Shell 命令行下启动一个进程时 fork 创建进程的过程在本质上是一样的，都要通过复制父进程来创建一个子进程。

在系统启动时，除了前述 0 号进程的初始化过程是手动编码创建的，1 号 init 进程的创建实际上是复制 0 号进程，根据 1 号进程的需要修改了进程 pid 等，然后加载一个 init 可执行程序，第 6 章会具体介绍加载可执行程序的过程。同样，2 号 kthreadd 内核线程也是通过复制 0 号进程来创建的。

通过如下 kernel/fork.c 中的 kernel_thread 代码可以看到 1 号进程和 2 号进程最终都是通过_do_fork 创建的，而且用户态通过系统调用 fork 创建一个进程最终也是通过_do_fork 来完成的。

```
/*
 * Create a kernel thread.
 */
```

```
pid_t kernel_thread(int (*fn)(void *), void *arg, unsigned long flags)
{
    struct kernel_clone_args args = {
        .flags = ((flags | CLONE_VM | CLONE_UNTRACED) & ~CSIGNAL),
        .exit_signal = (flags & CSIGNAL),
        .stack = (unsigned long)fn,
        .stack_size = (unsigned long)arg,
    };

    return _do_fork(&args);
}
```

_do_fork 具体进程的创建就是把当前进程的描述符等相关进程资源复制一份，从而产生一个子进程，并根据子进程的需要对复制的进程描述符做一些修改，然后把创建好的子进程放入运行队列（操作系统原理中称为就绪队列）。在进程调度时，新创建的子进程处于就绪状态，有机会被调度执行。问题来了，既然子进程复制的父进程，那么子进程是从哪里开始执行的呢？这是理解整个系统的一个关键点。

5.3.2 用户态创建进程的方法

一般使用 Shell 命令行来启动一个程序，其中首先是创建一个子进程。但是由于 Shell 命令行工具比较复杂，为了便于理解，对其进行简化，用如下一小段代码来模拟 Shell 是怎样在用户态创建一个子进程的。

```
#include <stdio.h>
#include <stdlib.h>
#include <unistd.h>
#include <sys/types.h>
#include <sys/wait.h>

int main(int argc, char * argv[])
{
    int pid;
    /* fork another process */
    pid = fork();
    if (pid < 0)
    {
        /* error occurred */
        fprintf(stderr,"Fork Failed!");
        exit(-1);
    }
    else if (pid == 0)
    {
```

```
        /* child process */
        printf("This is Child Process!\n");
    }
    else
    {
        /* parent process  */
        printf("This is Parent Process!\n");
        /* parent will wait for the child to complete*/
        wait(NULL);
        printf("Child Complete!\n");
    }
}
```

在如上代码中，库函数 fork 是用户态创建一个子进程的系统调用 API。对于判断 fork 函数的返回值，初学者可能会很迷惑，因为 fork 在正常执行后，if 条件判断中除了 if (pid < 0)异常处理没被执行，else if (pid == 0)和 else 两段代码都被执行了，这看起来确实匪夷所思，似乎打破了条件判断的分支执行结构，如图 5-5 所示。

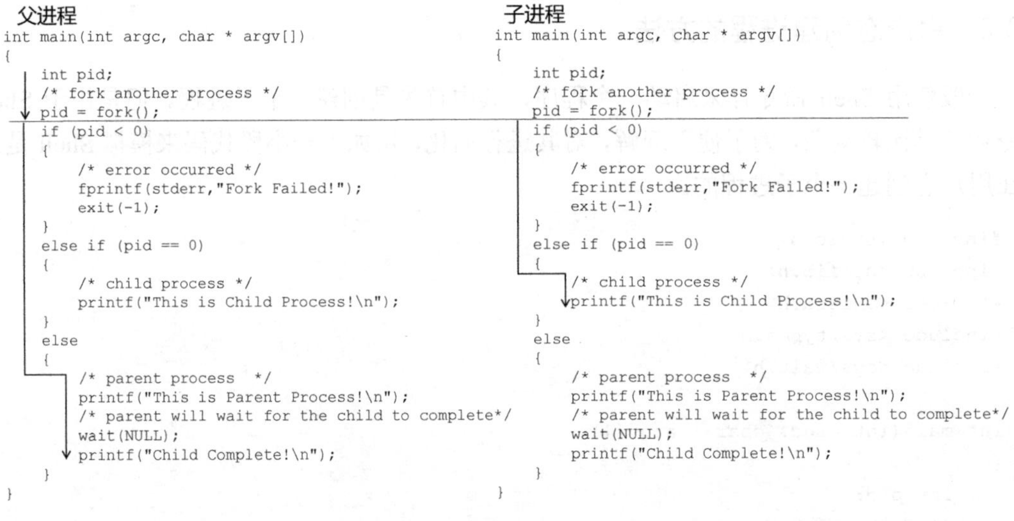

父进程

```
int main(int argc, char * argv[])
{
    int pid;
    /* fork another process */
    pid = fork();
    if (pid < 0)
    {
        /* error occurred */
        fprintf(stderr,"Fork Failed!");
        exit(-1);
    }
    else if (pid == 0)
    {
        /* child process */
        printf("This is Child Process!\n");
    }
    else
    {
        /* parent process  */
        printf("This is Parent Process!\n");
        /* parent will wait for the child to complete*/
        wait(NULL);
        printf("Child Complete!\n");
    }
}
```

子进程

```
int main(int argc, char * argv[])
{
    int pid;
    /* fork another process */
    pid = fork();
    if (pid < 0)
    {
        /* error occurred */
        fprintf(stderr,"Fork Failed!");
        exit(-1);
    }
    else if (pid == 0)
    {
        /* child process */
        printf("This is Child Process!\n");
    }
    else
    {
        /* parent process  */
        printf("This is Parent Process!\n");
        /* parent will wait for the child to complete*/
        wait(NULL);
        printf("Child Complete!\n");
    }
}
```

图5-5　fork系统调用执行示意图

实际上，fork 系统调用把当前进程又复制了一份，也就一个进程变成了两个进程，而且两个进程执行相同的代码，因为 fork 系统调用在父进程和子进程中的返回值不同，所以进入不同的条件判断分支。

可是从 Shell 终端输出信息看，两个进程是混合在一起的，会让人误以为 if 语句的执行打破了条件判断的分支执行结构。其实是 if 语句在两个进程中各执行了一次，判断条件不同，输出的信息也就不同。父进程没有打破 if…else 的条件分支结构，在子进程里面也没有打破这个结构，只是在 Shell 命令行下好像两个都输出了，似乎打破了条件分支结构，但是实际上是两个进程。

另外，fork 之后，父、子进程的执行顺序和调度算法密切相关，多次执行可以看到父、子进程的执行顺序并不是确定的。

通过这段 fork 代码，可以在用户态创建一个子进程，就是调用系统调用 fork，只要用第 4 章深入理解系统调用的方法来追踪 fork 系统调用，就能进一步分析和理解进程创建的过程。当然 fork 要比之前分析的系统调用复杂一些。

5.3.3 fork 系统调用

下面来回顾系统调用是怎样工作的，并讨论 fork 创建进程和其他常见的系统调用有哪些不同。

在正常触发系统调用时，对于 x86 Linux 系统来说，用户态有 int $0x80 或 syscall 指令触发系统调用，CPU 跳转到系统调用入口的汇编语言代码执行。int $0x80 指令触发 entry_INT80_32 并以 iret 返回系统调用，syscall 指令触发 entry_SYSCALL_64 并以 sysret 或 iret 返回系统调用。

对于 ARM64 Linux 系统来说，用户态程序会执行 svc 指令触发系统调用，CPU 会跳转到异常向量表中执行，然后进入异常处理入口，即 svc 指令之后跳转到 el0_sync 和 el0_svc，执行完系统调用，以 eret 返回系统调用。

系统调用陷入内核态，从用户态堆栈转换到内核态堆栈，然后把相应的 CPU 关键的现场栈顶寄存器、指令指针寄存器、标志寄存器等保存到内核堆栈，也就是保存现场。系统调用入口的汇编语言代码会通过系统调用号执行系统调用内核处理函数，最后恢复现场和返回系统调用将 CPU 关键现场栈顶寄存器、指令指针寄存器、标志寄存器等从内核堆栈中恢复到对应寄存器中，并回到用户态 int $0x80/syscall 或 svc 指令之后的下一条指令的位置继续执行。

fork 也是一个系统调用，和前述一般的系统调用执行过程大致是一样的。尤其从父进程的角度来看，fork 的执行过程与前述描述完全一致，但问题是：fork 系统调用创建了一个子进程，子进程复制了父进程中所有的进程信息，包括内核堆栈、进程描述符等，子进程作为一个独立的进程也会被调度，当子进程获得 CPU 开始运行时，它是从哪里开始的呢？从用户态空间来看，就是 fork 系统调用的下一条指令。但 fork 系统调用在子进程中也是返回的，也就是说，fork 系统调用在内核里面变成了父、子两个进程，父进程正常 fork 系统调用返回用户态，fork 出来的子进程也要从内核态返回用户态。那么对于子进程来讲，fork 系统调用在内核处理程序中是从何处开始执行的呢？一个新创建的子进程是从哪行代码开始执行的，这是一个关键问题。下面带着这个问题来仔细分析 fork 系统调用的内核处理过程，相信解决完这个疑问，你会更深入地理解 Linux 内核源代码。

从 Linux-5.4.34 源代码中查看 arch/x86/entry/syscalls/syscall_32.tbl 和 arch/x86/entry/syscalls/syscall_64.tbl，可以找到 fork 系统调用在 32 位 x86 和 64 位 x86 系统中对应的内核处理函数为 2 号系统调用 sys_fork 和 56、57、58 号系统调用__x64_sys_clone、__x64_sys_fork、__x64_sys_vfork。

在 ARM64 Linux 系统中，系统调用主要在 include/uapi/asm-generic/unistd.h 文件中，其中并没有定义 fork 系统调用，而只定义了 clone 系统调用，对应的内核处理函数为 220 号系统调用 sys_clone。

这些创建进程的系统调用都是在 kernel/fork.c 文件中实现的，代码如下。

```
/* For compatibility with architectures that call do_fork directly rather than
 * using the syscall entry points below. */
long do_fork(unsigned long clone_flags,
        unsigned long stack_start,
        unsigned long stack_size,
        int __user *parent_tidptr,
        int __user *child_tidptr)
{
    struct kernel_clone_args args = {
        .flags = (clone_flags & ~CSIGNAL),
        .pidfd = parent_tidptr,
        .child_tid = child_tidptr,
        .parent_tid = parent_tidptr,
        .exit_signal = (clone_flags & CSIGNAL),
        .stack = stack_start,
        .stack_size = stack_size,
    };

    if (!legacy_clone_args_valid(&args))
        return -EINVAL;

    return _do_fork(&args);
}
#endif

/*
```

```
 * Create a kernel thread.
 */
pid_t kernel_thread(int (*fn)(void *), void *arg, unsigned long flags)
{
    struct kernel_clone_args args = {
        .flags = ((flags | CLONE_VM | CLONE_UNTRACED) & ~CSIGNAL),
        .exit_signal = (flags & CSIGNAL),
        .stack = (unsigned long)fn,
        .stack_size = (unsigned long)arg,
    };

    return _do_fork(&args);
}

#ifdef __ARCH_WANT_SYS_FORK
SYSCALL_DEFINE0(fork)
{
#ifdef CONFIG_MMU
    struct kernel_clone_args args = {
        .exit_signal = SIGCHLD,
    };

    return _do_fork(&args);
#else
    /* can not support in nommu mode */
    return -EINVAL;
#endif
}
#endif

#ifdef __ARCH_WANT_SYS_VFORK
SYSCALL_DEFINE0(vfork)
{
    struct kernel_clone_args args = {
        .flags = CLONE_VFORK | CLONE_VM,
        .exit_signal = SIGCHLD,
    };

    return _do_fork(&args);
}
#endif

#ifdef __ARCH_WANT_SYS_CLONE
#ifdef CONFIG_CLONE_BACKWARDS
SYSCALL_DEFINE5(clone, unsigned long, clone_flags, unsigned long, newsp,
```

```
        int __user *, parent_tidptr,
        unsigned long, tls,
        int __user *, child_tidptr)
#elif defined(CONFIG_CLONE_BACKWARDS2)
...
#endif
{
    struct kernel_clone_args args = {
        .flags = (clone_flags & ~CSIGNAL),
        .pidfd = parent_tidptr,
        .child_tid = child_tidptr,
        .parent_tid = parent_tidptr,
        .exit_signal = (clone_flags & CSIGNAL),
        .stack = newsp,
        .tls = tls,
    };

    if (!legacy_clone_args_valid(&args))
        return -EINVAL;

    return _do_fork(&args);
}
#endif
```

通过上面的代码可以看出，fork、vfork 和 clone 这 3 个系统调用以及 do_fork 和 kernel_thread 内核函数都可以创建一个新进程，而且都是通过_do_fork 函数来创建的，只不过传递的参数不同。

值得注意的是，在更新版本的内核中，do_fork 和_do_fork 函数被 kernel_clone 函数取代，不过只是名称有变化，代码逻辑基本一致。

5.3.4　Linux 内核中进程创建过程

如果从用户态追踪到内核态，从代码抽象出创建进程的过程是很难的，因为涉及太多代码细节。怎样跨越这个难点呢？方法是设想内核应该会怎样创建一个进程，然后根据设想在代码中找出证据，再用 gdb 跟踪验证，并不断修正设想。

下面先看正确创建一个进程的框架。前面了解了，创建一个进程是复制当前进程的信息，就是通过_do_fork 函数来创建一个新进程。因为父进程和子进程的绝大部分信息是完全一样的，但是有些信息是不能一样的，比如 pid 的值和内核堆栈。还有将新进程链接到各种链表中，要保存进程执行到哪个位置，thread 结构体变量记录了进程执行上下文的 CPU 关键信息，这些信息也不能一样，否则会发生问题。

可以想象这样一个框架：由父进程创建子进程，应该会在某个地方复制父进程的进程描述符 struct task_struct 结构体变量，并在很多其他地方修改它。因为父、子进程各自都有很多独特的功能，子进程有很多地方修改内核堆栈里的信息，并且内核堆栈里的很多数据是从父进程复制来的，而 fork 系统调用在父、子进程中分别返回用户态，父、子进程的内核堆栈中可能某些信息也不完全一样。还有 thread 通过子进程复制父进程的内核堆栈的状态，肯定要设定好指令指针和栈顶寄存器，即设定好子进程执行的起始位置。

需要特别说明的是，复制父进程的资源时采用了写时复制（Copy On Write，COW）技术，对不需要修改的进程资源，父、子进程是共享内存存储空间的。

有了这个框架思路之后，就可以追踪具体代码的执行过程，找到这个框架思路中需要了解的相关信息。

下面直接从_do_fork 函数来跟踪分析代码，具体代码如下，详见 kernel/fork.c 文件。

```
/*
 *  Ok, this is the main fork-routine.
 *
 * It copies the process, and if successful kick-starts
 * it and waits for it to finish using the VM if required.
 *
 * args->exit_signal is expected to be checked for sanity by the caller.
 */
long _do_fork(struct kernel_clone_args *args)
{
    u64 clone_flags = args->flags;
    struct completion vfork;
    struct pid *pid;
    struct task_struct *p;//待创建进程的进程描述符指针
    int trace = 0;
    long nr;//待创建进程的pid

    /*
     * Determine whether and which event to report to ptracer.  When
     * called from kernel_thread or CLONE_UNTRACED is explicitly
     * requested, no event is reported; otherwise, report if the event
     * for the type of forking is enabled.
     */
    if (!(clone_flags & CLONE_UNTRACED)) {
        if (clone_flags & CLONE_VFORK)
            trace = PTRACE_EVENT_VFORK;
        else if (args->exit_signal != SIGCHLD)
            trace = PTRACE_EVENT_CLONE;
```

```
	else
		trace = PTRACE_EVENT_FORK;

	if (likely(!ptrace_event_enabled(current, trace)))
		trace = 0;
	}
	//复制进程描述符和执行时所需的其他数据结构
	p = copy_process(NULL, trace, NUMA_NO_NODE, args);
	add_latent_entropy();

	if (IS_ERR(p))
		return PTR_ERR(p);

	/*
	 * Do this prior waking up the new thread - the thread pointer
	 * might get invalid after that point, if the thread exits quickly.
	 */
	trace_sched_process_fork(current, p);

	pid = get_task_pid(p, PIDTYPE_PID);
	nr = pid_vnr(pid);//创建的子进程的pid

	if (clone_flags & CLONE_PARENT_SETTID)
		put_user(nr, args->parent_tid);

	if (clone_flags & CLONE_VFORK) {
		p->vfork_done = &vfork;
		init_completion(&vfork);
		get_task_struct(p);
	}

	wake_up_new_task(p);//将子进程添加到就绪队列，使之有机会被调度执行

	/* forking complete and child started to run, tell ptracer */
	if (unlikely(trace))
		ptrace_event_pid(trace, pid);

	if (clone_flags & CLONE_VFORK) {
		if (!wait_for_vfork_done(p, &vfork))
			ptrace_event_pid(PTRACE_EVENT_VFORK_DONE, pid);
	}

	put_pid(pid);
	return nr;//返回子进程pid（父进程中fork返回值为子进程pid）
}
```

_do_fork 函数主要完成了调用 copy_process()复制父进程、获得 pid、调用 wake_up_new_task 将子进程加入就绪队列等待调度执行等，其中 copy_process()是创建一个进程的主要代码。接下来分析 copy_process()函数是如何复制父进程的。

如下 copy_process()函数代码做了删减并添加了一些中文注释，完整代码见 kernel/fork.c 文件。

```
/*
 * This creates a new process as a copy of the old one,
 * but does not actually start it yet.
 *
 * It copies the registers, and all the appropriate
 * parts of the process environment (as per the clone
 * flags). The actual kick-off is left to the caller.
 */
static __latent_entropy struct task_struct *copy_process(
                struct pid *pid,
                int trace,
                int node,
                struct kernel_clone_args *args)
{
    int pidfd = -1, retval;
    struct task_struct *p;
    struct multiprocess_signals delayed;
    struct file *pidfile = NULL;
    u64 clone_flags = args->flags;
    ...
    //复制进程描述符task_struct、创建内核堆栈等
    p = dup_task_struct(current, node);
    if (!p)
        goto fork_out;
    ...
    retval = copy_creds(p, clone_flags);
    if (retval < 0)
        goto bad_fork_free;

    /*
     * If multiple threads are within copy_process(), then this check
     * triggers too late. This doesn't hurt, the check is only there
     * to stop root fork bombs.
     */
    retval = -EAGAIN;
    if (nr_threads >= max_threads)
        goto bad_fork_cleanup_count;
```

```
delayacct_tsk_init(p);     /* Must remain after dup_task_struct() */
p->flags &= ~(PF_SUPERPRIV | PF_WQ_WORKER | PF_IDLE);
p->flags |= PF_FORKNOEXEC;
INIT_LIST_HEAD(&p->children);
INIT_LIST_HEAD(&p->sibling);
rcu_copy_process(p);
p->vfork_done = NULL;
spin_lock_init(&p->alloc_lock);

init_sigpending(&p->pending);

p->utime = p->stime = p->gtime = 0;
...
/* Perform scheduler related setup. Assign this task to a CPU. */
retval = sched_fork(clone_flags, p);
if (retval)
    goto bad_fork_cleanup_policy;

retval = perf_event_init_task(p);
if (retval)
    goto bad_fork_cleanup_policy;
retval = audit_alloc(p);
if (retval)
    goto bad_fork_cleanup_perf;
/*复制所有的进程信息*/
shm_init_task(p);
retval = security_task_alloc(p, clone_flags);
if (retval)
    goto bad_fork_cleanup_audit;
retval = copy_semundo(clone_flags, p);
if (retval)
    goto bad_fork_cleanup_security;
retval = copy_files(clone_flags, p);
if (retval)
    goto bad_fork_cleanup_semundo;
retval = copy_fs(clone_flags, p);
if (retval)
    goto bad_fork_cleanup_files;
retval = copy_sighand(clone_flags, p);
if (retval)
    goto bad_fork_cleanup_fs;
retval = copy_signal(clone_flags, p);
if (retval)
    goto bad_fork_cleanup_sighand;
```

```
    retval = copy_mm(clone_flags, p);
    if (retval)
        goto bad_fork_cleanup_signal;
    retval = copy_namespaces(clone_flags, p);
    if (retval)
        goto bad_fork_cleanup_mm;
    retval = copy_io(clone_flags, p);
    if (retval)
        goto bad_fork_cleanup_namespaces;
    // 初始化子进程内核栈和thread
    retval = copy_thread_tls(clone_flags, args->stack, args->stack_size, p,
                args->tls);
    if (retval)
        goto bad_fork_cleanup_io;

    stackleak_task_init(p);
    //为子进程分配新的pid
    if (pid != &init_struct_pid) {
        pid = alloc_pid(p->nsproxy->pid_ns_for_children);
        if (IS_ERR(pid)) {
            retval = PTR_ERR(pid);
            goto bad_fork_cleanup_thread;
        }
    }

    ...
    init_task_pid_links(p);
    if (likely(p->pid)) {
        ptrace_init_task(p, (clone_flags & CLONE_PTRACE) || trace);

        init_task_pid(p, PIDTYPE_PID, pid);
        if (thread_group_leader(p)) {
            init_task_pid(p, PIDTYPE_TGID, pid);
            init_task_pid(p, PIDTYPE_PGID, task_pgrp(current));
            init_task_pid(p, PIDTYPE_SID, task_session(current));

        if (is_child_reaper(pid)) {
            ns_of_pid(pid)->child_reaper = p;
            p->signal->flags |= SIGNAL_UNKILLABLE;
            }
            p->signal->shared_pending.signal = delayed.signal;
            p->signal->tty = tty_kref_get(current->signal->tty);
            /*
             * Inherit has_child_subreaper flag under the same
             * tasklist_lock with adding child to the process tree
```

```
            * for propagate_has_child_subreaper optimization.
            */
            p->signal->has_child_subreaper = p->real_parent->
                            signal->has_child_subreaper ||
                            p->real_parent->signal->is_child_subreaper;
            list_add_tail(&p->sibling, &p->real_parent->children);
            list_add_tail_rcu(&p->tasks, &init_task.tasks);
            attach_pid(p, PIDTYPE_TGID);
            attach_pid(p, PIDTYPE_PGID);
            attach_pid(p, PIDTYPE_SID);
            __this_cpu_inc(process_counts);
        } else {
            current->signal->nr_threads++;
            atomic_inc(&current->signal->live);
            refcount_inc(&current->signal->sigcnt);
            task_join_group_stop(p);
            list_add_tail_rcu(&p->thread_group,&p->group_leader->thread_group);
            list_add_tail_rcu(&p->thread_node,&p->signal->thread_head);
        }
        attach_pid(p, PIDTYPE_PID);
        nr_threads++;//增加系统中的进程数目
    }
    total_forks++;
    hlist_del_init(&delayed.node);
    spin_unlock(&current->sighand->siglock);
    syscall_tracepoint_update(p);
    write_unlock_irq(&tasklist_lock);

    proc_fork_connector(p);
    cgroup_post_fork(p);
    cgroup_threadgroup_change_end(current);
    perf_event_fork(p);

    trace_task_newtask(p, clone_flags);
    uprobe_copy_process(p, clone_flags);

    return p;//返回被创建的子进程描述符指针
    ...
}
```

copy_process 函数主要完成了调用 dup_task_struct 复制当前进程（父进程）描述符 task_struct、信息检查、初始化、把进程状态设置为 TASK_RUNNING（此时子进程设置为就绪态）、采用写时复制技术逐一复制所有其他进程资源、调用 copy_thread_tls 初始化子进程内核堆栈、设置子进程 pid 等。其中最关键的就是 dup_task_struct 复制当前进程（父进程）描述符 task_struct 和

copy_thread_tls 初始化子进程内核栈。下面具体看 dup_task_struct，而 copy_thread_tls 与 CPU 架构密切相关，后面分别讨论 x86 和 ARM64 架构下的 copy_thread_tls。

dup_task_struct 是实际复制进程描述符的关键函数，代码如下，详见 kernel/fork.c 文件。

```
static struct task_struct *dup_task_struct(struct task_struct *orig, int node)
{
    struct task_struct *tsk;
    unsigned long *stack;
    struct vm_struct *stack_vm_area __maybe_unused;
    int err;

    if (node == NUMA_NO_NODE)
            node = tsk_fork_get_node(orig);
    tsk = alloc_task_struct_node(node);
    if (!tsk)
        return NULL;

    stack = alloc_thread_stack_node(tsk, node);
    if (!stack)
        goto free_tsk;

    if (memcg_charge_kernel_stack(tsk))
        goto free_stack;

    stack_vm_area = task_stack_vm_area(tsk);
    //实际完成进程描述符的复制，具体做法是*tsk = *orig
    err = arch_dup_task_struct(tsk, orig);

    /*
     * arch_dup_task_struct() clobbers the stack-related fields.  Make
     * sure they're properly initialized before using any stack-related
     * functions again.
     */
    tsk->stack = stack;
    ...
    setup_thread_stack(tsk, orig);
    clear_user_return_notifier(tsk);
    clear_tsk_need_resched(tsk);
    set_task_stack_end_magic(tsk);
    ...
    return tsk;
}
```

5.3.5　进程创建过程中 x86 相关代码

copy_thread_tls 是一个关键，在 Linux-3.18.6 中该函数称为 copy_thread，负责构造 fork 系统调用在子进程的内核堆栈，也就是 fork 系统调用在父、子进程各返回一次，父进程中和其他系统调用的处理过程并无二致，而在子进程中的内核堆栈需要特殊构建，为子进程的运行准备好上下文环境。另外还有线程局部存储（Thread Local Storage，TLS），它是为支持多线程编程引入的，在此不去深究。

在看 copy_thread_tls 之前，需要重点看一下 fork 子进程的内核堆栈和进程描述符的最后一个成员 struct thread_struct thread，不过这些与 CPU 架构相关，先以 x86 架构为例来看 fork_frame 和 thread。

先来看 fork 子进程的内核堆栈，从 struct fork_frame 可以看出，它是在 struct pt_regs 的基础上增加了 struct inactive_task_frame。

```
/*
 * This is the structure pointed to by thread.sp for an inactive task.  The
 * order of the fields must match the code in __switch_to_asm().
 */
struct inactive_task_frame {
#ifdef CONFIG_X86_64
    unsigned long r15;
    unsigned long r14;
    unsigned long r13;
    unsigned long r12;
#else
    unsigned long flags;
    unsigned long si;
    unsigned long di;
#endif
    unsigned long bx;

    /*
     * These two fields must be together.  They form a stack frame header,
     * needed by get_frame_pointer().
     */
    unsigned long bp;
    unsigned long ret_addr;
};

struct fork_frame {
    struct inactive_task_frame frame;
    struct pt_regs regs;
}
```

x86 架构进程的内核堆栈如图 5-6 所示。

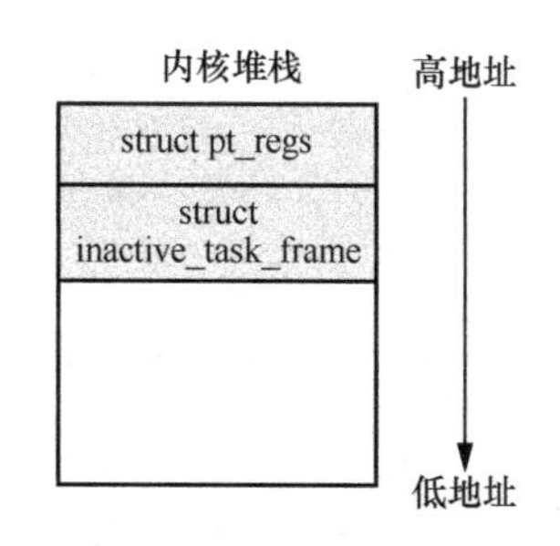

图5-6 x86架构进程的内核堆栈示意图

struct thread_struct 结构体在前面已经做了详细介绍，并且对比了 Linux-3.18.6 和 Linux-5.4.34 两个版本的差别，这种差异在 copy_thread_tls（以 Linux-5.4.34 为例）和 copy_thread（以 Linux-3.18.6 为例）中会进一步体现出来。下面重点看一下这两个函数。

```
int copy_thread_tls(unsigned long clone_flags, unsigned long sp,
    unsigned long arg, struct task_struct *p, unsigned long tls)
{
    int err;
    struct pt_regs *childregs;
    struct fork_frame *fork_frame;
    struct inactive_task_frame *frame;
    struct task_struct *me = current;

    childregs = task_pt_regs(p);
    fork_frame = container_of(childregs, struct fork_frame, regs);
    frame = &fork_frame->frame;

    frame->bp = 0;
    frame->ret_addr = (unsigned long) ret_from_fork;
    p->thread.sp = (unsigned long) fork_frame;
    p->thread.io_bitmap_ptr = NULL;

    savesegment(gs, p->thread.gsindex);
    p->thread.gsbase = p->thread.gsindex ? 0 : me->thread.gsbase;
    savesegment(fs, p->thread.fsindex);
    p->thread.fsbase = p->thread.fsindex ? 0 : me->thread.fsbase;
    savesegment(es, p->thread.es);
    savesegment(ds, p->thread.ds);
    memset(p->thread.ptrace_bps, 0, sizeof(p->thread.ptrace_bps));

    if (unlikely(p->flags & PF_KTHREAD)) {
        /* kernel thread */
        memset(childregs, 0, sizeof(struct pt_regs));
        frame->bx = sp;         /* function */
        frame->r12 = arg;
        return 0;
    }
    frame->bx = 0;
    *childregs = *current_pt_regs();
```

```
        childregs->ax = 0;
        if (sp)
            childregs->sp = sp;
        ...
        /*
        * Set a new TLS for the child thread?
        */
        if (clone_flags & CLONE_SETTLS) {
            err = do_arch_prctl_64(p, ARCH_SET_FS, tls);
        ...
    }
```

子进程创建好进程描述符、内核堆栈等，就可以通过 wake_up_new_task(p)将子进程添加到就绪队列，使之有机会被调度执行，进程的创建工作就完成了，子进程就可以等待调度执行，而子进程的执行从这里设定的 ret_from_fork 开始。具体 Linux 内核如何完成进程切换并开始从 ret_from_fork 执行子进程将在第 8 章进一步讨论。

值得注意的是，Linux-5.4.34 中的进程关键上下文的 ip 和 sp 与早期版本中的有所不同，主要是指令指针 ip 在 Linux-3.18.6 中存放在 thread.ip 中，而在 Linux-5.4.34 中则是通过 frame->ret_addr 直接存储在内核堆栈中，如下所示。

```
        frame->ret_addr = (unsigned long) ret_from_fork;
        p->thread.sp = (unsigned long) fork_frame
```

Linux-3.18.6 版本中 copy_thread 负责完成内核栈关键信息的初始化。如下为经过删减并添加了一些中文注释后的 copy_thread 函数代码，完整代码见 linux-3.18.6/arch/x86/kernel/process_32.c 文件。

```
    int copy_thread(unsigned long clone_flags, unsigned long sp,
        unsigned long arg, struct task_struct *p)
    {
        struct pt_regs *childregs = task_pt_regs(p);
        struct task_struct *tsk;
        int err;

        p->thread.sp = (unsigned long) childregs;
        p->thread.sp0 = (unsigned long) (childregs+1);
        memset(p->thread.ptrace_bps, 0, sizeof(p->thread.ptrace_bps));

        if (unlikely(p->flags & PF_KTHREAD)) {
            /* kernel thread */
            memset(childregs, 0, sizeof(struct pt_regs));
            //如果创建的是内核线程，则从ret_from_kernel_thread开始执行
            p->thread.ip = (unsigned long) ret_from_kernel_thread;
```

```
        task_user_gs(p) = __KERNEL_STACK_CANARY;
        childregs->ds = __USER_DS;
        childregs->es = __USER_DS;
        childregs->fs = __KERNEL_PERCPU;
        childregs->bx = sp; /* function */
        childregs->bp = arg;
        childregs->orig_ax = -1;
        childregs->cs = __KERNEL_CS | get_kernel_rpl();
        childregs->flags = X86_EFLAGS_IF | X86_EFLAGS_FIXED;
        p->thread.io_bitmap_ptr = NULL;
        return 0;
    }
    //复制内核堆栈（复制父进程的寄存器信息，即系统调用int指令和SAVE_ALL压栈的那一部分内容）
    *childregs = *current_pt_regs();

    childregs->ax = 0; //将子进程的eax置0，所以fork的子进程返回值为0
    ...
    //ip指向 ret_from_fork，子进程从此处开始执行
    p->thread.ip = (unsigned long) ret_from_fork;
    task_user_gs(p) = get_user_gs(current_pt_regs());
    ...
    return err;
}
```

5.3.6 进程创建过程中 ARM64 相关代码

进程创建过程中，子进程内核堆栈和 CPU 关键上下文的设置由如下条件编译代码兼容 x86 架构下的 copy_thread_tls（以 Linux-5.4.34 为例）和 ARM64 架构下的 copy_thread 实现，代码详见 include/linux/sched/task.h 文件。

```
#ifdef CONFIG_HAVE_COPY_THREAD_TLS
extern int copy_thread_tls(unsigned long, unsigned long, unsigned long,
    struct task_struct *, unsigned long);
#else
extern int copy_thread(unsigned long, unsigned long, unsigned long,
    struct task_struct *);

/* Architectures that haven't opted into copy_thread_tls get the tls argument
 * via pt_regs, so ignore the tls argument passed via C. */
static inline int copy_thread_tls(
    unsigned long clone_flags, unsigned long sp, unsigned long arg,
    struct task_struct *p, unsigned long tls)
{
    return copy_thread(clone_flags, sp, arg, p);
}
#endif
```

ARM64 架构下，子进程内核堆栈和 CPU 关键上下文的设置由 arch/arm64/kernel/process.c 文件中的 copy_thread 函数实现。不过为了能读懂 copy_thread 函数，需要重点看一下在 ARM64 架构下 fork 子进程的内核堆栈和进程描述符的最后一个成员 struct thread_struct thread。

进程的内核堆栈栈底部分是由 struct pt_regs 结构体定义的。ARM64 架构下，struct pt_regs 结构体在 arch/arm64/include/asm/ptrace.h 文件中定义，摘录代码如下，其中最关键的是保存现场所需的 regs[31]和异常事件发生时 CPU 自动保存的 sp、pc 和 pstate，这些就是中断上下文需要保存的关键信息。

```
/*
 * This struct defines the way the registers are stored on the stack during an
 * exception. Note that sizeof(struct pt_regs) has to be a multiple of 16 (for
 * stack alignment). struct user_pt_regs must form a prefix of struct pt_regs.
 */
struct pt_regs {
    union {
        struct user_pt_regs user_regs;
        struct {
            u64 regs[31];
            u64 sp;
            u64 pc;
            u64 pstate;
        };
    };
    u64 orig_x0;
#ifdef __AARCH64EB__
    u32 unused2;
    s32 syscallno;
#else
    s32 syscallno;
    u32 unused2;
#endif

    u64 orig_addr_limit;
    /* Only valid when ARM64_HAS_IRQ_PRIO_MASKING is enabled. */
    u64 pmr_save;
    u64 stackframe[2];
};
```

进程描述符的最后一个成员 struct thread_struct thread 保存了进程上下文的关键信息，如下 struct cpu_context 和 struct thread_struct 结构体的定义摘自 arch/arm64/include/asm/processor.h 文件，其中最关键的 CPU 上下文信息是 pc 和 sp，pc 是当前进程将要执行的下一条指令地址，sp 是当前进程内核堆栈栈顶地址。

```
struct cpu_context {
    unsigned long x19;
    unsigned long x20;
    unsigned long x21;
    unsigned long x22;
    unsigned long x23;
    unsigned long x24;
    unsigned long x25;
    unsigned long x26;
    unsigned long x27;
    unsigned long x28;
    unsigned long fp;
    unsigned long sp;
    unsigned long pc;
};

struct thread_struct {
    struct cpu_context  cpu_context; /* cpu context */

    /*
     * Whitelisted fields for hardened usercopy:
     * Maintainers must ensure manually that this contains no
     * implicit padding.
     */
    struct {
        unsigned long tp_value;        /* TLS register */
        unsigned long tp2_value;
        struct user_fpsimd_state fpsimd_state;
    } uw;

    unsigned int  fpsimd_cpu;
    void  *sve_state;                  /* SVE registers, if any */
    unsigned int  sve_vl;              /* SVE vector length */
    unsigned int  sve_vl_onexec;       /* SVE vl after next exec */
    unsigned long  fault_address;      /* fault info */
    unsigned long  fault_code;         /* ESR_EL1 value */
    struct debug_info debug;           /* debugging */
#ifdef CONFIG_ARM64_PTR_AUTH
    struct ptrauth_keys  keys_user;
#endif
};
```

了解了 struct pt_regs 和 struct thread_struct 结构体及其关键信息之后，再来理解 ARM64 架构下的 copy_thread 函数实现就比较容易了。copy_thread 函数代码从 arch/arm64/kernel/process.c 文件中摘录如下。

```
asmlinkage void ret_from_fork(void) asm("ret_from_fork");

int copy_thread(unsigned long clone_flags, unsigned long stack_start,
    unsigned long stk_sz, struct task_struct *p)
    {
    struct pt_regs *childregs = task_pt_regs(p);

    memset(&p->thread.cpu_context, 0, sizeof(struct cpu_context));

    /*
     * In case p was allocated the same task_struct pointer as some
     * other recently-exited task, make sure p is disassociated from
     * any cpu that may have run that now-exited task recently.
     * Otherwise we could erroneously skip reloading the FPSIMD
     * registers for p.
     */
    fpsimd_flush_task_state(p);

    if (likely(!(p->flags & PF_KTHREAD))) {
        *childregs = *current_pt_regs();
        childregs->regs[0] = 0;

        /*
         * Read the current TLS pointer from tpidr_el0 as it may be
         * out-of-sync with the saved value.
         */
         *task_user_tls(p) = read_sysreg(tpidr_el0);

        if (stack_start) {
            if (is_compat_thread(task_thread_info(p)))
                childregs->compat_sp = stack_start;
            else
                childregs->sp = stack_start;
        }

        /*
         * If a TLS pointer was passed to clone (4th argument), use it
         * for the new thread.
         */
        if (clone_flags & CLONE_SETTLS)
            p->thread.uw.tp_value = childregs->regs[3];
    } else {
        memset(childregs, 0, sizeof(struct pt_regs));
        childregs->pstate = PSR_MODE_EL1h;
        if (IS_ENABLED(CONFIG_ARM64_UAO) &&
            cpus_have_const_cap(ARM64_HAS_UAO))
```

```
            childregs->pstate |= PSR_UAO_BIT;

        if (arm64_get_ssbd_state() == ARM64_SSBD_FORCE_DISABLE)
            set_ssbs_bit(childregs);

        if (system_uses_irq_prio_masking())
            childregs->pmr_save = GIC_PRIO_IRQON;

        p->thread.cpu_context.x19 = stack_start;
        p->thread.cpu_context.x20 = stk_sz;
    }
    p->thread.cpu_context.pc = (unsigned long)ret_from_fork;
    p->thread.cpu_context.sp = (unsigned long)childregs;

    ptrace_hw_copy_thread(p);

    return 0;
}
```

其中 p->thread.cpu_context.pc = (unsigned long)ret_from_fork 意味着子进程被调度执行时 PC 寄存器被置为 ret_from_fork 的地址，也就是说，子进程从 ret_from_fork 开始执行；p->thread.cpu_context.sp = (unsigned long)childregs 意味着子进程开始执行时内核堆栈数据按照 struct pt_regs 结构体排布，childregs 作为栈顶指针与 ret_from_fork 开始的那段代码可以紧密协同工作；childregs->regs[0] = 0 意味着子进程中 clone 系统调用返回时 X0 寄存器为 0，也就是 clone 系统调用在子进程中返回值为 0。

简要梳理总结一下，进程的创建过程大致是父进程通过 fork 系统调用进入内核_do_fork 函数，复制进程描述符及相关进程资源（采用写时复制技术）、分配子进程的内核堆栈并对内核堆栈和 thread 等进程关键上下文进行初始化，最后将子进程放入就绪队列，fork 系统调用返回；而子进程则在被调度执行时根据设置的内核堆栈和 thread 等进程关键上下文从 ret_from_fork 开始执行，如图 5-7 所示。

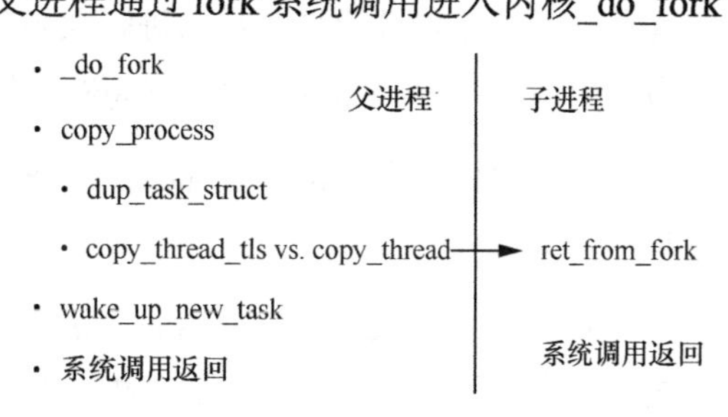

图5-7 Linux内核进程创建示意图

本章实验

1. 测试大页内存。

2. 跟踪调试 fork 系统调用在 Linux 内核中的执行过程。

第 6 章 可执行程序工作原理

理解了进程的描述和进程的创建之后，自然会想了解编写的可执行程序是如何变成进程的。这就涉及可执行文件的格式、编译、链接和加载等相关知识。

6.1 ELF 目标文件格式

6.1.1 ELF 目标文件格式概述

这里先提一个常见的名词“目标文件”，是指编译器生成的文件。“目标”指目标平台，例如 x86、64 位 x86 或 ARM64，它决定了编译器使用哪种指令集架构来生成二进制程序。目标文件遵守的规范一般称为应用程序二进制接口（Application Binary Interface，ABI），也就是目标文件和目标平台是二进制兼容的，即该目标文件已经适配了某一种 CPU 指令集架构。例如，一个编译出来的 64 位 x86 目标文件是无法链接成 ARM64 上的可执行文件的。

最古老的目标文件格式是 a.out，后来发展成 COFF，现在常用的有 PE（Windows）和 ELF（Linux）。

ELF（Executable and Linkable Format，可执行的和可链接的格式）是一种对象文件的格式，用于定义不同类型的对象文件中都有什么内容、以什么样的格式存放这些内容。ELF 首部会描绘整个文件的组织结构，它还包括很多节（section，是 ELF 文件用以加载内容数据的最小容器），这些节有些是系统定义好的，有些是用户在文件中通过.section 命令自定义的，链接器会将多个输入目标文件中相同的节合并。

目标文件有 3 种类型。下面以 ELF 为例进行介绍。

（1）可重定位文件：这种文件一般是中间文件，还需要继续处理，由编译器和汇编器创建，一个源代码文件会生成一个可重定位文件。文件中保存着代码和适当的数据，用来和其他目标文件一起创建一个可执行文件或者动态链接库文件。在编译 Linux 内核时可能会注意到，每个内核源代码.c 文件都会生成一个同名的.o 文件，该文件即为可重定位目标文件，最后所有.o 文件会链接为一个文件，即 Linux 内核文件。另外，静态链接库文件实际上就是可重定位文件的打包，也是可重定位文件，一般以.a 作为文件名后缀。

（2）可执行文件：一般由多个可重定位文件结合生成，是完成了所有重定位工作和符号解析的文件（动态链接库符号是在运行时解析的），文件中保存着一个用来执行的程序。重定位和符号解析会在 6.3 节详细介绍。

（3）动态链接库文件：也称为共享目标文件，是已经经过链接处理可以直接加载运行的库文件，是可以被可执行文件或其他动态链接库文件加载使用的库文件，例如标准 C 的库文件 libc.so。可以简单理解为没有主函数 main 的“可执行”文件，但有一堆其他函数可供其他程序调用。Linux 下动态链接库文件的文件名后缀为.so，其中 so 代表 shared object。

ELF 文件的作用：ELF 文件参与程序的链接（构建一个可执行程序）和程序的执行（加载可执行程序），所以可以从不同的角度来看待 ELF 文件。如果用于编译和链接，则编译器和链接器将把 ELF 文件看作节的集合，所有节由节头表描述，程序头表可选。如果用于加载、执行可执行文件，则加载器将把 ELF 文件看作程序头表描述的段的集合，一个段可能包含多个可选的节和节头表。如果是动态链接库文件，则两者都含有。

6.1.2 ELF 文件格式

首先简要介绍 ELF 文件格式，帮助读者形成整体印象，接着选择性地详细讲解细节，以便更好地理解可执行文件中存储的内容，以及这些内容是如何被加载到内存中的。

下面继续使用如下的示例程序 hello.c。

```
#include<stdio.h>
void main()
{
    printf("Hello world!\n");
}
```

可以使用如下指令将其编译为一个 32 位或 64 位静态链接的 ELF 可执行文件 hello。

```
gcc -o hello hello.c -static
#64位x86机器上编写32位x86代码需加-m32
sudo apt-get install gcc-multilib
gcc -o hello hello.c -static -m32
```

ELF 文件的主体是各种节，典型的如代码节（.text）、数据节（.data）和只读数据节（.rodata），还有描述这些节属性的信息（程序头表和节头表），以及 ELF 文件的整体描述信息（ELF 头），如图 6-1 所示。

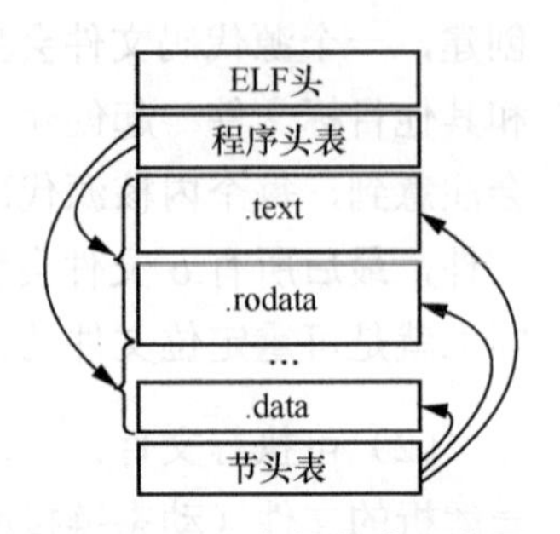

图6-1　ELF文件格式示意图

（1）ELF 头。ELF 头在文件最开始描述了该文件的组织结构。ELF 头指出可执行文件是 32 位还是 64 位，即 e_ident 数组的第五字节是 1 表示 32 位，是 2 表示 64 位。ELF 头的其他部分主要说明其他文件内容的位置、大小等信息。ELF 头长度为 64 字节，一般在 Linux 系统下的/usr/include/elf.h 文件中，可以看到其 C 语言格式的定义如下。

```
#define EI_NIDENT (16)
typedef struct
{
    unsigned char e_ident[EI_NIDENT];   /* 前4字节内容目前固定为'0x7f','E','L','F'*/
    Elf32_Half e_type;                  /* 指明目标文件的类型 */
    Elf32_Half e_machine;               /* 指明可以在哪种架构中运行 */
    Elf32_Word e_version;               /* 指明版本信息 */
    Elf32_Addr e_entry;                 /* 指明系统运行该程序时将控制权转交到的虚拟地址的值，
                                           如果没有，则为零 */
    Elf32_Off e_phoff;                  /* 程序头表在文件中的字节偏移offset，如果没有程序头
                                           表，则该值为零 */
    Elf32_Off e_shoff;                  /* 节头表在文件中的字节偏移，如果没有节头表，则该值
                                           为零 */
    Elf32_Word e_flags;                 /* 有关处理器的信息 */
    Elf32_Half e_ehsize;                /* ELF头的大小*/
    Elf32_Half e_phentsize;             /* 在程序头表中一个entry的大小 */
    Elf32_Half e_phnum;                 /* 程序头表中元素的个数，即entry的个数 */
    Elf32_Half e_shentsize;             /* 节头表中一个entry的大小，与e_phentsize类似 */
    Elf32_Half e_shnum;                 /* 节头表中元素的个数，即entry的个数 */
    Elf32_Half e_shstrndx;              /* 指明string name table在节头表中的索引*/
} Elf32_Ehdr;
```

ELF 头会给出很多关于该文件的属性信息，如前文提到的 3 种 ELF 类型就是通过 e_type 来体现的。e_type 值 1、2、3、4 分别代表可重定位目标文件、可执行文件、动态链接库文件和核心文件。其中最重要的是程序头表和节头表的位置。

程序头表存储于文件的 e_phoff（ELF 头的字段）位置，有 e_phnum 项内容，每项大小为 e_phentsize 字节。节头表存储于 e_shoff（ELF 头的字段）位置，有 e_shnum 项内容，每项大小为 e_shentsize 字节。节头表基本定义了整个 ELF 文件的组成，可以说整个 ELF 就

是由若干个节组成的。段只是对节区进行了重新组合，将连续的多个节区描述为一段连续区域，对应到一块连续的内存地址中，便于 ELF 文件的加载运行。

（2）节头表。节头表是由节头组成的表，包含了描述文件节区的信息，每个节区在表中都有一项，每一项给出诸如节区名称、节区大小这类信息。用于链接的可重定位目标文件必须包含节头表，其他目标文件有没有这个表皆可。每个节区头部结构的描述如下。

```
typedef struct
{
    Elf32_Word sh_name;          /* 节名，是在字符串表中的索引 */
    Elf32_Word sh_type;          /* 节类型 */
    Elf32_Word sh_flags;         /* 节标识 */
    Elf32_Addr sh_addr;          /* 该节对应的虚拟地址*/
    Elf32_Off sh_offset;         /* 该节在文件中的位置*/
    Elf32_Word sh_size;          /* 该节的大小*/
    Elf32_Word sh_link;          /* 与该节连接的其他节*/
    Elf32_Word sh_info;          /* 附加信息*/
    Elf32_Word sh_addralign;     /* 对齐方式*/
    Elf32_Word sh_entsize;       /* 对某些特殊节，定义其内表大小，如字符串表*/
} Elf32_Shdr;
```

查看 6.1.2 节开篇中 gcc 命令生成的 hello 可执行文件的节。readelf 指令及主要输出内容如下。

```
$ readelf -S hello # 32位
There are 31 section headers, starting at offset 0xb168c:

Section Headers:
  [Nr] Name          Type       Addr     Off    Size   ES  Flg  Lk  Inf  Al
  [ 6] .text         PROGBITS   080482d0 0002d0 0733d4 00  AX   0   0    16
  [24] .data         PROGBITS   080eb060 0a2060 000f20 00  WA   0   0    32
  [25] .bss          NOBITS     080ebf80 0a2f80
  [28] .symtab       SYMTAB     00000000 0a2fa8 007bf0 10       29  846  4
  [29] .strtab       STRTAB     00000000 0aab98 00699a 00       0   0    1
  [30] .shstrtab     STRTAB     00000000 0b1532 000159 00       0   0    1
Key to Flags:
  W (write), A (alloc), X (execute), M (merge), S (strings), I (info),
  L (link order), O (extra OS processing required), G (group), T (TLS),
  C (compressed), x (unknown), o (OS specific), E (exclude),
  p (processor specific)
```

节头表前 6 列分别是[Nr]（索引）、Name（节名）、Type（类型）、Addr（虚拟地址）、Off（偏移）和 Size（节大小）。简单来说，该节描述了将可执行文件中起始位置为 Off、大小为 Size 的一段数据加载到内存地址 Addr。32 位可执行文件.text 的 Addr 会显示 0x08048 开头的地址。实际输出的节内容要比上面的内容多，为了方便阅读，此处删减了大部分。

以一行为例进行说明，如上述节头表的第一行。Type 列为 PROGBITS，表示该节存储的是代码。Addr 列为 080482d0，表示该部分将加载到内存中的虚拟地址。Off 为节在可执行文件中的偏移。Key to Flags 是对 Flg 中标识的说明。如.text 节 Flg 为 AX，其中 A（Alloc）表示需要加载到内存中，X（eXecute）表示对应内存需要可执行权限。

（3）程序头表。它是和可执行程序加载到进程中相关的，描述了连续的几个节在文件中的位置、大小以及它被放进内存后的位置和大小，告诉系统如何构建进程映像，可执行文件加载器就可以按这个说明将可执行文件搬到内存中。用来构造进程映像的目标文件必须具有程序头表，而可重定位目标文件不需要这个表。

```
typedef struct
{
    Elf32_Word p_type;      /* 当前程序头描述的段的类型 */
    Elf32_Off p_offset;     /* 段在文件中的偏移 */
    Elf32_Addr p_vaddr;     /* 段在内存中的虚拟地址 */
    Elf32_Addr p_paddr;     /* 在物理内存定位相关的系统中，此项是为物理地址保留 */
    Elf32_Word p_filesz;    /* 段在文件中的长度 */
    Elf32_Word p_memsz;     /* 段在内存中的长度 */
    Elf32_Word p_flags;     /* 与段相关的标志 */
    Elf32_Word p_align;     /* 根据此项值来确定段在文件及内存中如何对齐 */
}
```

可以查看 6.1.2 节开篇中 gcc 命令生成的 hello 可执行文件的程序头表。readelf 指令及主要输出内容如下。

```
# readelf -l hello # 32位

Elf file type is EXEC (Executable file)
Entry point 0x804887f
There are 6 program headers, starting at offset 52

Program Headers:
  Type          Offset   VirtAddr   PhysAddr   FileSiz  MemSiz  Flg  Align
  LOAD          0x000000 0x08048000 0x08048000 0xa165f  0xa165f RE   0x1000
  LOAD          0x0a1f5c 0x080eaf5c 0x080eaf5c 0x01024  0x01e48 RW   0x1000
  NOTE          0x0000f4 0x080480f4 0x080480f4 0x00044  0x00044 R    0x4
  TLS           0x0a1f5c 0x080eaf5c 0x080eaf5c 0x00010  0x00028 R    0x4
  GNU_STACK     0x000000 0x00000000 0x00000000 0x00000  0x00000 RW   0x10
  GNU_RELRO     0x0a1f5c 0x080eaf5c 0x080eaf5c 0x000a4  0x000a4 R    0x1

 Section to Segment mapping:
  Segment Sections...
   00 .note.ABI-tag .note .gnu .build-id .rel.plt .init .plt .text __libc_freeres_fn
```

```
   __libc_thread_freeres_fn .fini .rodata __libc_subfreeres __libc_IO_vtables
   __libc_atexit __libc_thread_subfreeres .eh_frame .gcc_except_table
01 .tdata .init_array .fini_array .jcr .data .rel .ro .got.plt .data .bss
   __libc_freeres_ptrs
02 .note .ABI-tag .note.gnu.build-id
03 .tdata .tbss
```

程序头表中的 8 列分别是 Type（类型）、Offset（文件偏移）、VirtAddr（虚拟地址）、PhysAddr（物理地址）、FileSiz（可执行文件中该区域的大小）、MemSiz（内存中该区域的大小）、Flg（属性标识）和 Align（对齐方式）。和节头表相似，该表描述了将可执行文件中起始位置为 Offset、大小为 FileSiz 的一段数据加载到内存地址 VirtAddr 中。二者的虚拟地址信息是一致的，但节头表的 Addr 可以没有信息，可重定位目标文件（6.3 节会讲到）的 Addr 就是全 0。

此处还是以一行为例进行说明，如上述程序头表的第一行。Type 列为 LOAD 表示该段需要加载到内存，Offset 全 0 表示其内容为从可执行文件头开始处共需要 0xa165f（FileSiz）字节，加载到虚拟地址 0x08048000（VirtAddr）处，该段为可读（R）、可执行（E）权限，4k(Align,0x1000)对齐。类似的只有 6 个这样的段。再向下为 Section to Segment mapping（节与段的映射），00 即第一行描述的段，包括.note、.ABI-tag、.init、.text 等多个节。

6.1.3 ELF 相关操作命令

可以使用如下命令对 ELF 进行更多的研究分析。

（1）man elf：在 Linux 下输入“man elf”即可查看其详细的格式定义。

（2）readelf：用于显示一个或多个 ELF 目标文件的信息，可以通过它的选项来控制显示哪些信息。

- -a：等价于 –h、-l、-S、-s、-r、-d、-V、-A、-I。
- -h：显示 ELF 文件开始的文件头信息。
- -S：显示节头信息（如果有）。
- -l：显示程序头信息。
- -s：显示符号表段中的项（如果有）。
- -r：显示可重定位段的信息。
- -H：显示 readelf 所支持的命令行选项。

（3）objdump：显示二进制文件信息，用于查看目标文件或者可执行的目标文件，部分选项如下。

- -f：显示 objfile 中每个文件的整体头部摘要信息。
- -h：显示目标文件各个节的头部摘要信息。
- -r：显示文件的重定位入口。如果和-d 或者-D 一起使用，重定位部分以反汇编后的格式显示出来。
- -s：显示指定节的完整内容。默认所有的非空节都会被显示。
- -t：显示文件的符号表入口。类似于 nm -s 提供的信息。
- -x：显示所有可用的头信息，包括符号表、重定位入口。等价于-a、-f、-h、-r、-t 同时指定。

（4）hexdump：用十六进制数来显示 ELF 文件的内容。

6.2　程序的编译过程

程序从源代码到可执行文件的编译步骤大致分为预处理、编译、汇编、链接。以下示例继续使用 hello.c 文件，以 32 位 x86 平台为例，这 4 步分别对应如下指令。

```
# 预处理
gcc -E hello.c -o hello.i
# 编译
gcc -S hello.i -o hello.s -m32
# 汇编
gcc -c hello.s -o hello.o -m32
# 链接，-static为静态链接
gcc hello.o -o hello -static -m32
```

6.2.1　预处理

预处理时编译器完成的具体工作如下。

（1）删除所有的注释“//”和“/**/”。

（2）展开所有的宏定义，删除所有的“#define”。

（3）处理所有的条件预编译指令。

（4）处理“#include”预编译指令，将被包含的文件插入该预编译指令的位置，这一过程是递归进行的。

（5）添加行号和文件名标识。

如下指令将对 hello.c 进行预处理，结果保存到文件 hello.i 中。

```
gcc -E hello.c -o hello.i
```

预处理完的文件仍然是文本文件，可以用任意编辑工具打开查看。打开 hello.i，可以看到以下内容（有删减），main 函数之前的内容都是 stdio.h 递归展开以后的内容。

```
typedef unsigned char __u_char;  /* 类型声明 */
typedef unsigned short int __u_short;
typedef unsigned int __u_int;
typedef unsigned long int __u_long;
...
extern int ftrylockfile (FILE *__stream) __attribute__ ((__nothrow__,__leaf__));
/* 编译器遇到此变量或函数时在其他模块中寻找其定义，也可用来进行链接指定 */
extern void funlockfile (FILE *__stream) __attribute__ ((__nothrow__,__leaf__));
void main()
{
     printf("Hello world!\n");
}
```

6.2.2 编译

编译时，gcc 首先要检查代码的规范性、是否有语法错误等，以确定代码实际要做的工作。在检查无误后，gcc 把代码翻译成汇编语言。实现编译的指令如下。

```
gcc -S hello.i -o hello.s -m32
```

- -S：该选项只进行编译而不进行汇编，即仅生成汇编语言代码，不进一步翻译为机器指令。
- -m32：生成 32 位平台格式文件，和 64 位相比使用不同的寄存器名及指令。

编译完的文件仍然是文本文件，可以用任意编辑工具打开查看。打开 hello.s，可以看到 main 函数对应的如下部分汇编语言代码。

```
...
main:
.LFB0:
    .cfi_startproc
    pushl %ebp
```

```
    .cfi_def_cfa_offset 8
    .cfi_offset 5, -8
    movl %esp, %ebp
    .cfi_def_cfa_register 5
    andl $-16, %esp
    subl $16, %esp
    movl $.LC0, (%esp)
    call puts
    leave
    .cfi_restore 5
    .cfi_def_cfa 4, 4
    ret
    .cfi_endproc
...
```

其中以“.”开头的是伪操作，例如，.cfi_startproc 是编译器汇编所需的辅助信息，其他是真正的汇编指令或符号。

6.2.3 汇编

汇编主要是将代码翻译成机器指令，保存在 ELF 文件的节里。单独汇编指令如下。

```
gcc -c hello.s -o hello.o -m32
```

汇编后形成的.o 文件已经是 ELF 文件了。程序编译后生成的目标文件至少含有 3 个节，分别为.text、.data 和.bss。在此为兼顾传统的名称，后面也称其为段。但要注意在 ELF 中 Section 与 Segment 是不同的。

- .bss 段：bss 段（bss segment）通常是指用来存放程序中未初始化的全局变量的一块内存区域。BSS 是 Block Started by Symbol 的简称，属于静态内存分配，该节包含了在内存中的程序未初始化的数据。当程序开始运行时，系统将用 0 来初始化该区域。该节不占用文件空间，section type = SHT_NOBITS。
- .data 段：数据段（data segment）通常是指用来存放程序中已初始化的全局变量的一块内存区域，属于静态内存分配。
- .text 段：代码段（code segment/text segment）通常是指用来存放程序执行代码的一块内存区域。这部分区域的大小在程序运行前就已经确定，并且内存区域通常是只读的，某些架构也允许代码段为可写，即允许修改程序。在代码段中，也可能包含一些只读的常数变量，如字符串常量等。

通过 readelf -S（显示所有节信息）可以看到以下内容（这里只呈现了部分节的信息），

只需要关心节头表第三行。

```
# readelf -S hello.o # 32位
There are 15 section headers, starting at offset 0x2f0:

Section Headers:
  [Nr] Name              Type            Addr     Off    Size   ES Flg Lk Inf Al
  [ 0]                   NULL            00000000 000000 000000 00      0   0  0
  [ 1] .group            GROUP           00000000 000034 000008 04     12  12  4
  [ 2] .text             PROGBITS        00000000 00003c 000038 00  AX  0   0  1
  [ 3] .rel.text         REL             00000000 00023c 000020 08   I 12   2  4
  [ 4] .data             PROGBITS        00000000 000074 000000 00  WA  0   0  1
  [ 5] .bss              NOBITS          00000000 000074 000000 00  WA  0   0  1
...
Key to Flags:
  W (write), A (alloc), X (execute), M (merge), S (strings), I (info),
  L (link order), O (extra OS processing required), G (group), T (TLS),
  C (compressed), x (unknown), o (OS specific), E (exclude),
  p (processor specific)
```

- Type 列为 PROGBITS，表示该节存储的是代码。
- Addr 为全 0，因为当前生成的是可重定位目标文件(readelf -h 可查看 ELF 文件类型)，还不是可执行文件，所以未设置其对应的虚拟地址。在链接完成后，该部分会变为将来代码段在内存中的虚拟地址。
- Off 为代码段在 hello.o 中的偏移。
- Key to Flags 是对 Flg 中标识的说明。如代码段 Flg 为 AX，其中 A（Alloc）表示需要加载到内存中，X（eXecute）表示对应内存需要可执行。

其他常见节如下。

- .rodata：存放 C 语言中的字符串和#define 定义的常量，该节包含了只读数据。
- .comment：该节包含了版本控制信息。
- .dynamic：该节包含了动态链接信息。
- .dynsym：该节包含了动态链接符号表。
- .init：该节包含了用于初始化进程的可执行代码。也就是说，当一个程序开始运行时，系统将会执行在该节中的代码，然后才会调用程序的入口点（对于 C 程序而言就是 main 函数）。

6.2.4 链接

链接是将各种代码和数据部分收集起来并组合成一个单一文件的过程，这个文件可被加载（或被复制）到内存中并执行。在本例中就是将编译输出的.o 文件与 libc 库文件进行链接，生成最终的可执行文件。

```
gcc hello.o -o hello -static -m32
```

通俗地说，链接就是把多个文件拼接到一起，本质上是节的拼接。其详细原理稍后介绍，这里只看结果。链接后，再查看可执行文件的节头表，如下。

```
# readelf -S hello
There are 31 section headers, starting at offset 0xb168c:

Section Headers:
  [Nr] Name              Type         Addr     Off    Size   ES Flg Lk  Inf Al
  [ 6] .text             PROGBITS     080482d0 0002d0 0733d4 00 AX  0   0   16
  [24] .data             PROGBITS     080eb060 0a2060 000f20 00 WA  0   0   32
  [25] .bss              NOBITS       080ebf80 0a2f80 000e0c 00 WA  0   0   32
  [26] __libc_freeres_pt NOBITS       080ecd8c 0a2f80 000018 00 WA  0   0   4
  [27] .comment          PROGBITS     00000000 0a2f80 000026 01 MS  0   0   1
  [28] .symtab           SYMTAB       00000000 0a2fa8 007bf0 10     29  846 4
```

比较链接前目标文件的节头表，可执行文件的节头表中节多了，由 15 个变成 31 个（本例中只显示了部分）。一个重要变化是，.text 的 Addr 有了值。多出来的节是从外部库中添加过来的，编译器进行了整合，并安排了地址布局。另一个变化是，链接后多了程序头表，6.1.2 节已介绍其结构，可以自行查看。可执行文件的加载执行，其实是操作系统按照程序头的指示，将可执行文件按照排布好的虚拟地址加载到进程的地址空间中，再跳转到其中的代码段入口处。以上内容用于帮助读者从 ELF 层面理解可执行文件加载器的工作流程，建立初步的印象，从编译原理的角度看可能并不严谨。

6.3 链接与库

在可执行文件的生成过程中，最后的部分就是链接，链接对于理解可执行程序的加载和执行非常关键。从过程上讲，链接分为符号解析和重定位两部分；根据链接时机的不同，链接又分为静态链接和动态链接两种。

先以 hello.c 为例简要说明符号、符号解析与重定位。其实应该是以 hello.i 为例，因为真正编译的 C 源文件是 hello.i。

简单来说，hello.c 中只有两个符号，即 main 和 printf。main 的实现在 hello.c 中，而 printf 的实现显然没有在 hello.c 中。相应的 hello.c 编译为 hello.o 后，main 这个符号是“有定义”的，printf 这个符号则是“无定义”的。“有定义”的意思就是函数对应的机器指令地址在当前文件中（有明确的地址）。

编译器需要到其他的共享库中找到 printf 的“定义”（机器指令片段），找到后把该机器指令片段与 hello.o 拼接到一起（静态链接），生成可执行文件 hello。hello 中就有了 printf 的定义（即有了明确的地址），这就是符号解析。

在拼接所有目标文件的同时，编译器会确定各个函数加载到内存中的地址，然后反过来修改所有调用该函数的机器指令，使该指令能跳转到正确的内存地址。这个过程就是重定位。在接下的内容中，将结合实践来说明。

6.3.1 符号与符号解析

符号包含全局变量和全局函数，例如，printf 就是一个符号，hello 程序需要在函数库中找到这个符号。

链接器上下文中的 3 种不同符号如下。

（1）由模块定义并能被其他模块引用的全局符号。全局链接器符号对应非静态的 C 语言函数以及被定义为不带 C 语言 static 属性的全局变量。

（2）由其他模块定义并被模块引用的全局符号。这些符号称为外部（external）符号，对应定义在其他模块中的 C 语言函数和变量。

（3）只被模块定义和引用的本地符号。有的本地链接器符号对应带 static 属性的 C 语言函数和全局变量。

符号表（symbol table）是一种供编译器保存有关源程序构造的各种信息的数据结构。这些信息在编译器的分析阶段被逐步收集并放入符号表，它们在综合阶段用于生成目标代码。符号表的每个条目包含与一个标识符相关的信息，比如它的字符串、类型、存储位置和其他相关信息，其通常需要支持同一标识符在一个程序中的多重声明。

符号表的功能是查找未知函数在其他库文件中的代码段的具体位置。还是以 hello.c 为例，其调用的 printf 是外部库提供的函数。在链接前，编译器需要把类似 printf 的符号都记录下来，存储于符号表中。

符号表的查看方法为 objdump -t hello.o 或 readelf -s hello.o。

如下是输出的链接前 hello.o 与链接后 hello 两个 ELF 文件符号表的内容。依旧对内容进行了删减，只保留了符号表的两行，分别是 main 和 puts 函数（对应前文中的 printf 函数）。

```
# readelf -s hello.o

Symbol table '.symtab' contains 15 entries:
   Num:    Value     Size Type    Bind   Vis      Ndx  Name
    11:    00000000  56   FUNC    GLOBAL DEFAULT  2    main
    14:    00000000  0    NOTYPE  GLOBAL DEFAULT  UND  puts

# readelf -s hello

Symbol table '.symtab' contains 1983 entries:
   Num:    Value    Size Type    Bind   Vis      Ndx  Name
  1087:    0804f620 403  FUNC    WEAK   DEFAULT  6    puts
  1547:    080489cc 56   FUNC    GLOBAL DEFAULT  6    main
```

如上 main 函数前后对比，Value 和 Ndx 列变化了。Value 在链接前是 00000000，在链接后是 080489cc。对于符号来说，Value 就是内存地址。在链接前可执行文件各部分未分配内存地址，所以其值为 00000000。Ndx 是该符号对应的节编号，之前是 2，之后是 6，这是因为链接后加入了很多外部库的节。其他属性未变，因为 main 函数本身就在 hello.o 文件中，所以其类型是函数（FUNC），大小 56 都是已知的。

puts（printf）是调用外部的函数，也就是引用外部符号。之前 Type 为 NOTYPE（未知），Ndx 为 UND（未定义），Value 为 00000000，因为其对应机器指令不在 hello.o 中，而在 libc 中。链接后 Value 为 0804f620，Ndx 与 main 函数一样同为 6，也就是编译器把 puts 函数所在的节与 main 函数所在的节全部作为新的.text 节。

链接前符号表只有 15 项，链接后变成了 1983 项。链接的符号解析是一个递归的过程，所以即使是这样一个小小的程序也使用了大量的库函数。需要说明的是，这些库函数中的大多数不能很精确地以函数为单位把所用到的链接进来，大致是以.o 为单位（整个.o 要么都在，要么都不在），这会导致很多用不到的函数也被链接进来。

Bind 和 Type 列说明如表 6-1 和表 6-2 所示。

表 6-1　Bind（符号绑定信息）

宏定义名	值	说明
STB_LOCAL	0	局部符号，对于目标文件的外部不可见

续表

宏定义名	值	说明
STB_GLOBAL	1	全局符号，外部可见
STB_WEAK	2	弱引用（弱符号与强符号）

表 6-2 Type（符号类型）

宏定义名	值	说明
STT_NOTYPE	0	未知类型符号
STT_OBJECT	1	该符号是一个数据对象，比如变量、数组等
STT_FUNC	2	该符号是一个函数或其他可执行代码
STT_SECTION	3	该符号表示一个段，这种符号必须是STB_LOCAL类型的
STT_FILE	4	该符号表示文件名，一般是该目标文件所对应的源文件名，它一定是STB_LOCAL类型的

从符号表定义的 st_shndx 列可以看出，如果符号定义在本目标文件中，那么这个成员表示符号所在的段在程序表中的下标；如果符号不是定义在本目标文件中，或者对于特殊符号，sh_shndx 的值有些特殊，情况如表 6-3 所示。

表 6-3 符号所在段特殊常量

宏定义名	值	说明
SHN_ABS	0xfff1	表示该符号包含了一个绝对的值。比如表示文件名的符号就属于这种类型
SHN_COMMON	0xfff2	表示该符号是一个“COMMON块”类型的符号。一般来说，未初始化的全局符号定义就属于这种类型
SHN_UNDEF	0	表示该符号未定义。这个符号表示该符号在本目标文件被引用，但是定义在其他目标文件中

由此可见，如果是符号表中定义过的函数，则 Ndx 列会显示这个函数表示符号所在的段在

程序表中的下标；如果是符号表中未定义的函数，则 Ndx 列会显示 UND；如果是未初始化的全局符号，则 Ndx 列显示 COMMON。

上面仅以点带面地关注了小部分符号表的变化，以帮助理解可执行文件的符号表。

6.3.2 重定位

重定位是把程序的逻辑地址空间变换成进程的线性地址空间的过程，也就是链接时对目标程序中指令和数据的地址进行修改的过程。

重定位分为如下两步。

（1）重定位节和符号定义：链接器将所有相同类型的节合并为同一类型的新的聚合节，将运行时存储器地址赋给新的聚合节、输入模块定义的每个节，以及输入模块定义的每个符号。此时，程序中的每个指令和全局变量都有唯一的运行时内存地址。

（2）重定位节中的符号引用：链接器修改代码节和数据节中对每个符号的引用，使得它们指向正确的运行时地址。链接器依赖于重定位条目的可重定位目标模块中的数据结构。

重定位表中的每一条记录都对应一个需要重定位的符号。汇编器将为可重定位文件中每个包含需要重定位符号的段都建立一个重定位表。

重定位表的查看方法是 readelf -r hello.o。

如下显示了 hello.o 的部分重定位表信息，这里只关注 puts。其描述的是代码段的第 0x26 字节处有一个地址，需要被替换为符号 puts 将来的内存地址。R_386_PLT32 的意思是替换为相对偏移地址。

```
# readelf -r hello.o

Relocation section '.rel.text' at offset 0x23c contains 4 entries:
 Offset     Info    Type            Sym.Value  Sym. Name
00000026  00000e04 R_386_PLT32       00000000   puts
```

如下代码反汇编 32 位 x86 的 hello.o，找到“25: e8 fc ff ff ff call 26”机器代码，即代码段的第 25 字节，e8 就是 call 指令，链接后“fc ff ff ff”（26～29 字节）就会被替换为 puts 在链接后的地址。

```
# objdump -d hello.o

hello.o.m32:     file format elf32-i386
```

```
Disassembly of section .text:
00000000<main>:
   0:8d 4c 24 04          lea  0x4(%esp),%ecx
   4:83 e4 f0             and  $0xfffffff0,%esp
   7:ff 71 fc             pushl  -0x4(%ecx)
   a:55                   push  %ebp
   b:89 e5                mov %esp,%ebp
   d:53                   push %ebx
   e:51                   push  %ecx
   f:e8 fc ff ff ff       call  10 <main+0x10>
  14:05 01 00 00 00       add  $0x1,%eax
  19:83 ec 0c             sub  $0xc,%esp
  1c:8d 90 00 00 00 00    lea  0x0(%eax),%edx
  22:52                   push  %edx
  23:89 c3                mov  %eax,%ebx
  25:e8 fc ff ff ff       call  26 <main+0x26>
  ...
```

简单总结一下，符号表记录了目标文件中所有的全局函数及其地址；重定位表记录了所有调用这些函数的代码位置。在链接时，这两大类数据都需要逐一修改为正确的值。

6.3.3 静态链接与动态链接

静态链接是在编译链接时直接将需要的执行代码复制到最终可执行的文件中，它的优点是代码的加载速度快，执行速度也比较快，对外部环境依赖度低。编译时会把需要的所有代码都链接进去，应用程序相对比较大。缺点是如果多个应用程序使用同一库函数，会被加载多次，浪费内存。

动态链接在编译时不直接复制可执行代码，而是通过记录一系列符号和参数，在程序运行或加载时将这些信息传递给操作系统。操作系统负责将需要的共享库加载到内存中，然后程序在运行到指定的代码时，去共享执行内存中已经加载的共享库中去执行代码，最终达到运行时链接的目的。优点是多个程序可以共享同一段代码，而不需要存储多个副本。缺点是可能会影响程序的启动速度或执行性能，而且对使用的库依赖性较高，在升级时特别容易出现版本不兼容的问题。

如前文中的 hello 就是静态链接的可执行文件。如果在编译时不加“-static”选项，则编译器会默认使用动态链接。如下动态链接的可执行文件 hello.dynamic 只有 7 452 字节，而静态链接版本 hello 大小约是其 100 倍。

```
$ gcc hello.o -o hello.dynamic -m32
$ ls -l hello*
-rwxr-xr-x 1 root root    7452   8月   8 16:33 hello.dynamic
```

```
-rwxr-xr-x 1 root root    727908 8月   8 08:21 hello
```

动态链接分为加载时动态链接和运行时动态链接，下面分别进行介绍。

6.3.4 加载时动态链接

以下实例源代码 shlibexample.h 与 shlibexample.c 是一个共享库的简单范例代码，只提供一个函数 SharedLibApi()。使用如下指令可以将其编译成 libshlibexample.so 文件。

```
$ gcc -shared shlibexample.c -o libshlibexample.so
```

shlibexample.h 的源代码如下。

```
/*  FILE NAME :  shlibexample.h */
#ifndef _SH_LIB_EXAMPLE_H_
#define _SH_LIB_EXAMPLE_H_

#define SUCCESS 0
#define FAILURE (-1)

#ifdef __cplusplus
extern "C"{
    #endif
    /*
     * Shared Lib API Example
     * input   : none
     * output  : none
     * return  : SUCCESS(0)/FAILURE(-1)
     *
     */
    int SharedLibApi();
    #ifdef __cplusplus
}
#endif
#endif /* _SH_LIB_EXAMPLE_H_ */
```

shlibexample.c 的源代码如下。

```
/*  FILE NAME:  shlibexample.c */
#include <stdio.h>
#include "shlibexample.h"
/*
 * Shared Lib API Example
 * input   : none
 * output  : none
 * return  : SUCCESS(0)/FAILURE(-1)
```

```
 *
 */
int SharedLibApi()
{
    printf("This is a shared library!\n");
    return SUCCESS;
}
```

只要将以上头文件和生成库文件放置在正确的目录下，就可以像调用 printf 一样调用 SharedLibApi()。

6.3.5 运行时动态链接

下面是一个共享库的简单范例代码，用于运行时动态链接，源代码为 dllibexample.h 和 dllibexample.c。编译成 libdllibexample.so 文件的指令如下。

```
gcc -shared dllibexample.c -o libdllibexample.so
```

dllibexample.h 的源代码如下。

```
#ifndef _DL_LIB_EXAMPLE_H_
#define _DL_LIB_EXAMPLE_H_

#ifdef __cplusplus
extern "C"{
    #endif
    /*
     * Dynamical Loading Lib API Example
     * input  : none
     * output : none
     * return : SUCCESS(0)/FAILURE(-1)
     *
     */
    int DynamicalLoadingLibApi();

    #ifdef __cplusplus
}
#endif
#endif /* _DL_LIB_EXAMPLE_H_ */
```

dllibexample.c 的源代码如下。

```
/*
 * Revision log:
 *
 * Created by Mengning,2012/5/3
```

```
 *
 */

#include <stdio.h>
#include "dllibexample.h"

#define SUCCESS 0
#define FAILURE (-1)

/*
 * Dynamical Loading Lib API Example
 * input  : none
 * output : none
 * return : SUCCESS(0)/FAILURE(-1)
 *
 */
int DynamicalLoadingLibApi()
{
    printf("This is a Dynamical Loading library!\n");
    return SUCCESS;
}
```

运行时动态链接本质上是由程序员自己来控制共享库的加载和执行，其基本流程如下。

```
//先将共享库加载进来
void * handle = dlopen("libdllibexample.so",RTLD_NOW);
//声明一个函数指针
int (*func)(void);
//根据名称找到函数指针
func = dlsym(handle,"DynamicalLoadingLibApi");
func(); //执行共享库中的函数
```

6.3.6 动态链接实验

如下代码分别以加载时动态链接和运行时动态链接调用了前面准备好的两个动态链接库。从动态链接库的角度来说是没有差别的，只是程序员使用动态链接库的方法不同。

```
#include <stdio.h>
#include "shlibexample.h"
#include <dlfcn.h>

int main()
{
    printf("This is a Main program!\n");
```

```
    /* 加载时动态链接 */
    printf("Calling SharedLibApi() function of libshlibexample.so!\n");
    SharedLibApi();

    /* 运行时动态链接 */
    void * handle = dlopen("libdllibexample.so",RTLD_NOW);
    if(handle == NULL)
    {
        printf("Open Lib libdllibexample.so Error:%s\n",dlerror());
        return  FAILURE;
    }
    int (*func)(void);
    char * error;
    func = dlsym(handle,"DynamicalLoadingLibApi");
    if((error = dlerror()) != NULL)
    {
        printf("DynamicalLoadingLibApi not found:%s\n",error);
        return  FAILURE;
    }
    printf("Calling DynamicalLoadingLibApi() function of libdllibexample.so!\n");
    func();
    dlclose(handle);
    return SUCCESS;
}
```

这里的 shlibexample 在链接时就需要，所以需要提供其路径，对应的头文件 shlibexample.h 也需要在编译器中找到位置。使用参数-L 指明库文件所在目录，使用-l 指明库文件名，如 libshlibexample.so 去掉 lib 和.so 的部分。只在程序运行到相关语句时才会访问 dllibexample，在编译时不需要任何相关信息，只是用参数-ldl 指明其需要使用共享库的 dlopen 等函数。当然在实际运行时，也要确保 libdllibexample.so 文件应用在可以访问的路径下，这也是要修改环境变量 LD_LIBRARY_PATH 的原因。最终的编译及运行效果如下。

```
$ gcc main.c -o main -L/path/to/your/dir -lshlibexample -ldl
$ export LD_LIBRARY_PATH=$PWD #将当前目录加入默认路径，否则main找不到依赖的库文件，当然也可
                              以将库文件复制到默认路径下
$ ./main
This is a Main program!
Calling SharedLibApi() function of libshlibexample.so!
This is a shared library!
Calling DynamicalLoadingLibApi() function of libdllibexample.so!
This is a Dynamical Loading library!
```

6.4 可执行程序的加载

6.4.1 程序加载概要

要研究可执行程序的加载，除了可执行文件的格式，还需要明确执行环境的来龙去脉。一般是Shell程序启动一个可执行程序，通过fork系统调用创建一个子进程，然后通过execve系统调用加载可执行程序。

Shell 程序就是用户态的执行环境，fork 系统调用创建一个子进程的过程参见 5.3 节，而 execve 系统调用是怎么在内核中加载可执行程序又返回到用户态的，这是需要重点讨论的内容。

下面先来看与用户态程序执行环境 Shell 相关的内容。还是以一个例子开始，如果在 Shell 中输入如下指令 ls -l /usr/bin，实际上执行了可执行程序 ls，后面带两个参数-l 和 /usr/bin，与前文./hello 执行不带参数的自己写的可执行文件 hello 并无二致。Shell 本身不限制命令行参数的个数，而命令行参数的个数受限于命令自身，也就是 main 函数愿意接收什么。典型的 main 函数可以写成如下 3 种。

```
int main()
int main(int argc, char *argv[])
int main(int argc, char *argv[], char *envp[])
```

前两种比较常见。如果愿意接收环境变量，还可以再加一个 char *envp[]，即第三种，一般 Shell 程序会自动为可执行文件加上执行环境。例如，ls-l /usr/bin 中的-l 与/usr/bin 是两个参数，会通过 int argc 和 char *argv[]传进来。这是 Shell 命令传递到可执行程序的方法。Shell 会调用 execve 系统调用接口函数将命令行参数和环境变量传递给可执行程序的 main 函数。execve 系统调用接口函数的函数原型如下。

```
int execve(const char *filename, char *const argv[],char *const envp[]);
```

filename 为可执行文件的名字，argv 是以 NULL 结尾的命令行参数数组，envp 同样是以 NULL 结尾的环境变量数组（使用命令 man execve 可查看其说明）。编程使用的 exec 系列库函数都是 execve 系统调用接口函数的封装接口，比如下面一个简单的范例代码中用到的 execlp 库函数。

```
#include <stdio.h>
#include <stdlib.h>
#include <unistd.h>
int main(int argc, char * argv[])
```

```
{
    int pid;
    /* fork another process */
    pid = fork();
    if (pid < 0)
    {
        /* error occurred */
        fprintf(stderr, "Fork Failed!");
        exit(-1);
    }
    else if (pid == 0)
    {
        /* child process */
        execlp("/bin/ls", "ls", NULL);
    }
    else
    {
        /* parent process */
        /* parent will wait for the child to complete*/
        wait(NULL);
        printf("Child Complete!");
        exit(0);
    }
}
```

如上范例代码即为简化了的 Shell 程序执行 ls 命令的过程。首先 fork 一个子进程，pid == 0 的分支是子进程要执行的代码，在子进程里调用 execlp 来加载可执行程序 ls，这里没有写环境变量。完整的 Shell 程序中会有环境变量，接收与否取决于子进程的 main 函数。Shell 程序大致就是这样工作的。

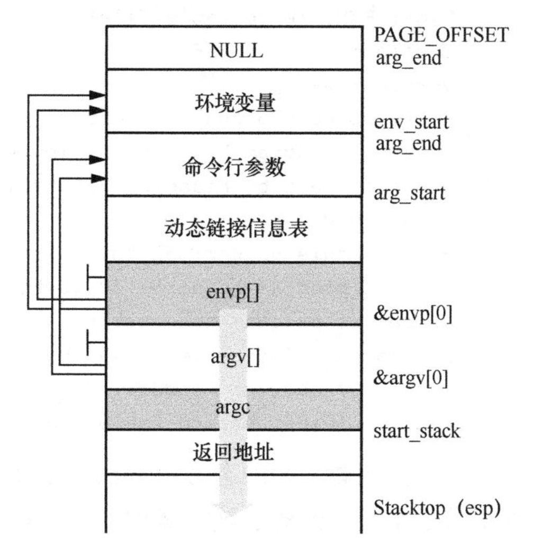

图6-2　用户态堆栈示意图

命令行参数和环境变量是如何保存的呢？当 fork 一个子进程时，会生成子进程的进程描述符、内核堆栈和用户态堆栈等，子进程是通过复制父进程的大部分内容创建的，通过 execlp 加载可执行程序时按图 6-2 所示的结构重新布局用户态堆栈，可以看到用户态堆栈的栈顶就是 main 函数调用堆栈框架，这就是程序的 main 函数起点的执行环境。这里是以 32 位 x86 环境为例，64 位 x86 环境中函数调用改为寄存器传递参数，可能会有所不同。

在布局一个新的用户态堆栈时，实际上是把命令行参数内容和环境变量的内容通过指针的方式传到系统调用内核处理函数，再创建一个新的用户态堆栈时会把 char *argv[]和 char *envp[]等复制到用户态堆栈中，来初始化这个新的可执行程序的执行上下文环境。所以新的程序可以从 main 函数开始把对应的参数接收过来，然后执行。

值得注意的是，在调用 execve 系统调用时，当前的执行环境是从父进程复制过来的，execve 系统调用加载完新的可执行程序之后已经覆盖了原来父进程的上下文环境。execve 系统调用在内核中重新布局了新的用户态执行环境。

执行 readelf -h 可以查看 ELF 可执行文件首部信息，如下所示程序入口点为 Entry point address:0x804887f。如果是静态链接程序，在 execve 系统调用加载完成后，内核堆栈上的系统调用返回地址会修改为程序入口点的地址。当系统调用从内核态返回时，会从 0x804887f 继续执行。

```
# readelf -h hello
ELF Header:
  Magic: 7f 45 4c 46 01 01 01 03 00 00 00 00 00 00 00 00
  Class: ELF32
  Data: 2's complement, little endian
  Version: 1 (current)
  OS/ABI: Unix - GNU
  ABI Version: 0
  Type: EXEC (Executable file)
  Machine: Intel 80386
  Version: 0x1
  Entry point address: 0x804887f
  Start of program headers: 52 (bytes into file)
  Start of section headers: 726668 (bytes into file)
  Flags: 0x0
  Size of this header: 52 (bytes)
  Size of program headers: 32 (bytes)
  Number of program headers: 6
  Size of section headers: 40 (bytes)
  Number of section headers: 31
  Section header string table index: 30
```

如果仅加载一个静态链接可执行程序，只需要传递一些命令行参数和环境变量，就可以正常工作了。但对于绝大多数可执行程序来讲，还有一些对动态链接库的依赖会稍微复杂一点。

动态链接的程序从内核态返回时首先会执行.interp 节指向的动态链接器。如下代码所示，动态链接的可执行文件比静态链接多出.interp 这个节以及其他 ld 需要用到的节，.interp 在文件 0x154 处长度为 0x13 字节。段表也会有相应的 INTERP 段。

```
# readelf -l hello.dynamic

Elf file type is DYN (Shared object file)
Entry point 0x420
There are 9 program headers, starting at offset 52

Program Headers:
  Type           Offset   VirtAddr   PhysAddr   FileSiz MemSiz  Flg Align
  PHDR           0x000034 0x00000034 0x00000034 0x00120 0x00120 RE  0x4
  INTERP         0x000154 0x00000154 0x00000154 0x00013 0x00013 R   0x1

# readelf -S hello.dynamic
There are 31 section headers, starting at offset 0x1844:

Section Headers:
  [Nr] Name              Type            Addr     Off    Size   ES Flg Lk Inf Al
  [ 0]                   NULL            00000000 000000 000000 00      0   0  0
  [ 1] .interp           PROGBITS        00000154 000154 000013 00   A  0   0  1
```

通过 xxd 命令查看文件中 0x150 处或者通过 readelf -p 查看.interp 节的内容如下，可以看到节中存储的是动态链接器 ld 的完整路径。

```
# xxd -s 0x150 -l 0x20 hello.dynamic
00000150: 0100 0000 2f6c 6962 2f6c 642d 6c69 6e75 ..../lib/ld-linu
00000160: 782e 736f 2e32 0000 0400 0000 1000 0000  x.so.2..........
# readelf -p .interp hello.dynamic
String dump of section '.interp':
  [     0]  /lib/ld-linux.so.2
```

一个动态链接库还可能会依赖其他的动态链接库，这样形成了一个依赖关系图——动态链接库会生成依赖树，如下以 ldd 命令查看/bin/ls 程序为例，可以看到 ls 所依赖的动态链接库。

```
# ldd /bin/ls
linux-vdso.so.1 (0x00007ffff7ffd000)
libselinux.so.1 => /lib/x86_64-linux-gnu/libselinux.so.1 (0x00007ffff7b84000)
libc.so.6 => /lib/x86_64-linux-gnu/libc.so.6 (0x00007ffff77e6000)
libpcre.so.3 => /lib/x86_64-linux-gnu/libpcre.so.3 (0x00007ffff7573000)
libdl.so.2 => /lib/x86_64-linux-gnu/libdl.so.2 (0x00007ffff736f000)
/lib64/ld-linux-x86-64.so.2 (0x0000555555554000)
libpthread.so.0 => /lib/x86_64-linux-gnu/libpthread.so.0 (0x00007ffff7152000)
```

动态链接器 ld 负责加载动态链接库，这是一个依赖关系图的遍历，从而加载所有需要的动态链接库，动态链接完成后，ld 将 CPU 的控制权交给可执行程序入口。动态链接的过程主要是动态链接器负责，而不是 Linux 内核完成的。

6.4.2　execve 与 fork 的区别和联系

fork 两次返回，第一次是父进程正常系统调用返回用户态继续向下执行，第二次是子进程在内核态从 ret_from_fork 开始执行，然后系统调用返回用户态继续向下执行，只是两次返回值不同，父进程返回值为子进程的 pid，子进程返回值为 0。

execve 在执行时陷入内核态，execve 加载可执行程序来覆盖当前进程中正在执行的程序，当系统调用返回时，就返回新的可执行程序起点或动态链接器。

execve 系统调用实际上是运行内核函数 do_execve()，大致处理过程简要总结如下。

（1）do_execve()及其相关函数首先读取 128 字节的可执行文件头部，以此判断可执行文件的类型。

（2）调用 search_binary_handle()去搜索和匹配合适的可执行文件加载处理程序。

（3）ELF 文件由 load_elf_binary()函数负责加载。此函数调用了 start_thread 函数，更新进程的内核堆栈，其中 struct pt_regs 为内核堆栈栈底，修改了系统调用保存的 CPU 关键上下文，其中指令指针寄存器的值 ip 的修改分为静态链接和动态链接两种情况。

① 静态链接：elf_entry 指向可执行文件的头部，一般是 main 函数，是新程序执行的起点。32 位 x86 中新的可执行程序起点的一般地址为 0x08048xxx，由编译器设定，出于安全上的考虑，xxx 为随机数。

② 动态链接：elf_entry 指向 ld（动态链接器）的起点 load_elf_interp。

内核加载可执行程序的过程实际上是执行一个系统调用 execve，和前面分析的 fork 及其他的系统调用的主要过程是一样的。但是 execve 这个系统调用的内核处理过程和 fork 一样也是比较特殊的。

正常的系统调用都是陷入内核态，再返回用户态，然后继续执行系统调用后的下一条指令。fork 和其他系统调用的不同之处是，它在陷入内核态之后有两次返回，第一次返回原来父进程的位置继续向下执行，这和其他的系统调用是一样的。在子进程中，fork 也返回了一次，子进程是从一个特定的点 ret_from_fork 开始执行的，通过特别构造的内核堆栈，子进程可以正常系统调用返回用户态。

同样，execve 也比较特殊。当前的可执行程序执行到 execve 系统调用时陷入内核态，在内核里面用 do_execve 加载可执行文件，把当前进程的可执行程序覆盖掉。当 execve 系统调用返回时，返回的用户态进程中已经不是原来的那个可执行程序了，而是新的可执行程序，而 execve 返回的是新的可执行程序执行的起点，静态链接的可执行程序起点就是 main 函数的位置，动态链接的可执行程序需要 ld 动态链接器先加载好动态链接库，再从 main 函数开始执行。

6.4.3 execve 系统调用的内核处理过程

有了前面的知识储备，可以想象一下可执行文件的加载过程。因为所有的信息都包含在 ELF 文件中，什么段放在什么内存区域，按照 ELF 的要求放好即可。当然其中涉及很多细节：修改进程描述符、申请内存、堆栈、准备参数、跳转到入口点等。下面梳理一下 execve 系统调用的内核处理过程。

Linux 系统一般提供了 execl、execlp、execle、execv、execvp 和 execve 这 6 个用以加载执行一个可执行文件的库函数，这些库函数统称为 exec 函数，差异在于对命令行参数和环境变量参数的传递方式不同。exec 函数都是通过 execve 系统调用进入内核，对应的系统调用内核处理函数为 sys_execve 或__x64_sys_execve，它们都是通过调用 do_execve 执行加载可执行文件的工作。

整体的调用关系为 sys_execve() 或 __x64_sys_execve → do_execve()→ do_execve_common()→ __do_execve_file → exec_binprm()→ search_binary_handler()→ load_elf_binary()→ start_thread()。

系统调用内核处理函数 sys_execve()或__x64_sys_execve 直接调用 do_execve，fs/exec.c 代码如下。3 个参数依次为可执行文件的名称、参数、环境变量。

```
SYSCALL_DEFINE3(execve,
        const char __user *, filename,
        const char __user *const __user *, argv,
        const char __user *const __user *, envp)
{
    return do_execve(getname(filename), argv, envp);
}

int do_execve(struct filename *filename,
        const char __user *const __user *__argv,
        const char __user *const __user *__envp)
{
    struct user_arg_ptr argv = {.ptr.native = __argv };
```

```
    struct user_arg_ptr envp = { .ptr.native = __envp };
    return do_execveat_common(AT_FDCWD, filename, argv, envp, 0);
}

static int do_execveat_common(int fd, struct filename *filename,
                struct user_arg_ptr argv,
                struct user_arg_ptr envp,
                int flags)
{
    return __do_execve_file(fd, filename, argv, envp, flags, NULL);
}
```

__do_execve_file 函数为加载二进制的可执行文件做好准备，比如保存好参数和环境变量等，其中最重要的就是调用 exec_binprm 函数负责选择能够解析二进制的可执行文件的代码来实际执行加载任务。

```
/*
 * sys_execve() executes a new program.
 */
static int __do_execve_file(int fd, struct filename *filename,
              struct user_arg_ptr argv,
              struct user_arg_ptr envp,
              int flags, struct file *file)
{
    char *pathbuf = NULL;
    struct linux_binprm *bprm;
    ...
    bprm = kzalloc(sizeof(*bprm), GFP_KERNEL);
    if (!bprm)
        goto out_files;
    retval = prepare_bprm_creds(bprm);
    if (retval)
        goto out_free;
    check_unsafe_exec(bprm);
    current->in_execve = 1;
    if (!file)
       file = do_open_execat(fd, filename, flags);
    retval = PTR_ERR(file);
    if (IS_ERR(file))
        goto out_unmark;
    sched_exec();
    bprm->file = file;
    ...
    bprm->interp = bprm->filename;
    retval = bprm_mm_init(bprm);
```

```
    if (retval)
        goto out_unmark;
    retval = prepare_arg_pages(bprm, argv, envp);
    if (retval < 0)
        goto out;
    retval = prepare_binprm(bprm);
    if (retval < 0)
        goto out;
    retval = copy_strings_kernel(1, &bprm->filename, bprm);
    if (retval < 0)
        goto out;
    bprm->exec = bprm->p;
    retval = copy_strings(bprm->envc, envp, bprm);
    if (retval < 0)
        goto out;
    retval = copy_strings(bprm->argc, argv, bprm);
    if (retval < 0)
        goto out;
    would_dump(bprm, bprm->file);
    retval = exec_binprm(bprm);
...
static int exec_binprm(struct linux_binprm *bprm)
{
    pid_t old_pid, old_vpid;
    int ret;

    /* Need to fetch pid before load_binary changes it */
    old_pid = current->pid;
    rcu_read_lock();
    old_vpid = task_pid_nr_ns(current, task_active_pid_ns(current->parent));
    rcu_read_unlock();

    ret = search_binary_handler(bprm);
    if (ret >= 0) {
        audit_bprm(bprm);
        trace_sched_process_exec(current, old_pid, bprm);
        ptrace_event(PTRACE_EVENT_EXEC, old_vpid);
        proc_exec_connector(current);
    }

    return ret;
}
```

exec_binprm 函数中调用 search_binary_handler 函数，它能根据当前可执行文件的类型来选择能够解析该可执行文件类型的代码。当前系统支持的所有可执行文件类型都保存在全局变量 formats 链表中，这样 search_binary_handler 函数就可以通过遍历 formats 链表匹配出当前需要加载的可执行文件类型所需的加载程序 load_binary，显然这里 load_binary 是一个函数指针。如果对观察者模式有所了解，看到这段代码应该能想象出大致的代码结构。formats 就是观察者列表，以 ELF 文件为例，search_binary_handler 函数就是通知能够解析 ELF 文件的观察者当前有一个 ELF 文件需要解析和加载。

```
static LIST_HEAD(formats);
...
/*
 * cycle the list of binary formats handler, until one recognizes the image
 */
int search_binary_handler(struct linux_binprm *bprm)
{
    ...
    list_for_each_entry(fmt, &formats, lh) {
        if (!try_module_get(fmt->module))
            continue;
        read_unlock(&binfmt_lock);
        bprm->recursion_depth++;
        retval = fmt->load_binary(bprm);
        bprm->recursion_depth--;
        read_lock(&binfmt_lock);
        ...
    }
}
EXPORT_SYMBOL(search_binary_handler)
```

search_binary_handler 函数是通过 include/linux/list.h 文件中 list_for_each_entry 宏定义来遍历 formats 链表的，感兴趣的读者可以试着展开如下这段宏定义代码。

```
...
#define LIST_HEAD(name) \
    struct list_head name = LIST_HEAD_INIT(name)
...
/**
 * list_for_each_entry - iterate over list of given type
 * @pos: the type * to use as a loop cursor.
 * @head: the head for your list.
 * @member: the name of the list_head within the struct.
 */
#define list_for_each_entry(pos, head, member)              \
    for (pos = list_first_entry(head, typeof(*pos), member);    \
        &pos->member != (head);                 \
        pos = list_next_entry(pos, member))
```

search_binary_handler 函数实现了观察者模式中的 notify_all 发布通知的功能，当然 search_binary_handler 函数只是根据类型通知了其中一个观察者，实际上它具有通知所有观察者的能力，这里根据实际需要只通知其中一个，比如对于 ELF 文件，fmt->load_binary(bprm) 实际上调用的是 load_elf_binary 函数。这个 load_elf_binary 函数是如何注册到观察者列表里的呢？参见 fs/binfmt_elf.c 文件中的如下这段代码。

```
static struct linux_binfmt elf_format = {
    .module = THIS_MODULE,
    .load_binary = load_elf_binary,
    .load_shlib = load_elf_library,
    .core_dump = elf_core_dump,
    .min_coredump = ELF_EXEC_PAGESIZE,
};
...
static int __init init_elf_binfmt(void)
{
    register_binfmt(&elf_format);
    return 0;
}
...
core_initcall(init_elf_binfmt);
```

上述代码将 ELF 文件解析器封装成一个观察者注册到 formats 链表中，其中 struct linux_binfmt elf_format 结构体变量就是观察者对象，register_binfmt(&elf_format)就是把观察者对象添加到 formats 链表中。

struct linux_binfmt elf_format 结构体变量中 load_binary 函数指针被赋值为 load_elf_binary，load_elf_binary 函数参见 fs/binfmt_elf.c 文件，摘录代码如下。

```
/*
 * These are the functions used to load ELF style executables and shared
 * libraries.  There is no binary dependent code anywhere else.
 */

static int load_elf_binary(struct linux_binprm *bprm)
{
    ...
    /* First of all, some simple consistency checks */
    if (memcmp(loc->elf_ex.e_ident, ELFMAG, SELFMAG) != 0)
        goto out;
        ...
        elf_phdata = load_elf_phdrs(&loc->elf_ex, bprm->file);
    if (!elf_phdata)
```

```
        goto out;
        ...
    if (interpreter) {
        unsigned long interp_map_addr = 0;

        elf_entry = load_elf_interp(&loc->interp_elf_ex,
                interpreter,
                &interp_map_addr,
                load_bias, interp_elf_phdata);
        if (!IS_ERR((void *)elf_entry)) {
            /*
             * load_elf_interp() returns relocation
             * adjustment
             */
              interp_load_addr = elf_entry;
            elf_entry += loc->interp_elf_ex.e_entry;
        }
        if (BAD_ADDR(elf_entry)) {
            retval = IS_ERR((void *)elf_entry) ?
                (int)elf_entry : -EINVAL;
            goto out_free_dentry;
        }
        reloc_func_desc = interp_load_addr;

        allow_write_access(interpreter);
        fput(interpreter);
    } else {
        elf_entry = loc->elf_ex.e_entry;
        if (BAD_ADDR(elf_entry)) {
            retval = -EINVAL;
            goto out_free_dentry;
        }
    }
    ...
        finalize_exec(bprm);
        start_thread(regs, elf_entry, bprm->p);
        retval = 0;
        ...
```

load_elf_binary 函数中代码可以和前述 ELF 目标文件格式对应起来，有兴趣的读者可以自行研读具体 ELF 的细节。值得说明的是，这段代码中会判断 ELF 可执行文件是动态链接的还是静态链接的，如果是动态链接的，ELF 可执行文件会调用 load_elf_interp 函数来处理，实际上是将 ld 动态链接器的入口地址赋值给 elf_entry；如果是静态链接的，ELF 可执行文件直接将 elf_ex.e_entry（就是 main 函数的位置）赋值给 elf_entry。另外解析和加载完 ELF 可执行文件后，还需要为可执行程序的执行准备好环境，最重要的就是 start_thread 函数。

6.4.4 start_thread 函数

在解析 ELF 文件格式的代码时还有一个很关键的地方，就是 load_elf_binary 里面的 start_thread。

execve 系统调用返回时，用户态空间里的可执行程序已经被完全替换掉了，这时候触发 execve 系统调用时保存的现场已经没有实际意义了，需要重新伪造一个“现场”让 execve 系统调用能够返回新加载的可执行程序的起始位置，start_thread 函数就是负责伪造这个“现场”的。

以 64 位 x86 Linux 系统为例，start_thread 函数相关代码参见 arch/x86/kernel/process_64.c 文件，摘录如下。

```
static void start_thread_common(struct pt_regs *regs, unsigned long new_ip,
        unsigned long new_sp,
        unsigned int _cs, unsigned int _ss, unsigned int _ds)
{
    WARN_ON_ONCE(regs != current_pt_regs());
    if (static_cpu_has(X86_BUG_NULL_SEG)) {
        /* Loading zero below won't clear the base. */
        loadsegment(fs, __USER_DS);
        load_gs_index(__USER_DS);
    }
    loadsegment(fs, 0);
    loadsegment(es, _ds);
    loadsegment(ds, _ds);
    load_gs_index(0);
    regs->ip = new_ip;
    regs->sp = new_sp;
    regs->cs = _cs;
    regs->ss = _ss;
    regs->flags = X86_EFLAGS_IF;
    force_iret();
}
void start_thread(struct pt_regs *regs, unsigned long new_ip, unsigned long new_sp)
{
    start_thread_common(regs, new_ip, new_sp, __USER_CS, __USER_DS, 0);
}
EXPORT_SYMBOL_GPL(start_thread);
```

可以看到，start_thread 修改了内核堆栈的底部，即中断关键上下文的 CPU 状态信息，使得 execve 系统调用返回用户态时能够从新的程序入口开始执行，以 ELF 可执行文件为例，new_ip 就是传递过来的 elf_entry。

start_thread 函数有参数 regs、new_ip 和 new_sp。该函数通过参数修改了 struct pt_regs *regs（就是内核堆栈的栈底的那一部分）。在发生系统调用时，CPU 把 RIP 和 RSP 都压栈到内核堆栈中，即 regs->ip 和 regs->sp，那么当一个新进程执行时，内核需要把它的起点位置替换掉，也就是 regs->ip = new_ip 和 regs->sp = new_sp。

以 ARM64 Linux 系统为例，start_thread 函数相关代码摘录如下，参见 arch/arm64/include/asm/processor.h 文件。ARM64 架构中的 start_thread 函数有参数 pt_regs、pc 和 sp，处理逻辑和 x86 基本一致，只是不同 CPU 的寄存器名称不同，其中 regs->pc = pc 和 regs->sp = sp 是修改 execve 系统调用时保存的现场。

```
static inline void start_thread_common(struct pt_regs *regs, unsigned long pc)
{
    memset(regs, 0, sizeof(*regs));
    forget_syscall(regs);
    regs->pc = pc;

    if (system_uses_irq_prio_masking())
        regs->pmr_save = GIC_PRIO_IRQON;
}
...
static inline void start_thread(struct pt_regs *regs, unsigned long pc,
       unsigned long sp)
{
    start_thread_common(regs, pc);
    regs->pstate = PSR_MODE_EL0t;

    if (arm64_get_ssbd_state() != ARM64_SSBD_FORCE_ENABLE)
        set_ssbs_bit(regs);

    regs->sp = sp;
}
```

可以看到，不管 x86 还是 ARM64，start_thread 函数都修改了内核堆栈的底部，即中断关键上下文的 CPU 状态信息，使得 execve 系统调用返回用户态时能够从新的程序入口或动态链接器的入口开始执行。

最后强调一下，系统调用作为一种特殊的中断，中断上下文的切换是在 CPU 支持下特殊处理的，打破了函数调用堆栈框架机制。fork 子进程的系统调用返回和这里 execve 系统调用返回都在中断上下文的基础上进一步对中断上下文保存的 CPU 状态信息进行了修改。这些是在正常指令执行流程外的技巧性处理，即修改原来保存下来的中断上下文（堆栈），特别是中断返回地址。这个技巧在后面进程上下文的切换时也会用到，希望读者仔细体会如下 3 点。

（1）可执行程序的加载实际上是“旧瓶装新酒”，当前进程就是“旧瓶”，待加载的可执行程序就是“新酒”。

（2）内核是所有进程共享的，每次离开内核会返回不同的用户态进程，运行进程中的可执行程序。

（3）execve 系统调用返回时，进程还是那个进程，但是进程里面的程序却完全被新加载的可执行程序覆盖了，那么原来的系统调用返回地址也就没有意义了，start_thread 函数就是负责设定新的系统调用返回现场。

总之，start_thread 函数是在正常流程外的特殊代码，即修改了原来保存现场的堆栈，特别是修改了原来保存下来的 CPU 的关键状态，其中包括返回地址。希望读者仔细体会，修改内核堆栈上的返回地址后，execve 系统调用返回用户态时，进程实际上完全变为执行一个全新的可执行程序。

6.5 系统调用、fork 和 execve 总结

一般的系统调用的执行过程如图 6-3 所示，其中用户态遵守函数调用堆栈框架，内核态也遵守函数调用堆栈框架，两者的结合点是通过特殊的指令 int $0x80、syscall 或 svc 等实现的，并借助寄存器传递参数、系统调用号和返回值。系统调用是特殊的函数调用，它有效地将用户代码和内核代码隔离开，从而保护内核代码，提高系统的稳定性。

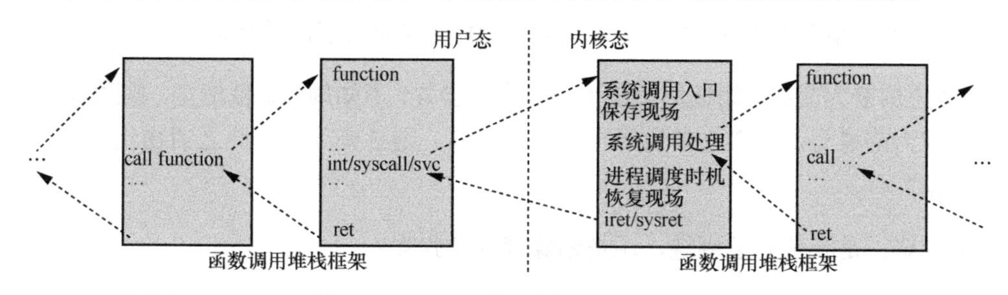

图6-3 一般的系统调用的执行过程示意图

fork 系统调用和一般的系统调用相比要特殊一点，也就是只触发了一次系统调用，却有两次系统调用返回，如图 6-4 所示，子进程中系统调用返回时，人为构造了一个初始状态，即 ret_from_fork 执行所需的内核堆栈状态。

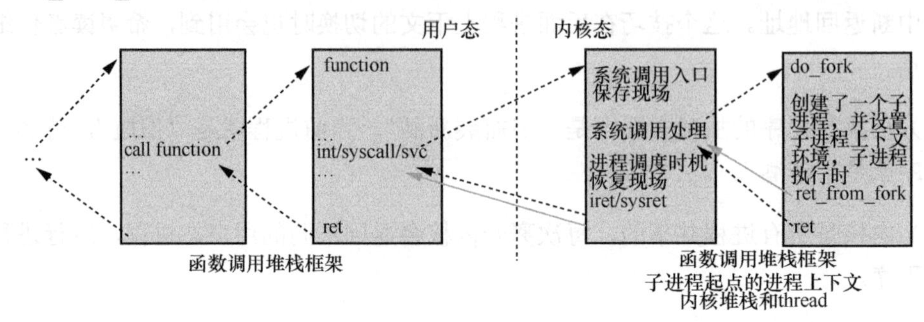

图6-4 fork系统调用的执行过程示意图

execve 系统调用和一般的系统调用相比也要特殊一点，也就是 execve 系统调用返回用户态时，原来触发 execve 系统调用的代码已经不复存在，一切都要从头开始，从哪里开始呢？start_thread 函数负责伪造这个“现场”，即当前系统调用的中断上下文内核堆栈里保存的 CPU 状态，使得 execve 系统调用能够返回用户态从头开始，如图 6-5 所示。

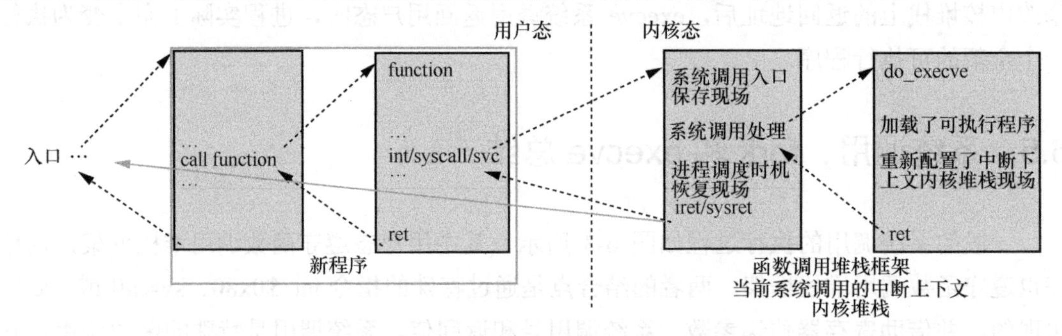

图6-5 execve系统调用的执行过程示意图

Linux 内核加载可执行程序的过程和古代庄生梦蝶的故事比较相似。

“昔者庄周梦为胡蝶，栩栩然胡蝶也，自喻适志与！不知周也。俄然觉，则蘧蘧然周也。不知周之梦为胡蝶与，胡蝶之梦为周与？周与胡蝶，则必有分矣。此之谓物化。”——《庄子·齐物论》

庄周疑惑：是我梦到了蝴蝶，还是蝴蝶梦到了我呢？

如果把 fork 出来的 Shell 程序的子进程比作庄子，它调用 execve 系统调用进入内核即入睡了（Shell 子进程本身停止执行）。进入内核的 execve 系统调用加载了一个新的可执行程序，execve 系统调用返回用户态时发现自己已经不是原来的 Shell 子进程，而是一个全新的可执行程序。如果这个可执行程序内部也执行 execve 系统调用加载 Shell 程序，同样返回用户态（醒来）发现自己是 Shell 进程了。这两者总是相对的，可以互相加载。但都是在同一个进程内，只是进程里的可执行程序被替换了。

- 庄周（调用 execve 加载可执行程序——蝴蝶）。
- 入睡（调用 execve 陷入内核）。
- 醒来（系统调用 execve 返回用户态）。
- 发现自己是蝴蝶（被 execve 加载的可执行程序）。

反之，蝴蝶调用 execve 加载可执行程序——庄周。

- 蝴蝶（调用 execve 加载可执行程序——庄周）。
- 入睡（调用 execve 陷入内核）。
- 醒来（系统调用 execve 返回用户态）。
- 发现自己是庄周（被 execve 加载的可执行程序）。

通过以上对系统调用、fork 和 execve 的总结，从一般的函数调用堆栈框架机制出发，逐步理解系统调用、fork 创建进程和 execve 加载可执行程序；通过对比它们的特殊之处，更加精确地理解 Linux 操作系统的运转模型。

本章实验

1. 实验测试加载时动态链接和运行时动态链接。
2. 跟踪调试 execve 系统调用在 Linux 内核中的执行过程。

第7章 中断处理、内核线程和设备驱动

本章以中断处理过程为重点，将中断处理分为上半部和下半部，而中断处理的下半部在新版本的 Linux 内核中主要是以内核线程这一特殊进程的方式来执行，最后以设备驱动程序为例给出了中断处理和内核线程的实际应用场景。

7.1 中断处理概述

前面对系统调用进行了诸多篇幅的深入分析，实际上系统调用就是一类特殊的中断，即便快速系统调用使用的不再是中断指令，但从处理机制上依然可以认为是一种特殊的中断。本节将讨论不同类型的中断和中断处理过程。一般来说，中断能起到暂停当前进程指令流（Linux 内核中称为 thread）转去执行中断处理程序的作用，中断处理过程是独立于当前进程指令流的内核代码指令流。

7.1.1 中断的类型

中断由处理器自身或与之连接的外设（如键盘、鼠标、网卡等）产生，是处理器提供的一种响应外设请求的机制，是处理器硬件支持的特性。外设通过产生电信号通知中断控制器，中断控制器再向处理器发送相应的中断信号。处理器检测到这个信号后就会打断自己当前正在做的工作，转而去处理中断请求。下面介绍 x86 和 ARM64 架构中的中断类型。

x86 架构的 CPU 根据中断事件的来源将中断分为中断和异常两大类。

中断，也称为外部中断，分为可屏蔽中断和不可屏蔽中断。不可屏蔽中断是指只要有中断事件发生，CPU 就无条件响应，而可屏蔽中断是指即使有中断事件发生，CPU 仍然可以选择不去处理中断，这要看当前 CPU 中的状态标志位是否允许中断，若允许则去处理中

断。也就是通过 CPU 状态标志位屏蔽或打开中断。

异常（Exception），也称为内部中断，包括除 0 错误、系统调用、调试断点等。在 CPU 执行指令过程中发生的各种特殊情况统称为异常，它会导致程序无法继续执行，而跳转到 CPU 预设的处理函数。异常分为如下 3 种。

（1）故障（Fault）：故障就是有问题了，如除 0 错误、缺页异常等，但可以恢复到当前指令。

（2）退出（Abort）：简单说是不可恢复的严重故障，导致程序无法继续运行，只能退出。例如，连续发生故障。

（3）陷阱（Trap）：程序主动产生的异常，在执行当前指令后发生。系统调用（int $0x80）以及调试程序时设置断点的指令（int $3）都属于这类，简单说就是程序自己要借用中断这种机制进行跳转，所以在有些书中也称为“自陷”或“陷入”。

值得注意的是，syscall 和 sysenter 快速系统调用指令，在 CPU 内部与中断机制方面差异较大，但是从系统角度看，快速系统调用沿用了传统中断方式的系统调用处理过程，而且快速系统调用的提出是为了提高 CPU 处理传统中断方式系统调用的处理速度。从系统的角度看，syscall 和 sysenter 快速系统调用指令也可以认为是一种特殊的中断；从机制上来说，syscall 和 sysenter 快速系统调用指令可以归类为陷阱类型的中断。

ARM64 架构中所有的中断都称为异常，尽管中断的机制和类型大致相同，但是分类方法完全不同。具体来说分为如下 4 类。

（1）同步（Synchronous）异常，是指由正在运行的指令或指令运行的结果造成的异常，在一般计算机术语中称为陷阱类型的异常或软件中断。

（2）IRQ，普通优先级的外部中断请求，属于异步异常。

（3）FIQ，高优先级的外部中断请求，属于异步异常。

（4）系统错误（System Error），是指由硬件错误触发的异常，也属于异步异常。

IRQ 和 FIQ 对应 x86 架构中的中断，同步异常对应 x86 架构中的陷阱，系统错误对应 x86 架构中的故障和退出。

7.1.2 中断处理程序和下半部

中断处理程序是中断事件发生后需要立即处理的任务，相对于下半部（bottom half），中断处理程序也称为上半部（top half），下半部则指的是一些虽然是中断处理相关的任务，但是可以延后执行的那部分任务。举个例子，在网络传输中，网卡接收到数据包这个事件不一定需要马上被处理，适合用下半部去实现；但是用户敲击键盘这样的事件就必须马上响应，应该用中断处理程序实现。

中断处理程序对时间非常敏感，而下半部基本上都是一些可以延迟处理的工作，因此一个工作是放在上半部还是下半部去执行是 I/O 驱动程序设计中需要仔细考虑的问题。一般来说，如果一个任务对时间非常敏感，则将其放在中断处理程序中执行；如果一个任务和硬件紧密相关，则将其放在中断处理程序中执行；如果一个任务要保证不被其他中断（特别是相同的中断）打断，则将其放在中断处理程序中执行。所有其他可以延迟的任务都尽量放在下半部去执行。

主要有 3 种实现下半部的方法，分别是 tasklet、软中断（softirq）和工作队列（workqueue）。其中 tasklet 是在软中断基础上实现的；软中断既可以工作在中断上下文，又可以工作在内核线程的进程上下文，也就是说，软中断既可以在中断处理程序中调用，又可以在内核线程 ksoftirqd 中执行；而工作队列仅能工作在内核线程的进程上下文中。

具体来说，一般设备驱动程序加载时会通过 request_irq 注册中断处理函数，通过 open_softirq 注册软中断处理函数或 tasklet 处理函数，而工作队列更加灵活，既可以自己创建一个工作队列，又可以将工作任务添加到一个已有的工作队列中。这里不具体深入介绍注册的方法，只简单介绍一下中断处理的过程。

先来看 request_irq 函数，参见 include/linux/interrupt.h 文件，摘录如下，其中 irq_handler_t handler 就是中断处理函数。

```
static inline int __must_check
request_irq(unsigned int irq, irq_handler_t handler, unsigned long flags,
        const char *name, void *dev)
{
     return request_threaded_irq(irq, handler, NULL, flags, name, dev);
}
```

request_threaded_irq 函数参见 kernel/irq/manage.c 文件，摘录部分代码如下，其中 irq_handler_t handler 放入 struct irqaction *action，并找到 irq 对应的中断描述符 struct irq_desc *desc。最后通过__setup_irq(irq, desc, action)配置好。

```
int request_threaded_irq(unsigned int irq, irq_handler_t handler,
         irq_handler_t thread_fn, unsigned long irqflags,
         const char *devname, void *dev_id)
{
    struct irqaction *action;
```

```
    struct irq_desc *desc;
    ...
    desc = irq_to_desc(irq);
    ...
    action = kzalloc(sizeof(struct irqaction), GFP_KERNEL);
    if (!action)
        return -ENOMEM;

    action->handler = handler;
    action->thread_fn = thread_fn;
    action->flags = irqflags;
    action->name = devname;
    action->dev_id = dev_id;

    retval = irq_chip_pm_get(&desc->irq_data);
    if (retval < 0) {
        kfree(action);
        return retval;
    }

    retval = __setup_irq(irq, desc, action);
    ...
}
EXPORT_SYMBOL(request_threaded_irq);
```

再来看中断事件发生时中断处理的过程。因为中断是 CPU 的功能特性，所以中断处理和 CPU 架构紧密相关，比如 x86 下触发中断对应的 x86 汇编语言代码中调用 do_IRQ 来处理中断；ARM64 下 irq 异常触发对应的 ARM64 汇编语言代码，其中通过函数指针 handle_arch_irq 间接调用 gic_handle_irq 来处理中断。不同 CPU 架构下的中断处理最终都会调用 Linux 内核的通用中断处理代码 generic_handle_irq_desc，参见 include/linux/irqdesc.h 文件，摘录如下，其中通过中断描述符中的函数指针 handle_irq 最终调用了__handle_irq_event_percpu 函数。

```
/*
 * Architectures call this to let the generic IRQ layer
 * handle an interrupt.
 */
static inline void generic_handle_irq_desc(struct irq_desc *desc)
{
    desc->handle_irq(desc);
}
```

__handle_irq_event_percpu 函数参见 kernel/irq/handle.c 文件，摘录如下，其中遍历了中断描述符中的 action 链表，并执行了注册进来的每一个中断处理函数，action->handler 函数指针实际上就是 request_irq 注册的 irq_handler_t handler。

```
irqreturn_t __handle_irq_event_percpu(struct irq_desc *desc, unsigned int *flags)
{
    irqreturn_t retval = IRQ_NONE;
    unsigned int irq = desc->irq_data.irq;
    struct irqaction *action;

    record_irq_time(desc);

    for_each_action_of_desc(desc, action) {
        irqreturn_t res;

        trace_irq_handler_entry(irq, action);
        res = action->handler(irq, action->dev_id);
        trace_irq_handler_exit(irq, action, res);
...
```

值得注意的是，中断处理函数执行之后，不管是 x86 还是 ARM64 架构下的相关代码中都会调用 irq_exit，参见 kernel/softirq.c 文件，摘录如下。

```
/*
 * Exit an interrupt context. Process softirqs if needed and possible:
 */
void irq_exit(void)
{
#ifndef __ARCH_IRQ_EXIT_IRQS_DISABLED
    local_irq_disable();
#else
    lockdep_assert_irqs_disabled();
#endif
    account_irq_exit_time(current);
    preempt_count_sub(HARDIRQ_OFFSET);
    if (!in_interrupt() && local_softirq_pending())
        invoke_softirq();

    tick_irq_exit();
    rcu_irq_exit();
    trace_hardirq_exit(); /* must be last! */
}
```

在 irq_exit 中，preempt_count_sub(HARDIRQ_OFFSET)是硬件中断的抢占（preempt）计数减 HARDIRQ_OFFSET，表示当前中断处理的上半部到这里结束。如果当前的中断是嵌套在其他中断里的，那么这次减 HARDIRQ_OFFSET 后计数不会清 0；如果当前只有这一个中断，那么这次减 HARDIRQ_OFFSET 后计数会清 0。注意，这一点很重要。

下一步判断!in_interrupt() && local_softirq_pending()。!in_interrupt()就是通过计数来判断当前中断处理是否还处于嵌套的中断上下文中，即抢占是否已经清 0，如果当前还有未完成的中断，则直接退出。软中断的执行在后续适当的时机再进行。其中适当的时机是指 ksoftirqd 内核线程的调度执行，或者下次中断退出到此正好抢占已经清 0，且当前 CPU 有等待处理的软中断，即 local_softirq_pending()为真，那么就会执行 invoke_softirq()处理软中断，这时处理软中断就是典型的下半部，而 ksoftirqd 内核线程处理软中断和工作队列就不在中断上下文中了，而是在内核线程的进程上下文中。

7.1.3 软中断

软中断是中断处理的下半部，有时会和软件中断（software interrupt）混淆。软件中断一词最早来自于 Intel 手册，是指在 32 位 x86 架构下用 int 指令触发的中断，比如系统调用 int $0x80。另外，用户进程的信号（signal）处理机制常常也被称作软件中断。与 CPU 上的软件中断对应，它是软件层面上对中断机制的一种模拟。

信号用来通知进程发生了某些事件，是从软件层面对硬件中断的一种模拟，它的效果和硬件中断是差不多的，只是信号处理程序由用户程序定义或系统默认定义。而软中断本身就属于中断处理的一部分，只是它处理的是相对不那么紧急的、可以延迟的那部分工作。signal 和 softirq 在内核实现中有很多相似之处，比如都可以在中断上下文中被调用。

软中断不仅可以作为典型的中断处理下半部在中断上下文中处理，还可以在 ksoftirqd 内核线程中处理。ksoftirqd 这个内核线程就是用来执行软中断的，准确地说应该是执行过多的软中断，因为在典型的中断处理下半部中没有机会处理的软中断才能延迟到 ksoftirqd 内核线程中被调度执行。下面看看软中断的注册和处理过程。

先来看软中断的注册方式。软中断设计了自己的软中断向量表，模拟了 CPU 的中断向量表的做法，比如 x86 的中断向量表和 ARM64 的异常向量表等。软中断向量表 softirq_vec 和软中断的注册函数 open_softirq 的相关代码摘录如下，参见 kernel/softirq.c 文件。

```
...
static struct softirq_action softirq_vec[NR_SOFTIRQS] __cacheline_aligned_in_smp;
...
void open_softirq(int nr, void (*action)(struct softirq_action *))
{
    softirq_vec[nr].action = action;
}
...
```

软中断的执行主要有两种方式：一种是典型的中断处理下半部 irq_exit 中调用

invoke_softirq；另一种是 ksoftirqd 内核线程中调用 run_ksoftirqd。invoke_softirq 和 run_ksoftirqd 参见 kernel/softirq.c 文件，其中都调用了__do_softirq()。值得注意的是，invoke_softirq 一般处于中断上下文中，如果无法处理软中断，则 wakeup_softirqd()唤醒 ksoftirqd 内核线程负责处理软中断。

```
static inline void invoke_softirq(void)
{
    if (ksoftirqd_running(local_softirq_pending()))
        return;

    if (!force_irqthreads) {
#ifdef CONFIG_HAVE_IRQ_EXIT_ON_IRQ_STACK
        /*
         * We can safely execute softirq on the current stack if
         * it is the irq stack, because it should be near empty
         * at this stage.
         */
        __do_softirq();
#else
        /*
         * Otherwise, irq_exit() is called on the task stack that can
         * be potentially deep already. So call softirq in its own stack
         * to prevent from any overrun.
         */
        do_softirq_own_stack();
#endif
    } else {
        wakeup_softirqd();
    }
}
...
static void run_ksoftirqd(unsigned int cpu)
{
    local_irq_disable();
    if (local_softirq_pending()) {
        /*
         * We can safely run softirq on inline stack, as we are not deep
         * in the task stack here.
         */
        __do_softirq();
        local_irq_enable();
        cond_resched();
        return;
    }
```

```
    local_irq_enable();
}
```

__do_softirq 函数中通过 h->action(h)执行软中断处理函数，但是需要注意的是，这段代码既可以工作在中断上下文，又可以工作在进程上下文。其中的 while 循环只是用来遍历一轮挂起的软中断请求，ffs(pending)的意思是找出第一个软中断请求标志为 1 的位；而 goto restart 形成的循环是根据时间片和 max_restart 来限制处理软中断的时间，防止长期占用 CPU 造成用户进程饥饿。

```
asmlinkage __visible void __softirq_entry __do_softirq(void)
{
    unsigned long end = jiffies + MAX_SOFTIRQ_TIME;
    unsigned long old_flags = current->flags;
    int max_restart = MAX_SOFTIRQ_RESTART;
    struct softirq_action *h;
    bool in_hardirq;
    __u32 pending;
    int softirq_bit;

    /*
     * Mask out PF_MEMALLOC as the current task context is borrowed for the
     * softirq. A softirq handled, such as network RX, might set PF_MEMALLOC
     * again if the socket is related to swapping.
     */
    current->flags &= ~PF_MEMALLOC;

    pending = local_softirq_pending();
    ...
restart:
    /* Reset the pending bitmask before enabling irqs */
    set_softirq_pending(0);

    local_irq_enable();

    h = softirq_vec;

    while ((softirq_bit = ffs(pending))) {
        unsigned int vec_nr;
        int prev_count;

        h += softirq_bit - 1;

        vec_nr = h - softirq_vec;
        ...
```

```
        h->action(h);
        ...
        h++;
        pending >>= softirq_bit;
    }

    if (__this_cpu_read(ksoftirqd) == current)
        rcu_softirq_qs();
    local_irq_disable();

    pending = local_softirq_pending();
    if (pending) {
        if (time_before(jiffies, end) && !need_resched() && --max_restart)
            goto restart;

        wakeup_softirqd();
    }

    ...
}
```

tasklet 是基于 softirq 实现的，基本原理一致，感兴趣的读者可以进一步阅读源代码，篇幅所限，这里不再深入介绍 tasklet 的细节。工作队列只能工作在进程上下文，从业务功能上看，它是中断处理的下半部；从技术上看，工作队列和中断处理没有直接的联系，它是由内核线程来实现的，可以用于处理中断的下半部（可延迟任务）。

7.2　内核线程概述

7.2.1　内核线程的概念

内核线程是什么？前面至少 3 次与它有过接触。

第一次是在 start_kernel 内核启动过程的最后，通过 kernel_thread 分别创建 1 号进程和 2 号进程，其中 1 号进程就是用户进程 init，2 号进程就是内核线程 kthreadd，参见如下代码。

```
/*
 * We need to spawn init first so that it obtains pid 1, however
 * the init task will end up wanting to create kthreads, which, if
 * we schedule it before we create kthreadd, will OOPS.
 */
pid = kernel_thread(kernel_init, NULL, CLONE_FS);
/*
```

```
     * Pin init on the boot CPU. Task migration is not properly working
     * until sched_init_smp() has been run. It will set the allowed
     * CPUs for init to the non isolated CPUs.
     */
    rcu_read_lock();
    tsk = find_task_by_pid_ns(pid, &init_pid_ns);
    set_cpus_allowed_ptr(tsk, cpumask_of(smp_processor_id()));
    rcu_read_unlock();

    numa_default_policy();
    pid = kernel_thread(kthreadd, NULL, CLONE_FS | CLONE_FILES);
    rcu_read_lock();
    kthreadd_task = find_task_by_pid_ns(pid, &init_pid_ns);
    rcu_read_unlock();
```

第二次是进程的创建，kernel_thread 和系统调用 fork/clone 的内核处理函数都是调用 _do_fork 的封装函数，也就是 kernel_thread 创建的内核线程和普通进程的创建过程是一致的。

```
/*
 * Create a kernel thread.
 */
pid_t kernel_thread(int (*fn)(void *), void *arg, unsigned long flags)
{
    struct kernel_clone_args args = {
        .flags = ((flags | CLONE_VM | CLONE_UNTRACED) & ~CSIGNAL),
        .exit_signal = (flags & CSIGNAL),
        .stack = (unsigned long)fn,
        .stack_size = (unsigned long)arg,
    };

    return _do_fork(&args);
}
```

第三次就是前述中断处理的下半部软中断和工作队列可以工作在进程上下文中，也就是内核线程中。

通过这 3 次接触，大致可以做出一个判断：内核线程不是线程，而是进程。事实上，在 Linux 内核中并没有操作系统原理中的线程概念，内核用 thread 一词仅是指在 CPU 上执行的指令流时间线，而 pthread 线程库则是在用户态创建一组共享进程资源的轻量级进程来模拟线程实现的用户态线程库。

内核线程是进程，那它和普通的用户进程有何异同呢？内核线程和用户进程一样有自己的进程描述符 struct task_struct，也就和用户进程一样是可管理和调度的任务。通过系统调用 fork/clone 创建的进程，在子进程中系统调用返回时会回到用户程序代码中，而 kernel_thread 创建的内核线程中执行的是指定的内核函数。

用户进程既有用户态又可以通过中断（系统调用）方式陷入内核态，而内核线程则只有内核态没有用户态。根据进程地址空间的划分，内核态部分的进程地址空间是所有进程共享的，那么内核线程不需要有自己的进程地址空间，只要借用前一个运行进程的地址空间就可以。进程描述符 struct task_struct 中关于内存描述的成员有 mm 和 active_mm 两个，对于内核线程，不拥有任何内存描述符，mm 成员总是设为 NULL，当内核线程运行时，它的 active_mm 成员被初始化为前一个运行进程的 active_mm 值。

```
struct task_struct {
    ...
    struct mm_struct  *mm;
    struct mm_struct  *active_mm;
    ...
}
```

7.2.2 内核线程的创建管理

2 号进程 kthreadd 负责统管内核线程，是所有其他内核线程的父进程，是一个典型的守护进程。kthreadd 守护进程的代码参见 kernel/kthread.c 文件，摘录如下，可以看到它一直在检测内核线程创建列表 kthread_create_list，如果列表为空，表示没有创建任务，它就执行 schedule()进程调度让出 CPU；如果有创建任务，它就执行 create_kthread(create)完成内核线程的创建。

```
int kthreadd(void *unused)
{
    struct task_struct *tsk = current;

    /* Setup a clean context for our children to inherit. */
    set_task_comm(tsk, "kthreadd");
    ignore_signals(tsk);
    set_cpus_allowed_ptr(tsk, cpu_all_mask);
    set_mems_allowed(node_states[N_MEMORY]);

    current->flags |= PF_NOFREEZE;
    cgroup_init_kthreadd();

    for (;;) {
        set_current_state(TASK_INTERRUPTIBLE);
        if (list_empty(&kthread_create_list))
            schedule();
```

```
        __set_current_state(TASK_RUNNING);

        spin_lock(&kthread_create_lock);
        while (!list_empty(&kthread_create_list)) {
            struct kthread_create_info *create;

            create = list_entry(kthread_create_list.next,
                        struct kthread_create_info, list);
            list_del_init(&create->list);
            spin_unlock(&kthread_create_lock);

            create_kthread(create);

            spin_lock(&kthread_create_lock);
        }
        spin_unlock(&kthread_create_lock);
    }

    return 0;
}
```

内核线程的创建是由 kthread_create_list 链表和 kthread_create_info 结构体来管理的，如下宏定义代码实现了 kthread_create_list 的变量声明和初始化。struct kthread_create_info 结构体则是内核线程创建任务的描述。

```
// include/linux/list.h
/*
 * Simple doubly linked list implementation.
 *
 * Some of the internal functions ("__xxx") are useful when
 * manipulating whole lists rather than single entries, as
 * sometimes we already know the next/prev entries and we can
 * generate better code by using them directly rather than
 * using the generic single-entry routines.
 */

#define LIST_HEAD_INIT(name) { &(name), &(name) }

#define LIST_HEAD(name) \
    struct list_head name = LIST_HEAD_INIT(name)

// include/linux/list.h
static LIST_HEAD(kthread_create_list);
struct task_struct *kthreadd_task;
```

```
struct kthread_create_info
{
    /* Information passed to kthread() from kthreadd. */
    int (*threadfn)(void *data);
    void *data;
    int node;

    /* Result passed back to kthread_create() from kthreadd. */
    struct task_struct *result;
    struct completion *done;

    struct list_head list;
};
```

展开这段宏定义代码对变量 kthread_create_list 的声明和初始化如下。

```
struct list_head kthread_create_list = {&(kthread_create_list), &(kthread_create_list)};
```

不管是软中断还是工作队列的内核线程都是通过 kthread_create_on_node 将创建内核线程的任务封装成 struct kthread_create_info *create，然后通过 list_add_tail(&create->list, &kthread_create_list)将其加入 kthread_create_list 链表，接着通过 wake_up_process(kthreadd_task)唤醒 2 号进程 kthreadd 来执行内核线程的创建任务。

```
static __printf(4, 0)
struct task_struct *__kthread_create_on_node(int (*threadfn)(void *data),
        void *data, int node,
        const char namefmt[],
        va_list args)
{
    DECLARE_COMPLETION_ONSTACK(done);
    struct task_struct *task;
    struct kthread_create_info *create = kmalloc(sizeof(*create), GFP_KERNEL);

    if (!create)
        return ERR_PTR(-ENOMEM);
    create->threadfn = threadfn;
    create->data = data;
    create->node = node;
    create->done = &done;

    spin_lock(&kthread_create_lock);
    list_add_tail(&create->list, &kthread_create_list);
    spin_unlock(&kthread_create_lock);

    wake_up_process(kthreadd_task);
```

```
    ...
}

/**
 * kthread_create_on_node - create a kthread.
 * @threadfn: the function to run until signal_pending(current).
 * @data: data ptr for @threadfn.
 * @node: task and thread structures for the thread are allocated on this node
 * @namefmt: printf-style name for the thread.
 *
 * Description: This helper function creates and names a kernel
 * thread.  The thread will be stopped: use wake_up_process() to start
 * it.  See also kthread_run().  The new thread has SCHED_NORMAL policy and
 * is affine to all CPUs.
 *
 * If thread is going to be bound on a particular cpu, give its node
 * in @node, to get NUMA affinity for kthread stack, or else give NUMA_NO_NODE.
 * When woken, the thread will run @threadfn() with @data as its
 * argument. @threadfn() can either call do_exit() directly if it is a
 * standalone thread for which no one will call kthread_stop(), or
 * return when 'kthread_should_stop()' is true (which means
 * kthread_stop() has been called).  The return value should be zero
 * or a negative error number; it will be passed to kthread_stop().
 *
 * Returns a task_struct or ERR_PTR(-ENOMEM) or ERR_PTR(-EINTR).
 */
struct task_struct *kthread_create_on_node(int (*threadfn)(void *data),
       void *data, int node,
       const char namefmt[], ...)
{
    struct task_struct *task;
    va_list args;

    va_start(args, namefmt);
    task = __kthread_create_on_node(threadfn, data, node, namefmt, args);
    va_end(args);

    return task;
}
EXPORT_SYMBOL(kthread_create_on_node);
```

2 号进程 kthreadd 具体是如何创建内核线程的呢？大致是 kthreadd 调用 create_kthread 函数，create_kthread 通过 kernel_thread 创建一个内核线程 kthread。注意这个 kthread 和 2 号进程 kthreadd 相比少一个 d，这个 d 就是 daemon 守护进程的意思。kthread 不是一个守护进程，它只负责执行一个内核线程任务 create->threadfn，而 create->threadfn 函数指针可能是执行软中断处理的 run_ksoftirqd，也可能是执行工作队列的 worker_thread。

```
static int kthread(void *_create)
{
    /* Copy data: it's on kthread's stack */
    struct kthread_create_info *create = _create;
    int (*threadfn)(void *data) = create->threadfn;
    ...
    /* OK, tell user we're spawned, wait for stop or wakeup */
    __set_current_state(TASK_UNINTERRUPTIBLE);
    create->result = current;
    complete(done);
    schedule();

    ret = -EINTR;
    if (!test_bit(KTHREAD_SHOULD_STOP, &self->flags)) {
        cgroup_kthread_ready();
        __kthread_parkme(self);
        ret = threadfn(data);
    }
    do_exit(ret);
}
```

到这里大致就理清了 2 号进程 kthreadd 通过 kthread_create_list 链表和 kthread_create_info 结构体为内核代码（包括驱动程序）提供了一个创建内核线程的方式，具体来说，就是 kthread_create_on_node 向 kthread_create_list 链表中添加创建任务，最后由 kthreadd 守护进程创建内核线程 kthread，并进一步执行 create->threadfn。

7.3 设备驱动程序

理解了中断处理和内核线程，I/O 驱动程序框架也就呼之欲出了。一个 I/O 驱动程序一般需要注册中断处理函数，由 CPU 在中断发生时触发执行中断处理的上半部，如果有机会可能还会处理软中断；对于可延迟的任务，驱动程序可以通过注册软中断处理函数或封装成 struct work_struct *work 添加到工作队列中由相应的内核线程来处理。这只是逻辑上的抽象结构框架，具体到 I/O 驱动程序还要看软件接口层次上的 I/O 驱动程序框架。

7.3.1 一切皆是文件

Linux 中所有资源都是抽象成文件来管理的，即一切皆是文件，普通文件是文件，目录是文件，硬件设备（键盘、监视器、硬盘、打印机）是文件，就连网络套接字（Socket）也是文件。

Linux系统中的设备文件通常在/dev目录下，大致分为字符设备文件和块设备文件两大类，例如硬盘存储器属于块设备，串口设备则属于字符设备。

Linux将所有资源都抽象成文件的好处是，应用开发者仅需要使用一套API和开发工具即可调取Linux系统中绝大多数的资源。举个简单的例子，Linux中几乎所有读操作和写操作都可以用read和write标准库函数进行，比如读写文件、系统状态、套接口（socket）、管道（pipe）等。

Linux系统具有一个以根目录为树根的文件目录树结构，每个设备本身有一个设备文件，有些设备还有自己的文件系统目录树，这样任何硬件设备都必须与系统根目录下某一目录或文件关联起来，即创建设备文件或挂载文件系统，否则无法纳入系统中进行管理和使用。

创建设备文件有手动创建设备文件和自动创建设备文件两种方式。

手动创建设备文件是手动使用mknod命令创建。在设备驱动程序加载（insmod）成功之后，通过mknod命令手动创建设备文件至/dev目录下。mknod 命令的用法如下。

```
mknod DEVNAME {b | c} MAJOR MINOR
```

其中c表示字符设备；b表示块设备；MAJOR主设备号用来确定设备类型，比如USB设备、硬盘设备等，可以用cat /proc/devices查看当前系统的主设备号；MINOR次设备号用来确定具体是哪个设备。mknod创建一个设备文件，并通过文件属性存储该设备的大类（字符设备c或块设备b等）、设备类型和设备号。

自动创建设备文件是在设备驱动注册到系统后，调用class_create为该设备在/sys/class目录下创建一个设备类，再调用device_create函数为每个设备创建对应的设备，并通过uevent机制用mdev（嵌入式Linux由BusyBox提供）来调用mknod创建设备文件至/dev目录下。

所谓挂载就是将某一文件系统目录加入系统根目录树中作为子目录，使用mount命令。mount命令用法如下。

```
mount [-t vfstype] [-o options] device dir
```

其中-t vfstype指定文件系统的类型，通常不必指定，mount会自动选择正确的类型；-o options主要用来描述设备或档案的挂载方式，比如-o loop用来把一个文件当成硬盘分区挂载上系统、-o ro采用只读方式挂载设备、-o rw采用读写方式挂载设备；device是要挂载

（mount）的设备；dir 是设备在系统根目录树上的挂载点（mount point）。

这样设备文件或设备文件系统就被纳入系统目录树统一管理，在用户态程序中对设备文件或设备文件系统的操作主要有 open()、ioctl()、read()、write()和 close()等，其中用文件描述符 fd 代表设备。

各种硬件设备种类繁多、特性各异，能在用户态程序中用如此简洁抽象的统一接口操作确实方便，而 Linux 内核中驱动程序的实现代码就比较复杂，Linux 内核 drivers 目录就有超过 1 100 万行源代码，在整个内核源代码中占比近 60%。但是详细分析各种不同类型的硬件设备和驱动程序并不是本书的重点，这里仅想通过简要的分析对用户态访问硬件设备建立一个基本的理解框架，并使读者对设备驱动程序的软件接口有一个大致的了解。

7.3.2　设备的定位和访问

当用户态程序通过 open()标准库函数打开某一个设备文件时，系统是如何定位到该设备的呢？这要从进程描述符 struct task_struct 中的文件描述符表说起。如下进程描述符中的 fs 主要记录根目录和当前目录等文件系统信息，files 则是当前进程打开的文件列表，每一个打开的文件都会在 files 中记录在一个文件描述符 struct file 结构体数组中，用户态文件描述符 fd 则是其下标。

```
struct task_struct {
    ...
    /* Filesystem information: */
    struct fs_struct  *fs;

    /* Open file information: */
    struct files_struct  *files;
    ...
```

在打开设备文件的过程中，系统通过设备文件的元信息（inode）确定设备文件的操作函数 struct file_operations *f_op，见如下文件描述符 struct file 结构体，摘自 include/linux/fs.h 文件，其中也包含了该文件的元信息缓存 struct inode *f_inode。

```
struct file {
    union {
        struct llist_node  fu_llist;
        struct rcu_head  fu_rcuhead;
    } f_u;
    struct path  f_path;
    struct inode  *f_inode; /* cached value */
    const struct file_operations  *f_op;
    ...
```

文件的元信息描述符 struct inode 如下，其中 i_mode 保存了文件属性中的文件类型和权限，i_rdev 则保存了主设备号和次设备号，以 union（联合体）的方式保存字符设备 struct cdev、块设备 struct block_device 等不同类型的文件信息。

```
struct inode{
    umode_t  i_mode;
    unsigned short  i_opflags;
    kuid_t  i_uid;
    kgid_t  i_gid;
    unsigned int  i_flags;
    ...
    const struct inode_operations *i_op;
    ...
    dev_t  i_rdev;
    ...
    union {
    const struct file_operations  *i_fop; /* former ->i_op->default_file_ops */
        void (*free_inode)(struct inode *);
    };
    struct file_lock_context  *i_flctx;
    struct address_space  i_data;
    struct list_head i_devices;
    union {
        struct pipe_inode_info  *i_pipe;
        struct block_device  *i_bdev;
        struct cdev  *i_cdev;
        char  *i_link;
        unsigned  i_dir_seq;
    };
...
```

到这里大致可以设想在打开的过程中，根据 inode->i_mode 文件类型选择进一步处理打开设备的方式。如下代码为判断文件类型选择进一步处理的路径。

```
...
if (S_ISCHR(inode->i_mode)) {
    ...
}
if (S_ISBLK(inode->i_mode)){
    ...
}
...
```

在进一步处理不同类型的设备时，可以根据 inode->i_rdev 主设备号（具体设备类型）查找对应类型的设备驱动程序，驱动程序提供的接口就是文件描述符中的 struct file_operations *f_op，其结构体 struct file_operations 摘录如下。

```
struct file_operations {
    struct module *owner;
    loff_t (*llseek) (struct file *, loff_t, int);
    ssize_t (*read) (struct file *, char __user *, size_t, loff_t *);
    ssize_t (*write) (struct file *, const char __user *, size_t, loff_t *);
    ssize_t (*read_iter) (struct kiocb *, struct iov_iter *);
    ssize_t (*write_iter) (struct kiocb *, struct iov_iter *);
    int (*iopoll)(struct kiocb *kiocb, bool spin);
    int (*iterate) (struct file *, struct dir_context *);
    int (*iterate_shared) (struct file *, struct dir_context *);
    __poll_t (*poll) (struct file *, struct poll_table_struct *);
    long (*unlocked_ioctl) (struct file *, unsigned int, unsigned long);
    long (*compat_ioctl) (struct file *, unsigned int, unsigned long);
    int (*mmap) (struct file *, struct vm_area_struct *);
    unsigned long mmap_supported_flags;
    int (*open) (struct inode *, struct file *);
    int (*flush) (struct file *, fl_owner_t id);
    int (*release) (struct inode *, struct file *);
    ...
} __randomize_layout;
```

设备的定位和访问非常复杂，涉及文件系统及 inode 的存取、不同类型设备驱动的不同管理方式等，这里以最少的背景知识储备提供了一个简略理解的路径，仅供参考。

7.3.3 设备驱动程序代码结构示例

如下 example.c 代码为内核模块代码的基本结构，如果该内核模块为设备驱动程序，初始化内核模块中可以调用 register_chrdev/register_blkdev/register_netdev 等不同类型的注册函数注册设备驱动程序，相应地，卸载内核模块时需要调用 unregister_chrdev/unregister_blkdev/unregister_netdev 从系统中清除该设备驱动程序。内核模块可以编译成.ko 文件通过 modprobe 或 insmod 命令动态加载到 Linux 内核中。

```
#include <linux/module.h>
#include <linux/init.h>

static ssize_t example_write(struct file *file, const char __user *buf,
        size_t count, loff_t *ppos)
{
    // write buf to device
}
```

```
...
static const struct file_operations example_fops = {
    .owner = THIS_MODULE,
    .write = example_write,
    .open = example_open,
    .release = example_release,
    .read = example_read,
};

static int __init example_init_module(void)
{
    // register_chrdev/register_blkdev/register_netdev
    if (register_chrdev(EXAMPLE_MAJOR, "example", &example_fops)) {
    printk(KERN_ERR "example: unable to get major %d\n", EXAMPLE_MAJOR);
    return -EIO;
}
}

static void example_cleanup_module(void)
{
    // unregister_chrdev/unregister_blkdev/unregister_netdev
}

module_init(example_init_module);
module_exit(example_cleanup_module);
```

如上代码中字符设备注册函数的定义摘录如下，注册一个字符设备驱动程序时，它的3个参数分别是major主设备号、name设备名称和fops设备驱动的接口函数。用户态程序在打开一个设备文件时，可以根据设备文件的类型和主设备号查找到该设备驱动程序的接口函数，并记录到文件描述符struct file结构体中的struct file_operations *f_op，这样用户态程序就可以将文件描述符fd作为参数调用read/write等库函数，最终会执行驱动程序中实现设备驱动程序的接口函数。

```
static inline int register_chrdev(unsigned int major, const char *name,
         const struct file_operations *fops)
{
    return __register_chrdev(major, 0, 256, name, fops);
}

static inline void unregister_chrdev(unsigned int major, const char *name)
{
    __unregister_chrdev(major, 0, 256, name);
}
```

到这里我们理出了用户态程序驱动硬件设备的基本脉络，也就是先通过系统调用库函数，再调用设备驱动程序中负责驱动硬件设备的函数接口。但这只是用户态程序主动与设备打交道的路径，设备很多时候还需要主动通知用户态程序硬件设备的某项工作准备就绪，这时设备就需要发出中断请求，进入中断处理过程，因此有上半部和下半部以及软中断、工作队列等内核线程。

通过 request_irq 注册中断处理函数一般是在系统侦测到设备使能（enable）或主动打开设备时，根据设备类型的不同可能还有一些可延迟处理的任务，通过创建 tasklet 或 work 加入软中断或工作队列内核线程。当中断发生时，CPU 转去执行设备注册的中断处理函数，以及可延迟的任务软中断、tasklet 或工作队列等，中断处理的过程（包括上半部和下半部）中通过唤醒阻塞进程、消息队列等方式通知用户进程。以 read 或 recv 系统调用为例，系统调用陷入内核时数据可能还没有准备好，进程进入阻塞状态；磁盘或网卡准备好后向 CPU 发出中断请求触发中断处理过程，其中会通过唤醒阻塞进程、消息队列等方式通知用户进程，用户进程会从阻塞的 read 或 recv 系统调用中继续执行获取数据，然后系统调用返回。

简要总结一下，设备驱动程序作为一种内核模块，需要根据设备类型和主设备号等信息将其自身注册到相应的设备管理结构中，以及在文件系统中创建设备文件；用户程序打开设备的过程实际上是通过设备文件中的设备类型和主设备号等信息匹配到内核中的设备驱动程序，并将设备驱动程序映射为用户态的文件描述符 fd；用户程序访问设备时，就是通过文件描述符 fd 调用设备驱动程序中对应的操作函数。用户进程进入阻塞状态等待，设备操作所需资源就绪时通过中断方式触发中断处理过程，其中会通过唤醒阻塞进程、消息队列等方式通知用户进程完成阻塞方式的系统调用。

本章实验

编写一个简单的设备驱动程序。

第 8 章

进程调度与进程切换

本章重点关注进程切换的过程，也就是进程调度时机来临时从就绪进程队列中挑选一个进程在 CPU 上执行。这部分主要有两个关键的问题：一是什么时候去挑选一个就绪进程，即进行调度的时机；二是如何让进程占用 CPU 执行，即进程切换的过程。

8.1 进程调度概述

进程调度策略就是从就绪队列中选择一个进程的策略方法。一般来说，就是挑最重要的、最需要的（最着急的）、排队等了最长时间的进程等。进程调度分为两个层次：一个是进程调度策略；另一个是进程调度算法。

（1）进程调度策略。首先要考虑这个策略的整体目标，是追求资源利用率最高，还是追求响应最及时，或是追求其他的特定目标。为了满足这些目标，就需要找到对应的方法或机制作为对策，这就是进程调度策略，显然进程调度策略的层次更高。

（2）进程调度算法。下面考虑如何实现进程调度策略来达成设定的目标，是用数组、链表、图，还是树来存储就绪进程呢？在加入就绪队列时就排序，还是调度时再排序？时间复杂度可以接受吗？这些具体的实现就是进程调度算法需要考虑的问题。

8.1.1 进程的分类

从不同的角度看，进程可以有多种不同的分类方式。这里选取两种和调度相关的分类方式。

1．按消耗资源的类型对进程分类

（1）I/O 消耗型进程。典型的有需要大量文件读写操作或网络读写操作的进程，比如文

件服务器的服务进程。这种进程的特点是 CPU 负载不高，大量时间都在等待 I/O 读写数据。

（2）计算消耗型进程。典型的有视频编码转换、科学计算等。这种进程的特点是 CPU 占用率几乎为 100%，但没有太多 I/O 读写操作。

在实际的进程调度中要综合考虑这两种类型的进程，通过组合来达到较高的资源利用率。

2．按响应时效对进程分类

（1）批处理进程。此类进程不需要人机交互，在后台运行，需要占用大量的系统资源，但是能够忍受响应延迟，典型的应用比如编译器。

（2）交互式进程。此类进程有大量的人机交互，因此进程不断地处于睡眠状态，等待用户输入，典型的应用比如编辑器 Vim。此类进程对系统响应时间要求比较高，否则用户会感觉系统卡顿。

（3）实时进程。此类进程对调度延迟的要求最高，这些进程往往执行非常重要的操作，要求立即响应并执行。比如视频播放软件或飞机飞行控制系统，很明显这类程序不能容忍长时间的调度延迟，轻则影响电影放映效果，重则机毁人亡。

根据进程的不同分类，Linux 采用不同的调度策略。早期很多用户共享同一台小型机，调度算法追求吞吐量、利用率、公平性；现在的个人计算机更强调人机交互响应速度；而很多自动控制场合使用的嵌入式系统更强调实时性。当前 Linux 系统的解决方案是，对于实时进程，采用 FIFO（先进先出）或者 Round Robin（时间片轮转）的调度策略。对其他进程，当前采用 CFS（Completely Fair Scheduler，完全公平调度器），核心思想是“完全公平”。这个设计理念不仅极大地简化了调度器的代码复杂度，还对各种调度需求提供了更好的支持。

8.1.2　Linux 进程调度策略

Linux 支持以下基本的调度策略，以满足不同进程的调度需求。这相当于按照进程的调度方式对进程进行分类。摘自 include/uapi/linux/sched.h 文件。

```
/*
 * Scheduling policies
 */
#define SCHED_NORMAL   0
#define SCHED_FIFO   1
```

```
#define SCHED_RR  2
#define SCHED_BATCH  3
/* SCHED_ISO: reserved but not implemented yet */
#define SCHED_IDLE  5
#define SCHED_DEADLINE  6
```

Linux 系统中常用的调度策略为 SCHED_NORMAL、SCHED_FIFO、SCHED_RR 和 SCHED_BATCH。其中 SCHED_NORMAL 用于普通进程的调度，而 SCHED_FIFO 和 SCHED_RR 用于实时进程的调度，优先级高于 SCHED_NORMAL。内核中根据进程的优先级来区分普通进程与实时进程，Linux 内核进程优先级为 0～139，数值越高，优先级越低，0 为最高优先级。实时进程的优先级取值为 0~99；而普通进程只具有 nice 值，其值映射的优先级为 100～139。子进程会继承父进程的优先级。对于实时进程，Linux 系统会尽量使其调度延时在一个时间期限内，但是不能保证总是如此，不过正常情况下已经可以满足比较严格的时延要求了。下面将分别介绍这些调度策略。

1. SCHED_FIFO 和 SCHED_RR

实时进程的优先级是静态设定的，而且始终大于普通进程的优先级。因此只有当就绪队列中没有实时进程时，普通进程才能够获得调度执行机会。实时进程采用两种调度策略：SCHED_FIFO 和 SCHED_RR。SCHED_FIFO 采用先进先出的策略，对于所有相同优先级的进程，最先进入就绪队列的进程总能优先获得调度，直到其主动放弃 CPU。SCHED_RR（Round Robin）采用更加公平的轮转策略，比 FIFO 多一个时间片，使得相同优先级的实时进程能够轮流获得执行机会，每次运行时间为一个时间片。

2. SCHED_NORMAL

SCHED_NORMAL 是 Linux-2.6.23 版本内核中引入的 CFS 调度管理程序。CFS 调度算法下，如果同时运行的只有两个相同优先级的进程，它们分到的 CPU 时间将各是 50%。如果优先级不同，比如有两个进程，对应的 nice 值分别为 0（普通进程）和+19（低优先级进程），那么普通进程将会占有 19/20×100%的 CPU 时间，而低优先级进程将会占有 1/20×100%的 CPU 时间（按优先级占不同比例计算的时间，具体数值只做举例说明，Linux 内核中计算出来的数值可能会有所不同）。这样每个进程能够分配到的 CPU 时间占有比例跟系统当前的负载（所有处于运行态的进程数以及各进程的优先级）有关，同一个进程在本身优先级不变的情况下分到的 CPU 时间占比会根据系统负载变化而发生变化，即与时间片没有一个固定的对应关系。

CFS 调度算法对交互式进程的响应较好。交互式进程基本处于等待事件的阻塞态中，执行的时间很少，而计算类进程执行时间会比较长。如果在计算类进程执行时，交互式进程等待的事件发生了，CFS 马上就会判断出交互式进程在之前时间段内执行的时间很少，那么 CFS 将会优先选择使交互式进程占有 CPU 执行，因此系统总是能及时响应交互式进程。

8.1.3 CFS 进程调度算法

CFS 的基本原理是基于权重的动态优先级调度算法。每个进程使用 CPU 的顺序由进程已使用的 CPU 虚拟时间（vruntime）决定，已使用的虚拟时间越少，进程排序就越靠前，进程再次被调度执行的概率也就越高。每个进程每次占用 CPU 后能够执行的时间（ideal_runtime）由进程的权重决定，并且保证在某个时间周期（__sched_period）内运行队列里的所有进程都能够至少被调度执行一次。

进程调度周期（__sched_period）及相关代码如下，参见 kernel/sched/fair.c 文件。

```
/*
 * Targeted preemption latency for CPU-bound tasks:
 *
 * NOTE: this latency value is not the same as the concept of
 * 'timeslice length' - timeslices in CFS are of variable length
 * and have no persistent notion like in traditional, time-slice
 * based scheduling concepts.
 *
 * (to see the precise effective timeslice length of your workload,
 *  run vmstat and monitor the context-switches (cs) field)
 *
 * (default: 6ms * (1 + ilog(ncpus)), units: nanoseconds)
 */
unsigned int sysctl_sched_latency = 6000000ULL;
...
/*
 * Minimal preemption granularity for CPU-bound tasks:
 *
 * (default: 0.75 msec * (1 + ilog(ncpus)), units: nanoseconds)
 */
unsigned int sysctl_sched_min_granularity = 750000ULL;
static unsigned int normalized_sysctl_sched_min_granularity = 750000ULL;

/*
 * This value is kept at sysctl_sched_latency/sysctl_sched_min_granularity
 */
static unsigned int sched_nr_latency = 8;
...
/*
 * The idea is to set a period in which each task runs once.
```

```
 *
 * When there are too many tasks (sched_nr_latency) we have to stretch
 * this period because otherwise the slices get too small.
 *
 * p = (nr <= nl) ? l : l*nr/nl
 */
static u64 __sched_period(unsigned long nr_running)
{
    if (unlikely(nr_running > sched_nr_latency))
        return nr_running * sysctl_sched_min_granularity;
    else
        return sysctl_sched_latency;
}
```

__sched_period 为 nr_running（进程数≤8 时）* sysctl_sched_min_granularity（默认值为 0.75 ms），也就是说，调度周期是和排队的进程总数相关的。进程越多，调度周期越长，但又不能太长，上限默认值为 6 ms（进程数>8 时）。这里存在权衡折中，周期太长影响响应速度，周期太短又会导致调度太频繁，进程切换开销占比升高影响整个系统的吞吐能力。

理论运行时间（ideal_runtime）的计算公式为 ideal_runtime= __sched_period*进程权重/运行队列总权重。

```
/*
 * We calculate the wall-time slice from the period by taking a part
 * proportional to the weight.
 *
 * s = p*P[w/rw]
 */
static u64 sched_slice(struct cfs_rq *cfs_rq, struct sched_entity *se)
{
    u64 slice = __sched_period(cfs_rq->nr_running + !se->on_rq);

    for_each_sched_entity(se) {
        struct load_weight *load;
        struct load_weight lw;

        cfs_rq = cfs_rq_of(se);
        load = &cfs_rq->load;

        if (unlikely(!se->on_rq)) {
            lw = cfs_rq->load;

            update_load_add(&lw, se->load.weight);
            load = &lw;
```

```
        }
        slice = __calc_delta(slice, se->load.weight, load);
    }
    return slice;
}
...
        ideal_runtime = sched_slice(cfs_rq, curr);
...
```

每次进程获取 CPU 后最长可占用 CPU 的时间为 ideal_runtime。

每个进程都拥有一个 vruntime，每次需要调度时就选运行队列中拥有最小 vruntime 的那个进程来运行，最长可运行时间为 ideal_runtime。vruntime 在时钟中断里面被维护，每次时钟中断以及进程就绪、阻塞等状态变化都要更新当前进程的 vruntime。

为避免新进程长期占用 CPU，新进程的 vruntime 会设置为一定的初始值，而非 0。

可以看到，如果该进程是 0 优先级，那么它的虚拟时间等于实际执行的物理时间，权重越大，它的虚拟时间增长越慢。在每次更新完 vruntime 之后，将会进行一次检查，决定是否需要设置调度标志 need_schedule。当中断返回时会检查该标志，并按需进行调度。

以往 Linux 传统默认时钟周期为 10 ms（param.h 中 HZ 定义），而 Linux-5.4.34 版本内核为 1 ms，在内核配置文件中 CONFIG_HZ 配置该值为 1 000，时钟中断为每 1/CONFIG_HZ 秒，即 1/1 000 秒。

Linux 传统优先级与权重的转换关系是经验值，参见 kernel/sched/core.c 文件，代码如下。

```
/*
 * Nice levels are multiplicative, with a gentle 10% change for every
 * nice level changed. I.e. when a CPU-bound task goes from nice 0 to
 * nice 1, it will get ~10% less CPU time than another CPU-bound task
 * that remained on nice 0.
 *
 * The "10% effect" is relative and cumulative: from _any_ nice level,
 * if you go up 1 level, it's -10% CPU usage, if you go down 1 level
 * it's +10% CPU usage. (to achieve that we use a multiplier of 1.25.
 * If a task goes up by ~10% and another task goes down by ~10% then
 * the relative distance between them is ~25%.)
 */
const int sched_prio_to_weight[40] = {
 /* -20 */     88761,     71755,     56483,     46273,     36291,
 /* -15 */     29154,     23254,     18705,     14949,     11916,
 /* -10 */     9548,      7620,      6100,      4904,      3906,
 /* -5  */     3121,      2501,      1991,      1586,      1277,
```

```
    /*  0 */     1024,      820,        655,        526,        423,
    /*  5 */     335,       272,        215,        172,        137,
    /* 10 */     110,       87,         70,         56,         45,
    /* 15 */     36,        29,         23,         18,         15,
}
```

就绪进程排序是对 Linux 内核中采用红黑树（rb_tree）存储的就绪进程指针进行的，当进程插入就绪队列时根据 vruntime 排序，调度时只需选择最左叶子节点即可。

限于篇幅，本书不再深入分析 CFS 的实现细节，更多源代码参见 kernel/sched/fair.c 文件。此处重点关注操作系统软件结构及在硬件 CPU 上的执行过程，故没有详细探讨和验证调度策略和调度算法的相关细节。以上讨论仅供参考，感兴趣的读者请查阅操作系统调度策略和调度算法的相关代码和资料。

8.2 进程调度的时机

先从中断说起，因为进程调度的时机很多都与中断相关。中断有很多种，都是程序执行过程中的强制性转移，转移到操作系统内核相应的中断处理程序入口。中断在本质上都是软件或者硬件发生了某种异常情形而通知 CPU 处理的行为。CPU 进而停止（中断）正在运行的当前工作，对这些通知做出相应反应，即转去执行预定义的中断处理程序内核代码，这就需要从当前进程的指令流里切换出来，也就是中断上下文切换。

从用户程序的角度看，进程调度的时机一般都是中断处理后和中断返回前的时间点，只有内核线程可以直接调用 schedule 函数主动发起进程调度和进程切换。中断处理后，会检查一下是否需要进程调度。需要则切换进程（本质上是切换两个进程的内核堆栈和 thread)，不需要则一路顺着函数调用堆栈框架执行到恢复现场和中断返回的汇编语言代码，这样就恢复原进程继续运行了。

Linux 内核通过 schedule 函数实现进程调度，schedule 函数负责在就绪队列中选择一个进程，然后把它切换到 CPU 上执行。所以调用 schedule 函数一次就是进程调度一次，有机会调用 schedule 函数的时候就是进程调度的时机。schedule 函数如下，参见 kernel/sched/core.c 文件。

```
asmlinkage __visible void __sched schedule(void)
{
    struct task_struct *tsk = current;
```

```
	sched_submit_work(tsk);
	do {
		preempt_disable();
		__schedule(false);
		sched_preempt_enable_no_resched();
	} while (need_resched());
	sched_update_worker(tsk);
}
EXPORT_SYMBOL(schedule);
```

调用 schedule 函数的时机主要分为两类。一类是中断处理过程中的进程调度时机，中断处理过程中，会在适当的时机检测 need_resched 标记，决定是否调用 schedule 函数。比如前述在系统调用内核处理函数执行完成后且在系统调用返回之前就会检测 need_resched 标记，决定是否调用 schedule 函数。另一类是内核线程主动调用 schedule，如内核线程等待外设或主动睡眠等情形下，或者在适当的时机检测 need_resched 标记，决定是否主动调用 schedule 函数。

一般来说，CPU 在任何时刻都处于以下 3 种情况之一。

（1）运行于用户态，执行用户进程上下文。

（2）运行于内核态，处于进程（内核线程）上下文。

（3）运行于内核态，处于中断（中断处理程序，包括系统调用处理过程）上下文。

应用程序通过系统调用陷入内核，或者当外部设备产生中断信号时，CPU 就会调用相应的中断处理程序（包括系统调用处理程序），此时 CPU 处于中断上下文。

中断上下文代表当前进程执行，所以 get_current 可获取一个指向当前进程描述符的指针，即指向被中断进程，相应的中断上下文切换的信息存储于当前进程的内核堆栈中。中断有多种类型，比如有不可屏蔽中断、可屏蔽中断、异常、陷阱（系统调用）等。

内核线程以进程上下文的形式运行于内核态，本质上还是进程，但它有调用内核代码的权限，比如主动调用 schedule 函数进行进程调度。

进程调度时机就是内核调用 schedule 函数的时机，结合 CPU 运行的 3 种上下文环境，这里再简单总结一下进程调度时机。

（1）用户进程上下文中主动调用特定的系统调用进入中断上下文，系统调用返回用户态之前执行进程调度。

（2）内核线程或可中断的中断处理程序，执行过程中发生中断进入中断上下文，在中断返回前执行进程调度。

（3）内核线程主动调用 schedule 函数进行进程调度。

以上第（1）种和第（2）种情况可以统一起来，归类为中断处理程序（包括系统调用）执行过程中主动调用 schedule 函数进行进程调度。

Linux 内核中没有操作系统原理中定义的线程概念。从内核的角度看，不管是进程还是内核线程都对应一个 struct task_struct 结构体，本质上都是进程。Linux 系统在用户态实现的线程库 pthread 是通过在内核中多个进程共享一个进程地址空间实现的。

另外需要特别说明的是，本书分析的大多数代码是基于 Linux-5.4.34 内核，个别部分作为对比引用了 Linux-3.18.6 内核代码。除非特别说明，一般也适用于 Linux 3.0 之后的其他版本内核，但不适用于 Linux 3.0 之前的古老内核，比如 Linux 2.4 和 Linux 2.6。新版内核中断处理程序中下半部基本都统一到内核线程中来处理，除了软中断还有机会在中断上下文中执行。新版内核在中断处理程序、内核线程和用户进程上抽象得更加干净、清晰，在设计质量和代码质量上都有显著改善。

8.3 进程上下文切换

8.3.1 进程执行环境的切换

为了控制进程的执行，内核必须有能力挂起正在 CPU 上运行的进程，并恢复执行以前挂起的某个进程，这种行为称为进程切换、任务切换或进程上下文切换。尽管每个进程都可以拥有属于自己的进程地址空间及映射的物理内存，但所有进程必须共享 CPU 及其寄存器。因此在恢复一个进程执行之前，内核必须确保每个寄存器都装入了挂起进程时的值。进程恢复执行前必须装入寄存器的一组数据，称为进程的 CPU 上下文。可以将其想象成对 CPU 某时刻的状态拍了一张快照，快照中有 CPU 所有寄存器的值。同样进程切换就是拍一张当前进程所有状态的大照片并保存，其中包括进程的 CPU 上下文的小照片，然后导入一张之前保存的其他进程的所有状态信息的大照片并将其恢复执行。

进程执行环境的切换大致分为两步：第一步是从就绪队列中选择一个进程（pick_next_task），也就是由进程调度算法决定选择哪一个进程作为下一个进程（next）；第二步是完成进程上下文切换（context_switch），进程上下文包含进程执行需要的所有信息。

```
static void __sched notrace __schedule(bool preempt)
```

```
{
    struct task_struct *prev, *next;
    ...
    next = pick_next_task(rq, prev, &rf);
    ...
    rq = context_switch(rq, prev, next, &rf);
    ...
}
```

（1）用户地址空间：包括程序代码、数据、用户堆栈等。

（2）控制信息：包括进程描述符、内核堆栈等。

（3）进程的 CPU 上下文，相关寄存器的值。

进程切换就是变更进程上下文，其中最核心的是几个关键寄存器的保存与切换。

内核堆栈栈顶寄存器代表进程的内核堆栈（保存函数调用的历史），进程描述符（最后的成员 thread 是关键）和内核堆栈存储于连续存储区域中，进程描述符存在内核堆栈的低地址，栈从高地址向低地址增长，因此通过栈顶指针寄存器可以获取进程描述符的起始地址。如下 union thread_union 代码为架构无关的代码，参见 include/Linux/sched.h 文件。

```
union thread_union {
    #ifndef CONFIG_ARCH_TASK_STRUCT_ON_STACK
    struct task_struct task;
    #endif
    #ifndef CONFIG_THREAD_INFO_IN_TASK
    struct thread_info thread_info;
    #endif
    unsigned long stack[THREAD_SIZE/sizeof(long)];
};
```

指令指针寄存器代表进程的 CPU 上下文，即要执行的下一条指令地址。

这些寄存器从一个进程状态切换到另一个进程状态，进程切换的关键上下文就完成了。

每个进程描述符包含一个类型为 struct thread_struct 的 thread 成员变量，只要进程被切换出去，内核就把其 CPU 上下文保存在这个结构体变量 thread 和内核堆栈中。struct thread_struct 结构体包含部分 CPU 寄存器的状态，另外一些寄存器的状态存储在内核堆栈中。

在 Linux 内核源代码中，每次进程切换主要由两个步骤组成。

（1）切换页全局目录（页表）以安装一个新的地址空间，这样不同进程的虚拟地址，如 0x08048400（32 位 x86），就会经过不同的页表转换为不同的物理内存地址。

（2）切换内核态堆栈和进程的 CPU 上下文，因为进程的 CPU 上下文提供了内核执行新进程需要的所有信息，包含所有 CPU 寄存器状态。

8.3.2 32 位 x86 架构下进程切换核心代码分析

32 位 x86 架构下以 Linux-3.18.6 内核版本为例，分析进程切换的核心代码。因为 Linux-5.4.34 进程切换的代码与 Linux-3.18.6 相比变化较大，而 Linux-3.18.6 的进程切换与 mykernel 内核范例代码一致，且易于理解，所以首先分析 32 位 x86 架构下 Linux-3.18.6 进程切换核心代码。

实际上，x86 Linux 内核中进程切换的实现有诸多版本，可以说经过了复杂的演化过程，感兴趣的读者可以参考“Evolution of the x86 context switch in Linux”一文。

Linux-3.18.6 内核版本进程切换的大致过程是：在中断上下文或内核线程中有机会调用 schedule 函数选择一个进程来运行，schedule 函数中调用 context_switch 进行进程上下文的切换。context_switch 首先调用 switch_mm 切换进程地址空间，然后调用宏 switch_to 来进行 CPU 上下文切换。

context_switch 部分关键代码及分析摘录如下，详见 linux-3.18.6/kernel/sched/core.c#2336 文件。

```
static inline void context_switch(struct rq *rq, struct task_struct *prev,
      struct task_struct *next)
{
    ...
    if (unlikely(!mm)) { /* 如果被切换进来的进程的mm为空，则内核线程mm为空 */
        next->active_mm = oldmm;       /* 将共享切换出去进程的active_mm */
        atomic_inc(&oldmm->mm_count); /* 有一个进程共享，所有引用计数加一 */
        /* 将per cpu变量cpu_tlbstate状态设为LAZY */
        enter_lazy_tlb(oldmm, next);
    } else  /* 普通mm不为空，则调用switch_mm切换地址空间 */
        switch_mm(oldmm, mm, next);
    ...
    /* 这里切换寄存器状态和栈 */
    switch_to(prev, next, prev);
    ...
}
static inline void switch_mm(struct mm_struct *prev, struct mm_struct *next,
    struct task_struct *tsk)
```

```
{
...
    if (!cpumask_test_and_set_cpu(cpu, mm_cpumask(next))) {
    load_cr3(next->pgd); //进程地址空间切换
    load_LDT_nolock(&next->context);
    }
    #endif
}
```

如上 switch_mm 函数中地址空间切换的关键代码在 load_cr3 中，将 next 进程的页表地址装入 CR3 寄存器。从这里开始，所有虚拟地址转换都使用 next 进程的页表项。当然因为所有进程的内核地址空间都是共享的，所以在内核态时，使用任意进程的页表转换的内核地址都是相同的。这也是“可以忽略地址空间的切换，但整个逻辑并不受影响”的原因。

进程的内核堆栈及 CPU 上下文的切换是通过内嵌汇编语言代码实现的，在此加入了部分注释，以方便阅读理解。如果对汇编不是很了解，可以直接跳过此部分，阅读简化后的伪代码。宏 switch_to 详见 linux-3.18.6/arch/x86/include/asm/switch_to.h#31 文件。

```
31 #define switch_to(prev, next, last)
32 do {
33  /*
34   * Context-switching clobbers all registers, so we clobber
35   * them explicitly, via unused output variables.
36   * (EAX and EBP is not listed because EBP is saved/restored
37   * explicitly for wchan access and EAX is the return value of
38   * __switch_to())
39   */
40  unsigned long ebx, ecx, edx, esi, edi;
41
42  asm volatile("pushfl\n\t"                  /* 保存当前进程flags */
43           "pushl %%ebp\n\t"              /* 当前进程堆栈基址压栈*/
44           "movl %%esp,%[prev_sp]\n\t"    /* 保存ESP，将当前堆栈栈顶保存起来 */
45           "movl %[next_sp],%%esp\n\t"    /* 更新ESP,将next进程的栈顶地址恢复到ESP寄存器中 */
             //到这里完成了内核堆栈的切换
46           "movl $1f,%[prev_ip]\n\t"     /* 保存当前进程EIP，$1f即是指接下来的标号1的位置 */
47           "pushl %[next_ip]\n\t"        /* 将next进程起点压入堆栈，即next进程的栈顶为起点 */
             //next_ip一般是$1f，对于新创建的子进程是ret_from_fork
48           __switch_canary
49           "jmp __switch_to\n"
             //jmp不同于call，是通过寄存器传递参数，而不是通过堆栈传递参数
             //所以ret时弹出的是之前压入栈顶的next进程的起点
```

```
              //到这里完成了EIP的切换
50            "1:\t"          //next进程开始执行
51            "popl %%ebp\n\t"
52            "popfl\n"
53
54            /* 输出变量 */
55            : [prev_sp] "=m" (prev->thread.sp),      //保存prev进程的ESP
56              [prev_ip] "=m" (prev->thread.ip),      //保存prev进程的EIP
57              "=a" (last),
58
59              /* 要破坏的寄存器: */
60              "=b" (ebx), "=c" (ecx), "=d" (edx),
61              "=S" (esi), "=D" (edi)
62
63              __switch_canary_oparam
64
65              /* 输入变量: */
66            : [next_sp] "m" (next->thread.sp),      //next进程内核堆栈栈顶地址，即esp
67              [next_ip] "m" (next->thread.ip),      //next进程的原eip
68              //[next_ip]下一个进程执行起点，一般是$1f，对于新创建的子进程是ret_from_fork
69              /* regparm parameters for __switch_to(): */
70              [prev]      "a" (prev),
71              [next]      "d" (next)
72
73              __switch_canary_iparam
74
75              : /* 重新加载段寄存器 */
76              "memory");
77} while (0)
```

为了阅读方便，将上述代码简化为如下 C 语言和汇编语言结合的伪代码。

```
pushfl
pushl %ebp //s0 准备工作

prev->thread.sp=%esp //s1
%esp=next->thread.sp //s2
prev->thread.ip=$1f  //s3

push next->thread.ip //s4
jmp _switch_to       //s5
1f:
popl %%ebp           //s6，与s0对称
popfl
```

从伪代码中可以看出，s0 两句在 prev 的堆栈中压入了 EFLAG 和 EBP 寄存器。

（1）s1 将当前的 ESP 寄存器保存到 prev->thread.sp 中。

（2）s2 将 ESP 寄存器替换为 next->thread.sp。如果说非要找一条指令，在该指令后，进程从 prev 变为 next，那就是这一条。原因是每个进程的进程描述符与内核堆栈都在内核中占连续的内存空间（一般为 8 KB），内核中 get_current 用来获取当前进程描述符，get_current 是利用 ESP 寄存器低 14 位置 0 来实现的（8 KB 对齐），所以 ESP 寄存器切换之后，再调用 get_current 得到的地址就是 next 进程描述符的地址。

（3）s3 保存$1f 到 prev->thread.ip。这里请思考一个问题，next->thread.ip 存储的是哪条指令的地址？这里的 prev 进程一般会在将来发生的某次进程调度和进程切换中作为 next 进程。

（4）s4 在 next 进程的内核堆栈上压栈了 next->thread.ip（很可能是$1f）。

（5）s5 是一条 jmp 指令，跳转到一个 C 函数__switch_to，我们知道函数结尾会有一个 ret 指令。首先是 jmp 与 ret 的搭配有点特殊。通常是 call 与 ret 搭配，call 会自动压栈返回地址，ret 会弹出返回地址。jmp 不会压栈，那么 ret 弹出的是当前的栈顶，就是 s4 压入的值。所以 s4+s5 模拟了一个 call+ret，这样可以自由地控制__switch_to 的返回地址。C 函数__switch_to 的函数声明中 fastcall 关键字告诉编译器使用 eax 和 edx 传递参数，对应源代码中第 70 和 71 行的设置。

（6）当到达 s6 处就说明是一个相当正常的 next 进程在运行了，对称地把 s0 压栈数据弹出。该过程中切换了内核堆栈。s0 是压栈到 prev 进程的内核堆栈，而 s6 是从 next 进程的内核堆栈中出栈。

接下来的部分涉及对函数调用堆栈框架的理解，其实堆栈存储了进程所有的函数调用历史，所以剩下的只要顺着堆栈返回上一级函数即可。由于__switch_to 是被 schedule 函数调用的，而 schedule 函数又在其他中断（系统调用）处理过程或内核线程中被调用，所以先返回到 next 进程上次切换让出 CPU 时的 schedule 函数中，然后返回到调用 schedule 的中断（系统调用）处理过程或内核线程中。以系统调用为例，系统调用是在用户空间通过 int $0x80 触发的，所以通过 iret 跳转到系统调用返回地址（int $0x80 的下一条指令地址），接着继续执行用户空间的代码。这样就回到了 next 进程的用户空间代码。注意，因为此时的返回路径是根据 next 内核堆栈中保存的返回地址来返回的，所以肯定会返回到 next 进程中。

进程上下文切换时需要保存要切换进程的相关信息（如 thread.sp 与 thread.ip），这与中断上下文的切换是不同的。中断是在一个进程当中从进程的用户态切换到进程的内核态，或从进程的内核态返回到进程的用户态，而进程切换需要在不同的进程间切换。但一般进程上下文切换是嵌套在中断上下文切换中的，比如前述系统调用作为一种中断先陷入内核，即发生中断保存现场和系统调用处理过程。其中调用了 schedule 函数发生进程上下文切换，当系统调用准备返回到用户态时会先恢复现场，至此完成了保存现场和恢复现场，即完成了中断上下文切换。而本节前述内容主要关注进程上下文切换，请注意理清中断上下文和进程上下文两者之间的关系。

8.3.3 64 位 x86 架构下进程切换核心代码分析

64 位 x86 架构下 Linux-5.4.34 进程切换过程在逻辑上并没有根本性的变化，但是代码实现方式有较大的改变，以 64 位 x86 架构为例具体分析。

先看 context_switch，参见 kernel/sched/core.c 文件，尽管代码变化较大，但还是可以看到进程地址空间 mm 的切换和进程关键上下文的切换 switch_to。

```
/*
 * context_switch - switch to the new MM and the new thread's register state.
 */
static __always_inline struct rq *
context_switch(struct rq *rq, struct task_struct *prev,
    struct task_struct *next, struct rq_flags *rf)
{
    prepare_task_switch(rq, prev, next);

    /*
     * For paravirt, this is coupled with an exit in switch_to to
     * combine the page table reload and the switch backend into
     * one hypercall.
     */
    arch_start_context_switch(prev);

    /*
     * kernel -> kernel   lazy + transfer active
     *   user -> kernel   lazy + mmgrab() active
     *
     * kernel -> user   switch + mmdrop() active
     *   user -> user   switch
     */
    if (!next->mm) {                          // to kernel
        enter_lazy_tlb(prev->active_mm, next);

        next->active_mm = prev->active_mm;
        if (prev->mm)                         // from user
```

```
                mmgrab(prev->active_mm);
            else
                prev->active_mm = NULL;
        } else {                                // to user
            membarrier_switch_mm(rq, prev->active_mm, next->mm);
            /*
             * sys_membarrier() requires an smp_mb() between setting
             * rq->curr / membarrier_switch_mm() and returning to userspace.
             *
             * The below provides this either through switch_mm(), or in
             * case 'prev->active_mm == next->mm' through
             * finish_task_switch()'s mmdrop().
             */
            switch_mm_irqs_off(prev->active_mm, next->mm, next);

            if (!prev->mm) {                    // from kernel
                /* will mmdrop() in finish_task_switch(). */
                rq->prev_mm = prev->active_mm;
                prev->active_mm = NULL;
            }
        }

        rq->clock_update_flags &= ~(RQCF_ACT_SKIP|RQCF_REQ_SKIP);

    prepare_lock_switch(rq, next, rf);

    /* Here we just switch the register state and the stack. */
    switch_to(prev, next, prev);
    barrier();

        return finish_task_switch(prev);
}
```

进程关键上下文的切换 switch_to 参见 arch/x86/include/asm/switch_to.h 文件。

```
#define switch_to(prev, next, last)                     \
do {                                                    \
    prepare_switch_to(next);                            \
                                                        \
    ((last) = __switch_to_asm((prev), (next)));         \
} while (0)
```

其中的__switch_to_asm 是一段汇编语言代码，参见 arch/x86/entry/entry_64.S 文件，这

段汇编语言代码与 Linux-3.18.6 的汇编语言代码结构是相似的，有内核堆栈栈顶指针 RSP 寄存器的切换，有 jmp __switch_to，但是没有了 thread.ip 及标号 1 的位置，关键的指令指针寄存器 RIP 是怎么切换的呢？

```
/*
 * %rdi: prev task
 * %rsi: next task
 */
ENTRY(__switch_to_asm)
    UNWIND_HINT_FUNC
    /*
     * Save callee-saved registers
     * This must match the order in inactive_task_frame
     */
    pushq    %rbp
    pushq    %rbx
    pushq    %r12
    pushq    %r13
    pushq    %r14
    pushq    %r15

    /* switch stack */
    movq  %rsp, TASK_threadsp(%rdi)
    movq  TASK_threadsp(%rsi), %rsp

#ifdef CONFIG_STACKPROTECTOR
    movq  TASK_stack_canary(%rsi), %rbx
    movq  %rbx, PER_CPU_VAR(fixed_percpu_data) + stack_canary_offset
#endif

#ifdef CONFIG_RETPOLINE
    /*
     * When switching from a shallower to a deeper call stack
     * the RSB may either underflow or use entries populated
     * with userspace addresses. On CPUs where those concerns
     * exist, overwrite the RSB with entries which capture
     * speculative execution to prevent attack.
     */
    FILL_RETURN_BUFFER %r12, RSB_CLEAR_LOOPS, X86_FEATURE_RSB_CTXSW
#endif

/* restore callee-saved registers */
    popq  %r15
    popq  %r14
```

```
    popq  %r13
    popq  %r12
    popq  %rbx
    popq  %rbp

    jmp  __switch_to
END(__switch_to_asm)
```

这里需要对函数调用堆栈框架的深入理解才能发现端倪，注意__switch_to_asm 是在 C 语言代码中调用的，也就是使用 call 指令，而这段汇编的结尾是 jmp __switch_to，其中__switch_to 函数在 C 语言代码最后有一个 return，也就是 ret 指令。

将__switch_to_asm 和__switch_to 结合起来，正好是 call 指令和 ret 指令的配对出现。

call 指令压栈 RIP 寄存器到进程切换前的 prev 进程内核堆栈，而 ret 指令出栈存入 RIP 寄存器的是进程切换之后的 next 进程的内核堆栈栈顶数据。

如果没有理解，可以看看 fork 之后子进程被调度执行的情况，或许能够明白。

8.3.4　64 位 x86 架构下 fork 和 execve 相关的进程切换

先来看 fork 子进程的内核堆栈，从 struct fork_frame 可以看出它是在 struct pt_regs 的基础上增加了 struct inactive_task_frame。

```
/*
 * This is the structure pointed to by thread.sp for an inactive task.  The
 * order of the fields must match the code in __switch_to_asm().
 */
struct inactive_task_frame {
    #ifdef CONFIG_X86_64
        unsigned long r15;
        unsigned long r14;
        unsigned long r13;
        unsigned long r12;
    #else
        unsigned long flags;
        unsigned long si;
        unsigned long di;
    #endif
        unsigned long bx;

        /*
         * These two fields must be together.  They form a stack frame header,
         * needed by get_frame_pointer().
```

```
        */
        unsigned long bp;
        unsigned long ret_addr;
};

struct fork_frame {
    struct inactive_task_frame frame;
    struct pt_regs regs;
}
```

fork 子进程的内核堆栈如图 8-1 所示，看起来会直观一些，struct fork_frame 是在 struct pt_regs 的基础上增加了 struct inactive_task_frame，对照一下__switch_to_asm 汇编语言代码中压栈和出栈的寄存器，就栈顶多了一个 ret_addr，在 fork 子进程中存储的就是子进程的起始点 ret_from_fork。

在图 8-1 中 struct pt_regs 就是内核堆栈中保存的中断上下文，struct inactive_task_frame 就是 fork 子进程的进程上下文。__switch_to_asm 汇编语言代码中完成内核堆栈切换后的代码正好与 struct inactive_task_frame 出栈一一对应，最后__switch_to 函数中的 ret 指令正好出栈的是 ret_addr，即子进程的起始点 ret_from_fork。

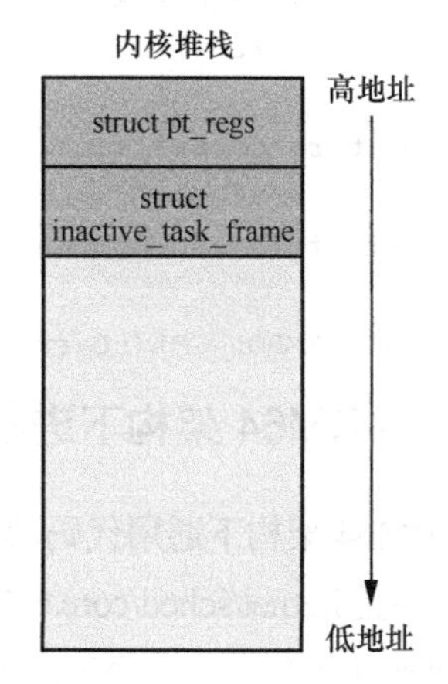

图8-1 fork子进程的内核堆栈示意图

中断上下文和进程上下文的一个关键区别是堆栈切换的方法。中断是由 CPU 实现的，所以中断上下文切换过程中最关键的栈顶寄存器 SP 和指令指针寄存器 IP 是由 CPU 协助完成的；进程切换是由内核实现的，所以进程上下文切换过程中最关键的栈顶寄存器 SP 的切换是通过进程描述符的 thread.sp 实现的，指令指针寄存器 IP 的切换是在内核堆栈切换的基础上巧妙利用 call/ret 指令实现的。

与此对应，在 x86 架构中 execve 系统调用加载可执行程序时，start_thread 相关的代码如下，详见 arch/x86/kernel/process_64.c 文件。execve 系统调用返回时的中断上下文状态 struct pt_regs *regs 设置了新的可执行程序的起点，改变了 execve 系统调用原有的中断上下文，使得 execve 系统调用可以正常返回用户态的进程上下文中开始执行新的可执行程序。

```
static void start_thread_common(struct pt_regs *regs, unsigned long new_ip,
            unsigned long new_sp,
            unsigned int _cs, unsigned int _ss, unsigned int _ds)
{
```

```
    WARN_ON_ONCE(regs != current_pt_regs());
    if (static_cpu_has(X86_BUG_NULL_SEG)) {
        /* Loading zero below won't clear the base. */
        loadsegment(fs, __USER_DS);
        load_gs_index(__USER_DS);
    }
    loadsegment(fs, 0);
    loadsegment(es, _ds);
    loadsegment(ds, _ds);
    load_gs_index(0);
    regs->ip = new_ip;
    regs->sp = new_sp;
    regs->cs = _cs;
    regs->ss = _ss;
    regs->flags = X86_EFLAGS_IF;
    force_iret();
}
Void start_thread(struct pt_regs *regs, unsigned long new_ip, unsigned long new_sp)
{
    start_thread_common(regs, new_ip, new_sp, __USER_CS, __USER_DS, 0);
}
EXPORT_SYMBOL_GPL(start_thread);
```

8.3.5 ARM64 架构下进程切换核心代码分析

ARM64 架构下通用代码部分与 64 位 x86 架构完全相同，比如 context_switch 函数就是通用代码，参见 kernel/sched/core.c 文件，从中可以看到进程地址空间 mm 的切换和进程关键上下文的切换 switch_to。这里将重点放在 switch_to 在 ARM64 架构下的具体实现代码的分析上。

在 ARM64 架构下使用的 switch_to 仍然是通用代码，在 include/asm-generic/switch_to.h 文件中定义，而其中调用的__switch_to 则是架构相关的代码了。

```
/*
 * Context switching is now performed out-of-line in switch_to.S
 */
extern struct task_struct *__switch_to(struct task_struct *, struct task_struct *);

#define switch_to(prev, next, last)                    \
    do {                                               \
    ((last) = __switch_to((prev), (next)));            \
    } while (0)
```

ARM64 架构下__switch_to 的实现见 arch/arm64/kernel/process.c 文件，摘录代码如下，其中 cpu_switch_to 是需要特别关心的进程的 CPU 上下文切换的关键代码。

```
/*
 * Thread switching.
 */
__notrace_funcgraph struct task_struct *__switch_to(struct task_struct *prev,
      struct task_struct *next)
{
    struct task_struct *last;

    fpsimd_thread_switch(next);
    tls_thread_switch(next);
    hw_breakpoint_thread_switch(next);
    contextidr_thread_switch(next);
    entry_task_switch(next);
    uao_thread_switch(next);
    ptrauth_thread_switch(next);
    ssbs_thread_switch(next);

    /*
     * Complete any pending TLB or cache maintenance on this CPU in case
     * the thread migrates to a different CPU.
     * This full barrier is also required by the membarrier system
     * call.
     */
    dsb(ish);

    /* the actual thread switch */
    last = cpu_switch_to(prev, next);

    return last;
}
```

cpu_switch_to 的实现代码是一段 ARM64 汇编语言代码，参见 arch/arm64/kernel/entry.S 文件，摘录代码如下。

```
/*
 * Register switch for AArch64. The callee-saved registers need to be saved
 * and restored. On entry:
 *   x0 = previous task_struct (must be preserved across the switch)
 *   x1 = next task_struct
 * Previous and next are guaranteed not to be the same.
 *
 */
ENTRY(cpu_switch_to)
1    mov  x10, #THREAD_CPU_CONTEXT
2    add  x8, x0, x10
```

```
3    mov  x9, sp
4    stp  x19, x20, [x8], #16         // store callee-saved registers
5    stp  x21, x22, [x8], #16
6    stp  x23, x24, [x8], #16
7    stp  x25, x26, [x8], #16
8    stp  x27, x28, [x8], #16
9    stp  x29, x9, [x8], #16
10   str  lr, [x8]
11   add  x8, x1, x10
12   ldp  x19, x20, [x8], #16         // restore callee-saved registers
13   ldp  x21, x22, [x8], #16
14   ldp  x23, x24, [x8], #16
15   ldp  x25, x26, [x8], #16
16   ldp  x27, x28, [x8], #16
17   ldp  x29, x9, [x8], #16
18   ldr  lr, [x8]
19   mov  sp, x9
20   msr  sp_el0, x1
21   ret
ENDPROC(cpu_switch_to)
NOKPROBE(cpu_switch_to)
```

这段代码和中断处理（包括系统调用）一样不遵守函数调用框架结构，在整个内核代码中是比较关键的，值得仔细分析。

整体上看，这段 cpu_switch_to 汇编语言代码的输入是 X0 和 X1，它们分别是 prev 和 next 进程描述符，输出则是改变了 SP、LR 和 PC 寄存器，即切换为 next 进程的 CPU 关键上下文状态。下面具体看看这段 cpu_switch_to 汇编语言代码是如何完成 CPU 关键上下文状态切换的。

先来看 cpu_switch_to 中的第 1 行汇编语言代码 mov x10, #THREAD_CPU_CONTEXT，其中 THREAD_CPU_CONTEXT 是指进程描述符中的 thread.cpu_context 的偏移量，其定义见如下代码，摘自 arch/arm64/kernel/asm-offsets.c 文件。

```
int main(void)
{
    ...
    DEFINE(THREAD_CPU_CONTEXT, offsetof(struct task_struct, thread.cpu_context));
    ...
}
```

从 THREAD_CPU_CONTEXT 的定义中可以理解，应该是取进程描述符中的 thread.cpu_context 的首地址在进程描述符中的偏移量，但是在内核代码中看到 main 函数一定非常奇怪，如果仔细分析代码及编译过程，实际上 asm-offsets.c 编译为 asm-offsets.s 汇编语言代码，然后引用汇编语言代码中 THREAD_CPU_CONTEXT 的定义，main 函数是辅助性的，内核代码运行过程中并不需要这样的 main 函数入口。如果感兴趣，可以仔细分析 DEFINE 和 offsetof 的宏定义及相关编译过程，这里不深入分析这一细节了。

因此 cpu_switch_to 中的第 1 行汇编语言代码 mov x10, #THREAD_CPU_CONTEXT 是将 thread.cpu_context 在进程描述符中的偏移量放入 X10 寄存器。为了便于阅读理解，这里从 arch/arm64/include/asm/processor.h 文件中摘录 thread.cpu_context 相关数据结构定义，代码如下，可以看出 thread.cpu_context 保存的是进程上下文中关键的 CPU 寄存器的值。

```
struct cpu_context {
    unsigned long x19;
    unsigned long x20;
    unsigned long x21;
    unsigned long x22;
    unsigned long x23;
    unsigned long x24;
    unsigned long x25;
    unsigned long x26;
    unsigned long x27;
    unsigned long x28;
    unsigned long fp;
    unsigned long sp;
    unsigned long pc;
};

struct thread_struct {
    struct cpu_context  cpu_context; /* cpu context */
    ...
}
```

cpu_switch_to 中的第 2 行汇编语言代码 add x8, x0, x10，相当于 C 语言代码 x8 = x0 + x10，其中 X0 是 prev 进程的进程描述符，X10 是 thread.cpu_context 在进程描述符中的偏移量，因此 X8 是 prev->thread.cpu_context 的首地址。

cpu_switch_to 中的第 3 行汇编语言代码 mov x9, sp，相当于 C 语言代码 x9 = sp，其中 SP 是指向当前进程（prev）的内核堆栈栈顶地址的寄存器，因此这里是将 prev 进程内核堆栈栈顶地址保存到 X9 寄存器。

cpu_switch_to 中的第 4～10 行汇编语言代码如下，其中入栈指令 stp 是 str 指令的变种指令，可以同时操作两个寄存器（16 字节）入栈；其中还使用了后变址寻址方式，以第 4 行代码 stp x19, x20, [x8], #16 为例，相当于 C 语言代码 *(x8) = *(x19, x20)和 x8 = x8+16。

压栈不应该是减 16 吗？栈空间是高地址向低地址增长，但是这里压栈操作的不是栈空间，而是 prev->thread.cpu_context。

cpu_switch_to 中的第 4～10 行汇编语言代码中寄存器 X19～X29 与 prev->thread.cpu_context 中前 10 个存储单元对应；X29 一般用作栈基址寄存器，习惯上称为栈帧指针 FP，与 prev->thread.cpu_context 中第 11 个存储单元 fp 对应；由第 3 行汇编语言代码可知，X9 存储了执行这段入栈指令之前的栈顶寄存器 SP 的值，与 prev->thread.cpu_context 中第 12 个存储单元 sp 对应；LR 即为通用寄存器 X30，用于保存跳转指令的下一条指令的内存地址，与 prev->thread.cpu_context 中第 13 个存储单元 pc 对应。

```
4    stp  x19, x20, [x8], #16       // store callee-saved registers
5    stp  x21, x22, [x8], #16
6    stp  x23, x24, [x8], #16
7    stp  x25, x26, [x8], #16
8    stp  x27, x28, [x8], #16
9    stp  x29, x9, [x8], #16
10   str  lr, [x8]
11   add  x8, x1, x10
```

这段代码中第 4～9 行利用入栈的方式将 X19～X29 和 X9 存入 X8 寄存器指向的 prev->thread.cpu_context 结构体变量中，第 10 行代码 str lr, [x8]，是将通用寄存器 X30(LR) 存入 X8 寄存器指向的 prev->thread.cpu_context 结构体变量中的最后一个成员 pc。

cpu_switch_to 中的第 11 行汇编语言代码 add x8, x1, x10，与第 2 行功能相同，相当于 C 语言代码 x8 = x1+ x10，其中 X1 是 next 进程的进程描述符，X10 是 thread.cpu_context 在进程描述符中的偏移量，因此 X8 是 next->thread.cpu_context 的首地址。

cpu_switch_to 中的第 12～18 行汇编语言代码与前述第 4～10 行汇编语言代码相反，前面是用 stp 和 str 将寄存器的值存入 prev->thread.cpu_context，这里是用 ldp 和 ldr 将 next->thread.cpu_context 中的成员变量加载到对应的寄存器中。

```
12   ldp  x19, x20, [x8], #16       // restore callee-saved registers
13   ldp  x21, x22, [x8], #16
14   ldp  x23, x24, [x8], #16
15   ldp  x25, x26, [x8], #16
16   ldp  x27, x28, [x8], #16
17   ldp  x29, x9, [x8], #16
18   ldr  lr, [x8]
```

值得注意的是，这里尽管使用的 stp 和 ldp 与函数调用框架入栈出栈方式相同，但并不是操作的内核堆栈，而是存取的进程描述符中 thread.cpu_context 结构体变量，这个做法与

X86 架构中主要使用内核堆栈保存进程 CPU 关键上下文不同。

cpu_switch_to 中的第 19 行汇编语言代码用于从 X9 寄存器恢复 next 进程的栈顶指针寄存器 SP，与第 3 行汇编语言代码用于保存 prev 进程的栈顶指针寄存器 SP 到 X9 寄存器相反。

```
19   mov  sp, x9
20   msr  sp_el0, x1
21   ret
```

cpu_switch_to 中的第 20 行汇编语言代码 msr 指令是将通用寄存器 X1 的值存入特殊寄存器 SP_EL0 中，这里是将进程切换后的当前进程描述符（即 next）保存下来。

cpu_switch_to 中的第 21 行汇编语言代码 ret 指令是将寄存器 LR（X30）存入指令指针寄存器 PC，这里是将 cpu_switch_to 的函数调用指令 bl 存入 LR 寄存器中的下一条指令地址恢复到指令指针寄存器 PC 中，即继续执行 cpu_switch_to 函数调用之后的下一条指令，也就是如下代码的 return last。

```
/*
 * Thread switching.
 */
__notrace_funcgraph struct task_struct *__switch_to(struct task_struct *prev,
         struct task_struct *next)
{
    ...
    /* the actual thread switch */
    last = cpu_switch_to(prev, next);

    return last;
}
```

ARM64 架构下进程切换并没有像 x86 架构借助内核堆栈来存储进程的 CPU 关键上下文的信息，因此在 fork 子进程时也就省去了在内核堆栈上构造子进程启动时的进程上下文，可以从 copy_thread 函数代码看出，子进程的启动位置 ret_from_fork 与中断上下文的 struct pt_regs 结构体指针 childregs 分别作为子进程启动时 PC 和 SP 的初始值，即 p->thread.cpu_context.pc 和 p->thread.cpu_context.sp，并没有像 x86 中为 ret_from_fork 构造内核堆栈上的进程上下文，因为 ARM64 中没有使用内核堆栈存储进程的 CPU 关键上下文信息。从 arch/arm64/kernel/process.c 文件中摘录 copy_thread 函数，代码如下。

```
asmlinkage void ret_from_fork(void) asm("ret_from_fork");

int copy_thread(unsigned long clone_flags, unsigned long stack_start,
        unsigned long stk_sz, struct task_struct *p)
{
```

```
	struct pt_regs *childregs = task_pt_regs(p);

	memset(&p->thread.cpu_context, 0, sizeof(struct cpu_context));

	/*
	 * In case p was allocated the same task_struct pointer as some
	 * other recently-exited task, make sure p is disassociated from
	 * any cpu that may have run that now-exited task recently.
	 * Otherwise we could erroneously skip reloading the FPSIMD
	 * registers for p.
	 */
	fpsimd_flush_task_state(p);

	if (likely(!(p->flags & PF_KTHREAD))) {
		*childregs = *current_pt_regs();
		childregs->regs[0] = 0;

		/*
		 * Read the current TLS pointer from tpidr_el0 as it may be
		 * out-of-sync with the saved value.
		 */
		*task_user_tls(p) = read_sysreg(tpidr_el0);

		if (stack_start) {
			if (is_compat_thread(task_thread_info(p)))
				childregs->compat_sp = stack_start;
			else
				childregs->sp = stack_start;
		}

		/*
		 * If a TLS pointer was passed to clone (4th argument), use it
		 * for the new thread.
		 */
		if (clone_flags & CLONE_SETTLS)
			p->thread.uw.tp_value = childregs->regs[3];
	} else {
		memset(childregs, 0, sizeof(struct pt_regs));
		childregs->pstate = PSR_MODE_EL1h;
		if (IS_ENABLED(CONFIG_ARM64_UAO) &&
		    cpus_have_const_cap(ARM64_HAS_UAO))
			childregs->pstate |= PSR_UAO_BIT;

		if (arm64_get_ssbd_state() == ARM64_SSBD_FORCE_DISABLE)
			set_ssbs_bit(childregs);
```

```
        if (system_uses_irq_prio_masking())
            childregs->pmr_save = GIC_PRIO_IRQON;

        p->thread.cpu_context.x19 = stack_start;
        p->thread.cpu_context.x20 = stk_sz;
    }
    p->thread.cpu_context.pc = (unsigned long)ret_from_fork;
    p->thread.cpu_context.sp = (unsigned long)childregs;

    ptrace_hw_copy_thread(p);

    return 0;
}
```

当进程调度到一个刚刚创建的新进程（fork 子进程）开始执行时，发生进程上下文切换，显然新进程的 p->thread.cpu_context 几乎全为初始值 0，但 PC 和 SP 不能为 0，否则新进程就无从执行了，pc = ret_from_fork 和 sp = childregs 为新进程的起点提供了进程上下文环境，即 fork 系统调用在子进程中返回时的中断上下文状态，childregs->regs[0] = 0 即为 fork 系统调用在子进程中的返回值。

与此对应，在 ARM64 架构中 execve 系统调用加载可执行程序时，start_thread 相关的代码如下，参见 arch/arm64/include/asm/processor.h 文件。execve 系统调用返回时的中断上下文状态 regs->pc 和 regs->sp 设置了新的可执行程序的起点，为 execve 系统调用返回到用户态提供了用户态的进程上下文环境。

```
static inline void start_thread_common(struct pt_regs *regs, unsigned long pc)
{
    memset(regs, 0, sizeof(*regs));
    forget_syscall(regs);
    regs->pc = pc;

    if (system_uses_irq_prio_masking())
        regs->pmr_save = GIC_PRIO_IRQON;
}
...
static inline void start_thread(struct pt_regs *regs, unsigned long pc,
       unsigned long sp)
{
    start_thread_common(regs, pc);
    regs->pstate = PSR_MODE_EL0t;

    if (arm64_get_ssbd_state() != ARM64_SSBD_FORCE_ENABLE)
```

```
        set_ssbs_bit(regs);

    regs->sp = sp;
}
```

本章实验

分析 x86 或 ARM64 Linux 内核中进程切换关键代码。

第 9 章 Linux 操作系统的软件架构

本章总结了 Linux 操作系统的一般执行过程，以及 Linux 操作系统执行过程中的 5 种特殊情况，然后分别从层次架构、空间结构和执行路径上讨论了 Linux 操作系统的软件架构。

9.1 Linux 操作系统的一般执行过程

可以想象一下 Linux 操作系统的整体执行过程。其中最基本和一般的场景是：正在运行的用户态进程 X 切换到用户态进程 Y。下面分别以 32 位 x86、64 位 x86、ARM64 为例讨论 Linux 操作系统的一般执行过程，然后再重点分析 Linux 操作系统执行过程中的 5 种特殊情况。

9.1.1 32 位 x86 Linux 系统的一般执行过程

以 32 位 x86 架构 Linux-3.18.6 代码为例，简要总结如下。

（1）正在运行的用户态进程 X。

（2）发生中断（包括异常、系统调用等），CPU 完成的工作：当前 CPU 上下文压入进程 X 的内核堆栈，即保存 CS:EIP/SS:ESP/EFLAGS 寄存器到进程 X 的内核堆栈；挂载当前进程 X 的内核堆栈，并跳转到中断处理程序入口，即将 SS:ESP 寄存器指向当前进程 X 的内核堆栈栈顶，并将 CS:EIP 寄存器指向中断处理程序入口。

（3）SAVE_ALL，保存现场，此时完成了从用户态进程上下文切换到内核态中断上下文，即从进程 X 的用户态切换到进程 X 的内核态。

（4）中断处理过程中，中断返回前有机会调用 schedule 函数，其中 switch_mm 切换进程地址空间，switch_to 切换进程 CPU 上下文。将当前进程 X 的内核堆栈切换到进程调度算法选出来的 next 进程（本例假定为进程 Y）的内核堆栈，并完成了进程 CPU 上下文 EIP

等寄存器状态切换。详细过程见 8.3.2 节。

（5）标号 1，即 Linux-3.18.6 内核的 switch_to 代码第 50 行“1:\t”（地址为 switch_to 中的“$1f”），之后开始运行进程 Y，注意这里进程 Y 曾经通过以上步骤被切换出去，因此可以从标号 1 继续执行进程 Y。

（6）restore_all，恢复现场，与（3）中保存现场相对应。注意，这里是在进程 Y 的中断处理过程中，而（3）中保存现场是在进程 X 的中断处理过程中，因为内核堆栈从进程 X 的内核堆栈切换到进程 Y 的内核堆栈了。

（7）中断返回指令 iret，从进程 Y 的内核堆栈中弹出（2）中硬件完成的压栈内容，即从进程 Y 的内核堆栈中出栈数据存入 CS:EIP/SS:ESP/EFLAGS 寄存器。此时完成了从中断上下文切换到用户态进程上下文，即从进程 Y 的内核态返回到进程 Y 的用户态。

（8）继续运行用户态进程 Y。

9.1.2 64 位 x86 Linux 系统的一般执行过程

64 位 x86 架构 Linux-5.4.34 代码中的逻辑与 32 位 x86 Linux 系统的一般执行过程基本一致，但是代码实现差异较大，作为类比简要总结如下。

（1）正在运行的用户态进程 X。

（2）发生中断（包括异常、系统调用等），挂载对应的中断处理程序入口地址到 CS:RIP 寄存器，即跳转到中断处理程序入口。

（3）中断上下文的构建，具体包括 swapgs 指令切换 GS 全局段寄存器；加载当前进程 X 的内核堆栈栈顶地址到 RSP 寄存器；压栈 CS:RIP/SS:RSP/EFLAGS 到内核堆栈，即将当前 CPU 关键上下文压入进程 X 的内核堆栈，快速系统调用是由系统调用入口处的汇编语言代码实现的。此时完成了中断上下文切换，即从进程 X 的用户态到进程 X 的内核态。

（4）中断处理过程中或中断返回前调用了 schedule 函数，其中完成了进程调度算法选择 next 进程、进程地址空间切换以及 switch_to 关键的进程上下文切换等。

（5）switch_to 调用了__switch_to_asm 汇编语言代码做了关键的进程上下文切换。将当前进程 X 的内核堆栈切换到进程调度算法选出来的 next 进程（本例假定为进程 Y）的内核堆栈，并完成了进程上下文所需的指令指针寄存器的状态切换。之后开始运行进程 Y（这里进程 Y 曾经通过以上步骤被切换出去，因此可以从 switch_to 下一行代码继续执行）。

（6）中断上下文恢复，与（3）中断上下文切换相对应。注意，这里是在进程 Y 的中断处理过程中，而（3）中断上下文切换是在进程 X 的中断处理过程中，因为内核堆栈从进程 X 切换到进程 Y 了。

（7）为了对应，中断上下文恢复的最后一步单独拿出来（6）的最后一步，即 iret - pop cs:rip/ss:rsp/eflags，从 Y 进程的内核堆栈中弹出（3）中对应的压栈内容。此时完成了中断上下文的切换，即从进程 Y 的内核态返回到进程 Y 的用户态。注意快速系统调用返回 sysret 与 iret 的处理略有不同。

（8）继续运行用户态进程 Y。

9.1.3 ARM64 Linux 系统的一般执行过程

以 ARM64 架构 Linux-5.4.34 代码为例，简要总结如下。

（1）正在运行的用户态进程 X。

（2）发生异常（包括系统调用等），CPU 完成的工作：把当前程序指针寄存器 PC 放入 ELR_EL1 寄存器，把 PSTATE 放入 SPSR_EL1 寄存器，把异常产生的原因放在 ESR_EL1 寄存器，将异常向量表的起始地址 VBAR_EL1 寄存器的值与该异常类型在异常向量表里的偏移量相加，得出该异常向量空间的入口地址，然后加载该异常向量空间的入口地址到程序指针寄存器 PC。

（3）保存现场，每个异常向量空间仅有 128 字节，最多可以存储 32 条指令（每条指令 4 字节），而且异常向量空间最后一条指令是 b 指令跳转到异常处理程序保存现场，此时完成了从用户态进程上下文切换到中断上下文，即从进程 X 的用户态切换到进程 X 的内核态。

（4）异常处理过程中，异常返回前有机会调用 schedule 函数，其中 switch_mm 切换进程地址空间，switch_to 切换进程 CPU 上下文，将当前进程 X 的内核堆栈切换到进程调度算法选出来的 next 进程（本例假定为进程 Y）的内核堆栈，并完成了进程 CPU 上下文寄存器的状态切换。详细过程见 8.3.5 节。

（5）进程 Y 开始执行，8.3.5 节的 cpu_switch_to 函数调用实际上执行一段进程 CPU 上下文寄存器状态切换的汇编语言代码，最后有一个函数调用返回指令 ret，之后开始执行进程 Y，注意，这里进程 Y 曾经通过以上步骤被切换出去，因此可以从 cpu_switch_to 函数调用返回处继续执行进程 Y。

（6）恢复现场，与（3）中保存现场相对应。注意，这里是在进程 Y 的异常处理过程中，而（3）中保存现场是在进程 X 的异常处理过程中，因为内核堆栈从进程 X 的内核堆栈切换到进程 Y 的内核堆栈了。

（7）异常返回指令 eret，与（2）中 CPU 完成的工作相反。此时完成了从中断上下文切换到用户态进程上下文，即从进程 Y 的内核态返回进程 Y 的用户态。

（8）继续执行用户态进程 Y。

9.1.4 Linux 系统执行过程中的 5 种特殊情况

正在执行的用户态进程 X 切换到用户态进程 Y 的过程为系统中最为常见的情况，但并不能完全准确地反映系统的全部执行场景。还有一些场景中的细节与上面描述的不同，主要包括以下 5 种特殊情况。

（1）内核线程之间通过中断处理过程中的调度时机发生进程切换。与一般的情况非常类似，只是内核线程在运行过程中发生中断，没有进程用户态和内核态的切换。

（2）用户进程向内核线程的切换。比一般的情况更简单，内核线程不需要从内核态返回用户态，如果该内核线程是直接调用 schedule 函数主动让出 CPU 的，那么它被重新调度执行时就没有中断上下文恢复现场的问题。

（3）内核线程向用户进程的切换。如果是内核线程主动调用 schedule 函数，只有进程上下文的切换，没有发生中断上下文切换。它比一般的情况也更简单，但用户进程从内核态返回用户态时依然需要中断上下文恢复现场返回用户态。

（4）创建的子进程第一次执行时的执行起点较为特殊，需要人为地创建一个进程上下文环境作为起始点。比如 fork 一个子进程时，子进程不是从 schedule 函数中完成进程 CPU 关键上下文切换之后开始执行的，而是从 ret_from_fork 开始执行的。

（5）加载一个新的可执行程序的 execve 系统调用返回用户态的情况也较为特殊，需要人为地创建一个中断上下文的现场。比如 execve 系统调用加载新的可执行程序，在 execve 系统调用处理过程中修改了触发该系统调用保存的中断上下文现场，使得返回用户态的位置修改为新程序的 elf_entry 或者 ld 动态链接器的起点地址。

通过分别总结分析 32 位 x86 的 Linux-3.18.6、64 位 x86 的 Linux-5.4.34 和 ARM64 的 Linux-5.4.34 的一般执行过程，以及对 5 种特殊情况的讨论，大致上可以想象出 Linux 操作系统中的一般执行过程，其中的关键点如下。

（1）中断和中断返回有中断上下文的切换，也就是保存现场和恢复现场，CPU 和内核代码中断处理程序入口的汇编语言代码结合起来完成中断上下文的切换。

（2）进程调度过程中有进程上下文的切换，而此切换完全由内核完成，具体包括：从一个进程的地址空间切换到另一个进程的地址空间；从一个进程的内核堆栈切换到另一个进程的内核堆栈；还有进程的 CPU 关键上下文的切换。

了解了上述 Linux 操作系统的一般执行过程和 Linux 操作系统执行过程中的 5 种特殊情况，对 Linux 内核的运行过程应该有了大致的认识。Linux 内核通过中断上下文切换和进程上下文切换这两种基本的运行机制来保障为用户提供最基本和最重要的服务，这些服务如下。

（1）通过系统调用的形式为进程提供各种服务。

（2）通过中断服务程序为 I/O、内存管理等硬件的正常工作提供各种服务。

（3）通过内核线程为系统提供动态的维护服务，以及完成中断服务中可延时处理的任务。

9.2　Linux 操作系统的软件架构分析

9.2.1　Linux 操作系统的层次架构

现在从整体上来理解操作系统的概念。一般计算机系统都包含一个基本的程序集合，称为操作系统。操作系统是一个集合，既包含用户态的相关组件也包含内核态的相关组件。

1．内核的主要功能

（1）进程管理；

（2）内存管理；

（3）文件系统；

（4）进程间通信、I/O 系统、网络通信协议等。

2．系统程序

（1）系统接口函数库，比如 libc；

（2）Shell 程序；

（3）编译器、编辑器等基础设施。

3．最关键的部分

（1）CPU 管理：进程的抽象，以及借助中断机制进行的进程管理与调度。

（2）内存：进程地址空间的抽象，以及物理内存的分配与进程地址空间的映射。

（3）文件：一切皆是文件，通过文件系统对磁盘空间和 I/O 设备进行管理。

对于操作系统的目的，需要把握两个分界线。对底层来说，与硬件交互，管理所有的硬件资源；对上层来说，通过系统调用及基础库为系统程序和应用程序提供一个良好的执行环境。Linux 操作系统的整体架构如图 9-1 所示。

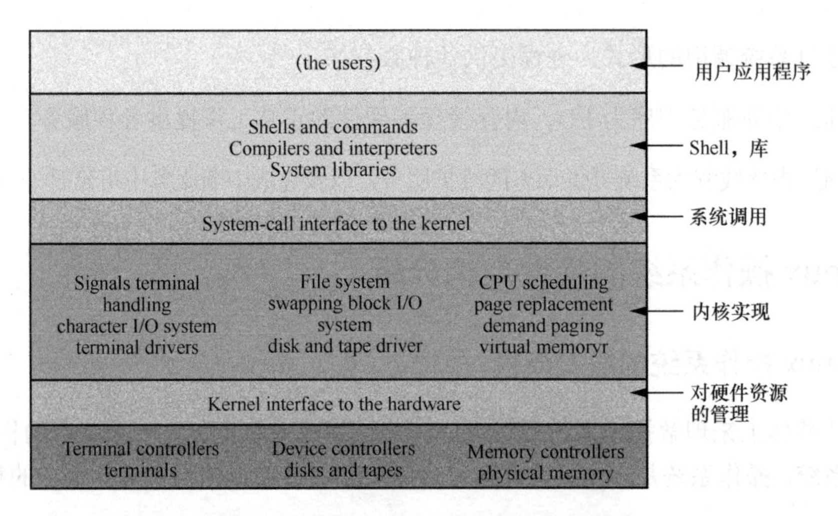

图9-1 Linux操作系统的整体架构示意图

图 9-1 中间稍靠下的区域为内核实现，内核向上为用户提供系统调用接口，向下调用硬件服务接口。其自身实现了如上文提到的进程管理等功能，在内核外还提供如 Shell 命令行工具、编译器、编辑器、函数库等基础设施。

9.2.2 Linux 操作系统的地址空间结构

对于 32 位 Linux 系统，所有进程地址空间 3 GB 以上的部分（内核态）都是共享的，也就是说，所有进程看到的 3 GB 以上部分的地址和内容都是完全一样的；64 位 Linux 系统逻辑上也是相似的，以 48 位地址总线为例，进程地址空间为 256 TB，其中高地址部分的 128 TB 内核态进程地址空间是所有进程共享的。尽管逻辑上每个进程的地址空间是独立的，但是所有进程都将 Linux 内核映射到进程地址空间中相同的高地址区域，这是所有进程都能使用同一个内核进行进程调度的根本原因。可以把 Linux 内核想象成一个特殊的共享链接库，所有进程都需要把它映射到自己的进程地址空间中相同的地址区域内，实际上最初的操作系统内核就是一些库函数。简单来说，Linux 内核就是中断处理程序和内核线程的集合，存放在所有进程共享的地址空间内。

每个进程都有自己独立的进程地址空间，其中所有进程共享的高地址部分是内核空间，内核空间的地址是无须区分进程的，在内核空间中通过当前的进程描述符、内核堆栈和进程地址空间页表来区分进程，如图 9-2 所示。CPU 把当前正在运行的进程的地址空间当作自己的虚拟地址空间进行虚拟地址向物理地址的转换，因为当前进程有自己独立的页表，CPU 把当前进程的页表当作自己的虚拟地址空间的页表。

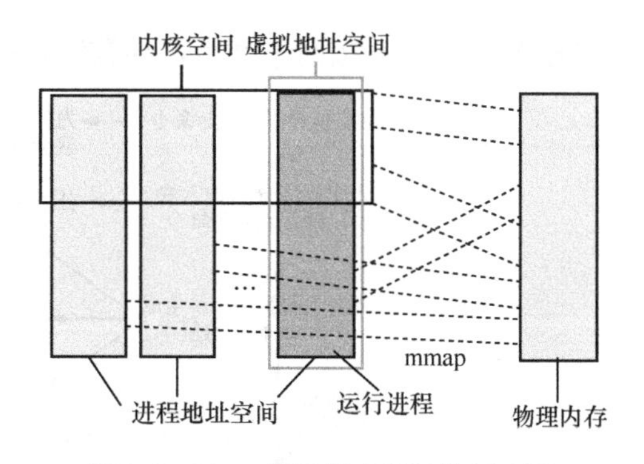

图9-2 Linux系统的空间结构示意图

9.2.3 Linux 操作系统的执行路径

可以把 Linux 操作系统划分为进程上下文执行路径和中断上下文执行路径，其中进程上下文执行路径又分为用户进程和内核线程。用户进程和内核线程都可能被中断，从而在中断处理路径中发生进程切换，比较特殊一点的是内核线程还可以主动调度发生进程切换，如图 9-3 所示。

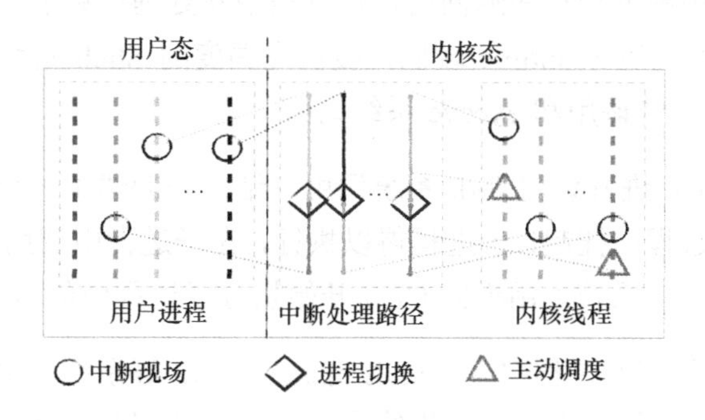

图9-3 Linux系统的执行路径示意图

接下来将以 ls 命令的执行过程为例来分析 Linux 操作系统的执行路径，这是最简单也是最复杂的命令。当用户输入 ls 并按回车键后，在 Linux 操作系统中发生的整体过程如图 9-4 所示。

图 9-4 左侧为主线，右侧则是涉及的各种操作系统知识的汇总。如果可以清晰地理解图中的问题与相关概念，那说明对 Linux 操作系统的运行机制已经有了较为深入的理解。

可以从 CPU 的视角来看这一过程。

（1）CPU 在运行其他进程时，Shell 进程在等待获取用户输入，处于阻塞等待状态。当用户输入 ls 命令并按回车键后，导致键盘控制器向 CPU 发出中断信号。

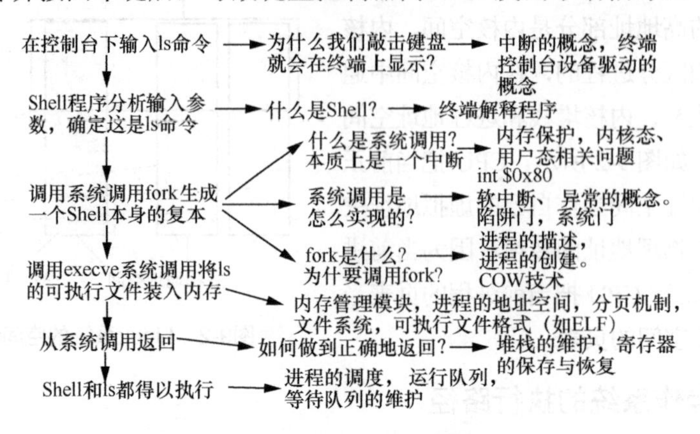

图9-4　ls命令执行过程概览示意图

（2）CPU 检测到键盘中断信号，转去执行中断处理程序，中断处理程序将 Shell 进程由等待状态转为就绪状态，被唤醒置于就绪队列。

（3）CPU 从键盘中断处理程序返回前，也就是中断处理结束前，会检测是否需要进程调度，交互式进程被唤醒后 vruntime 较低，被优先调度的 Shell 进程很可能会恢复执行，Shell 程序会调用 fork 系统调用和 execve 系统调用。

（4）CPU 执行 Shell 进程调用 fork 系统调用，结果是创建了一个子进程，这期间可能发生进程调度，Shell 进程被挂起，子进程得以执行，在子进程中调用 execve 系统调用加载了 ls 可执行程序，execve 系统调用返回 CPU 开始执行子进程中的 ls 可执行程序。

（5）CPU 执行 ls 程序的过程中，会使用 open 和 read 等系统调用，最终的效果就是输出当前目录下的目录和文件，这时 ls 进程终止，Shell 进程又进入等待用户输入的状态，系统发生进程调度，CPU 去执行其他进程。

本章实验

以 ls 命令的执行过程为例，分析 Linux 操作系统的一般执行过程。

第10章 KVM及虚拟机技术

虚拟机技术是云计算最核心的技术，而KVM（Kernel-based Virtual Machine）是当前最主流的虚拟机技术之一。虚拟机技术主要包括CPU的虚拟化、内存的虚拟化和I/O的虚拟化，典型的虚拟机实现有传统的QEMU虚拟机实现和轻量化的StratoVirt虚拟机实现。

10.1 虚拟机技术概述

主流虚拟化技术有VMware的ESXi、开源项目Xen和KVM等，它们的主要差别在于CPU的虚拟化、内存的虚拟化和I/O的虚拟化，以及调度管理实现有所不同。在ESXi中，所有虚拟化功能都在内核中实现；在Xen中，内核仅实现CPU与内存虚拟化，I/O虚拟化与调度管理由主机上启动的第一个负责管理的虚拟机实现；在KVM中，Linux内核实现CPU与内存虚拟化，I/O虚拟化由QEMU实现，调度管理通过Linux进程调度器实现，如图10-1所示。

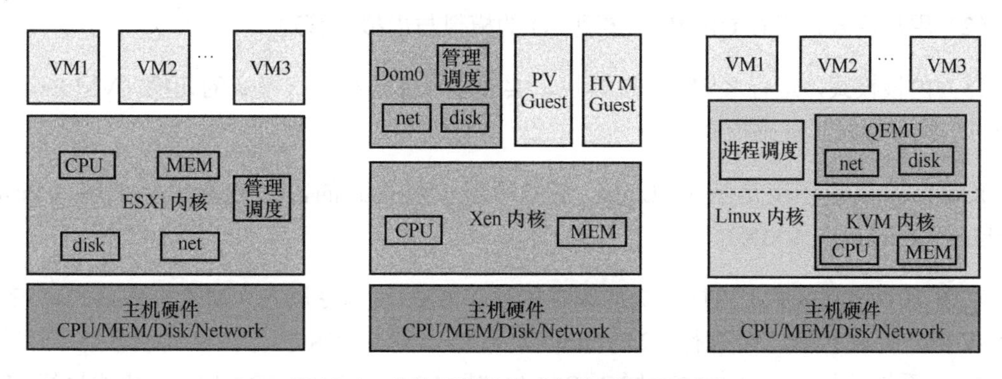

图10-1　主流虚拟化技术架构对比示意图

除了ESXi、Xen和KVM，还有Hyper-V是微软推出的一种虚拟化技术解决方案。下面以当前主流的虚拟机技术之一（KVM）为例来分析虚拟机技术的实现原理。

10.1.1　CPU 的虚拟化

CPU 的虚拟化在实现上可以分为全虚拟化、半虚拟化和硬件辅助虚拟化。其中全虚拟化和半虚拟化都是软件实现，也就是虚拟机管理器（Virtual-Machine Monitor，VMM）是纯软件实现。全虚拟化实现方式在客户虚拟机执行特权指令时需要通过 VMM 进行异常捕获、二进制翻译（Binary Translation，BT）和模拟执行；半虚拟化实现方式需要将客户虚拟机操作系统的特权指令改为通过 Hypercall 调用 VMM 来处理特权指令，无须异常捕获与模拟执行。硬件辅助虚拟化的实现方式是 VMM 与 Inter-VT、AMD-V 等硬件辅助虚拟化技术相配合，提供在性能和运行环境上都更加逼真的虚拟机环境。

物理服务器上通常配置超过两个物理 CPU（pCPU），每个物理 CPU 有多个核，开启超线程技术的 CPU 每个核上可以有两个线程，在虚拟化环境中，一个线程对应一个虚拟 CPU（vCPU）。

KVM 是基于硬件辅助虚拟化技术的虚拟化方案，它需要 CPU 虚拟化特性的支持。在 KVM 中，一个虚拟机就是一个用户空间的 QEMU 进程，vCPU 就是分配给该进程的物理 CPU 核上的某个线程，由 Linux 内核动态调度。KVM 支持将 vCPU 绑定到特定 pCPU 上，KVM 还支持 vCPU 的超量分配（over-commit），使得分配给客户虚拟机的 vCPU 数量超过 pCPU 上的线程总量，因为 Linux 内核的调度程序可以分时复用 pCPU 上的线程。

一般 CPU 工作在内核模式和用户模式下，而 KVM 的 vCPU 工作在 3 种模式下。

（1）客户模式，运行客户机操作系统（GuestOS），执行客户机非 I/O 操作指令。

（2）用户模式，运行 QEMU，实现 I/O 的模拟与虚拟机管理。

（3）内核模式，运行 KVM 内核模块，实现用户模式和内核模式的切换（VM Exit/VM Entry），执行特权与敏感指令。

KVM 的执行环境是基于 Linux 系统环境扩展得到的，称为虚拟机扩展（Virtual Machine eXtension，VMX）。

在图 10-2 中，KVM 内核模块加载时执行 VMXON 指令进入 VMX 操作模式，VMM 进入 VMX Root 模式，可执行 VMXOFF 指令退出。GuestOS 执行特权或敏感指令时触发 VM Exit，系统挂起 GuestOS，通过 VMCALL 调用 VMM 切换到 VMX Root 模式执行，VM Exit 开销是比较大的。VMM 执行完成后，可执行 VMLANCH 或 VMRESUME 指令触发 VM Entry 切换到 VMX Non-Root 模式，系统自动加载 GuestOS 运行。

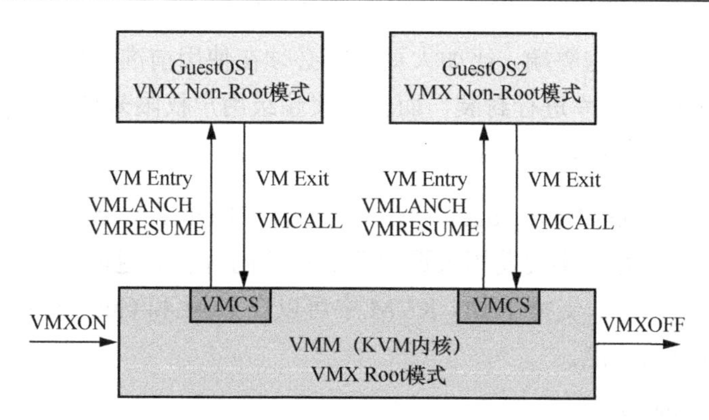

图10-2 KVM执行环境示意图

VMX 定义了虚拟机控制结构（Virtual Machine Control Structure，VMCS）来记录 vCPU 相关的寄存器内容与控制信息，发生 VM Exit 或 VM Entry 时需要查询和更新 VMCS。VMM 为每个 vCPU 维护一个 VMCS，大小不超过 4 KB，存储在内存中 VMCS 区域，通过 VMCS 指针进行管理。VMCS 主要包括 3 部分信息：control data 主要保存触发模式切换的事件及原因；guest state 保存 Guest 运行时状态，在 VM Entry 时加载；host state 保存 VMM 运行时状态，在 VM Exit 时加载。通过读写 VMCS 对 Guest 进行控制。

10.1.2 内存的虚拟化

内存虚拟化是将 Guest 上的虚拟内存地址（Guest Virtual Address，GVA）转换为 Guest 上的物理内存地址（Guest Physical Address，GPA），进一步再转换为 Host 上的物理内存地址（Host Physical Address，HPA）。没有硬件辅助虚拟化之前，VMM 为每个 Guest 维护一份影子页表，通过软件维护 GVA、GPA 到 HPA 的映射，内存访问与更新频繁导致影子页表的维护复杂、运行开销大，影响虚拟机的性能。

硬件辅助内存虚拟化技术是 CPU 引入硬件辅助内存虚拟化页表，作为 CPU 内存管理单元（Memory Management Unit，MMU）的扩展，通过硬件来实现 GVA、GPA 到 HPA 的转换。首先 Guest 通过页表寄存器将 GVA 转换为 GPA，然后查询硬件辅助内存虚拟化页表将 GPA 转换为 HPA。

CPU 还使用 TLB 缓存虚拟地址到物理地址的映射，地址转换时 CPU 先根据 GPA 查找 TLB，如果未找到映射的 HPA，将根据页表中的映射填充 TLB，再进行地址转换，从而通过高速缓存 TLB 加速内存虚拟化的地址转换。

使用大页内存可减少内存页数与页表项数，节省页表所占用的 CPU 缓存空间，同时也减少内存地址转换次数，以及 TLB 失效和刷新的次数，从而提升内存使用效率与性能。

使用大页内存也有一些弊端，比如大页内存必须在使用前准备好，一般是调用 mmap、shmget 或使用 libhugetlbfs 库进行封装，而且需要超级用户权限来挂载 hugetlbfs 文件系统，如果大页内存没有实际使用，则会造成内存浪费。

透明大页（Transparent Huge Page，THP）内存技术创建了一个抽象层，能够自动创建、管理和使用传统大页内存，实现发挥大页内存优势的同时也规避以上大页内存的弊端。当前主流的 Linux 版本都默认支持 THP。KVM 中可以在 Host 和 Guest 中同时使用 THP 技术来提升内存使用效率与性能。

10.1.3　I/O 的虚拟化

在虚拟化环境中，Guest 的 I/O 操作需要经过特殊处理才能在底层 I/O 设备上执行。KVM 支持多种 I/O 虚拟化技术，比如全虚拟化的设备模拟与半虚拟化的 virtio 驱动都是通过软件实现的 I/O 虚拟化；比如设备直通 PCI、设备共享单根虚拟化（Single Root-I/O Virtualization，SR-IOV）、数据平面开发工具集（Data Plane Development Kit，DPDK）与存储性能开发工具集（Storage Performace Development Kit，SPDK）等硬件辅助 I/O 虚拟化技术。QEMU-KVM I/O 虚拟化技术如图 10-3 所示。

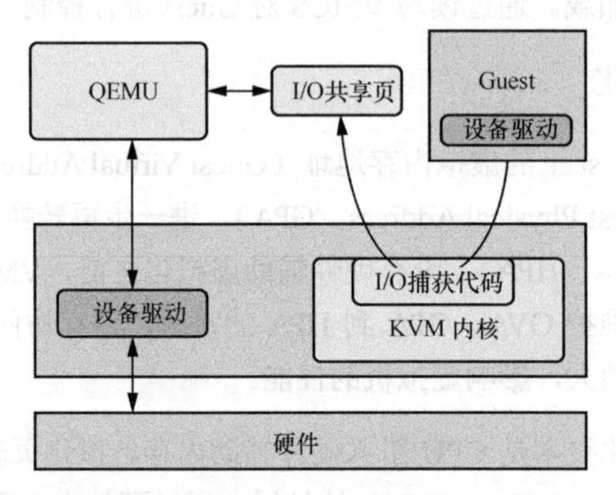

图10-3　QEMU-KVM I/O虚拟化技术示意图

10.2　KVM API 的使用方法

10.2.1　开启或使能 KVM 硬件辅助虚拟化

在安装 KVM 之前，确保主机（以 Ubuntu Linux 为例）支持 KVM 硬件辅助虚拟化。这个主机必须拥有支持 VT-x（vmx）的 Intel 处理器或者支持 AMD-V（svm）技术的 AMD 处理器。

在一些主机上，虚拟化技术可能在 BIOS 中禁用了。如果禁用了，则需要启动系统时进入 BIOS 设置中使能（enable）VT-x（vmx）或者 AMD-V（svm），保存新设置，最后重新启动系统。

在 Linux 系统中可以通过输入下面的 grep 命令来查看主机是否支持硬件辅助虚拟化。

```
grep -Eoc '(vmx|svm)' /proc/cpuinfo
```

如果 CPU 支持硬件辅助虚拟化，那么这个命令会打印出大于 0 的数字，代表 CPU 核心数目。如果输出为 0，则意味着这个 CPU 不支持或者当前设置不支持硬件辅助虚拟化。

以 VirtualBox 虚拟机为例，查看虚拟机设置，如图 10-4 所示，发现无法启用，“启用嵌套 VT-x/AMD-V”复选框为灰色。

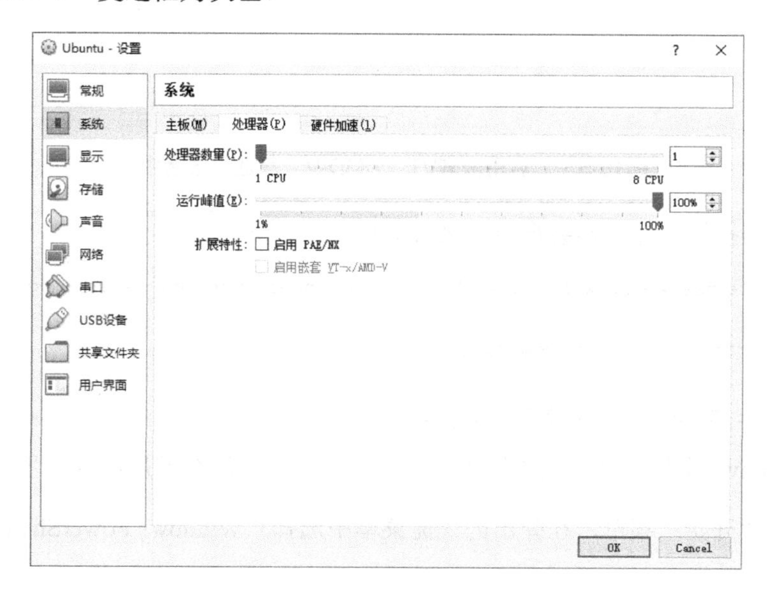

图10-4 “Ubuntu设置”对话框

要使用 VBoxManage 以命令行的方式进行开启，在 Windows 系统下的操作步骤如下，Linux 或 MacOS 下的操作方式与此相似。

```
E:\Oracle\VirtualBox>VBoxManage.exe list vms
"Ubuntu" {93e92415-1bf5-4276-9377-f73721a4a796}

E:\Oracle\VirtualBox>VBoxManage.exe modifyvm "Ubuntu" --nested-hw-virt on
```

重新打开虚拟机设置 ，可以看到“启用嵌套 VT-x/AMD-V”复选框被选中，如图 10-5 所示。

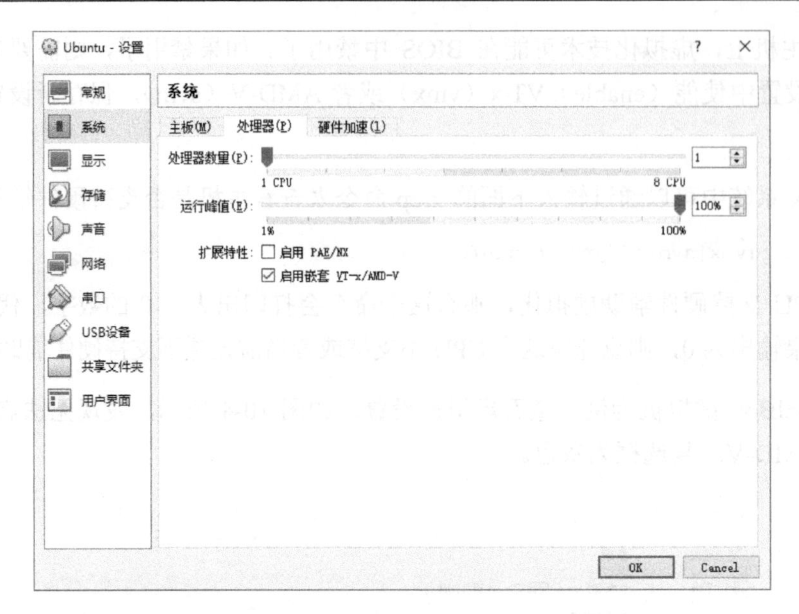

图10-5　“启用嵌套VT-x/AMD-V”复选框被选中

这时打开虚拟机可能依然会报错，报错信息大致如下。

```
Cannot enable nested VT-x/AMD-V without nested-paging and unresricted guest execution

(VERR_CPUM_INVALID_HWVIRT_CONFIG).

Result Code: E_FAIL (0x80004005).....
```

因为 Windows 操作系统可能占用了硬件虚拟化，解决这个问题的操作步骤如下。

（1）右击“开始”菜单，在弹出的快捷菜单中选择“Windows PowerShell（管理员）”选项。

（2）进入 C:\Windows\System32 目录。运行以下命令禁用 Windows 操作系统的 VirtualMachinePlatform 特性。

```
PS C:\Windows\System32> Disable-WindowsOptionalFeature -online -FeatureName
VirtualMachinePlatform
```

（3）运行完成后重启系统。

这时再通过 VirtualBox 进入 Ubuntu 虚拟机，可以用如下命令检查 KVM 硬件辅助虚拟化是否开启。

```
mengning@mengning-VirtualBox:~$ grep -Eoc '(vmx|svm)' /proc/cpuinfo
1
```

```
mengning@mengning-VirtualBox:~$ sudo apt update
mengning@mengning-VirtualBox:~$ sudo apt install cpu-checker
mengning@mengning-VirtualBox:~$ kvm-ok
INFO: /dev/kvm exists
KVM acceleration can be used
```

如上命令分别通过 grep 查看 CPU 的信息和 kvm-ok 命令查看/dev/kvm 是否存在。

10.2.2　安装配置 KVM

在开启 KVM 硬件辅助虚拟化之后，使用 KVM API 很可能还会出现“/dev/kvm devicc permission denied”这样的错误信息。为了解决这个权限问题，需要安装 qemu-kvm，并将用户名加入 kvm 用户组。

安装 qemu-kvm 及配置 KVM 的命令如下。

```
sudo apt update
sudo apt install qemu-kvm
whoami # 获取当前用户名，这里用户名以mengning为例
sudo adduser mengning kvm
sudo chown mengning /dev/kvm
grep kvm /etc/group
sudo reboot
```

这样就可以在当前用户环境下调用 KVM API 了。

10.2.3　使用 KVM API 创建一个虚拟机

首先在代码中通过 open 系统调用打开/dev/kvm 为创建 KVM 做准备。

```
int kvm = open("/dev/kvm", O_RDWR | O_CLOEXEC);
```

需要对/dev/kvm 设备进行读写访问才能设置虚拟机，O_CLOEXEC 属性意思是当调用 exec 成功后，文件会自动关闭，所有未明确用于跨 exec 继承的打开都应使用 O_CLOEXEC 属性。

KVM_GET_API_VERSION 的 ioctl 调用是获取 KVM API 的版本，KVM API 的稳定版本是 12，通过如下代码可以检查当前系统的 KVM API 版本。

```
int ret = ioctl(kvm, KVM_GET_API_VERSION, NULL);
if (ret == -1)
    err(1, "KVM_GET_API_VERSION");
if (ret != 12)
    errx(1, "KVM_GET_API_VERSION %d, expected 12", ret);
```

检查完 KVM API 版本之后，可能还需检查当前系统是否支持需要的某个扩展功能，KVM_CHECK_EXTENSION 的 ioctl 调用是用来检查某个扩展功能的，比如检查 KVM_CAP_USER_MEMORY 扩展功能的代码范例如下。

```
int ret = ioctl(kvm, KVM_CHECK_EXTENSION, KVM_CAP_USER_MEMORY);
if (ret == -1)
    err(1, "KVM_CHECK_EXTENSION");
if (!ret)
    errx(1, "Required extension KVM_CAP_USER_MEM not available");
```

接下来就可以创建一个 KVM 了。

创建 KVM 和组装一台计算机是类似的，如下 KVM_CREATE_VM 的 ioctl 调用创建了 vmfd，相当于购买了一个主板。

```
int vmfd = ioctl(kvm, KVM_CREATE_VM, (unsigned long)0);
```

然后就得在主板上安装内存条和 CPU，才能组成一个最基本的计算机系统。

先来虚拟一个内存条安装到主板 vmfd 上。使用 mmap 分配一块内存作为虚拟机的内存，struct kvm_userspace_memory_region 结构体相当于内存条的接口规格，region 就相当于符合接口标准的虚拟内存条，这样就可以通过 KVM_SET_USER_MEMORY_REGION 的 ioctl 调用将虚拟内存条 region 安装到 vmfd 虚拟机主板上去。

```
/* Allocate one aligned page of guest memory to hold the code. */
uint8_t *mem = mmap(NULL, 0x1000, PROT_READ | PROT_WRITE, MAP_SHARED | MAP_ANONYMOUS,
     -1, 0);
//memcpy(mem, code, sizeof(code)); // 模拟加载软件代码到虚拟机内存中
/* Map it to the second page frame (to avoid the real-mode IDT at 0). */
struct kvm_userspace_memory_region region = {
    .slot = 0,
    .guest_phys_addr = 0x1000,
    .memory_size = 0x1000,
    .userspace_addr = (uint64_t)mem,
};
int ret = ioctl(vmfd, KVM_SET_USER_MEMORY_REGION, &region);
```

再创建一个虚拟 CPU vcpufd 安装到主板 vmfd 上。其中 KVM 内核模块提供了一个 struct kvm_run 的结构体用于 VMM 监控虚拟 CPU 的状态。

```
int vcpufd = ioctl(vmfd, KVM_CREATE_VCPU, (unsigned long)0);
size_t mmap_size = ioctl(kvm, KVM_GET_VCPU_MMAP_SIZE, NULL);
struct kvm_run *run = mmap(NULL, mmap_size, PROT_READ | PROT_WRITE, MAP_SHARED, vcpufd, 0);
```

接下来就可以初始化虚拟 CPU vcpufd，为启动虚拟 CPU 执行代码做好准备。

如下代码简要配置了 CPU 最关键的几个寄存器，其中 struct kvm_sregs 是虚拟 CPU 的特殊寄存器，struct kvm_regs 是虚拟 CPU 的通用寄存器。通用寄存器 RIP 是指令指针寄存器，.rip = 0x1000 是设置虚拟 CPU 启动时执行的第一条指令的“物理地址”(虚拟机的物理地址并不是真实物理内存地址)。

```
/* Initialize CS to point at 0, via a read-modify-write of sregs. */
struct kvm_sregs sregs;
int ret = ioctl(vcpufd, KVM_GET_SREGS, &sregs);
sregs.cs.base = 0;
sregs.cs.selector = 0;
ret = ioctl(vcpufd, KVM_SET_SREGS, &sregs);

/* Initialize registers: instruction pointer for our code, addends, and
 * initial flags required by x86 architecture. */
struct kvm_regs regs = {
    .rip = 0x1000,
    .rax = 2,
    .rbx = 2,
    .rflags = 0x2,
};
ret = ioctl(vcpufd, KVM_SET_REGS, &regs);
```

最后 VMM 就可以借助 struct kvm_run 结构体存储的虚拟 CPU 状态来监控虚拟 CPU vcpufd 的运行，在 KVM 内核模块中虚拟 CPU vcpufd 会执行虚拟内存中的代码，虚拟内存中往往是包括内核和根文件系统的完整操作系统。

```
    /* Repeatedly run code and handle VM exits. */
    while (1) {
        ret = ioctl(vcpufd, KVM_RUN, NULL);
        switch (run->exit_reason) {
        case KVM_EXIT_HLT:
            puts("KVM_EXIT_HLT");
            return 0;
        case KVM_EXIT_IO:
            if (run->io.direction == KVM_EXIT_IO_OUT && run->io.size == 1
                && run->io.port == 0x3f8 && run->io.count == 1)
                putchar(*(((char *)run) + run->io.data_offset));
            else
                errx(1, "unhandled KVM_EXIT_IO");
            break;
        default:
            errx(1, "exit_reason = 0x%x", run->exit_reason);
        }
    }
```

10.2.4　KVM API 总结

KVM API 是一组用于控制 KVM 的 ioctl 系统调用，包括设置虚拟机内存、创建和配置虚拟 CPU 和虚拟设备等。使用 KVM API 创建 KVM 的一个简化的伪代码总结如下。

```
int kvm = open("/dev/kvm");
int vmfd = ioctl(kvm, KVM_CREATE_VM);
ioctl(vmfd, KVM_SET_USER_MEMORY_REGION, &memory);
int vcpufd = ioctl(vmfd, KVM_CREATE_VCPU);
while (1) {
    ioctl(vcpufd, KVM_RUN);
    switch (exit_reason) {
        case KVM_EXIT_HLT:
            puts("KVM_EXIT_HLT");
            return 0;
        case KVM_EXIT_IO:
    ...
    }
```

这样可以使用 KVM 内核模块提供的虚拟化功能创建一个极简的虚拟计算机，有 CPU 和内存就可以执行内存中存储的代码。但是虚拟一个完整的计算机还是非常复杂的，涉及不同类型的中断和 I/O 设备的虚拟化，在 QEMU-KVM 实现中这些主要是由用户态的 QEMU 实现的。

10.3　QEMU-KVM 的实现原理

QEMU 原本和 KVM 并无关联，它就是一个纯软件实现的虚拟化系统，因为是纯软件实现的虚拟机，所以性能较差。但是 QEMU 代码中包含整套的虚拟机实现，包括 CPU 虚拟化、内存虚拟化，以及 KVM 所欠缺的虚拟 I/O 设备，比如网卡、显卡、存储控制器和硬盘等的模拟实现。QEMU 和 KVM 结合起来，在 KVM 运行期间，QEMU 会通过 KVM 内核模块提供的系统调用进入内核，由 KVM 负责将虚拟机置于特殊模式运行。遇到虚拟机进行 I/O 操作时，KVM 会从上次的系统调用出口处返回 QEMU，由 QEMU 来负责解析和模拟这些设备的 I/O 操作。

从 QEMU 的角度看，可以说 QEMU 使用了 KVM 内核模块的虚拟化功能，为自己的虚拟机提供了硬件辅助虚拟化加速。此外，虚拟机的配置和创建、虚拟机运行所依赖的虚拟设备、虚拟机运行时的用户环境和交互，以及一些虚拟机的特定技术（比如动态迁移），都是 QEMU 自己实现的。

KVM 内核模块在运行时按需加载进入内核空间运行。KVM 本身不执行任何 I/O 设备模拟，需要 QEMU 通过/dev/kvm 接口设置一个 GuestOS 的设备地址空间，向它提供模拟的 I/O 设备，并将它的视频显示映射回宿主机的显示屏。

KVM 内核模块是 KVM 的核心部分，其主要功能是初始化 CPU 硬件，打开虚拟化模式，然后将虚拟客户机运行在虚拟机模式下，并对虚拟机的运行提供一定的支持。KVM 内核模块被加载的时候，一般先初始化内部的数据结构；做好准备后，再检测当前的 CPU，然后打开 CPU 控制及存取页表的虚拟化模式开关，并通过执行 VMXON 指令将宿主操作系统置于虚拟化模式的根模式；最后 KVM 内核模块创建特殊设备文件/dev/kvm 并等待来自用户空间的 ioctl 系统调用。

KVM 的创建和运行是 QEMU 和 KVM 相互配合的过程。两者的通信接口主要是一系列针对特殊设备文件/dev/kvm 的 ioctl 调用。其中最重要的是创建虚拟机，如图 10-6 所示。它可以理解成 KVM 为了某个特定的虚拟机创建对应的内核数据结构，同时 KVM 返回一个文件描述符来代表所创建的虚拟机。

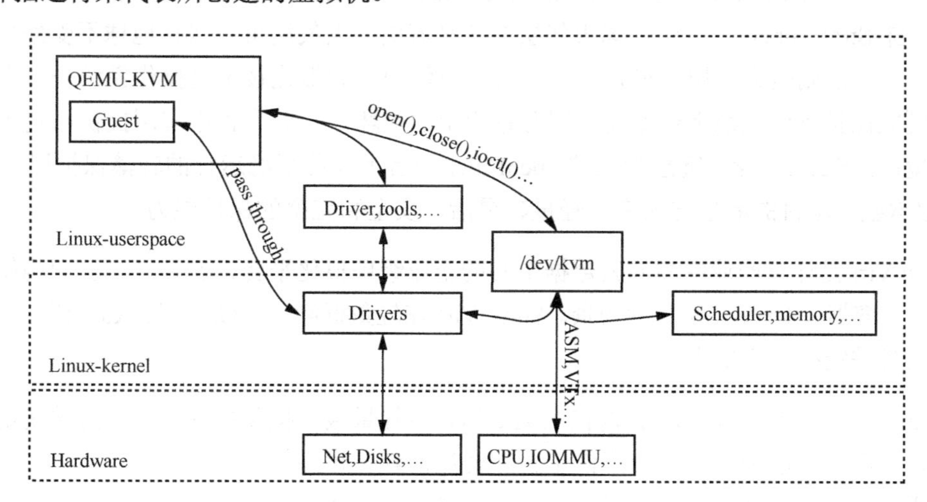

图10-6 KVM创建过程示意图

针对该文件描述符的 ioctl 调用可以对虚拟机做相应的管理，比如创建客户机物理内存地址和宿主机真实物理内存地址之间的映射关系；再比如创建多个 vCPU，KVM 为每一个 vCPU 生成对应的文件描述符，对其执行相应的 ioctl 调用，就可以对 vCPU 进行管理。其中最重要的就是“执行虚拟处理器 vCPU”，即虚拟机在 KVM 的支持下，物理 CPU（pCPU）被置于虚拟化模式的非根模式下，开始执行二进制指令。在此模式下，所有敏感的二进制指令都被 pCPU 捕捉到，pCPU 在保存现场之后自动切换到根模式，由 KVM

决定如何处理。

除了 CPU 的虚拟化，内存虚拟化也由 KVM 实现。实际上，内存虚拟化往往是虚拟机实现中最复杂的部分。CPU 中的 MMU 通过页表的形式将程序运行的虚拟地址转换成物理地址。在虚拟机模式下，MMU 的页表必须在一次查询的时候完成两次地址转换。因为除了将客户机程序的虚拟地址转换为客户机的物理地址，还要将客户机物理地址转化成宿主机真实的物理地址。

由于篇幅所限，本书不再深入 QEMU 代码中 KVM 相关的实现细节，有兴趣的读者可以自行阅读 QEMU-KVM 相关的代码。

10.4 StratoVirt

10.4.1 StratoVirt 简介

StratoVirt 是华为 openEuler 操作系统中引入的虚拟化技术，采用 Rust 语言编写实现。Strato 取自 Stratosphere，意指地球大气层中的平流层，大气层可以保护地球不受外界环境侵害，而平流层则是大气层中最稳定的一层；类似地，虚拟化技术是操作系统平台上的隔离层，既能保护操作系统平台不受上层恶意应用的破坏，又能为正常应用提供稳定可靠的运行环境；以 Strato 为名，寓意为保护 openEuler 平台上业务平稳运行的轻薄保护层。同时，Strato 也承载了项目的愿景与未来：轻量、灵活、安全和完整的保护能力。

StratoVirt 是计算产业中面向云数据中心的企业级虚拟化平台，实现了一套架构统一支持虚拟机、容器、Serverless 三种场景。StratoVirt 在轻量低噪、软硬协同、Rust 语言级安全等方面具备关键技术竞争优势。

StratoVirt 是一种基于 Linux 内核 KVM 的开源轻量级虚拟化技术，在保持传统虚拟化的隔离能力和安全能力的同时，降低了内存资源消耗，提高了虚拟机启动速度。StratoVirt 可以应用于微服务或函数即服务（Function as a Service，FaaS）等 Serverless 场景，保留了相应接口和设计，用于快速导入更多特性，直至支持标准虚拟化。

StratoVirt 是 Linux 中一个独立的进程，其中包括 3 类线程：主线程、vCPU 线程、I/O 线程。

主线程异步收集和处理来自外部模块（如 vCPU 线程）事件的循环；每个 vCPU 都有一个线程处理本 vCPU 的 trap 事件；还可以为每个 I/O 设备配置 I/O 线程，提升 I/O 的性能。

StratoVirt 的核心架构如图 10-7 所示。

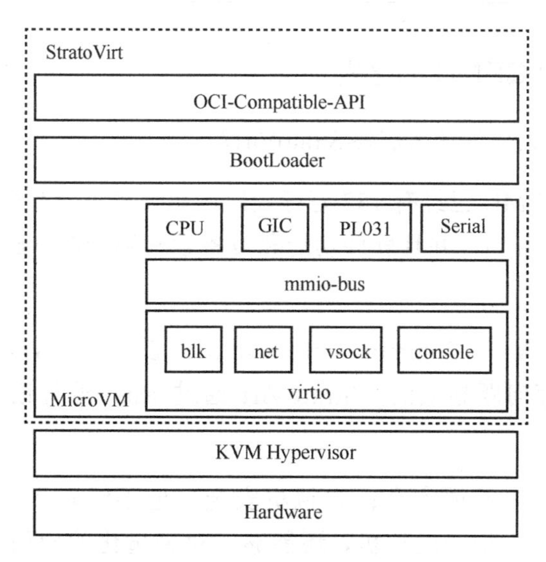

图10-7 StratoVirt的核心架构示意图

（1）StratoVirt 核心架构中的外部 API 是 OCI-Compatible-API，使用 QMP 与外部系统通信，兼容开放容器计划（Open Container Initiative，OCI），同时支持对接 Libvirt API。

（2）StratoVirt 的核心架构中的 BootLoader 是轻量化场景下使用的简单 BootLoader，用来加载内核镜像，而不像传统的 BIOS 和 Grub 引导方式，可以实现快速启动；标准虚拟化场景下，支持 UEFI 启动。

（3）StratoVirt 的核心是模拟计算机主板，包括模拟轻量化的虚拟机（MicroVM）和模拟标准机型的计算机主板。MicroVM 是为了提高性能和减少攻击面，StratoVirt 最小化了用户态设备的模拟，其中模拟实现了 KVM 仿真设备和半虚拟化设备，如 GIC、串行、RTC 和 virtio-mmio 设备。标准机型的虚拟机提供 ACPI 表，实现 UEFI 启动，支持添加 virtio-pci 以及 VFIO 直通设备等，极大地提高了虚拟机的 I/O 性能。

（4）StratoVirt 是基于 KVM 实现的虚拟机，因而具有基于硬件的强隔离能力；得益于极简设计，StratoVirt 可以快速冷启动，能够在 50 ms 内启动 MicroVM；StratoVirt 的低内存开销使得内存占用低到 4 MB。

（5）StratoVirt 可以提供普通标准机型的 I/O 能力与极简 I/O 设备仿真。

（6）StratoVirt 兼容 OCI 标准，能够与 iSula 和 Kata 容器配合使用，可以完美融入 Kubernetes 生态系统。

（7）StratoVirt 全面支持 Intel 和 ARM 架构平台。

10.4.2　StratoVirt 和 QEMU 的区别

QEMU 功能非常强大，为什么需要 StratoVirt？

第一，因为目前 QEMU 已经有 157 万行代码，而且其中又有很大一部分是用来支持遗留的过时特性或者设备的，并且软件功能和设备紧密耦合在一起，导致系统臃肿、维护困难。

第二，QEMU 的 CVE（Common Vulnerabilities & Exposures，通用漏洞和风险）有将近一半是因为内存问题导致的，StratoVirt 通过 Rust 编程语言的内存安全特性来避免 CVE。

第三，容器轻量，但不够安全；虚拟机安全，但不够轻量。StratoVirt 除了能像 QEMU 一样构建出标准机型的虚拟机，还能够针对轻量化的应用场景构建出轻量化的虚拟机。

从整体架构上来说，StratoVirt 和 QEMU 区别不大，向下基于 KVM 提供的硬件辅助虚拟化来保证性能。向上可以对接 Libvirt API 来提供虚拟机管理，StratoVirt 也可以对接 iSula 和 Docker 等来提供容器管理。

从 StratoVirt 内部架构上来讲，组件化是其最大的特点，例如在 StratoVirt 中引入了 device model 的概念，基于此实现了 CPU、扁平内存、堆叠内存、Virtio 设备、PCI 设备等多种公共组件。

StratoVirt 针对轻量化场景，可以选用轻量机型主板并在此基础上增加 CPU、扁平内存、Virtio 设备等必要组件。

StratoVirt 针对标准化场景，可以选用标准机型主板并增加 CPU、堆叠内存模型、PCI 系统、Virtio 设备等组件，这样便可以灵活应对各种场景的需求。

与 QEMU 相比，StratoVirt 在功能上可以支持轻量虚拟机和标准虚拟机两种模式。

（1）在轻量虚拟机模式下，单虚机内存能够小于 4 MB，启动时间小于 50 ms，且支持毫秒级时延的设备的急速伸缩能力。

（2）标准虚拟机模式可支持完整的机器模型，启动标准内核，可以取代 QEMU；同时 StratoVirt 代码规模小，比 QEMU 易于维护；在安全性方面，由于 StratoVirt 采用 Rust 编程语言，所以其安全性比 QEMU 有较大提升。

10.4.3　StratoVirt 的编译构建

StratoVirt 只能在 openEuler 20.09 及更高版本的系统上编译构建。

首先需要安装 Rust 语言环境，在命令行中执行如下命令。

```
$ curl --proto '=https' --tlsv1.2 -sSf https://sh.rustup.rs | sh
```

使用如下命令检查是否已经安装了 Rust 语言环境。

```
$ rustc --version
rustc 1.60.0 (7737e0b5c 2022-04-04)
```

获取 stratovirt 源代码，并进入 stratovirt 目录。

```
$ git clone https://gitee.com/openeuler/stratovirt.git
$ cd stratovirt
```

执行下方命令安装 rust tools-chain。

```
$ arch=`uname -m`
$ rustup target add ${arch}-unknown-linux-gnu
info: component 'rust-std' for target 'x86_64-unknown-linux-gnu' is up to date
```

执行下方命令构建 StratoVirt。

```
$ cargo build --release --target ${arch}-unknown-linux-gnu
Updating crates.io index
  Downloaded itoa v0.4.7
  Downloaded once_cell v1.9.0
  Downloaded quote v1.0.9
  Downloaded ryu v1.0.5
  Downloaded addr2line v0.15.1
  Downloaded backtrace v0.3.59
  Downloaded proc-macro2 v1.0.26
  Downloaded log v0.4.14
  ...
  Compiling StratoVirt v2.1.0 (/home/username/study-stratovirt/stratovirt)
  Finished release [optimized] target(s) in 2m 15s
```

现在可以在当前目录的 target/${arch}-unknown-linux-gnu/release 目录下看到二进制文件 stratovirt，其中${arch}是指令集架构，比如主机环境是 x86_64，所以文件就是在 target/x86_64-unknown-linux-gnu/release 目录下。查看主机环境是什么架构可以使用“uname -m”命令。

10.4.4　StratoVirt 的使用方法

以 openEuler 22.03 LTS 虚拟机环境为例来介绍 StratoVirt 的安装、配置和使用方法。

除了 10.4.3 节所述手动编译构建的方式，在 openEuler 上还可以通过如下命令安装 StratoVirt。

```
$ sudo yum install stratovirt
```

通过脚本下载内核和根文件系统。首先创建一个项目目录 stratovirt-openeuler，然后创建一个文件 get_kernel_and_rootfs.sh。

```
$ mkdir stratovirt-openeuler
$ cd stratovirt-openeuler
$ vi get_kernel_and_rootfs.sh
```

将下列内容保存到文件 get_kernel_and_rootfs.sh 中。这段脚本负责下载内核和 openEuler 根文件系统，作为虚拟机镜像。

```
#!/bin/bash
arch=`uname -m`
dest_kernel="vmlinux.bin"
dest_rootfs="rootfs.ext4"
image_bucket_url="https://repo.openeuler.org/openEuler-21.03/stratovirt_img"

if [ ${arch} = "x86_64" ] || [ ${arch} = "aarch64" ]; then
    kernel="${image_bucket_url}/${arch}/vmlinux.bin"
    rootfs="${image_bucket_url}/${arch}/openEuler-21.03-stratovirt-${arch}.img.xz"
else
    echo "Cannot run StratoVirt on ${arch} architecture!"
    exit 1
fi

echo "Downloading $kernel..."
wget ${kernel} -O ${dest_kernel} --no-check-certificate

echo "Downloading $rootfs..."
wget ${rootfs} -O ${dest_rootfs}.xz --no-check-certificate
xz -d ${dest_rootfs}.xz

echo "kernel file: ${dest_kernel} and rootfs image: ${dest_rootfs} download over."
```

运行如下脚本，成功后会显示“kernel file: vmlinux.bin and rootfs image: rootfs.ext4 download over.”。

```
$ ./get_kernel_and_rootfs.sh
```

到此为止，准备好了 StratoVirt 和 openEuler 虚拟机镜像，但是要让它们正常运转起来，还需要配置 KVM，可以参考 10.2 节开启 KVM 硬件辅助虚拟化。

StratoVirt 运行需要实现 mmio 设备，所以运行之前确保存在设备文件/dev/vhost-vsock。

如下命令可以查看该设备文件是否存在。

```
$ ls /dev/vhost-vsock
/dev/vhost-vsock
```

若该设备文件不存在，请执行如下命令生成/dev/vhost-vsock 设备文件。

```
$ sudo modprobe vhost_vsock
```

为了能够使用 QMP 命令，需要安装 nmap 工具，在配置 yum 源的前提下，可执行如下命令安装 nmap。

```
$ sudo yum install nmap
```

在确保 KVM 及以上各配置项正确配置的前提下，在 stratovirt-openeuler 目录下创建脚本 start_openeuler_with_stratovirt.sh。

```
$ vi start_openeuler_with_stratovirt.sh
```

将下列内容加入 start_openeuler_with_stratovirt.sh 脚本文件中。

```
#!/bin/bash
socket_path=`pwd`"/stratovirt.sock"
kernel_path=`pwd`"/vmlinux.bin"
rootfs_path=`pwd`"/rootfs.ext4"

# Make sure QMP can be created.
rm -f ${socket_path}

# Start linux VM with machine type "microvm" by StratoVirt.
/usr/bin/stratovirt -machine microvm -kernel ${kernel_path} -smp 1 -m 1024 -append
 "console=ttyS0 pci=off reboot=k quiet panic=1 root=/dev/vda" -drive
file=${rootfs_path},id=rootfs,readonly=off,direct=off -device
virtio-blk-device,drive=rootfs,id=rootfs -qmp unix:${socket_path},server,nowait
-serial stdio -D log.txt
```

运行 start_openeuler_with_stratovirt.sh 脚本，会提示 login，输入“root”，又提示输入密码，默认密码为“openEuler12#$”。

```
$ sudo ./start_openeuler_with_stratovirt.sh
```

如果成功运行虚拟机，会显示图 10-8 所示的画面。

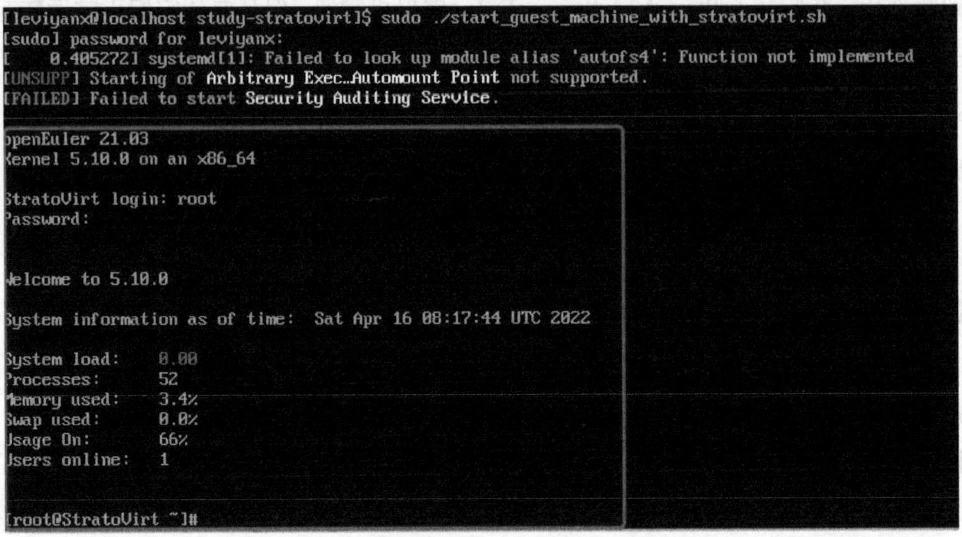

```
[leviyanx@localhost study-stratovirt]$ sudo ./start_guest_machine_with_stratovirt.sh
[sudo] password for leviyanx:
[    0.405272] systemd[1]: Failed to look up module alias 'autofs4': Function not implemented
[UNSUPP] Starting of Arbitrary Exec…Automount Point not supported.
[FAILED] Failed to start Security Auditing Service.

openEuler 21.03
Kernel 5.10.0 on an x86_64

StratoVirt login: root
Password:


Welcome to 5.10.0

System information as of time:  Sat Apr 16 08:17:44 UTC 2022

System load:    0.00
Processes:      52
Memory used:    3.4%
Swap used:      0.0%
Usage On:       66%
Users online:   1


[root@StratoVirt ~]#
```

图10-8　使用StratoVirt运行openEuler虚拟机

本章实验

1．使用 KVM API 创建虚拟机并在虚拟机中执行一段简单的二进制代码。

2．分别编译构建 StratoVirt 和 QEMU 虚拟机软件，并安装客户机操作系统进行测试，对比两者的不同点（比如并发、启动时间等）。

第 11 章

Linux 容器技术

Linux 容器技术是操作系统级别的虚拟化技术，可以在操作系统层次上为进程提供虚拟的执行环境，一个虚拟的执行环境被称为一个容器（container）。

11.1　容器技术概述

容器是一种沙盒（sandbox）技术，主要目的是将应用打包起来提供一个与外界隔离的运行环境，以及方便这个沙盒转移到其他宿主机器。本质上，容器是一组特殊的进程，通过 namespace、cgroup 等技术把资源、文件、设备、状态和配置划分到一个独立的空间，形成一个虚拟的操作系统环境。

通俗的理解就是一个装应用软件的箱子，箱子里面有软件运行所需的依赖库和配置。开发人员可以把这个箱子搬到任何机器上，且不影响里面软件的运行。

容器和虚拟机有什么不同呢？容器共享同一个操作系统内核，将容器内的应用进程与系统其他部分隔离开，而虚拟机是在虚拟一套计算机硬件环境的基础上运行完整的操作系统。对虚拟机来说，x86 Windows 系统上既可以运行 x86 Windows 虚拟机又可以运行 x86 Linux 虚拟机，还可以运行 ARM Linux 虚拟机；而对容器来说，在没有虚拟机技术的支撑下，ARM Linux 系统只能运行 ARM Linux 容器，x86 Linux 系统只能运行 x86 Linux 容器。Linux 容器具有极佳的可移植性，但前提是它们必须与底层计算机硬件和操作系统兼容。虚拟机和容器系统架构如图 11-1 所示。

容器技术的发展不是一蹴而就的，它经历了漫长的技术演进之路，如图 11-2 所示。

chroot（change root）系统调用会重定向进程及其子进程的根目录到操作系统上的一个新位置，使得该进程看到的根目录与系统根目录完全隔离，也就是该进程完全看不到这个指定根目录之外的文件。这是容器发展史上第一道乍现的灵光。

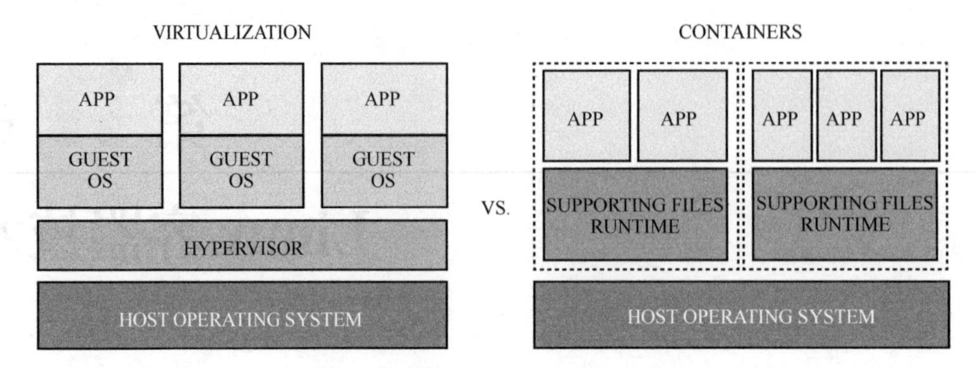

图11-1　虚拟机和容器系统架构示意图

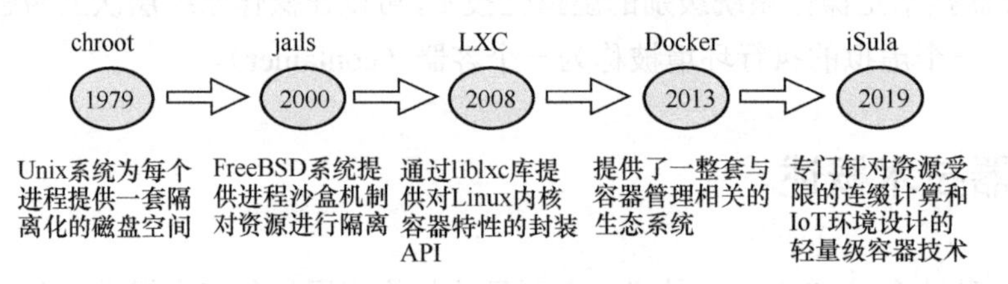

图11-2　容器技术的发展历程

jail 命令是从 chroot 得到启发进一步发展而来，它将隔离扩展到整个用户环境，使得进程在一个沙盒内运行。在进程看来，跟实际的操作系统几乎是一样的，对于进程来说就像被关进了监狱，这也是 jail 名称的由来，jail 中的进程甚至可以拥有自己的 IP 地址，可以对环境进行各种定制。可以说，chroot 开创了进程隔离的思想，但 FreeBSD Jails 才真正实现了进程的沙盒化。

LXC（LinuX Container）是 Linux 内核包含的容器相关特性的用户空间接口，是一种操作系统层的虚拟化技术。LXC 通过强大的 API 和简单的工具，可以让 Linux 用户轻松创建和管理容器，LXC 为用户封装了底层 Linux 内核包含的容器相关特性的接口，实际上 LXC 调用了 namespace、cgroup 等相关的系统调用实现了一个系统级的容器。其中 namespace 是现代容器技术最底层的技术支撑，解决了沙盒化的资源环境隔离的问题，cgroup 对隔离的进程在资源使用上能够加以限制，从技术上来说，cgroup 的资源管理能力标志着容器技术趋于成熟。

LXC 是第一个完善的容器管理方案，可以用来创建和启动容器。尽管 LXC 跟之前出现的沙盒技术非常类似，但赶上 Linux 大规模商用的浪潮，伴随着公有云市场的崛起，很快出现了一个全新的平台即服务（Platform as a Service，PaaS）的产业。PaaS 通过对应用的直接管理、编排和调度让开发者专注于业务逻辑而非基础设施，关键是 PaaS 可以通过容器技术来封装和启动应用，使得容器技术搭上了云计算产业的快车道。

“一次构建、处处运行”的 Docker 镜像开创了一种基于容器技术的全新软件交付方式。Docker 提供了一整套与容器管理相关的生态系统，成为事实上的行业标准，但是大家并不希望容器技术工业标准由 Docker 一家制订。于是，在 Linux 基金会的支持下成立了 OCI，它致力于围绕容器镜像格式和容器运行时等容器技术的行业标准，让容器可以在各种兼容操作系统上移植，减少不必要的兼容性技术障碍。

iSula 是专门针对资源受限的边缘计算和物联网（Internet of Thing，IoT）环境设计的轻量级容器技术，第一个使用场景是在端侧设备上，很难想象在一个智能摄像头上会使用容器来达到快速、简单切换算法应用部署的功能，在那样严苛的资源要求环境下，iSulad（轻量模式）本身占用资源极低（<15 M），并结合特殊的轻量化镜像，达成极致的资源占用的效果。但是 iSula 并不是一个简化的容器方案，在通用场景也有着不错的轻量化表现。实际上，iSula 为全量的容器软件栈，包括引擎、网络、存储、工具集与容器，其中 iSulad 作为轻量化的容器引擎，可以为多种场景提供灵活、稳定、安全的底层支撑。有趣的是，iSula 这个名称是指居住在中南美洲亚马孙丛林的蚂蚁，被称为“子弹蚂蚁”，因为被它咬一口，犹如被子弹打到那般疼痛。iSula 容器技术与子弹蚂蚁“小个头、大能量”的形象不谋而合。

11.2 Linux 容器技术的基本原理

一个容器大致有 3 个底层关键技术支持其运行：第一个是通过 chroot 对文件系统进行隔离，虚拟出容器系统环境的根目录；第二个是通过 namespace 对 pid、user id、网络等进行隔离，虚拟出容器的运行环境；第三个是通过 cgroup 对内存、CPU、I/O 等资源进行隔离，用来管控容器消耗的系统资源。

11.2.1 chroot 技术

在 Linux 系统中，系统默认的目录结构都是以/，即根（root）开始的。而在使用 chroot 之后，进程的系统目录结构将以指定的位置作为根（/）位置。chroot 实际作用就是将进程描述符中 struct fs_struct 中的 root 的值设置为选定的目录。

在经过 chroot 之后，进程读取到的目录和文件将不再是系统根目录下的，而是指定的新根目录下的目录和文件。为什么需要 chroot 呢？因为其带来以下 3 个好处。

（1）限制了用户进程访问文件系统的范围，增加了系统的安全性。

在经过 chroot 之后，在新根下将访问不到系统的根目录，这样就增强了系统的安全性。一般是在登录（login）前使用 chroot，以此达到用户不能访问一些特定文件的目的。

（2）建立一个与原系统隔离的虚拟系统目录结构，方便用户的开发和测试。

使用 chroot 后，系统读取的是新根下的目录和文件，它是用原系统根目录下的子目录作为新的根目录。在这个新根目录下，可以用来为被测软件提供一个独立于当前系统根目录结构的独立开发和测试环境。

（3）通过切换系统的根目录位置，协助引导 Linux 系统的启动过程、切换到特定的应急急救系统等。

chroot 的作用就是切换系统的根目录位置，而这个作用最为明显的是在系统初始引导磁盘的处理过程中使用，从初始 RAM 磁盘（initrd）切换系统的根位置并执行真正的 init。另外，当系统出现一些问题时，还可以使用 chroot 切换到一个临时的应急急救系统。

chroot 命令的基本使用方式如下。

```
sudo chroot newroot [command]
```

注意：执行 chroot 命令需要 root 权限，而且 command 是新根目录（newroot）下的可执行命令，一般需要在新根目录下放一个根文件系统，简单的做法是可以放一个静态编译的可执行文件。

以下面的实际命令为例，其中 hello 是一个静态编译的可执行文件，它存储在新根目录（即/home/mengning/container）中的 bin 目录下。

```
$ sudo chroot /home/mengning/container /bin/hello
```

第一个参数是存放容器根文件系统的目录，第二个参数是可执行文件的路径，这个路径是相对于第一个参数而言的，原系统的绝对路径为/home/mengning/container/bin/hello。如果要执行的可执行文件不是静态编译的，此时在指定的根文件系统目录中必须包含标准 C 库、动态链接器等相关依赖，自行管理依赖比较烦琐，所以用一个小型的、自包含的 Linux 发行版比较好。因为发行版包含实用程序、依赖库和系统配置文件，可以作为一个完整的系统在容器中运行。

使用 chroot 创建一个私有的根文件目录。

首先在个人目录下建立 container 目录，这里使用 Alpine Linux 作为根文件系统。

```
$ mkdir container
$ wget https://dl-cdn.alpinelinux.org/alpine/v3.15/releases/x86_64/alpine-minirootfs-3.15.1-x86_64.tar.gz
```

```
$ cd container
$ tar -zxvf ../alpine-minirootfs-3.15.0-x86_64.tar.gz
$ ls
bin dev etc home lib media mnt opt proc root run sbin srv sys
tmp usr var
$ cd ..
$ sudo chown -R root:root container/
```

此时在 container 目录下已经得到一个小型但可用的 Linux 根文件系统。执行 chroot 命令如下。

```
$ sudo chroot /home/mengning/container /bin/sh -l
```

这条指令可以执行 container 目录下的 sh 并以-l（login）的方式得到一个 Shell 进程。此时在 Shell 下使用 ps 命令查看进程列表，结果显示为空，因为当前系统目录下的/dev 和/proc 都是空目录，没有挂载主机系统的/dev 和/proc 文件系统。

chroot 命令只是修改了进程的根目录进行了文件系统的隔离，pid、hostname、net 等并没有进行隔离。

chroot 命令实际上只是通过调用 chroot 系统调用修改当前进程的根目录位置，然后调用 execve 系统调用加载可执行程序，这样当前运行的程序能够读取的范围就仅限于指定的新根目录范围内。chroot 系统调用和 execve 系统调用的库函数原型如下。

```
#include <unistd.h>
int chroot(const char *path);
int execve(const char *filename, char *const argv[],char *const envp[]);
```

Linux-5.4.34 内核中的 chroot 系统调用的内核处理函数见 fs/open.c。

```
SYSCALL_DEFINE1(chroot, const char __user *, filename)
{
    return ksys_chroot(filename);
}
```

其中 ksys_chroot()函数如下。

```
int ksys_chroot(const char __user *filename)
{
    struct path path;
    int error;
    unsigned int lookup_flags = LOOKUP_FOLLOW | LOOKUP_DIRECTORY;
retry:
    error = user_path_at(AT_FDCWD, filename, lookup_flags, &path);
    if (error)
        goto out;
```

```
    error = inode_permission(path.dentry->d_inode, MAY_EXEC | MAY_CHDIR);
    if (error)
        goto dput_and_out;

    error = -EPERM;
    if (!ns_capable(current_user_ns(), CAP_SYS_chroot))
        goto dput_and_out;
    error = security_path_chroot(&path);
    if (error)
        goto dput_and_out;

    set_fs_root(current->fs, &path);
    error = 0;
dput_and_out:
    path_put(&path);
    if (retry_estale(error, lookup_flags)) {
        lookup_flags |= LOOKUP_REVAL;
        goto retry;
    }
out:
    return error;
}
```

其中为当前进程调用了 set_fs_root()，参见 fs/fs_struct.c 文件。

```
/*
 * Replace the fs->{rootmnt,root} with {mnt,dentry}. Put the old values.
 * It can block.
 */
void set_fs_root(struct fs_struct *fs, const struct path *path)
{
    struct path old_root;

    path_get(path);
    spin_lock(&fs->lock);
    write_seqcount_begin(&fs->seq);
    old_root = fs->root;
    fs->root = *path;
    write_seqcount_end(&fs->seq);
    spin_unlock(&fs->lock);
    if (old_root.dentry)
        path_put(&old_root);
}
```

此处改变了当前进程的根目录 fs->root。显然 chroot 技术只能改变进程描述符 struct

task_struct 相关的 struct fs_struct 中的 root，影响的是路径查找（path lookup）的起始点，是一种非常简单的隔离进程对文件系统访问范围的方法，Mount namespace 则可以隔离进程的整个 mount 树，11.2.3 节中再详细讨论。

11.2.2 namespace 技术

namespace 是 Linux 内核的一组特性，支持对内核资源进行分区隔离，让一组进程只能看到一组资源，而另一组进程只能看到另一组不同的资源。换句话说，namespace 的关键特性是进程隔离。在运行许多不同服务的服务器上，将各个服务及其相关进程相互隔离能够减少系统环境变更带来的影响，以及避免系统安全性方面的问题。

namespace 技术是实现容器的核心技术。容器提供了一个独立的环境，看起来就像一个完整的虚拟机，但它不是虚拟机，而是正在运行的一组进程。如果启动了两个容器，那么将有两组进程运行，但两者之间是相互隔离的，namespace 技术实现了进程隔离。在同一个 namespace 下的一组进程之间可以感知彼此的变化，而对外界的进程一无所知。这样就可以让容器中的进程产生错觉，认为自己置身于一个独立的系统中，从而达到进程隔离的目的。

Linux namespace 是对全局系统资源的一种封装隔离，使得处于不同 namespace 的进程拥有独立的全局系统资源，改变一个 namespace 中的系统资源只会影响当前 namespace 中的进程，对其他 namespace 中的进程没有影响。

namespace 需要对不同类型的系统资源进行隔离，在介绍具体的每种 namespace 类型之前，先介绍以下 3 个与其相关的系统调用。

（1）clone 系统调用可以为创建的子进程创建新的 namespace，创建时传入的 flags 参数可以指明 namespace 类型。

（2）unshare 系统调用为当前进程创建新的 namespace，其 flags 参数可以指明 namespace 类型。

（3）setns 系统调用把某个进程放在已有的某个 namespace 中。

clone 和 unshare 的功能都是创建并加入新的 namespace。它们的区别是，unshare 使当前进程加入新的 namespace；clone 创建一个新的子进程，然后让子进程加入新的 namespace，而当前进程保持不变。

Linux namespace 的整个创建过程如图 11-3 所示，clone 和 fork 在内核中的处理过程都是调用_do_fork 函数，图中用户态以常见的 32 位 x86 下的 fork 系统调用为例来说明系统调用的触发方式。

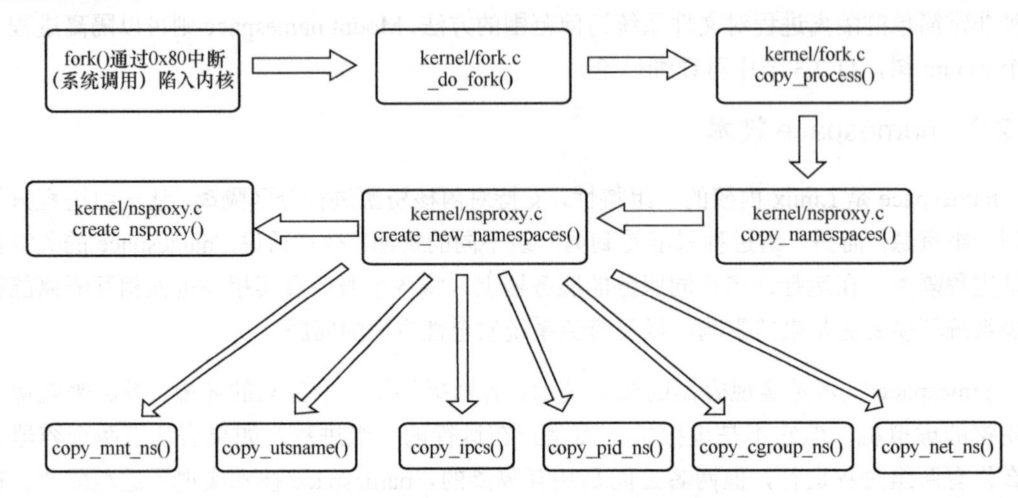

图11-3 Linux namespace的整个创建过程示意图

Linux 内核包含了不同类型的 namespace。每个 namespace 都有自己的独特属性。namespace 的类型如表 11-1 所示。

表 11-1 namespace 的类型

namespace 名称	使用的标志（Flag）	控制内容
Mount	CLONE_NEWNS	挂载点
PID	CLONE_NEWPID	进程号
IPC	CLONE_NEWIPC	信号量，消息队列
UTS	CLONE_NEWUTS	系统主机名和 NIS（Network Information Service）主机名（有时称为域名）
Network	CLONE_NEWNET	网络设备、协议栈、端口等
User	CLONE_NEWUSER	用户和组 ID

11.2.3 Mount namespace

Mount namespace 与 chroot 技术相似，其隔离了进程的文件系统访问范围，不同 Mount namespace 下的进程会有不同的目录层次结构。在/proc/[pid]/mounts、/proc/[pid]/mountinfo 和 /proc/[pid]/mountstats 中可以查看进程的挂载点信息。

使用 clone 或者 unshare 系统调用创建一个新的 Mount namespace 需要添加标志 CLONE_NEWNS。如果 Mount namespace 用 clone 系统调用创建，子 namespace 的挂载列表是从父进程的 Mount namespace 复制而来。

下面用一个简单的实例演示 Mount namespace。

```
$ sudo unshare --mount --fork /bin/bash
# mkdir temp
# mount -t tmpfs  tmpfs-name ./temp
# df
Filesystem  Size  Used Avail Use% Mounted on
...
tmpfs-name  97G   81G   17G  83% /home/mengning/temp
```

首先使用 unshare 命令创建一个 bash 进程并且新建一个 Mount namespace，这里的 unshare 命令中，--mount 参数指新建一个 Mount namespace，--fork 参数指 fork 一个子进程，/bin/bash 参数指运行的可执行程序。这样就可以在新建的 Mount namespace 隔离环境中执行/bin/bash，此命令行已经是在隔离的环境下运行了。

然后在隔离的 Mount namespace 环境下创建 temp 目录，并将一个 tmpfs 类型的文件系统取名为 tmpfs-name，挂载到/home/mengning/temp 目录下。

通过 df 命令可以看到 tmpfs-name 文件系统已经被正确挂载。为了验证主机上并没有挂载此目录，新打开一个命令行窗口，同样执行 df 命令查看主机的挂载信息，可以看到主机上并没有挂载 tmpfs-name 文件系统，可见在独立的 Mount namespace 中执行 mount 操作并不会影响系统的 mount 树。

下面介绍 Mount namespace 的实现原理与相关数据结构，每个 Mount namespace 都由一个 struct mnt_namespace 结构体来管理，Linux-5.4.34 内核的 struct mnt_namespace 结构体如下，具体参见 fs/mount.h 文件。

```
struct mnt_namespace {
    atomic_t count;
    struct ns_common   ns;
    struct mount *root;          // 根目录挂载点
    struct list_head   list;     // 所有的Mount namespace链表
    struct user_namespace  *user_ns;
    struct ucounts *ucounts;
    u64 seq;                    /* Sequence number to prevent loops */
    wait_queue_head_t poll;
    u64 event;
    unsigned int  mounts;       /* # of mounts in the namespace */
```

```
    unsigned int  pending_mounts;
  } __randomize_layout;
```

每个 struct mnt_namespace 有自己独立的 struct mount *root，即根挂载点是互相独立的。struct mount 结构体如下，具体参见 fs/mount.h。

```
struct mount {
    struct hlist_node mnt_hash;
    struct mount *mnt_parent;
    struct dentry *mnt_mountpoint;
    struct vfsmount mnt;
    union {
        struct rcu_head mnt_rcu;
        struct llist_node mnt_llist;
    };
#ifdef CONFIG_SMP
    struct mnt_pcp __percpu *mnt_pcp;
#else
    int mnt_count;
    int mnt_writers;
#endif
    struct list_head mnt_mounts;     /* list of children, anchored here */
    struct list_head mnt_child;      /* and going through their mnt_child */
    struct list_head mnt_instance;   /* mount instance on sb->s_mounts */
    const char *mnt_devname;         /* Name of device e.g. /dev/dsk/hda1 */
    struct list_head mnt_list;
    struct list_head mnt_expire;     /* link in fs-specific expiry list */
    struct list_head mnt_share;     /* circular list of shared mounts */
    struct list_head mnt_slave_list;/* list of slave mounts */
    struct list_head mnt_slave;     /* slave list entry */
    struct mount *mnt_master;       /* slave is on master->mnt_slave_list */
    struct mnt_namespace *mnt_ns;   /* containing namespace */
    struct mountpoint *mnt_mp;      /* where is it mounted */
    union {
        struct hlist_node mnt_mp_list;/* list mounts with the same mountpoint */
        struct hlist_node mnt_umount;
    };
    struct list_head mnt_umounting; /* list entry for umount propagation */
#ifdef CONFIG_FSNOTIFY
    struct fsnotify_mark_connector __rcu *mnt_fsnotify_marks;
    __u32 mnt_fsnotify_mask;
#endif
    int mnt_id;                  /* mount identifier */
    int mnt_group_id;            /* peer group identifier */
    int mnt_expiry_mark;         /* true if marked for expiry */
```

```
        struct hlist_head mnt_pins;
        struct hlist_head mnt_stuck_children;
    } __randomize_layout;
```

struct mount 结构体中维护了子 mnt 链表，这样每个 struct mnt_namespace 实例都维护着彼此独立的 mnt 链表，产生的外在效果就是在某个 Mount namespace 中执行 mount 和 umount 命令不会对其他 namespace 产生影响，因为整个 mount 树是每个 namespace 各有一份，彼此间互不干扰。

从根目录的路径查找（path lookup）也在各自的 mount 树中进行。这里和 chroot 系统调用的做法是不一样的，此系统调用改变的只是进程描述符 struct task_struct 相关的 struct fs_struct 中的 root，影响的是路径查找的起始点，而每个 Mount namespace 独立拥有整个 mount 树。

11.2.4 PID namespace

PID namespace，也可以称为 Process namespace。

在 Linux 系统中，每个进程都有自己独立的 PID，而 PID namespace 主要是用于隔离不同的进程。即在不同的 PID namespace 中可以有相同的进程号。每个 PID namespace 中进程号都是从 1 开始的，在同一 PID namespace 中通过调用 fork、vfork 和 clone 等系统调用创建的进程拥有独立的进程号。

要使用 PID namespace 需要 Linux 内核支持 CONFIG_PID_NS 选项。如下命令可查看当前系统的 Linux 内核是否支持 PID namespace。

```
$ grep CONFIG_PID_NS /boot/config-$(uname -r)
CONFIG_PID_NS=y
```

在 Linux 系统中有一个进程比较特殊，就是 init 进程，也就是 PID 为 1 的进程。每个 PID namespace 中进程号都是从 1 开始的，而且 PID namespace 中的 1 号进程是同一 namespace 下所有其他进程的父进程或祖先进程。如果这个进程被终止，Linux 内核将调用 SIGKILL 发出终止此 namespace 中所有进程的信号。

下面来简单验证一下 PID namespace 的隔离效果。如下 unshare 命令中--mount-proc 表示创建 PID namespace 时重新挂载 procfs。

```
$ sudo unshare --pid --fork --mount-proc /bin/bash
# ps
  PID TTY          TIME CMD
    1 tty1     00:00:00 bash
    9 tty1     00:00:00 ps
```

通过 ps 命令查看当前 PID namespace 中的进程列表，发现 PID 为 1 的进程为当前 bash 命令行。

PID namespace 支持嵌套，除了初始的 PID namespace，其余的 PID namespace 都拥有其父节点的 PID namespace。也就是说，PID namespace 也是树形结构的，此结构内的所有 PID namespace 都可以追踪到祖先 PID namespace。当然，这个深度也不是无限的，从 Linux3.7 内核版本开始，树的最大深度被限制成 32。如果达到此最大深度，将会抛出 No space left on device 的错误。

在同一个 PID namespace 中，同级进程间彼此可见。但如果某个进程位于子 PID namespace，那么该进程是看不到上一层（即父 PID namespace）中的进程的。进程间是否可见，决定了进程间能否存在一定的关联和调用关系。

引入 PID namespace 后，要获取一个指定的进程，除了指明 PID，还必须指明 PID namespace，这主要通过 pid_namespace 结构体实现。

```
struct pid_namespace {
    struct kref kref;    // 引用计数
    struct pidmap pidmap[PIDMAP_ENTRIES]; // pid分配的bitmap，为1表示已分配
    int last_pid;        // 记录上次分配的pid，默认当前分配的pid=last_pid+1
    struct task_struct *child_reaper;// 父进程结束后，需要该child_reaper进程对其托管
    struct kmem_cache *pid_cachep;   // 用于分配pid结构的slab缓存
    unsigned int level;              // 记录该pidns的深度
    struct pid_namespace *parent;    // 父pidns
    ...
    kgid_t pid_gid;
    int hide_pid;
    int reboot; /* group exit code if this pidns was rebooted */
};
```

11.2.5 IPC namespace

Linux 的 IPC namespace 主要针对消息队列（message queue）、信号量（semaphore）、共享内存（share memory），也被称为 XSI IPC，源自 UNIX System V IPC。

IPC namespace 隔离了 IPC 资源，每个 IPC namespace 都有自己的一组 System V IPC 标识符，以及 POSIX 消息队列系统。在一个 IPC namespace 中创建的对象，对所有该 namespace 下的成员均可见，对其他 namespace 下的成员均不可见。

使用 IPC namespace 需要内核支持 CONFIG_IPC_NS 选项。如下命令可查看当前系统的 Linux 内核是否支持 IPC namespace。

```
$ grep CONFIG_IPC_NS /boot/config-$(uname -r)
CONFIG_IPC_NS=y
```

可以在 IPC namespace 中设置/proc/sys/fs/mqueue—— POSIX 消息队列接口、/proc/sys/kernel—— System V IPC 接口（msgmax、msgmnb、msgmni、sem、shmall、shmmax、shmmni、shm_rmid_forced）和/proc/sysvipc—— System V IPC 接口。

当 IPC namespace 被销毁时（即 namespace 里的最后一个进程都被终止时），在 IPC namespace 中创建的 IPC 对象也会被销毁。

通过消息队列的实例来验证 IPC namespace 的作用，首先使用 unshare 命令来创建一个 IPC namespace。

```
$ sudo unshare --fork --ipc /bin/bash
```

下面需要借助两个命令来实现对 IPC namespace 的验证。

- ipcs -q 命令：用来查看系统消息队列列表。
- ipcmk -Q 命令：用来创建系统消息队列。

下面先使用 ipcs -q 命令查看当前 IPC namespace 下的系统消息队列列表。

```
# ipcs -q

------ Message Queues --------
key        msqid      owner      perms      used-bytes   messages
```

由上述代码可以看到，当前无任何系统消息队列，然后使用 ipcmk -Q 命令创建一个系统消息队列。

```
# ipcmk -Q
Message queue id: 0
```

再次使用 ipcs -q 命令查看当前 IPC namespace 下的系统消息队列列表。

```
# ipcs -q

------ Message Queues --------
Key         msqid      owner      perms      used-bytes   messages
0xc1ab30a8 0          root       644           0            0
```

可以看到已经成功创建了一个系统消息队列。然后新打开一个命令行窗口，使用 ipcs -q 命令查看一下主机系统消息队列。

```
$ sudo ipcs -q
```

```
------ Message Queues --------
key        msqid      owner      perms      used-bytes   messages
```

通过上面实验可以发现，在单独的 IPC namespace 内创建的系统消息队列在主机上无法看到，即 IPC namespace 实现了系统消息队列的隔离。

下面根据 Linux 内核的源代码对 IPC namespace 的原理进行分析。

在调用 clone、unshare 和 setns 等系统调用时，如果设置了 CLONE_NEWIPC 标志，则内核会调用 copy_ipcs()创建一个新的 IPC namespace。其中的核心是创建一个新的 struct ipc_namespace 结构体，相当于创建了一个新的 XSI IPC 域。

IPC namespace 是一个扁平的结构，在 Linux-5.4.34 内核的 include/linux/ipc_namespace.h 文件中定义了 ipc_namespace 结构体如下。

```
struct ipc_namespace {
    refcount_t  count;
    struct ipc_ids  ids[3];

    int  sem_ctls[4];
    int  used_sems;

    unsigned int  msg_ctlmax;
    unsigned int  msg_ctlmnb;
    unsigned int  msg_ctlmni;
    atomic_t  msg_bytes;
    atomic_t  msg_hdrs;

    size_t  shm_ctlmax;
    size_t  shm_ctlall;
    unsigned long shm_tot;
    int  shm_ctlmni;
    /*
     * Defines whether IPC_RMID is forced for _all_ shm segments regardless
     * of shmctl()
     */
    Int  shm_rmid_forced;

    struct notifier_block ipcns_nb;

    /* The kern_mount of the mqueuefs sb.  We take a ref on it */
    struct vfsmount  *mq_mnt;
```

```
    /* # queues in this ns, protected by mq_lock */
    unsigned int  mq_queues_count;

    /* next fields are set through sysctl */
    unsigned int  mq_queues_max;    /* initialized to DFLT_QUEUESMAX */
    unsigned int  mq_msg_max;       /* initialized to DFLT_MSGMAX */
    unsigned int  mq_msgsize_max;   /* initialized to DFLT_MSGSIZEMAX */
    unsigned int  mq_msg_default;
    unsigned int  mq_msgsize_default;

    /* user_ns which owns the ipc ns */
    struct user_namespace *user_ns;
    struct ucounts *ucounts;

    struct ns_common ns;
} __randomize_layout;
```

其中最关键的就是 struct ipc_ids ids[3]数组中每一个 struct ipc_ids 结构体的成员，它们分别描述了一类 IPC 资源，分别代表信号量、消息队列和共享内存，Linux 内核通过如下 3 个宏分别访问这 3 个 IPC 资源，意味着不同的 IPC namespace 只能访问自己的 ipc_ids 成员。

```
#define sem_ids(ns)    ((ns)->ids[IPC_SEM_IDS])
#define shm_ids(ns)    ((ns)->ids[IPC_SHM_IDS])
#define msg_ids(ns)    ((ns)->ids[IPC_MSG_IDS])
```

以消息队列为例，宏 msg_ids(ns)中 ns 是指 struct ipc_namespace 结构体的指针，(ns)->ids[IPC_MSG_IDS]是 struct ipc_ids 结构体数组的消息队列成员。如下代码所示，只能在当前 IPC namespace 中访问自己的 ipc_ids 成员及其消息队列，从而做到了隔离不同的 IPC namespace 之间的消息队列。

```
static inline struct msg_queue *msq_obtain_object(struct ipc_namespace *ns, int id)
{
    struct kern_ipc_perm *ipcp = ipc_obtain_object_idr(&msg_ids(ns), id);

    if (IS_ERR(ipcp))
        return ERR_CAST(ipcp);

    return container_of(ipcp, struct msg_queue, q_perm);
}
```

11.2.6 UTS namespace

UTS namespace 用来隔离系统的主机名和网络域名。这两个资源可以通过 sethostname

和 setdomainname 系统调用库函数来设置，以及通过 uname、gethostname 和 getdomainname 系统调用库函数来获取。

术语 UTS 来自调用函数 uname 时用到的结构体 struct utsname，而这个结构体的名字源自“UNIX Time-sharing System”。

UTS namespace 是 namespace 机制中实现最简单的一个，在 unshare 或 setns 命令中会调用 sethostname 和 setdomainname，它们将会修改 struct task_struct 结构体的 struct nsproxy 结构体的 struct uts_namespace 结构体的 struct new_utsname name 成员，这样容器中访问到的主机名称等就与主机系统不同了。struct uts_namespace 结构体和 struct new_utsname 结构体定义如下。

```
struct uts_namespace {
    struct kref kref;
    struct new_utsname name;
    struct user_namespace *user_ns;
    struct ucounts *ucounts;
    struct ns_common ns;
} __randomize_layout;

struct new_utsname {
    char sysname[__NEW_UTS_LEN + 1];
    char nodename[__NEW_UTS_LEN + 1];
    char release[__NEW_UTS_LEN + 1];
    char version[__NEW_UTS_LEN + 1];
    char machine[__NEW_UTS_LEN + 1];
    char domainname[__NEW_UTS_LEN + 1];
};
```

11.2.7　Network namespace

Network namespace 隔离了网络相关的系统资源，比如 IP 地址、网络接口、路由表、防火墙等。一个 Network namespace 提供了一份独立的网络环境，就跟独立的系统一样。一个物理设备只能存在于一个 Network namespace 中，但可以从一个移动到另一个。可以使用来自 iproute2 安装包的 ip netns 命令来创建 Network namespace，以及管理其下的网络资源。

使用 Network namespace 需要内核支持 CONFIG_NET_NS 选项。使用如下命令查看当前系统是否支持该选项。

```
$ grep CONFIG_NET_NS /boot/config-$(uname -r)
CONFIG_NET_NS=y
```

当调用命令 ip netns add ns1 时，本质上就是带着 CLONE_NEWNET 标志调用 unshare 系统调用创建了一个新的 Network namespace。

```
/*
 * A structure to contain pointers to all per-process
 * namespaces - fs (mount), uts, network, sysvipc, etc.
 *
 * The pid namespace is an exception -- it's accessed using
 * task_active_pid_ns.  The pid namespace here is the
 * namespace that children will use.
 *
 * 'count' is the number of tasks holding a reference.
 * The count for each namespace, then, will be the number
 * of nsproxies pointing to it, not the number of tasks.
 *
 * The nsproxy is shared by tasks which share all namespaces.
 * As soon as a single namespace is cloned or unshared, the
 * nsproxy is copied.
 */
struct nsproxy {
    atomic_t count;
    struct uts_namespace *uts_ns;
    struct ipc_namespace *ipc_ns;
    struct mnt_namespace *mnt_ns;
    struct pid_namespace *pid_ns_for_children;
    struct net  *net_ns;
    struct cgroup_namespace *cgroup_ns;
};
```

对内核中 Network namespace 相关的源代码进行分析可以发现，Network namespace 特性的添加，只是将一些原本全局唯一的网络资源变量（例如网络设备列表、路由表等），包裹到了 struct net 结构体中。因此创建多个 struct net 结构体，就相当于拥有了多个 Network namespace。

11.2.8 User namespace

User namespace 隔离了用户 id 和用户组 id 等。使用 User namespace 需要内核支持 CONFIG_USER_NS 选项，使用如下命令可以查看当前系统是否支持该选项。

```
$ grep CONFIG_USER_NS /boot/config-$(uname -r)
CONFIG_USER_NS=y
```

进程的用户 id 和用户组 id 在一个 User namespace 内和外有可能是不同的。比如一个进程在 User namespace 中的用户和用户组可以是特权用户（root），但在该 User namespace 之外，可能只是一个普通的非特权用户。这就涉及用户和用户组映射（uid_map、gid_map）等相关的内容，自 Linux-3.5 版本的内核开始，在/proc/[pid]/uid_map 和/proc/[pid]/gid_map 文件中，可以查看到映射用户和映射用户组。

User namespace 也支持嵌套，使用 unshare 或者 clone 等系统调用时，使用 CLONE_NEWUSER 标志来创建 User namespace，其最大的嵌套层级深度也是 32。如果通过 fork 或者 clone 创建子进程时没有带 CLONE_NEWUSER 标志，那么默认子进程跟父进程在同一个 User namespace 中。

树形的关联关系可以通过 ioctl 系统调用接口维护。一个单线程进程可以通过 setns 系统调用来调整其所属的 User namespace。

User namespace 是最核心、最复杂的 namespace，因为它是用来隔离和分割管理权限的，管理权限实质分为 uid/gid 和 Capability 两部分，涉及 UGO（User、Group、Other）规则和 Capability 规则等进程执行时用户拥有的权限。这些将在第 12 章进一步展开讨论。

11.2.9 cgroups 技术

cgroups 的全称是 Linux Control Groups，主要作用是在 Linux 内核中限制、记录和隔离进程组（process group）使用的物理资源，比如 CPU、Memory、I/O 等。

2006 年，Google 的工程师 Paul Menage 和 Rohit Seth 等人启动了一个项目，最初的名字叫 process containers。因为 container 这个名字在内核中有歧义，所以后来改名为 control groups，在 Linux-2.6.24 内核版本中发布。

最初 cgroups 的版本称为 v1 版，这个版本的 cgroups 设计得不够好，理解起来非常困难。后续的开发工作由 Tejun Heo 接管，重新设计并实现了 cgroups，被称为 v2 版，在 Linux-4.5 内核版本中发布。

cgroups 和 namespace 类似，也是将进程进行分组，但它的目的和 namespace 不一样，namespace 是为了隔离进程组之间的资源，而 cgroups 是为了对一组进程进行统一的资源监控和限制，比如内存使用上限以及文件系统的缓存限制、CPU 利用和磁盘 I/O 吞吐的优先级控制、为了计费的审计或统计功能，以及挂起/恢复执行进程等进程控制功能。

要想对进程资源进行管理和限制，需要考虑如何抽象进程和资源，同时要考虑如何组织它们。cgroups 中以下 4 个非常重要的概念做到了这一点。

- task：任务，对应于系统中运行的一个实体，一般是指进程，线程在 Linux 中是特殊一点的进程。

- subsystem：子系统，具体的资源控制器，控制某个特定的资源，比如 CPU 子系统可以控制 CPU 的运行时间，内存子系统可以控制内存的使用量等。

- cgroup：控制组，一组任务和子系统的关联关系，表示对这些任务进行怎样的资源管理。

- hierarchy：层级树，一系列 cgroup 组成的树形结构。每个节点都是一个 cgroup，它可以有多个子节点，子节点默认会继承父节点的属性。系统中可以有多个 hierarchy 层级树。

将 CPU 和内存子系统（或者任意多个子系统）附加到同一个层级树，如图 11-4 所示。

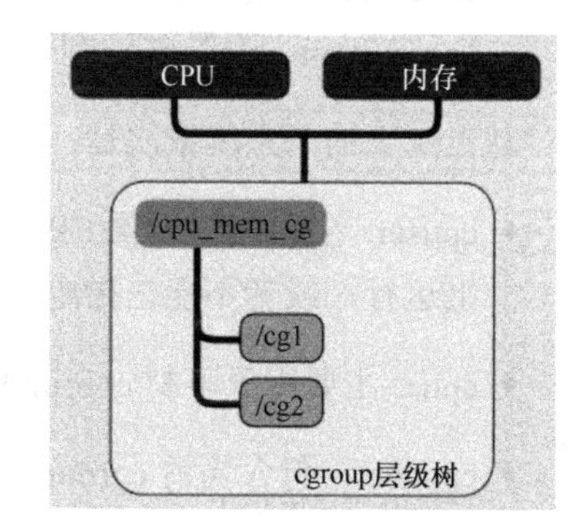

图11-4 cgroups层级树示意图

Linux 并没有为 cgroups 内核功能提供任何系统调用接口，那么它又是如何让用户态的进程使用到 cgroups 功能的呢？

Linux 内核有一个很强大的模块叫虚拟文件系统（Virtual File System，VFS），其能够把具体文件系统的细节隐藏起来，给用户态进程提供一个统一的文件系统 API。Linux 中使用多种数据结构在内核中关联了进程和 cgroup 节点，然后通过 VFS 把 cgroups 功能暴露给用户态，cgroups 与 VFS 之间的衔接部分称为 cgroups 虚拟文件系统，因此可以在用户态用文件系统的方式进行操作。

在使用 cgroups 功能之前，可以通过查看/proc/cgroups，知道当前系统支持哪些子系统。

```
subsys_name       hierarchy    num_cgroup    enabled
cpuset            11            1            1
cpu               3             64           1
cpuacct           3             64           1
blkio             8             64           1
memory            9             104          1
devices           5             64           1
freezer           10            4            1
net_cls           6             1            1
perf_event        7             1            1
net_prio          6             1            1
hugetlb           4             1            1
pids              2             68           1
```

从左到右，字段的含义如下。

- subsys_name：子系统的名字。
- hierarchy：子系统所关联的 cgroup 树的 ID，如果多个子系统关联到同一棵 cgroup 树，那么它们的这个字段将一样，比如这里的 cpu 和 cpuacct 就一样，表示它们绑定到了同一棵树。
- num_cgroup：子系统所关联的 cgroup 树中进程组的个数，即树上节点的个数。
- enabled：使能状态，1 表示开启，0 表示没有开启。可以通过设置内核的启动参数“cgroup_disable”来控制子系统的使能状态。

从上到下的子系统依次是：

- cpuset：主要用于设置 CPU 的亲和性，可以限制 cgroup 中的进程只能在指定的 CPU 上运行，或者不能在指定的 CPU 上运行，同时 cpuset 还能设置内存的亲和性。
- cpu：主要用于限制 cgroup 的 CPU 使用上限及相对于其他 cgroup 的相对值。
- cpuacct：包含当前 cgroup 所使用的 CPU 的统计信息。
- blkio：为块设备设定输入/输出限制，比如物理设备磁盘、固态硬盘、USB 等。
- memory：主要功能有限制 cgroup 中所有进程所能使用的物理内存总量；限制 cgroup 中所有进程所能使用的物理内存和交换空间总量（config_memcg_swap）；限制 cgroup 中所有进程所能使用的内核内存总量及其他一些内核资源。因为内存子系统比较耗费资源，所以内核专门添加了一个参数 cgroup_disable=memory 来禁用整个内存子系统。
- devices：可允许或者拒绝 cgroup 中的任务访问设备。
- freezer：用于挂起或者恢复 cgroup 中的任务。
- net_cls：使用等级识别符（classid）标记网络数据包，可允许 Linux 流量控制程序（tc）识别从具体 cgroup 中生成的数据包。
- perf_event：允许使用 perf 工具来监控 cgroup。
- net_prio：用来设计网络流量的优先级。
- hugetlb：主要对 HugeTLB 系统进行限制，这是一个大页内存文件系统。
- pids：功能是限制 cgroup 及其所有子孙 cgroup 里面能创建的总 task 数量。

cgroup 的所有功能都是基于 Linux 内核中的 cgroups 虚拟文件系统来操作的，因而使用

cgroup 非常简单，挂载这个 cgroup 虚拟文件系统就可以了。一般情况下都是挂载到/sys/fs/cgroup 目录下，当然挂载到其他任何目录都是可以的。可以通过 mount 命令查看 cgroup 的挂载信息。

```
    $ mount -t cgroup
    cgroup on /sys/fs/cgroup/systemd type cgroup
(rw,nosuid,nodev,noexec,relatime,xattr,name=systemd)
    cgroup on /sys/fs/cgroup/rdma type cgroup (rw,nosuid,nodev,noexec,relatime,rdma)
    cgroup on /sys/fs/cgroup/cpuset type cgroup (rw,nosuid,nodev,noexec,relatime,cpuset)
    cgroup on /sys/fs/cgroup/cpu,cpuacct type cgroup
(rw,nosuid,nodev,noexec,relatime,cpu,cpuacct)
    cgroup on /sys/fs/cgroup/freezer type cgroup
(rw,nosuid,nodev,noexec,relatime,freezer)
    cgroup on /sys/fs/cgroup/net_cls,net_prio type cgroup
(rw,nosuid,nodev,noexec,relatime,net_cls,net_prio)
    cgroup on /sys/fs/cgroup/memory type cgroup (rw,nosuid,nodev,noexec,relatime,memory)
    cgroup on /sys/fs/cgroup/blkio type cgroup (rw,nosuid,nodev,noexec,relatime,blkio)
    cgroup on /sys/fs/cgroup/pids type cgroup (rw,nosuid,nodev,noexec,relatime,pids)
    cgroup on /sys/fs/cgroup/perf_event type cgroup
(rw,nosuid,nodev,noexec,relatime,perf_event)
    cgroup on /sys/fs/cgroup/hugetlb type cgroup
(rw,nosuid,nodev,noexec,relatime,hugetlb)
    cgroup on /sys/fs/cgroup/devices type cgroup
(rw,nosuid,nodev,noexec,relatime,devices)
```

以/sys/fs/cgroup 目录为例，假设该目录已经存在，下面用到的 xxx 为任意字符串，应该为 cgroup 取一个更有意义的名字。挂载一棵和所有子系统关联的 cgroup 树到/sys/fs/cgroup 的命令如下。

```
    $ sudo mount -t cgroup xxx /sys/fs/cgroup
```

挂载一棵和 cpuset 子系统关联的 cgroup 树到/sys/fs/cgroup/cpuset 的命令如下。

```
    $ sudo mkdir /sys/fs/cgroup/cpuset
    $ sudo mount -t cgroup -o cpuset xxx /sys/fs/cgroup/cpuset
```

挂载一棵与 cpu 和 cpuacct 子系统关联的 cgroup 树到/sys/fs/cgroup/cpu，cpuacct 的命令如下。

```
    $ sudo mkdir /sys/fs/cgroup/cpu,cpuacct
    $ sudo mount -t cgroup -o cpu,cpuacct xxx /sys/fs/cgroup/cpu,cpuacct
```

创建 cgroup，可以直接用 mkdir 在对应的子资源中创建一个目录。

```
    $ sudo mkdir /sys/fs/cgroup/cpu/mycgroup
    $ ls -l /sys/fs/cgroup/cpu/mycgroup
```

```
total 0
-rw-r--r-- 1 root root 0 Dec 13 08:02 cgroup.clone_children
-rw-r--r-- 1 root root 0 Dec 13 08:02 cgroup.procs
-r--r--r-- 1 root root 0 Dec 13 08:02 cpuacct.stat
-rw-r--r-- 1 root root 0 Dec 13 08:02 cpuacct.usage
-r--r--r-- 1 root root 0 Dec 13 08:02 cpuacct.usage_all
-r--r--r-- 1 root root 0 Dec 13 08:02 cpuacct.usage_percpu
-r--r--r-- 1 root root 0 Dec 13 08:02 cpuacct.usage_percpu_sys
-r--r--r-- 1 root root 0 Dec 13 08:02 cpuacct.usage_percpu_user
-r--r--r-- 1 root root 0 Dec 13 08:02 cpuacct.usage_sys
-r--r--r-- 1 root root 0 Dec 13 08:02 cpuacct.usage_user
-rw-r--r-- 1 root root 0 Dec 13 08:02 cpu.cfs_period_us
-rw-r--r-- 1 root root 0 Dec 13 08:02 cpu.cfs_quota_us
-rw-r--r-- 1 root root 0 Dec 13 08:02 cpu.shares
-r--r--r-- 1 root root 0 Dec 13 08:02 cpu.stat
-rw-r--r-- 1 root root 0 Dec 13 08:02 notify_on_release
-rw-r--r-- 1 root root 0 Dec 13 08:02 tasks
```

删除子资源，就是删除对应的目录。

```
$ sudo rmdir /sys/fs/cgroup/cpu/mycgroup/
```

删除对应的目录之后，如果 tasks 文件中有进程，它们会自动迁移到父 cgroup 中。

设置 group 的参数就是直接向特定的文件中写入特定格式的内容，比如要限制 cgroup 能够使用的 CPU 核数。

```
$ sudo echo 0-1 > /sys/fs/cgroup/cpuset/mycgroup/cpuset.cpus
```

要把某个已经运行的进程加入 cgroup，可以直接向需要的 cgroup tasks 文件中写入进程的 PID。

```
$ sudo echo 2358 > /sys/fs/cgroup/memory/mycgroup/tasks
```

如果想直接把进程运行在某个 cgroup，但是运行前还不知道进程的 PID 应该怎么办呢？可以利用 cgroup 的继承方式来实现，子进程会继承父进程的 cgroup，因此可以把当前 Shell 加入要想的 cgroup。

```
$ sudo echo $$ > /sys/fs/cgroup/cpu/mycgroup/tasks
```

这个方案有个缺陷，运行之后原来的 Shell 还在 cgroup 中。如果希望进程运行完不影响当前使用的 Shell，可以另起一个临时的 Shell。

```
$ sudo sh -c "echo \$$ > /sys/fs/cgroup/memory/mycgroup/tasks && stress -m 1"
```

如果想要把进程移动到另外一个 cgroup，只要使用 echo 把进程 PID 写入 cgroup tasks

文件中即可，原来 cgroup tasks 文件会自动删除该进程。

除了使用 cgroup 虚拟文件系统操作 cgroup，还有一些软件包提供了一系列命令可以操作和管理 cgroup，比如在 Ubuntu 系统中可以通过下面的命令安装 cgroup-tools 来操作和管理 cgroup。

```
$ sudo apt-get install -y cgroup-tools
```

cgroups 提供了强大的功能，能够控制容器资源的使用情况，是容器的关键技术之一。篇幅所限，没有介绍每一个类型的子系统是如何管理和控制容器资源的，仅对 cgroups 技术做了概览性的介绍。

11.3 如何创建一个容器

11.3.1 创建 namespace 的相关系统调用

Linux namespace 相关系统调用包括 clone、unshare 和 setns，为了明确使用的 namespace 类型，可以使用的标志有 CLONE_NEWNS、CLONE_NEWPID、CLONE_NEWIPC、CLONE_NEWUTS、CLONE_NEWNET、CLONE_NEWUSER 和 CLONE_NEWCGROUP。

使用 clone 系统调用可以创建新的 namespace，新创建的子进程就位于这个新的 namespace 中。创建时传入 flags 参数用于指明 namespace 类型。clone 系统调用的库函数原型如下。

```
#include <sched.h>

int clone(int (*fn)(void *), void *child_stack,
        int flags, void *arg, ...
/* pid_t *ptid, struct user_desc *tls, pid_t *ctid */ );
```

第一个参数为 clone 所要执行的子进程代码入口，一般是一个函数指针；第二个参数表示子进程的函数调用堆栈框架的初始栈底地址；第三个参数则是 clone 的 flag 标志，对于 namespace 来说，就是前述的一组 CLONE_NEW*标志，用来告诉 Linux 内核需要创建哪种类型的 namespace。

unshare 系统调用可以为当前进程创建新的 namespace。unshare 系统调用的库函数原型如下，flags 参数指明 namespace 类型标志。

```
#include <sched.h>

int unshare(int flags);
```

其中 flags 用于指明要分离的原 namespace 类型，同时也为当前进程创建新的 namespace 的类型标志，它支持的 flags 类型标志与 clone 系统调用支持的 flags 类型标志类似，这里简要叙述以下 4 种不同的类型标志。

- CLONE_FILES：子进程一般会共享父进程的文件描述符，如果子进程不想共享父进程的文件描述符，可以通过这个 flag 来取消共享。
- CLONE_FS：使当前进程不再与其他进程共享文件系统信息。
- CLONE_SYSVSEM：取消与其他进程共享 SYS V 信号量。
- CLONE_NEWIPC：创建新的 IPC namespace，并将该进程加入进来。

unshare 系统调用用于将当前进程和它所在的 namespace 分离，然后创建并加入一个新的 namespace 中，相对于 setns 系统调用来说，unshare 系统调用不用关联之前存在的 namespace，只需要指定需要分离的 namespace 就会自动创建一个新的 namespace。

通过在程序中调用 setns 系统调用来将当前进程加入之前存在的某个 namespace 中。setns 库函数原型如下。

```
#include <sched.h>

int setns(int fd, int nstype);
```

setns 的参数 fd 表示文件描述符，可以通过打开/proc/$pid/ns/的方式将指定的 namespace 保留下来，也就是说，可以通过文件描述符的方式为调用 setns 系统调用的进程指定 namespace。

setns 的 nstype 参数用来检查 fd 关联的 namespace 是否与 nstype 表明的 namespace 类型一致，如果为 0 则表示不进行该项检查。

通过上面简单的介绍可知，对于 namespace 的操作，可以在进程创建的时候通过 clone 系统调用为新进程分配一个或多个类型的新 namespace；通过 unshare 系统调用为已存在的进程创建一个或多个类型的新 namespace；通过 setns 系统调用将当前进程加入已有的某个类型的 namespace 中。

11.3.2　制作 OCI 包并运行容器

容器镜像本质上就是一个根文件系统镜像。但容器镜像又不仅仅是一个根文件系统镜像，容器镜像有一个 OCI 标准规范，而 runc 命令用于运行根据 OCI 规范打包的应用程序，也就是说，runc 命令是 OCI 规范的兼容实现。

OCI 容器镜像是堆叠起来的根文件系统和 config.json 配置文件的捆绑（bundle），如图 11-5 所示。runc 命令符合 OCI 规范（具体来说，是 runtime-spec），这意味着 runc 命令可以使用 OCI 镜像创建并运行一个容器。值得一提的是，创建并运行一个容器并不需要知道根文件系统是一个单层的普通文件系统，还是一个堆叠起来的根文件系统，因为不管是单层还是多层都会合并为一个容器层（container layer）根文件系统。换句话说，OCI 包只是根文件系统和 config.json 配置文件的捆绑。层、标签、容器注册表和存储库等功能都不是 OCI 包（甚至容器运行时）规范的一部分。

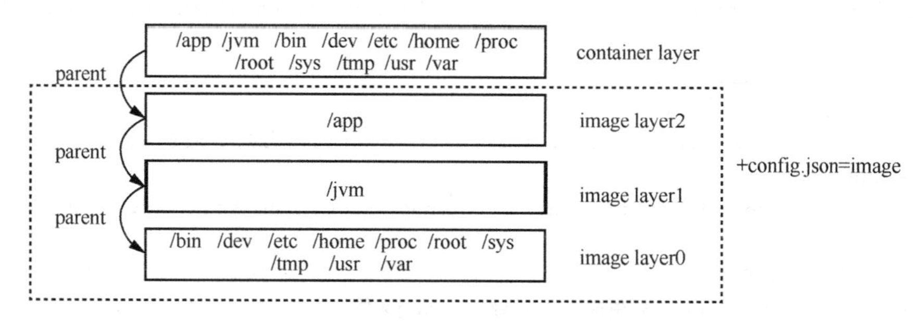

图11-5 OCI容器镜像构成示意图

有一个单独的 OCI-spec（image-spec）定义 OCI 镜像（OCI image）。OCI 镜像是一种堆叠起来的文件系统，多层文件目录合并起来形成所需的根文件系统，多个层之间有依赖关系，这种依赖关系称为父子关系，被依赖的层为父层（parent）。底层文件系统往往都是只读的，容器在运行过程中系统只能修改最上层的可读写文件系统。

具体来说，从一个比较高层次的角度来看这个 OCI 镜像规范，一个镜像由 4 部分组成——Manifest、Image Index（可选）、Layers、Configuration。Manifest 包括镜像内容的元信息和镜像层（Layers）的摘要信息，这些镜像层可以解包部署成最后的运行环境。Image Index 则从更高的角度描述了 Manifest，主要应用于镜像跨平台。Configuration 则包含了应用的参数环境。这些 OCI 镜像规范的主要目的是统一各种容器工具的镜像格式，让标准镜像能够在多种容器软件下使用。篇幅所限，这里不详述 OCI 镜像规范的细节。

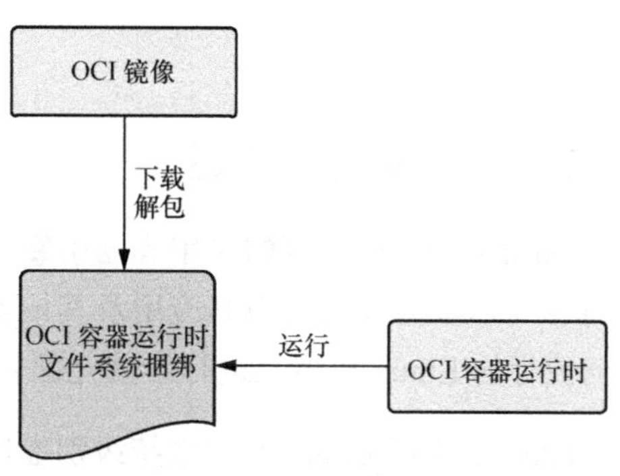

图11-6 OCI镜像、OCI包和OCI容器运行时

OCI 镜像、OCI 包和 OCI 容器运行时如图 11-6 所示，OCI 镜像可以解包（unpack）成 OCI 包，

OCI 容器运行时工具（比如 runc）可以将 OCI 包在容器中运行起来。

制作 OCI 镜像的方法在 11.4 节介绍，这里仅给出一个简便的制作 OCI 包并运行容器的做法，提供如下命令仅供参考。

```
$ sudo apt install docker.io # 可以通过安装docker获得runc命令
$ mkdir oci-bundle
$ cd oci-bundle
~/oci-bundle $ wget
https://dl-cdn.alpinelinux.org/alpine/v3.15/releases/x86_64/alpine-minirootfs-3.15.1-
x86_64.tar.gz
~/oci-bundle $ mkdir rootfs
~/oci-bundle $ cd rootfs
~/oci-bundle/rootfs$ tar -zxvf ../alpine-minirootfs-3.15.1-x86_64.tar.gz
~/oci-bundle/rootfs$ ls
bin  dev  etc  home  lib  media  mnt  opt  proc  root  run  sbin  srv  sys  tmp  usr
var
~/oci-bundle/rootfs$ cd ..
~/oci-bundle $ runc spec # 生成一个config.json文件
~/oci-bundle $ ls
alpine-minirootfs-3.15.1-x86_64.tar.gz  config.json  rootfs
~/oci-bundle $ sudo runc run test
/ # ls
bin  dev  etc  home  lib  media  mnt  opt  proc  root  run  sbin  srv  sys  tmp  usr
var
```

借助 runc spec 命令生成 config.json 文件，从而将一个 rootfs 根文件系统做成 OCI 包，这时通过 sudo runc run test 命令运行一个容器。

runc 符合 OCI 规范，可以生成 OCI 包，并可以通过调用 namespace 相关系统调用创建和运行容器。

11.4 Docker

11.4.1 Docker 技术概述

Docker 是一个开源的应用容器引擎，基于 Go 语言编写，遵从 Apache 2.0 开源许可证。Docker 可以让开发者打包其应用及其依赖包到一个轻量级、可移植的容器中，然后发布到任何流行的 Linux 机器上进行容器化部署。

LXC 是实现 Linux 操作系统级别虚拟化的一项 Linux 容器技术，可以实现资源的隔离和控制，LXC 是对 namespace 和 cgroup 等 Linux 内核容器相关功能的封装。

对于 Docker 而言，它发展到现在已经成为容器的代名词了，不过它的基础技术需要依赖内核的 namespace 和 cgroup 等特性。Docker 最初便是采用 LXC 技术作为其底层，后来随着 Docker 的发展，它自己实现了 libcontainer 对 namespace 和 cgroup 等 Linux 内核容器相关功能的封装，从而消除了对 LXC 的依赖。runc 命令内部是通过调用 libcontainer 来实现的，runc 的软件架构如图 11-7 所示。

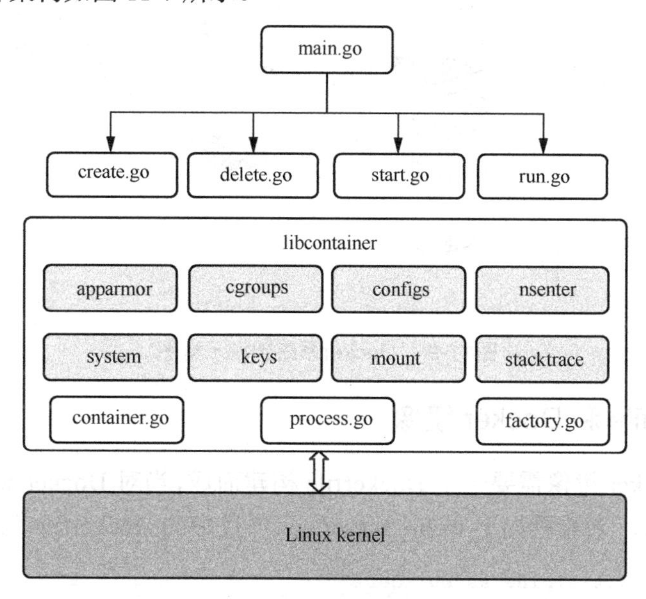

图11-7　runc的软件架构示意图

Docker 不仅是容器，还基于容器构建了一整套上层系统软件，整个软件调用过程大致如图 11-8 所示。

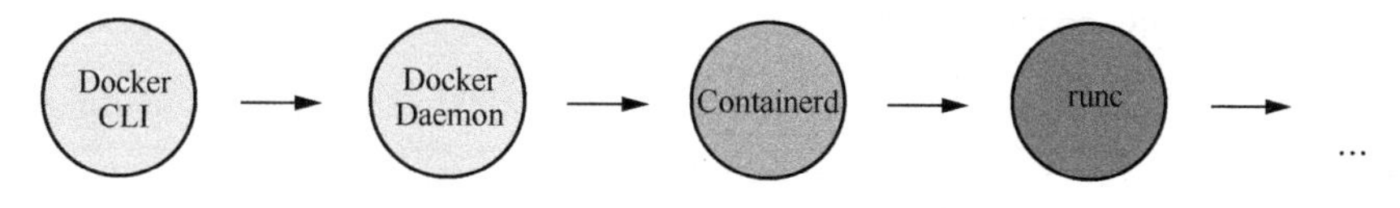

图11-8　Docker软件调用过程示意图

Docker 的整套系统由 3 大核心部分组成——容器、镜像和仓库，如图 11-9 所示。

（1）容器，用来运行和隔离应用，是一个虚拟的操作系统环境，容器是从镜像创建的运行实例。

（2）镜像，类似虚拟机镜像，但它只有根文件系统，没有内核，相当于一个轻量级的虚拟机镜像。

（3）仓库，用于用户之间分享镜像文件的基础设施，也就是存放镜像文件的场所。

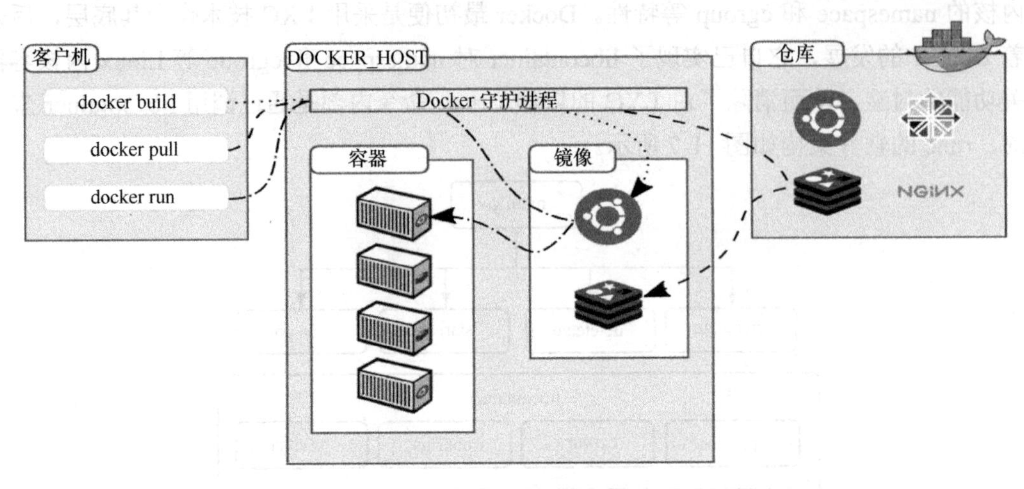

图11-9　Docker系统架构示意图

11.4.2　Dockerfile 和 Docker 镜像

众所周知 Docker 镜像需要一个 Dockerfile 构建而成，当对 Docker 和 OCI 镜像规范有了大致的了解之后，来看看如下 webp_server_go 项目中的 Dockerfile 范例。

```
FROM golang:1.17.4-alpine as builder

ARG IMG_PATH=/opt/pics
ARG EXHAUST_PATH=/opt/exhaust
RUN apk update && apk add alpine-sdk aom-dev && mkdir /build
COPY go.mod /build
RUN cd /build && go mod download

COPY . /build
RUN cd /build && sed -i "s|.\/pics|${IMG_PATH}|g" config.json  \
    && sed -i "s|\"\"|\"${EXHAUST_PATH}\"|g" config.json  \
    && sed -i 's/127.0.0.1/0.0.0.0/g' config.json  \
    && go build -ldflags="-s -w" -o webp-server .

FROM alpine

COPY --from=builder /build/webp-server  /usr/bin/webp-server
COPY --from=builder /build/config.json /etc/config.json

COPY --from=builder /usr/lib/libaom.a /usr/lib/libaom.a
COPY --from=builder /usr/lib/libaom.so /usr/lib/libaom.so
```

```
COPY --from=builder /usr/lib/libaom.so.3 /usr/lib/libaom.so.3
COPY --from=builder /usr/lib/libaom.so.3 /usr/lib/libaom.so.3
COPY --from=builder /usr/lib/libaom.so.3.2.0 /usr/lib/libaom.so.3.2.0

WORKDIR /opt
VOLUME /opt/exhaust
CMD ["/usr/bin/webp-server", "--config", "/etc/config.json"]
```

当编写Dockerfile的时候，需要用 FROM 语句来指定一个基础镜像，这些基础镜像并不是无中生有，也需要一个 Dockerfile 来构建，比如下面的Dockerfile就是从头构建一个镜像。

```
FROM scratch
ADD alpine-minirootfs-3.15.1-x86_64.tar.gz /
CMD ["sh"]
```

如上Dockerfile的第一行FROM scratch表示从头构建一个镜像；第二行ADD语句表示自动把根文件系统alpine下载解压到容器的根目录下，由此产生镜像的堆叠文件系统中的一层镜像；第三行CMD ["sh"]指定镜像在启动容器的时候执行的应用程序。

如何将这个Dockerfile构建成Docker镜像呢？命令大致如下。

```
$ sudo apt install docker.io
$ sudo service docker start
$ sudo docker build -t mengning/alpinelinux:v1 .
Sending build context to Docker daemon  3.848MB
Step 1/3 : FROM scratch
 --->
Step 2/3 : ADD alpine-minirootfs-3.15.1-x86_64.tar.gz /
 ---> 11fce14bf4ee
Step 3/3 : CMD ["sh"]
 ---> Running in 131494a459d7
Removing intermediate container 131494a459d7
 ---> e23f30d094ca
Successfully built e23f30d094ca
Successfully tagged mengning/alpinelinux:v1
$ sudo docker images
REPOSITORY             TAG     IMAGE ID       CREATED          SIZE
mengning/alpinelinux   v1      0cf888cebaa8   2 minutes ago    2.73MB
```

当在本地构建完成一个Docker镜像之后，如何传递给他人呢？Docker镜像的管理就像使用Git管理代码一样，Docker也有类似于git clone和git push的命令。docker push就和使用git push一样，将本地镜像推送到一个镜像仓库，这个镜像仓库就像Gitee/GitHub一样用来存放公共/私有的镜像，一个中心化的镜像仓库方便大家交流和分享 Docker 镜像。

docker pull 就像使用 git clone 一样，将远程的镜像拉取到本地。Docker 的具体配置和使用方法请参阅相关资料，这里不再详述。

11.5　iSula

11.5.1　iSula 技术概述

这里所说的 iSula 是华为开源的容器软件栈的名称，包括引擎、网络、存储、工具集等；iSulad 作为其中轻量化的容器引擎，可以为多种场景提供灵活、稳定、安全的底层支撑。

iSulad 是一种使用 C/C++编程语言编写的容器引擎，而且正在向 Rust 语言迁移，是 openEuler 社区的开源项目。当前主流的容器相关软件 docker、containerd、cri-o 等均由 Go 语言编写。随着边缘计算、物联网等嵌入式设备场景的不断兴起，在资源受限环境下，业务容器化的需求越来越强烈。由高级语言编写的容器引擎相对较重，在资源占用上的劣势越来越凸显。由于容器引擎对外接口的标准化，使得使用 C/C++或 Rust 语言重写容器引擎成为了可能。

iSulad 整体架构如图 11-10 所示。iSulad 对外提供 CLI 命令行以及基于 gRPC 的 CRI（Container Runtime Interface，容器运行时接口）两种对外接口，其中核心功能根据业务分为镜像管理和容器管理。

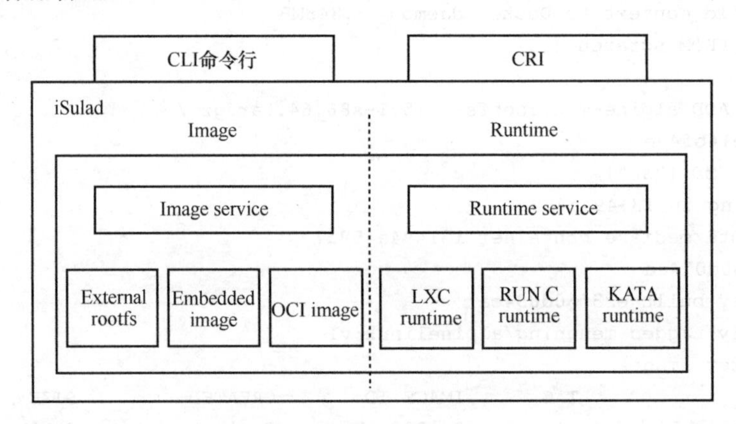

图11-10　iSulad整体架构示意图

iSula 的容器引擎 iSulad 具有轻、快、易、灵的特点，不受硬件规格和架构的限制，资源开销更小，可应用领域更为广泛。在严苛的资源要求环境下，轻量模式下的 iSulad 本身占用资源极低（<15 M），再结合特殊的轻量化镜像，可以达成极致的资源占用效果。

从 iSulad 与 Docker 和 Podman 的性能测评数据[①]对比来看，在单容器情况下客户端执行 create、start、stop、rm 和 run 这些命令所需的时间上，iSulad 比 Docker 快 16%～77%，比 Podman 快 46%～83%；并发 100 个容器的情况下，客户端执行 create、start、stop、rm 和 run 这些命令所需的时间上，iSulad 比 Docker 快 71%～86%，比 Podman 快 64%～89%。

根据 iSulad 的设计目标和实现情况，具体来看下 iSulad 轻、快、易、灵这些优势。

（1）iSulad 的轻是指轻量化。iSulad 的第一个使用场景是在端侧设备上，这自然要求这个容器引擎具有轻量级资源占用的特性，再结合为端侧设备特殊定制的轻量化镜像，可以达成极致的资源占用的效果。除了在端侧环境，在通用场景下，iSulad 也具有不错的轻量化表现。利用轻量化的 LXC 运行时以及极为轻量的监控进程，简化了整个调用链路。

（2）iSulad 的快是指执行速度快。采用 C/C++和 Rust 语言实现的 iSulad 自然具备运行速度快的优势。再加上 iSulad 独特的架构设计，除了启动容器部分需要通过 fork 和 exec 方式执行命令，其他部分均通过直接调用系统库函数的方式加快执行速度。

（3）iSulad 的易是指易于使用。在对 CRI 进行大范围的重构和补全后，iSulad 已经能在相当程度上兼容标准化的容器规范和工具，符合使用者的使用习惯，让应用迁移变得轻松。同时为了使开发者迁移更方便，iSula 容器团队开发了一系列迁移工具，以帮助开发者将自己的应用平滑迁移到 iSulad 上来。甚至未来 iSulad 还会支持热迁移，能更加便捷地迁移开发者的应用。

（4）iSulad 的灵是指可以灵活配置，满足不同场景。iSulad 针对不同的使用场景提供了不同的模式，可以根据需要灵活配置、切换性能优先模式和资源占用低的轻量化模式。

另外，作为一个具有支持全场景容器环境的引擎，iSulad 也支持了多种不同的应用容器形态，它支持系统容器、安全容器、普通容器及轻量化容器。

11.5.2 iSula 的基本用法

iSula 是典型的 C/S 架构，客户端是 isula 命令，服务端是 iSulad 作为守护进程。

iSula 的使用方法基于 openEuler 22.03 LTS 华为云虚拟机，下载 openEuler 22.03 LTS 容器镜像，并运行容器。因为 iSula 和 Docker 是基本兼容的，这里介绍的使用方法也基本适

① 测评数据来自容器技术专家李峰在 2020 年 9 月发布的博客。

用于 Docker。

首先安装和配置 iSulad，命令如下。

```
# yum install iSulad
# systemctl status isulad # 安装完成后，查看服务情况（默认启动）
# cat /etc/isulad/daemon.json # 配置容器镜像仓库
...
"registry-mirrors": [
    "docker.io"
],
...
# systemctl restart isulad # 重启isulad
```

从镜像仓库中拉取 openEuler 22.03 LTS 基础镜像，命令如下。

```
# isula pull openeuler/openeuler:22.03-lts
# isula images # 查看openEuler 22.03 LTS基础镜像
REPOSITORY             TAG          IMAGE ID       CREATED        SIZE
openeuler/openeuler    22.03-lts    81d2a1304c8d   2 months ago   213MB
```

将指定的 openeuler/openeuler:22.03-lts 镜像创建为容器，并通过-n 参数为容器命名为 test，命令如下。

```
# isula create -n test openeuler/openeuler:22.03-lts
# isula ps -a # 查看test容器
```

启动容器并进入容器，命令如下。

```
# isula start test
# isula exec test bash # 进入test容器
[root@loclhost] # exit
#
```

关闭容器和删除容器，命令如下。

```
# isula kill test
# isula rm test
```

11.5.3　iSulad 的系统架构[①]

iSulad 所处的位置如图 11-11 所示，iSulad 向上层通过 CRI 提供对容器操作的接口。CRI 是由 Kubernetes 定义的，是容器引擎向 Kubernetes（kubelet）提供的容器和镜像的服务接口，以便容器引擎能够接入 Kubernetes。CRI 是以容器为中心的 API，设计 CRI 的初衷是不希望向容器暴

① 本节的内容主要是重新整理了容器技术专家李峰在 2020 年 9 月发布的博客文章。

露 Pod 信息或 Pod 的 API，Pod 始终是 Kubernetes 容器自动化编排平台内部的概念，与容器无关。

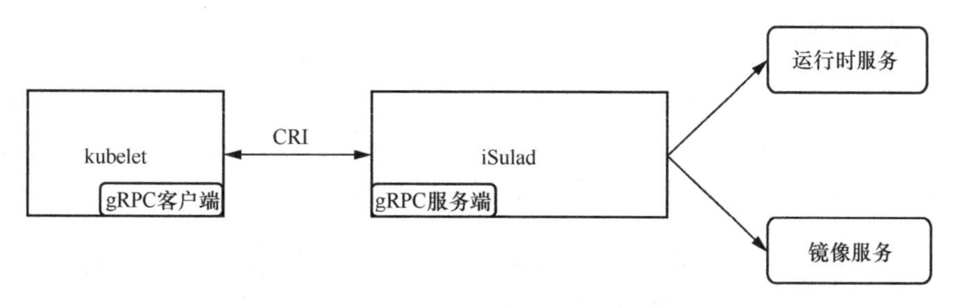

图11-11 iSulad与外部系统的关系示意图

kubelet 是 Kubernetes（k8s）容器自动化编排平台的工作节点上的一个代理组件，是 Kubernetes 分布式管理系统的一部分，运行在每个节点上，kubelet 会通过 gRPC 调用 CRI。

Kubernetes 及其相关的 kubelet 和 Pod 等概念，请参阅 Kubernetes 的相关资料，这里重点关注容器技术相关部分。

iSulad 向下调用容器镜像和容器运行时的服务，比如 runc、lxc 和 kata 等。

iSulad 还通过 clibcni 网络接口适配层模块支持容器网络接口（Container Network Interface，CNI）标准协议，如图 11-12 所示，容器网络功能均由相关网络插件来实现。CNI 标准协议是 Google 和 CoreOS 主导制定的容器网络标准协议。基于 CNI 标准协议，iSulad 通过 JSON 格式的文件与具体网络插件进行通信，进而实现容器的网络功能。

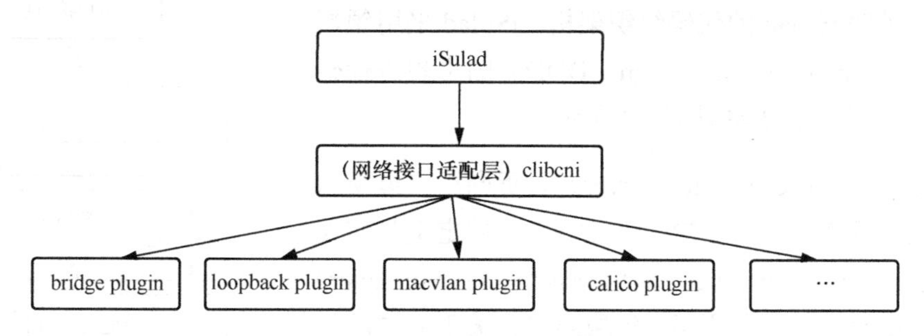

图11-12 iSulad中容器网络功能实现示意图

iSulad 支持 OCI 标准镜像格式以及与 Docker 兼容的镜像格式，能够支持从 Docker Hub 等镜像仓库下载容器镜像，或者导入由 Docker 导出的镜像文件来启动容器。

OCI 镜像由一层或多层堆叠起来的文件系统数据，以及一个 config.json 配置文件组成。运行环境和应用被一起打包到了容器镜像中，这样就解决了应用部署时的环境依赖问题。多个层之间有父子依赖关系，运行容器之前，所有层的数据会合并挂载成一个根文件系统

（rootfs）供容器使用，称为容器层。如果合并后的数据有冲突，则子层的数据会覆盖父层中路径名称都相同的数据。

镜像的分层是为了减少镜像存储空间占用问题。如果本层及其所有递归依赖的父层具有相同的数据，这些数据就可以复用，以减少镜像的存储空间占用。图 11-13 描述的是具有相同 layer0 和 layer1 的两个容器镜像的数据复用结构。

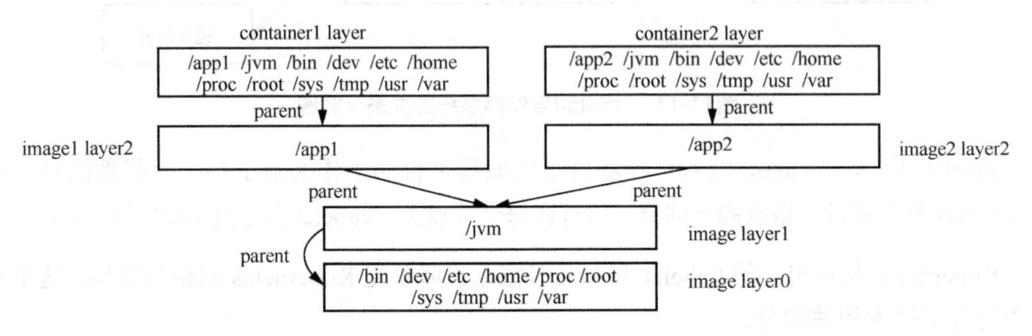

图11-13　容器镜像的数据复用结构示意图

iSulad 支持标准 OCI 运行时操作接口，可以进行容器生命周期管理。iSulad 不仅支持当前主流的容器运行时，如 runc 和 kata，而且针对 C 语言编写的 lxc 进行了适配修改，使其能够作为支持 OCI 标准协议的 C 语言容器运行时，进一步降低了容器引擎基础设施的资源开销。

前面介绍了 iSulad 的主要功能特性，现在深入 iSulad 的代码中，了解 iSulad 的代码组织架构。iSulad 采用领域驱动设计（Domain Driven Design，DDD）的思想进行架构分层组织，层次划分如图 11-14 所示。

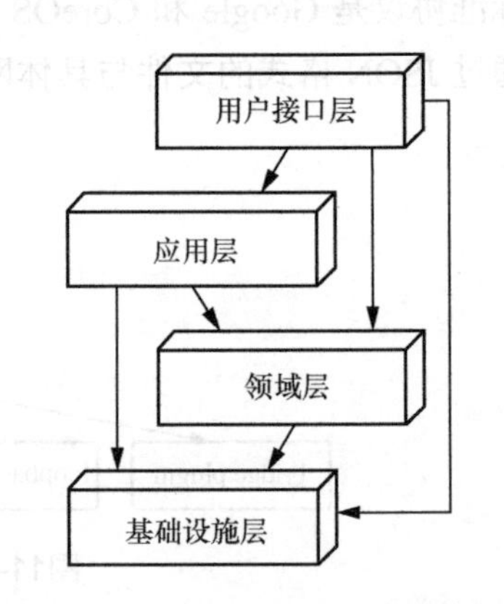

图11-14　iSulad架构分层示意图

用户接口层（user interface layer）负责向用户展现信息和解释用户命令，以及 CRI 服务端接口的定义与实现等；应用层（application layer）调用领域层（domain layer）的接口，实现对应的业务应用；领域层包含关于领域的信息，这是 iSulad 的核心所在，包含多种模块，是业务逻辑实际执行的代码；基础设施层（infrastructure layer）作为其他层的支撑库，提供各种工具函数供其他层次调用。

下面具体看一下各层次的相关代码。用户接口层主要是在 src/cmd、src/api 和 src/daemon/entry 目录中。src/cmd 目录中的代码主要负责向用户展现信息和解释用户命令；src/api 和 src/daemon/entry 目录中的代码主要是外部接口的定义和实现，比如 CRI 等。

在 src/cmd 目录下，提供了 isula 客户端、isulad 服务端和 isulad-shim 三个命令行相关的解释执行代码，代码组织结构及相关代码功能的注释如下。

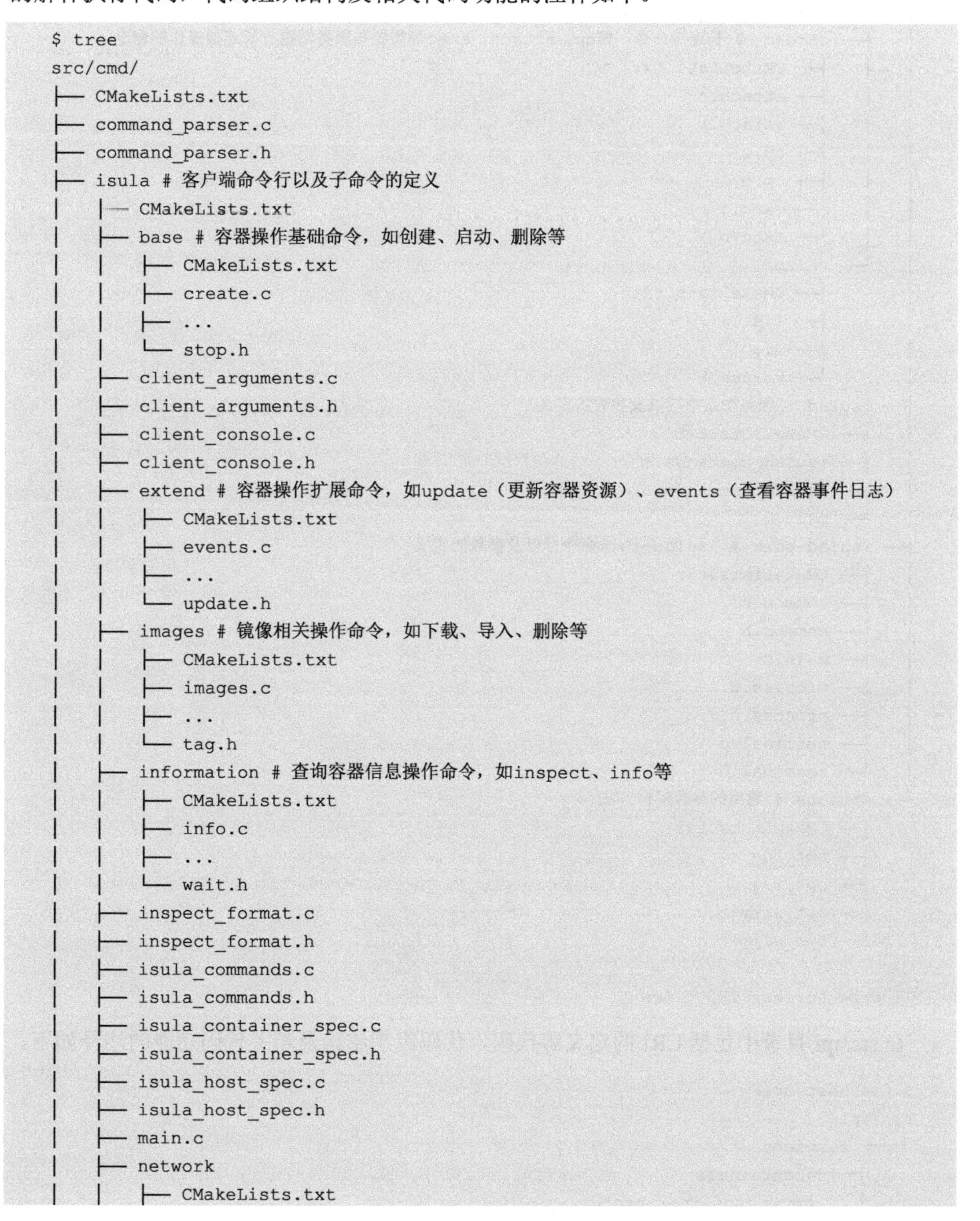

```
$ tree
src/cmd/
├── CMakeLists.txt
├── command_parser.c
├── command_parser.h
├── isula # 客户端命令行以及子命令的定义
│   ├── CMakeLists.txt
│   ├── base # 容器操作基础命令，如创建、启动、删除等
│   │   ├── CMakeLists.txt
│   │   ├── create.c
│   │   ├── ...
│   │   └── stop.h
│   ├── client_arguments.c
│   ├── client_arguments.h
│   ├── client_console.c
│   ├── client_console.h
│   ├── extend # 容器操作扩展命令，如update（更新容器资源）、events（查看容器事件日志）
│   │   ├── CMakeLists.txt
│   │   ├── events.c
│   │   ├── ...
│   │   └── update.h
│   ├── images # 镜像相关操作命令，如下载、导入、删除等
│   │   ├── CMakeLists.txt
│   │   ├── images.c
│   │   ├── ...
│   │   └── tag.h
│   ├── information # 查询容器信息操作命令，如inspect、info等
│   │   ├── CMakeLists.txt
│   │   ├── info.c
│   │   ├── ...
│   │   └── wait.h
│   ├── inspect_format.c
│   ├── inspect_format.h
│   ├── isula_commands.c
│   ├── isula_commands.h
│   ├── isula_container_spec.c
│   ├── isula_container_spec.h
│   ├── isula_host_spec.c
│   ├── isula_host_spec.h
│   ├── main.c
│   ├── network
│   │   ├── CMakeLists.txt
```

```
│   │   ├── network.c
│   │   ├── ...
│   │   └── network_remove.h
│   ├── stream  # 长连接命令，如cp、attach、exec等需要与服务端进行长连接操作的命令
│   │   ├── CMakeLists.txt
│   │   ├── attach.c
│   │   ├── attach.h
│   │   ├── cp.c
│   │   ├── cp.h
│   │   ├── exec.c
│   │   └── exec.h
│   └── volume
│       ├── CMakeLists.txt
│       ├── list.c
│       ├── ...
│       └── volume.h
├── isulad # 服务端命令行以及参数的定义
│   ├── CMakeLists.txt
│   ├── isulad_commands.c
│   ├── isulad_commands.h
│   └── main.c
├── isulad-shim # isulad-shim命令行以及参数的定义
│   ├── CMakeLists.txt
│   ├── common.c
│   ├── common.h
│   ├── main.c
│   ├── process.c
│   ├── process.h
│   ├── terminal.c
│   └── terminal.h
└── options # 通用的参数解析方法
    ├── CMakeLists.txt
    ├── opt_log.c
    ├── opt_log.h
    ├── opt_ulimit.c
    └── opt_ulimit.h

11 directories, 125 files
```

在 src/api 目录中包括 CRI 的定义等代码，代码组织结构及相关代码功能的注释如下。

```
$ tree src/api/
src/api/
└── services
    ├── containers
    │   ├── container.proto
```

```
|       └── rest
|           └── container.rest.h
├── cri # CRI的定义
|   └── api.proto
├── images
|   ├── images.proto
|   └── rest
|       └── image.rest.h
├── network
|   ├── network.proto
|   └── rest
|       └── network.rest.h
└── volumes
    └── volumes.proto

9 directories, 8 files
```

在 src/daemon/entry 目录中包含了各种通信接口（比如 gRPC、CRI、REST API 和 WebSocket 等）的实现代码，代码组织结构如下。

```
$ tree src/daemon/entry
src/daemon/entry
├── CMakeLists.txt
├── connect
|   ├── CMakeLists.txt
|   ├── grpc
|   |   ├── CMakeLists.txt
|   |   ├── grpc_containers_service.cc
|   |   ├── ...

|   |   └── runtime_runtime_service.h
|   ├── metrics
|   |   ├── CMakeLists.txt
|   |   ├── metrics_service.c
|   |   └── metrics_service.h
|   ├── rest
|   |   ├── CMakeLists.txt
|   |   ├── rest_containers_service.c
|   |   ├── ...
|   |   └── rest_service_common.h
|   ├── service_common.c
|   └── service_common.h
└── cri
    ├── CMakeLists.txt
    ├── checkpoint_handler.cc
```

```
    ├── ...
    ├── sysctl_tools.h
    └── websocket
        ├── CMakeLists.txt
        └── service
            ├── CMakeLists.txt
            ├── attach_serve.cc
            ├── ...
            └── ws_server.h

7 directories, 85 files
```

iSulad 的应用层代码位于 src/daemon/executor 目录，其作用为调用领域层的接口，实现对应的业务应用，属于业务调度层。可以从文件夹的命名中看到，应用层主要实现了容器和镜像两个业务模块。

```
$ tree src/daemon/executor
src/daemon/executor
├── CMakeLists.txt
├── callback.c
├── callback.h
├── container_cb # 容器业务模块
│   ├── CMakeLists.txt
│   ├── execution.c
│   ├── ...
│   └── list.h
├── image_cb     # 镜像业务模块
│   ├── CMakeLists.txt
│   ├── image_cb.c
│   └── image_cb.h
├── metrics_cb
│   ├── CMakeLists.txt
│   ├── metrics_cb.c
│   └── metrics_cb.h
├── network_cb
│   ├── CMakeLists.txt
│   ├── network_cb.c
│   └── network_cb.h
└── volume_cb
    ├── CMakeLists.txt
    ├── volume_cb.c
    └── volume_cb.h

5 directories, 30 files
```

领域层代码位于 src/daemon/modules 目录，这是 iSulad 的核心所在，其中包含各个业务模块，是业务逻辑实际的执行层。

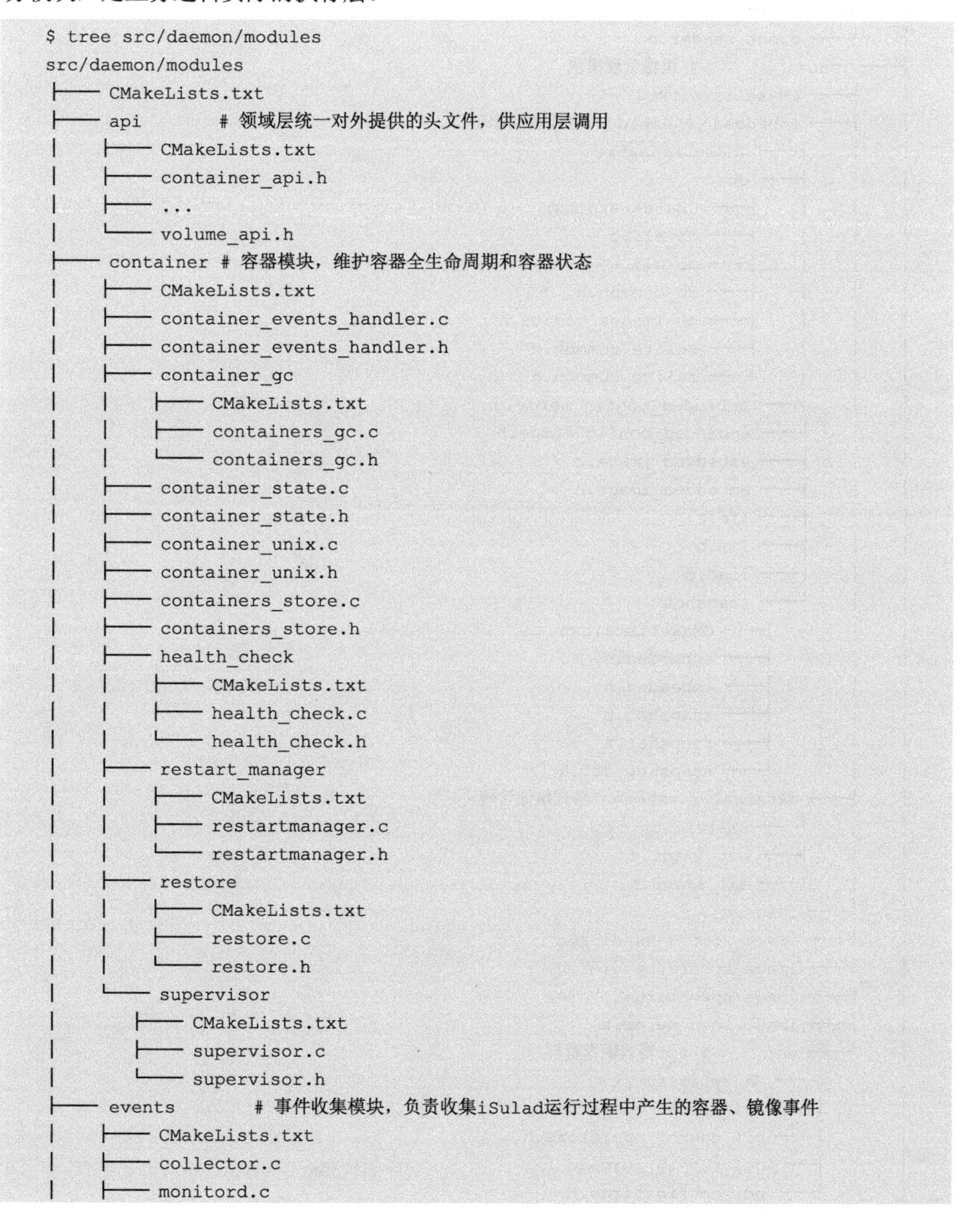

```
$ tree src/daemon/modules
src/daemon/modules
├── CMakeLists.txt
├── api          # 领域层统一对外提供的头文件，供应用层调用
│   ├── CMakeLists.txt
│   ├── container_api.h
│   ├── ...
│   └── volume_api.h
├── container # 容器模块，维护容器全生命周期和容器状态
│   ├── CMakeLists.txt
│   ├── container_events_handler.c
│   ├── container_events_handler.h
│   ├── container_gc
│   │   ├── CMakeLists.txt
│   │   ├── containers_gc.c
│   │   └── containers_gc.h
│   ├── container_state.c
│   ├── container_state.h
│   ├── container_unix.c
│   ├── container_unix.h
│   ├── containers_store.c
│   ├── containers_store.h
│   ├── health_check
│   │   ├── CMakeLists.txt
│   │   ├── health_check.c
│   │   └── health_check.h
│   ├── restart_manager
│   │   ├── CMakeLists.txt
│   │   ├── restartmanager.c
│   │   └── restartmanager.h
│   ├── restore
│   │   ├── CMakeLists.txt
│   │   ├── restore.c
│   │   └── restore.h
│   └── supervisor
│       ├── CMakeLists.txt
│       ├── supervisor.c
│       └── supervisor.h
├── events          # 事件收集模块，负责收集iSulad运行过程中产生的容器、镜像事件
│   ├── CMakeLists.txt
│   ├── collector.c
│   ├── monitord.c
```

```
│   └── monitord.h
├── events_sender  # 事件发送模块，该模块提供向事件收集模块发送事件的接口
│   ├── CMakeLists.txt
│   └── event_sender.c
├── image          # 镜像管理模块
│   ├── CMakeLists.txt
│   ├── embedded  # embedded格式镜像管理
│   │   ├── CMakeLists.txt
│   │   ├── db
│   │   │   ├── CMakeLists.txt
│   │   │   ├── db_all.c
│   │   │   ├── db_all.h
│   │   │   ├── db_common.h
│   │   │   ├── db_images_common.h
│   │   │   ├── sqlite_common.c
│   │   │   └── sqlite_common.h
│   │   ├── embedded_config_merge.c
│   │   ├── embedded_config_merge.h
│   │   ├── embedded_image.c
│   │   ├── embedded_image.h
│   │   ├── lim.c
│   │   ├── lim.h
│   │   ├── load.c
│   │   └── snapshot
│   │       ├── CMakeLists.txt
│   │       ├── embedded.c
│   │       ├── embedded.h
│   │       ├── snapshot.c
│   │       ├── snapshot.h
│   │       └── snapshot_def.h
│   ├── external # external格式镜像管理
│   │   ├── CMakeLists.txt
│   │   ├── ext_image.c
│   │   └── ext_image.h
│   ├── image.c
│   ├── image_rootfs_handler.c
│   ├── image_rootfs_handler.h
│   ├── image_spec_merge.c
│   ├── image_spec_merge.h
│   └── oci      # oci格式镜像管理
│       ├── CMakeLists.txt
│       ├── oci_common_operators.c
│       ├── oci_common_operators.h
│       ├── oci_config_merge.c
│       ├── oci_config_merge.h
```

```
|         ├── oci_export.c
|         ├── oci_export.h
|         ├── oci_image.c
|         ├── oci_image.h
|         ├── oci_image_type.h
|         ├── oci_import.c
|         ├── oci_import.h
|         ├── oci_load.c
|         ├── oci_load.h
|         ├── oci_login.c
|         ├── oci_login.h
|         ├── oci_logout.c
|         ├── oci_logout.h
|         ├── oci_pull.c
|         ├── oci_pull.h
|         ├── registry
|         |    ├── CMakeLists.txt
|         |    ├── aes.c
|         |    ├── aes.h
|         |    ├── auths.c
|         |    ├── auths.h
|         |    ├── certs.c
|         |    ├── certs.h
|         |    ├── http_request.c
|         |    ├── http_request.h
|         |    ├── registry.c
|         |    ├── registry.h
|         |    ├── registry_apiv2.c
|         |    └── registry_apiv2.h
|         ├── registry_type.c
|         ├── registry_type.h
|         ├── storage
|         |    ├── CMakeLists.txt
|         |    ├── image_store
|         |    |    ├── CMakeLists.txt
|         |    |    ├── image_store.c
|         |    |    ├── image_store.h
|         |    |    ├── image_type.c
|         |    |    └── image_type.h
|         |    ├── layer_store
|         |    |    ├── CMakeLists.txt
|         |    |    ├── graphdriver
|         |    |    |    ├── CMakeLists.txt
|         |    |    |    ├── devmapper
|         |    |    |    |    ├── CMakeLists.txt
```

```
|       |    |    |    |    ├── devices_constants.h
|       |    |    |    |    ├── deviceset.c
|       |    |    |    |    ├── deviceset.h
|       |    |    |    |    ├── driver_devmapper.c
|       |    |    |    |    ├── driver_devmapper.h
|       |    |    |    |    ├── metadata_store.c
|       |    |    |    |    ├── metadata_store.h
|       |    |    |    |    ├── wrapper_devmapper.c
|       |    |    |    |    └── wrapper_devmapper.h
|       |    |    |    ├── driver.c
|       |    |    |    ├── driver.h
|       |    |    |    ├── overlay2
|       |    |    |    |    ├── CMakeLists.txt
|       |    |    |    |    ├── driver_overlay2.c
|       |    |    |    |    ├── driver_overlay2.h
|       |    |    |    |    └── driver_overlay2_types.h
|       |    |    |    └── quota
|       |    |    |         ├── CMakeLists.txt
|       |    |    |         ├── project_quota.c
|       |    |    |         └── project_quota.h
|       |    |    ├── layer.c
|       |    |    ├── layer.h
|       |    |    ├── layer_store.c
|       |    |    └── layer_store.h
|       |    ├── rootfs_store
|       |    |    ├── CMakeLists.txt
|       |    |    ├── rootfs.c
|       |    |    ├── rootfs.h
|       |    |    ├── rootfs_store.c
|       |    |    └── rootfs_store.h
|       |    ├── storage.c
|       |    └── storage.h
|       ├── utils_images.c
|       └── utils_images.h
├── log     # 日志收集模块
|    ├── CMakeLists.txt
|    └── log_gather.c
├── network # CNI、CRI等网络接口模块
|    ├── CMakeLists.txt
|    ├── cni_operator
|    |    ├── CMakeLists.txt
|    |    ├── cni_operate.c
|    |    ├── cni_operate.h
|    |    └── libcni
|    |         ├── CMakeLists.txt
```

```
|   |       ├── invoke
|   |       |   ├── CMakeLists.txt
|   |       |   ├── libcni_errno.c
|   |       |   ├── libcni_errno.h
|   |       |   ├── libcni_exec.c
|   |       |   ├── libcni_exec.h
|   |       |   ├── libcni_result_parse.c
|   |       |   └── libcni_result_parse.h
|   |       ├── libcni_api.c
|   |       ├── libcni_api.h
|   |       ├── libcni_cached.c
|   |       ├── libcni_cached.h
|   |       ├── libcni_conf.c
|   |       ├── libcni_conf.h
|   |       ├── libcni_result_type.c
|   |       └── libcni_result_type.h
|   ├── cri
|   |   ├── CMakeLists.txt
|   |   ├── adaptor_cri.c
|   |   └── adaptor_cri.h
|   ├── native
|   |   ├── CMakeLists.txt
|   |   ├── adaptor_native.c
|   |   └── adaptor_native.h
|   ├── network.c
|   └── network_tools.h
├── plugin  # 插件机制模块
|   ├── CMakeLists.txt
|   ├── plugin.c
|   ├── pspec.c
|   └── pspec.h
├── runtime # 容器运行时模块
|   ├── CMakeLists.txt
|   ├── engines # 基于lxc的轻量级runtime对接接口
|   |   ├── CMakeLists.txt
|   |   ├── engine.c
|   |   ├── engine.h
|   |   └── lcr
|   |       ├── CMakeLists.txt
|   |       ├── lcr_engine.c
|   |       ├── lcr_engine.h
|   |       ├── lcr_rt_ops.c
|   |       └── lcr_rt_ops.h
|   ├── isula   # OCI标准runtime对接接口
|   |   ├── CMakeLists.txt
```

```
│   │   ├── isula_rt_ops.c
│   │   └── isula_rt_ops.h
│   ├── runtime.c
│   └── shim
│       ├── CMakeLists.txt
│       ├── shim_rt_ops.c
│       └── shim_rt_ops.h
├── service     # 服务模块，包含多个模块协同调用的实现
│   ├── CMakeLists.txt
│   ├── inspect_container.c
│   ├── io_handler.c
│   ├── service_container.c # 容器服务操作接口
│   ├── service_image.c     # 镜像服务操作接口
│   └── service_network.c
├── spec        # OCI规范配置模块，对外提供OCI spec合并、校验等功能接口
│   ├── CMakeLists.txt
│   ├── parse_volume.c
│   ├── ...
│   └── verify.h
└── volume
    ├── CMakeLists.txt
    ├── local.c
    ├── local.h
    └── volume.c

40 directories, 226 files
```

iSulad 的基础设施层位于 src/utils 目录下，本层作为其他层的支撑库，提供各种工具函数供其他层调用。

```
$ tree src/utils
src/utils
├── CMakeLists.txt
├── buffer
├── console
├── cpputils
├── cutils
├── http
├── sha256
└── tar

8 directories, 88 files
```

用户接口层作为上层，src/cmd 仅会调用其他模块的接口，不会被其他模块所依赖。src/cmd 会调用 client 目录中的函数，与 daemon 端进行通信。由于 src/cmd 目录中存在 iSulad daemon 的命令行接口，因此会依赖 daemon 目录下的函数定义。

daemon 目录作为服务端代码的顶层目录，其中包含接口层、应用层、领域层的代码。接口层作为调用 daemon 服务的入口，需要调用其他层中的函数进行业务调度处理，而不会被其他层所依赖。应用层需要调用领域层中各个模块的接口来实现具体的业务。

modules 目录作为 iSulad 的核心领域层代码，包含各个子功能模块的具体实现。以 image 模块为例，首先在 src/daemon/modules/api 中提供了 image_api.h，屏蔽了各种不同镜像格式的差异，对外提供统一的 image 操作函数接口。

本章实验

测试 iSula 与 Docker，比较它们的并发性能和启动速度等性能指标。

第12章 Linux系统安全相关技术

Linux系统作为基础软件，系统安全至关重要，只有保障了系统安全，才能保障依赖于此系统提供服务的各种信息的安全。保障Linux系统安全只是手段，保障操作系统中的信息安全才是目的。本章结合信息安全和操作系统安全的需求，探讨了Linux的基本安全机制，包括Linux权限、Capabilities、AppArmor、SELinux等，并结合云化带来的数据安全和机密计算趋势，进一步以openEuler上的可信计算和secGear框架为例讨论了可信计算和机密计算。

12.1 操作系统安全概述

12.1.1 信息安全的设计原则

对操作系统安全的关注，实际上是对操作系统中信息安全的关注。信息安全的基本原则是CIA三元组——机密性（Confidentiality）、完整性（Integrity）、可用性（Availability）。一个完整的信息安全保障体系，应该充分考虑到CIA三元组的基本原则，如图12-1所示。

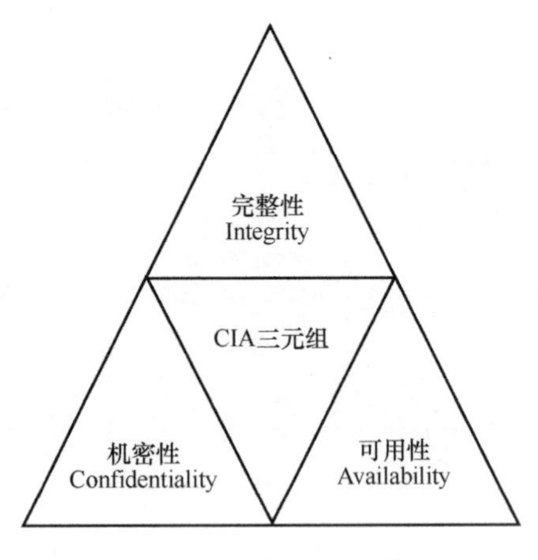

图12-1 CIA三元组示意图

（1）机密性：又称隐私性（Privacy），是指数据不能被未授权的主体窃取，即避免恶意读操作。

（2）完整性：是指数据不能被未授权的主体篡改，即避免恶意写操作。

（3）可用性：是指数据能够被授权主体正常访问。

操作系统安全也要实现 CIA 三元组的基本原则。

如何保护系统安全，James P. Anderson 在 1972 年提出了一个经典安全模型。在这个模型中，基于引用监视器（reference monitor），保障计算机系统安全所采取的基本安全措施有认证（Authentication）、授权（Authorization）、审计（Audit），称其为保障系统安全的“3Au 法则”或者黄金法则，如图 12-2 所示。

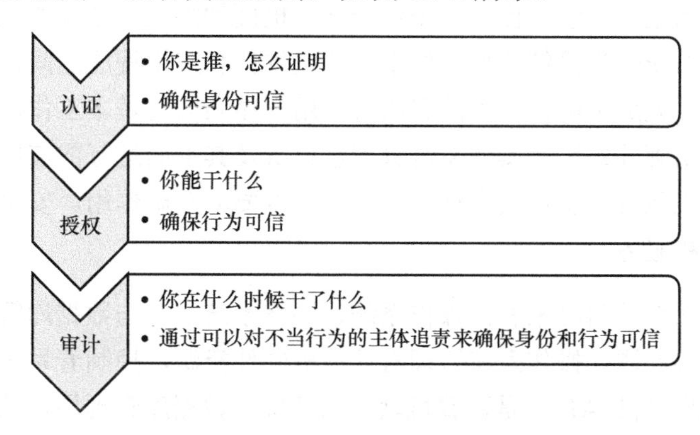

图12-2　系统安全的“黄金法则”

（1）认证主要用来识别用户身份，包括两个部分，即身份识别和认证。身份识别其实就是在问“你是谁”，身份认证要证明“你是谁”。身份识别和认证通常是同时出现的。身份识别强调的是主体如何声明自己的身份，而身份认证强调的是主体如何证明自己所声明的身份是合法的。可信的身份认证是建立安全保障体系的第一步，是授权和审计的基础。黑客攻击的目标往往是认证系统，如果认证系统被攻破，则后续的保护或者补救机制都无法起到太大的作用。

（2）授权是通过某种途径显式地准许或限制访问能力及范围的一种方法。在用户身份得到认证的前提下，下一个需要明确的问题就是用户的访问权限。用来防范越权使用资源，限制对关键资源的访问；防止非法用户入侵，或合法用户的不慎操作引起的破坏。授权涉及的 3 个基本概念是主体、客体、策略，其中主体（subject）是发出访问操作、存取要求的主动方，是用户或用户的某个进程；客体（object）是被访问的对象，是被调用的程序、进程，要存取的数据、信息，要访问的文件、系统或各种网络设备等资源；安全访问策略是一套规则，包括策略与机制，用以确定一个主体是否对客体拥有访问能力。

（3）审计也包含两个过程，即审计和问责。用户在授权下完成操作后，需要记录用户的请求和行为，这个过程就是审计。当发现用户做了某些异常操作时，日志系统还会提供做这些操作的“证据”，让其无法抵赖，这个过程就是问责。审计和问责通常也是共同出现的，它们都需要共同的基础——日志。

大部分情况下，事前防御属于认证，事中防御属于授权，事后防御属于审计。现代操作系统安全中都有“黄金法则”的实现。比如现在的 Linux 发行版都需要用户登录，root 用户和一般用户的权限是不一样的，Linux 系统有各种日志供审计和问责使用。

12.1.2 操作系统安全的设计目标

从计算机系统的组成来看，操作系统位于计算机硬件之上，是计算机硬件和其他软件沟通的接口。操作系统作为系统软件，位于计算机硬件和应用程序之间，隐藏了计算硬件的控制和使用细节，完成了硬件相关的和所有应用程序共需的基本工作，使得应用程序能够安全、方便地使用硬件资源。操作系统管理着自身及其上面运行的应用数据与信息，因此其安全性在计算机系统的整体安全性中具有至关重要的基础作用，安全是现代操作系统所必须提供的功能和服务。

从计算机信息系统的角度来看，操作系统、网络系统安全与数据库管理系统的安全是信息系统安全的核心问题。操作系统管理着计算机硬件资源，控制着系统的运行，直接与硬件打交道并为用户提供 API，是计算机软件的基础。数据库管理用户数据，一般建立在操作系统之上，如果没有操作系统安全机制的支撑，就很难具有安全性。计算机网络的安全性也依赖各主机系统的操作系统安全性。所以，如果操作系统不安全，主机系统就不安全，从而网络也就不安全。各种计算机应用软件都建立在操作系统之上，它们都通过操作系统完成对应用中信息的访问和处理。因此，操作系统安全是计算机系统安全的基础，没有操作系统安全，就不可能有数据库安全、网络安全和其他应用软件的安全。

下面分别从数据、应用和操作系统自身这 3 个角度来看操作系统安全需要做什么。

首先，从数据的角度来看，计算机系统中有大量隐私、敏感或机密的数据，比如用户账号及口令、信用卡卡号、地理位置信息、银行账单、音视频、照片等，这些数据可以被相关的应用程序访问，但不能允许任意程序随便访问，因此必须要对这些数据进行访问控制，只能授权特定程序访问特定数据。

其次，从应用的角度来看，操作系统上运行了很多应用程序，其中可能有一些恶意应用，这些恶意应用利用操作系统所提供的一些正常功能来窃取用户的数据，也可能利用操作系统的安全漏洞获取更高的权限，从而窃取用户的数据或控制计算机进行其他攻击。所以操作系统需要在保护自己的同时能够检测、识别、限制恶意程序的各种恶意行为。

最后，从操作系统自身的角度来看，由于操作系统非常复杂，现代操作系统动辄上千万行的实现代码，不可避免地存在各种 Bug。在系统运行的过程中，由于软硬件的缺陷或故障，存在被攻击和控制的可能。因此需要在操作系统已经沦陷的情况下还能够为用户数据提供一定程度的保护功能。操作系统安全主要包含3个层次，如图12-3所示。

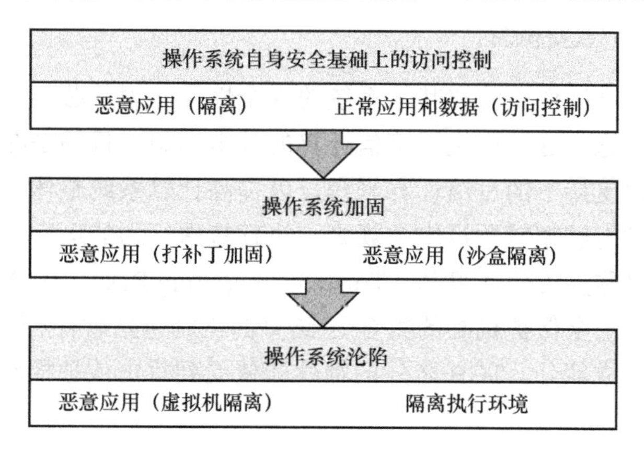

图12-3 操作系统安全的3个层次

第一层：在操作系统自身安全的前提下，通过隔离保证各种资源只能被有权限的应用访问。信任操作系统自身提供相关安全机制，比如由于文件系统是全局的，如果没有保护，所有应用都可以访问所有文件，因此需要访问控制来限制应用对文件的访问。对于内存中的数据来说，由于应用的进程地址空间是私有的，操作系统通过虚拟内存的抽象就可以提供较强的应用隔离能力，这时候的恶意应用被操作系统进行应用隔离，无法访问用户和系统数据。

第二层：通过操作系统的安全加固和沙盒机制防范恶意程序攻击。操作系统中的恶意软件可以利用操作系统的隔离机制与访问控制机制的漏洞，绕过隔离攻击其他应用甚至操作系统，操作系统针对这些漏洞要通过打补丁等方式进行安全加固，从而让恶意应用无法对其进行攻击。操作系统还可以通过沙盒机制来运行恶意程序，构造一个受限的运行环境，仅提供基本的功能与资源，防范恶意应用的攻击。

第三层：操作系统沦陷并可能与恶意应用串通联合起来攻击其他应用。由于操作系统沦陷，其提供的安全机制（如访问控制、沙盒机制、安全加固）都可能被关闭，恶意应用可以通过操作系统发动对正常应用和数据的有效攻击。此时，只能依赖具有更高权限且操作系统独立的软硬件组件，常见的有基于软件 Hypervisor 和基于硬件扩展的可信执行环境等。宿主机基于 Hypervisor 的安全隔离是利用虚拟化技术构建多个运行客户操作系统的虚拟机，多个虚拟机之间彼此隔离，即使某个客户系统被恶意应用攻破也不会殃及其他虚拟机；而基于硬件扩展的可信执行环境（Trusted Execution Environment，TEE）是一种具有运算和存储功能，能提供安全性和完整性保护的独立处理环境，可以防范外界特权软件的攻击。

这 3 个层次可以看作操作系统安全中防御的 3 个阶段，体现出“可信计算基”“攻击面”与“纵深防御”这 3 个重要概念。

为了从根本上提高操作系统和其他系统的安全性，必须从芯片、硬件结构和操作系统等方面综合采取措施，这就产生了可信计算的基本思想，目的是在计算系统中广泛使用基于硬件安全模块支持下的可信计算平台，以提高计算系统整体的安全性。可信计算的目标就是提出一种能够超越预设安全规则，执行特殊行为的运行实体。操作系统中将这个实体运行的环境称为可信计算基（Trusted Computing Base，TCB），即“实现计算机系统安全保护的所有安全保护机制的集合”。这里的机制包括软件、硬件和固件等所有与计算机直接相关的组成部分。TCB 之外的组件即使受到攻击或被控制，也不会对安全目标产生影响。

某个组件或系统的攻击面，是指该组件或系统可以被攻击的所有方法（比如漏洞利用）的集合。对于操作系统，攻击面包括恶意 Hypervisor、恶意硬件、系统调用接口、系统漏洞、中间件、应用、配置文件等。减少攻击面的基本策略是减少系统中运行的软件总量，减少非信任用户可使用的入口点，以及消除用户很少使用的服务等。

为了提高系统安全性，可以减小系统的 TCB 或者减小攻击面。然而这会导致一个两难问题：减小系统的 TCB 或者减小攻击面的安全性要求系统尽可能简单，而功能的增加则不可避免地会导致复杂性增加，从而 TCB 和攻击面就变大。要解决这个矛盾，可以通过“纵深防御”的方法，为系统设置多层重叠的安全防护系统从而构成多道防线，某道防线被攻破后，后面的防线依然可以防御。

总结一下，操作系统安全的主要设计目标有以下 4 点。

（1）按系统安全策略对用户的操作进行访问控制，防止用户对计算机资源的非法访问（窃取、篡改和破坏）。

（2）实现用户标识和身份鉴别。

（3）监督系统运行的安全性。

（4）保证系统自身的安全性和完整性。

在使用操作系统安全这个概念时，通常应该注意两层含义：一是操作系统在设计时，提供的权限访问控制、信息加密保护、完整性鉴定等安全机制所实现的安全；二是操作系统在使用过程中，应进行系统配置，以尽量避免由于实现时的缺陷和具体应用环境因素而导致的安全风险。

12.2 Linux 系统的安全机制

Linux 操作系统的安全性比较高，能够实现 CIA 三元组的安全目标，并具有其相关的机制，可以识别用户、进行权限管理和审计。

12.2.1 Linux 系统的用户账号

Linux 操作系统是一个多用户、多任务的操作系统。在 Linux 下，用户登录后会同时开启很多的服务和进程，而每个服务和进程的运行对其他服务和进程不会造成不良影响。这种一个用户登录可以执行多个服务和进程的情况称为单用户多任务。还有种情况是不同用户同时登录同一个 Linux 系统，比如一些大公司可能有几十、上百个运维人员，每台机器都可能有若干个运维人员登录部署应用或解决相关的系统与应用的问题，这种情况称为多用户多任务。多用户多任务可以通过 SSH 客户端远程登录服务器来进行，比如对服务器的远程控制，只要具有相关用户账号和口令，任何人都可以登录 Linux 服务器。

Linux 系统上存在多个用户，从功能上看，这些用户既包括远程登录、系统管理的用户，也包括在系统上运行程序所需要的用户。Linux 系统上的用户可以分为超级用户、程序用户和普通用户 3 类。用户的类型通过 UID 和 GID 识别，特别是一个 UID 可以唯一标识一个用户的账号。

（1）超级用户 root（0）：默认是 root 用户，其 UID 和 GID 都是 0。在 Linux 系统中都是唯一且真实存在的，通过它可以登录系统，可以操作 Linux 中的任何文件和运行各种命令，拥有最高的管理权限。生产环境中，一般禁止 root 账号 SSH 远程登录服务器，以加强系统安全。黑客攻击 Linux 系统的主要目标也是获取 root 权限。

（2）程序用户（1~499）：与真实用户不同，这类用户的最大特点是安装系统后默认就会存在，且默认不能登录系统，它们主要是方便系统管理，满足系统进程文件属主的要求。例如系统默认的 bin、adm、nobody、mail 用户等。

（3）普通用户（500~65 535）：一般是由具有系统管理员权限的运维人员添加的。

在 Linux 系统中，用户账号是用户的身份标志，它由用户名和用户口令组成。Linux 系统中的账号相关文件主要有/etc/passwd、/etc/shadow、/etc/group、/etc/gshadow 4 个文件。在 Linux 系统中，系统将输入的用户名存放在/etc/passwd 文件中，而将输入的口令以加密的形式存放在/etc/shadow 文件中。在正常情况下，这些口令和其他信息由 Linux 操作系统保护，能够对其进行访问的只能是超级用户（root）和操作系统的一些应用程序。但是如果配置不当或系统运行出错，这些信息可以被普通用户得到。比如恶意用户就可以使用“口令破解”工具去得到加密前的口令。/etc/group 文件是用户组的配置文件，内容包括用户与用户组，并且能显示用户归属哪个用户组，因为一个用户可以归属一个或多个不同的用户组；同一用户组的用户之间具有相似的特性。/etc/gshadow 是/etc/group 的加密文件，比如用户组的管理密码就存放在这个文件中。与/etc/passwd 和/etc/shadow 类似，/etc/group 和/etc/gshadow 也是互补的两个文件。

在 Linux 系统中，可以借助设置一定的口令复杂度（长度、字符类型等）来要求用户的口令在一定程度上是安全的。例如，设置用户的口令必须不少于 8 位，包含大写字母、小写字母、数字和其他字符。

/etc/skel 目录是用来存放新用户配置文件的目录，当添加新用户时，这个目录下的所有文件都会自动被复制到新添加的用户的 home 目录下；默认情况下，/etc/skel 目录下的所有文件都是隐藏文件（以.点开头）。当用 useradd 或 adduser 命令添加新用户时，Linux 系统会自动复制/etc/skel 目录下的所有文件（包括隐藏文件）到新添加用户的 home 目录。

/etc/login.defs 文件用来定义创建用户时需要的一些用户的配置文件。如创建用户时是否需要 home 目录，UID 和 GID 的范围，用户及密码的有效期限等。

Linux 是一个多用户、多任务的操作系统，有着丰富的用户管理工具，通过这些工具可以进行用户的查询、添加、修改及不同用户之间的相互切换等。这些工具使用户管理工作简单、方便、安全。

添加用户的命令有 useradd 或 adduser，它们所能达到的效果是类似的。除了 useradd 和 adduser 命令，还可以通过修改用户配置文件/etc/passwd 和/etc/group 或采用手动创建的办法来直接添加用户。推荐使用 useradd 命令添加用户，同时通过 passwd 命令设定或更改用户口令。

12.2.2　Linux 文件系统的权限

Linux 文件系统的安全主要是通过设置文件的权限来实现的。每一个 Linux 的文件或目录都有 3 组属性，分别定义文件或目录的所有者、用户组和其他人的使用权限。文件系统上的权限是指文件和目录的权限，如图 12-4 所示。

字符-或 d 表示文件类型，即是文件还是目录。

接下来 3 个字符一组，共 3 组，分别表示针对 3 类访问者定义它们的权限，这 3 类访问者分别是属主、属组和其他。

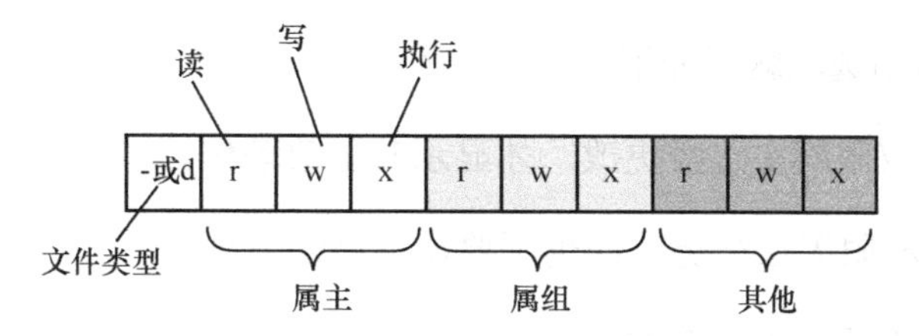

图12-4 文件系统上的权限表示示意图

每个文件和目录对每类访问者都通过 3 个字符一组定义了 3 种权限，这 3 种权限以及没有权限如下。

- r：read（读）。
- w：write（写）。
- x：execute（执行）。
- -：没有权限。

对文件来说，r、w、x 含义如下。

- r：可以使用内容查看类的命令来显示其文件内容。
- w：可以使用编辑器修改文件内容，但能否删除取决于其所在文件夹的权限。
- x：可以将文件（二进制程序或脚本文件）运行为进程。

对目录来说，r、w、x 含义如下。

- r：可以使用 ls 命令查看目录下的文件信息。
- w：可以在目录下创建或删除文件。
- x：可以使用 ls -l 命令来查看目录下的文件信息，并且可以使用cd命令切换到此目录，使其为当前工作目录。

权限也可以用八进制数表示，如图 12-5 所示，属主为 rwx 权限，属组为 r-x 权限，其他为 r--权限，可以用八进制数 754 表示。

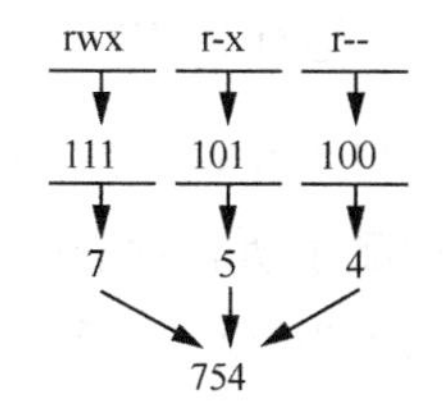

图12-5 权限的八进制数表示举例

如何修改权限呢？一般可以通过 chmod 命令修改权限，语法格式如下。

```
chmod [-cfvR] [--help] [--version] [ugoa][[+-=][rwx...]] file...
```

chmod 命令中常用选项解释如下。

- -c：若该文件权限确实已经更改，才显示其更改动作。
- -f：若该文件权限无法被更改，也不要显示错误信息。
- -v：显示权限变更的详细资料。
- -R：对当前目录下的所有文件与子目录进行相同的权限变更，即以递归的方式逐个变更。
- --help：显示辅助说明。
- --version：显示版本。
- ugoa：表示对哪些访问者加减权限，u 表示该文件的拥有者，g 表示与该文件的拥有者属于同一个组（group）的访问者，o 表示其他访问者，a 表示这三类访问者。
- +–=：+表示增加权限、–表示取消权限、=表示唯一设定权限。
- rwx...：r 表示可读取，w 表示可写入，x 表示可执行，还有一些特殊权限在此省略，比如下面将提到的 s 权限。

用户可以通过 chown、chgrp 修改文件的属主和属组，仅管理员可执行。

有时普通用户需要完成一些具备特权的用户才能完成的任务，例如使用 passwd 命令来修改自己的口令。这会导致服务器上的/etc/shadow 文件内容改变，但不希望普通用户直接修改/etc/shadow，因为这样他就可以修改任何其他人的口令了。因此，Linux 系统中出现了 SUID（Set UID）和 SGID（Set GID）可执行文件。普通用户在运行 SUID 可执行文件时，该进程的权限不是运行这个可执行文件的普通用户对应的权限，而是这个可执行文件属主的权限；普通用户在运行 SGID 可执行文件时，该进程就拥有了这个可执行文件属组的权限。

要特别注意的是，权限为 s 表示调用 SUID 和 SGID 可执行文件，在程序运行过程中会给进程赋予所有者的权限，如果被黑客发现并利用就会给系统造成危害，旧版本的 Linux 中存在不少这样的漏洞。

利用 SUID 和 SGID 可执行文件提权已经成为黑客获取超级用户 root 权限的重要途径。因此，建议尽量不要给可执行文件设置 s 权限，否则很容易被恶意利用来进行提权。为了避免在不知情的情况下由系统其他用户或者应用程序新增 SUID 或 SGID 文件，或者为可执行文件设置了 s 权限状态，可以使用 sXid 工具来监控这两种文件的变化。Linux 系统中提供了 chattr 命令，可以把系统中的一些关键文件设置为不可修改，或者把某些日志文件设置成只能追加。

12.2.3 Linux 的日志文件

日志文件是实现黄金法则中“审计”功能的重要基础。Linux 日志文件记载了各种信息，包括 Linux 内核消息、用户登录事件、程序错误等。当系统遭受攻击时，日志文件可以帮助追踪攻击者的痕迹，日志对诊断和解决系统中的问题也有帮助。

针对日志文件的功能，需要的服务与程序主要有如下 3 个。

- syslogd：主要记录系统与网络等服务的信息。
- klogd：主要记录内核产生的各项信息。
- logrotate：主要进行日志文件的轮替功能。

Linux 日志可以分为如下 3 类。

（1）内核及系统日志：这类日志由系统服务 rsyslog 统一管理，配置文件是/etc/rsyslog.conf。

（2）用户日志：这类日志数据用于记录 Linux 系统用户登录及退出系统的相关信息，包括用户名、登录的终端、登录时间、来源主机、正在使用的进程操作等。

（3）程序日志：应用程序独立管理，用于记录本程序运行过程中的各种事件信息。

Linux 的日志文件用来记录整个操作系统的使用状况，常用的日志文件及存放位置和用途列举如下。

- /var/log/messages：记录 Linux 内核消息及各种应用程序的公共日志信息，包括启动、I/O 错误、网络错误、程序故障等。对于未使用独立日志文件的应用程序或服务，一般都可以从该日志文件中获得相关的事件记录信息。
- /var/log/cron：记录 crond 计划任务产生的事件信息。
- /var/log/dmesg：记录 Linux 系统在引导过程中的各种事件信息。
- /var/log/maillog：记录进入或发出系统的电子邮件活动。
- /var/log/lastlog：记录每个用户最近的登录事件。
- /var/log/secure：记录用户认证相关的安全事件信息。
- /var/log/wtmp：记录每个用户登录、注销及系统启动和停机事件。
- /var/log/btmp：记录失败的、错误的登录尝试及验证事件。

黑客入侵系统后，往往会通过删除本地日志的方式来达到擦除操作痕迹、掩盖入侵行为的目的。所以 Linux 日志的完整性非常重要，不能随意被用户修改，否则就无法用来审计和追责了。可以使用两种办法保证日志的完整性。

第一种是 Linux 系统中提供了 chattr 实用程序，可以使用它把系统中的一些关键文件设置为不可修改，或者把一些日志文件设置成只能追加。这样就增加了系统日志的安全性。在 Linux 系统中，默认大部分系统相关日志是保留在系统本地的。

第二种是把与安全相关的关键系统日志实时传送到集中式的远程服务器上，以此为分析入侵行为提供有力的数据支撑。搭建远程日志收集系统，能够避免服务器上的本地日志遭到未授权的删除、修改或者覆盖，这对于提高审计、追踪、溯源能力具有极其重要的作用。

Linux Audit 守护进程是一个可以审计 Linux 系统事件的框架。与 syslog 日志用于软件调试、跟踪和输出软件的运行状态不同，Linux Audit 是 Linux 安全体系的重要组成部分，是一种防御体系。在内核里有内核审计模块，记录系统中的各种安全相关的事件，主要目的是方便管理员根据日志审计系统判断是否有异常、是否被入侵等。

要使用 Linux Audit 审计系统，可采用下面的步骤。

（1）配置审计守护进程。

（2）添加审计规则和观察器来收集所需的数据。

（3）启动守护进程，它启用了内核中的 Linux Auditing System 并开始进行日志记录。

（4）通过生成审计报表和搜索日志来周期性地分析数据。

12.2.4 Linux 纵深防御体系

针对 Linux 系统可以构建出安全的基础系统环境，可以通过防火墙、虚拟专用网（Virtual Private Network，VPN）、入侵检测系统（Instrusion Detection System，IDS）等保证网络层安全；可以通过 Linux 用户管理、文件系统管理等保障系统层安全。这些都是构建 Linux 纵深防御体系不可或缺的重要组成部分。

系统管理员要防止 Linux 系统出现严重漏洞，经常进行系统升级可以及时修补高危漏洞。Linux 系统中的应用也可能出现安全问题，系统需要提供多种不同的防范措施。

网络安全方面，Linux 系统提供了 iptables 用于构建网络防火墙，能够实现包过滤、网络地址转换（Network Address Translation，NAT）等功能。为 iptables 提供这些功能的底层模块是 netfilter 框架。Linux 中的 netfilter 是内核中的一系列钩子（hook），它为内核模块在网络栈中的不同位置注册回调函数提供了支持，数据包在协议栈中依次经过这些不同位置的回调函数。

虚拟专用网络架设在公共互联网基础设施上，可以实现在不受信任的公共互联网基础设施上建立私有的和安全的连接，把分布在不同地域的信息基础设施、办公场所、用户或者商业伙伴互联起来。虚拟专用网络使用加密技术为通信提供安全保护，以对抗对通信内容的窃听和主动的攻击。虚拟专用网络在今天被广泛地使用到远程互联中。常见的虚拟专用网络构建技术大致分为以下 3 类。

（1）点到点的隧道协议（Point-to-Point Tunneling Protocol，PPTP）虚拟专用网络：在 Linux 环境中，可以使用 pptpd 进行 PPTP 虚拟专用网络的架设。

（2）互联网协议安全（Internet Protocol Security，IPSec）虚拟专用网络：在 Linux 环境中，使用范围比较多的 IPSec 虚拟专用网络实现方案是 strongSwan 和 FreeS/WAN。

（3）安全接口层/传输层安全协议（Secure Sockets Layer/Transport Layer Security，SSL/TLS）虚拟专用网络：在 Linux 环境中，SSL/TLS 虚拟专用网络的典型代表是 OpenVPN。

在网络安全防御体系中，入侵检测系统提供了必不可少的监控能力，可以对黑客入侵过程中或者入侵后的行为进行监控和报警。OSSEC 是一个基于主机的入侵检测系统，它集 HIDS、日志监控、安全事件管理于一体。

保障 Linux 应用安全是构建纵深防御体系不可或缺的组成部分。网站相关的 Linux 应用安全包括常见的 Web 服务器（如 Apache、Nginx）安全、应用服务器（如 PHP、Tomcat）安全、缓存服务器（Memcached）安全、数据库（如 Redis、MySQL）安全等。这些应用系统存在诸如注入漏洞（SQL 注入漏洞、XSS、缓冲区溢出等）、命令执行漏洞、信息泄露漏洞等，在系统实现中要注重借助软件安全开发周期（Security Development Lifecycle，SDL）提升软件的安全性，同时一些基础组件的安全性也要重点关注，特别是配置安全、默认安全等。

（1）对于 Apache 的安全可以聚焦使用 HTTPS 和 ModSecurity 加固以应对潜在的注入漏洞和 XSS 漏洞、服务降权等；对于 Nginx 的安全关注 HTTPS 和 NAXSI 加固、服务降权等。

（2）PHP 安全应用广泛，关注运行环境的安全配置，比如禁止 PHP 报错信息输出给用户、在 php.ini 中增加通用安全配置、对上传文件和执行文件进行安全处理、PHP 会话安全处理、及时升级到最新版本等；注意开发框架的安全。

（3）Tomcat 的安全关注版本更新、删除默认应用、服务降权、管理端口保护、AJP 连接端口保护、关闭 WAR 包自动部署、自定义错误页等措施。

（4）Java 开发框架的安全，比如 Struts 安全漏洞、Mybatis 注入问题、Hibernet 注入问题等。

（5）Memcached 关注配置安全，避免对公网开放、配置精细化的防火墙 iptables 设置、服务降权等。

（6）Redis 安全关注预防 RedisWannaMine 攻击，避免对公网开放、配置精细化的防火墙 iptables 设置、服务降权、禁用危险命令、启用 Redis auth 等。

（7）MySQL 安全关注避免对公网开放、配置精细化的防火墙 iptables 设置、服务降权、删除测试数据库、设置强口令、数据库授权、定期备份等。

Linux 操作系统源代码是千万行级别的，不可避免地会存在安全漏洞，一旦被恶意应用利用，后果比一般应用中的安全漏洞危害更大。Linux 操作系统中常见漏洞如下。

（1）Return-to-libc 攻击漏洞，是一种特殊的缓冲区溢出攻击，通常用于攻击有“栈不可执行”保护措施的目标系统。

（2）竞态条件漏洞，可以利用此漏洞获得 root 权限。

（3）Set-UID 安全漏洞。

（4）缓冲区溢出攻击漏洞：通过向程序的缓冲区写超出其长度的内容，造成缓冲区的溢出，从而破坏程序的堆栈，造成程序崩溃或使程序转而执行其他指令，以达到攻击的目的。

（5）格式化字符串漏洞。

（6）Bash shellshock 漏洞。

（7）FTP、NFS、Samba 等系统服务漏洞。

可以通过 kali Linux 对系统进行渗透测试，通过定期升级系统等措施保证系统不存在已知漏洞。

Rootkit 是一种特殊的恶意软件，是一组计算机软件的合集，其功能是在安装目标上隐藏自身及指定的文件、进程和网络链接等信息，一般都和木马、后门、蠕虫等其他恶意程序结合使用，目的是在非授权的情况下维持系统最高权限（在 UNIX、Linux 下为 root，在 Windows 下为 Administrator）来访问计算机。与病毒或者木马不同的是，Rootkit 试图通过隐藏自己来防止被发现，以达到长期利用受害主机的目的。Rootkit 与病毒或者木马一样，都会对 Linux 系统安全产生极大的威胁。在发生可疑的入侵事件后，应该启动对可能植入恶意应用的情况进行调查和分析，可以通过 CalmAV 扫描一般的病毒和木马，可以使用 VirusTotal、VirSCAN 和 Jotti 平台辅助确认恶意应用的情况。

12.3　Linux 系统的访问控制

12.3.1　Linux 系统访问控制概述

访问控制（Access Control）是按照访问者的身份来限制其访问对象的一种方法。访问者又称主体，可以是用户、应用程序和进程等，资源对象为客体，可以是文件、服务和数据等。通过对用户进行身份认证，再根据不同用户授予不同权限，访问控制实现了两个目标：一是防止非法用户进入系统；二是阻止合法用户对系统资源的非法使用。

引用监视器是操作系统上执行访问控制决策和安全进程的一个独立模块，其主要思路是：将主体与客体隔开，不允许主体直接访问客体，必须通过引用（reference）的方式间接访问。引用监视器位于主体和客体之间，负责将来自主体的访问请求应用到客体对象。通过增加这层抽象，系统能够保证所有请求必须都经过引用监视器，就可以在此进行访问控制。具体流程是：引用监视器首先对主体进行身份认证，通过认证后根据预设的策略，判断主体是否有权限访问客体，并选择允许或拒绝，同时将所做的选择记录到审计日志中。系统访问控制示意图如图 12-6 所示。

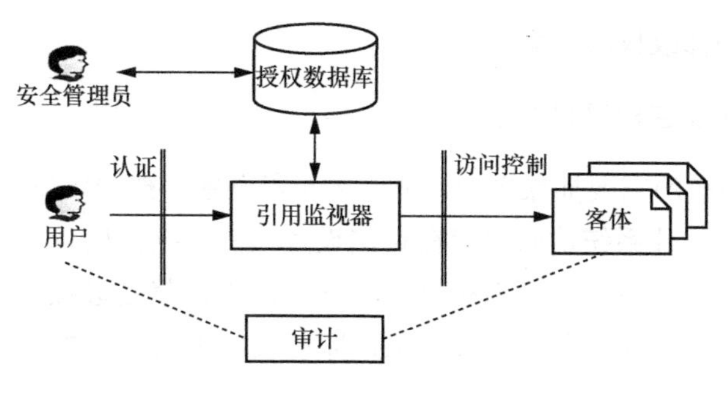

图12-6　系统访问控制示意图

引用监视器必须保证其不可被绕过。设计者必须充分考虑主体访问客体的所有可能路径，并保证所有路径都必须通过引用监视器才能进行。以 Linux 文件系统为例，应用程序必须通过文件描述符 fd 来访问（open/close/read/write…）文件，而不能直接访问磁盘上的数据或通过 inode 号来访问文件。文件系统此时的作用就相当于引用监视器，文件描述符就是引用。

用户认证的过程就是建立发起请求的主体与系统中某个 ID 之间的绑定关系。认证过程中，判断主体身份的方法主要有如下 3 种。

（1）你知道的信息：例如口令、某个私密问题的答案等。

（2）你拥有的东西：例如 USB-key、U 盾等实物。

（3）你是谁（独一无二的身体特征）：例如指纹、虹膜、步态、键盘输入习惯等，属于人的一部分。

Linux 系统一般通过用户名和口令登录，所有用户的口令被加密后保存在/etc/shadow 文件中。远程登录可以使用 ssh 登录。使用口令登录的问题在于：密码较容易泄露。使用双因子认证（Two-factor Authentication）或多因子认证（Multi-factor Authentication）可以比较有效地解决这个问题。比如登录的过程除了输入口令，还需要额外提供一个或多个证明，例如手机验证码，或者需要插入一个 USB-key 来验证。

使用实物进行认证的问题在于容易忘带或丢失实物。现在越来越多的系统开始采用生物特征来进行用户的认证。例如，指纹识别和人脸识别是现在最常用的生物识别技术；静脉识别技术是第二代生物技术，有很好的发展前景。

授权是判断主体是否有权限访问客体的过程。授权机制主要考虑如下 3 个问题。

（1）用什么数据结构来表达主体与客体之间的权限关系。

（2）如何设置和修改权限关系。

（3）如何强制保证这种权限关系。

文件是 Linux 系统的重要抽象之一，磁盘文件和设备都被抽象成文件。Linux 系统强制所有应用都必须通过文件系统访问保存在存储设备上的数据，所以在文件系统实现授权机制不会被恶意应用绕过。对于文件系统来说，这里的主体就是进程，每个进程都属于一个用户；客体就是文件，文件主要有 3 种权限，即可读、可写和可执行，简写为 r、w 和 x。

进程与文件的权限关系可以通过权限矩阵表示，这个二维矩阵会非常大，为了简化，Linux 系统中一个文件并不会对每个用户（或进程）都记录相应的权限，而是利用用户组将用户分为 3 类—— 属主、属组、其他。属组是用户的集合，拥有独立的组 ID，每个用户都属于一个或多个用户组。每个文件都在 inode 中记录了其拥有者的用户 ID 以及拥有组的组 ID，若某个用户不属于这两者，则为其他用户。于是，每个文件只需要用 9 位（3 个权限×3 类用户），且用户的新建与删除过程无须更新这些权限位。每个文件的访问权限位形成了一个列表，称为访问控制列表（Access Control List，ACL）。文件的拥有者可以设置文件的权限，通过 chmod 命令操作，该命令通过调用 chmod 系统调用来实现。

系统如何检查用户是否有权限访问某个文件呢？Linux 的做法是：仅对 open 进行权限检查，但要求文件进行其他操作前先调用 open 系统调用打开文件，从而兼顾了安全与性能。为保证文件其他操作必须在 open 操作成功之后才能进行，Linux 引入了文件描述符（file descriptor，fd）的概念，要求对文件的读写等操作必须用 fd 作为参数，而为了得到一个文件描述符 fd，则必须先进行 open 操作，并传入期望获得的权限（如读写、只读、只写）作为参数。因此，一个文件可以对应多个 fd，即被打开多次，每次打开的权限可以不同；后续对某个 fd 的读写操作，仅会检查与该 fd 对应的权限，而不会再检查文件的权限。

在检查权限时，主要是以当前进程的用户 ID 作为参数进行检查。在一个简化的模型下，每一个进程 ID 都会对应一个用户 ID，在用户 ID 和进程 ID 之间具有一个绑定关系。打开文件时，文件系统首先找到文件 inode，并根据 inode 中记录的权限位，判断当前进程的用户 ID 是否有对应的权限。

访问控制有 3 种基本类型：自主访问控制（DAC）、强制访问控制（MAC）和基于角色的访问控制。

（1）自主访问控制（Discretionary Access Control，DAC）：根据访问者和（或）它所属组的身份来控制对客体目标的授权访问。自主访问的含义是具有访问许可的主体可以直接或者间接地向其他主体进行访问权限的转让。自主访问控制机制在确认主体身份及其所属组的基础上，对主体的活动进行用户权限、访问属性（例如读、写、执行）等管理，是一种较为普遍的访问控制方法。自主访问控制的优点是具有相当的灵活性，主体能够自主地将自己拥有客体的访问权限赋予其他主体或从其他主体那里撤销所赋予的权限。

（2）强制访问控制（Mandatory Access Control，MAC）：与 DAC 相对，即一个对象的拥有者不能决定该对象的访问权限，什么数据能被谁访问，完全由底层的系统决定。强制访问控制需要“强加”给系统主体，即系统强制访问主体服从指定的访问控制策略。在强制访问控制中，需要对所有主体及其所控制的客体（如进程、文件、设备）等实施强制访问控制，并为这些主体及客体分配一个特殊的安全属性，如文件的密级（绝密级、机密级、秘密级或无密级）可以作为文件的安全属性。这些安全属性是实施强制访问控制的依据，主体不能够改变自身或者任意客体对象的安全属性，即不允许单个用户决定访问权限，只有特定的系统管理员才能确定用户和用户组的访问权限。系统通过比较主体和客体的安全属性来决定一个主体是否能够访问某个客体。而且强制访问控制不允许某个进程产生共享文件，因此能够防止进程通过共享文件将信息从一个进程传送到另一个进程。

在强制访问控制模型中，对主体和客体标识一个安全属性（安全级别），如绝密级（Top Secret，TS）、机密级（Secret，S）、秘密级（Confidential，C）及无密级（Unclassified，U），其级别为 TS>S>C>U。系统根据主体和客体的安全级别来决定访问模式，访问模式包括以下 4 种。

① 向上读（read up）：当主体安全级别低于客体信息资源的安全级别时，允许读操作。

② 向下读（read down）：当主体安全级别高于客体信息资源的安全级别时，允许读操作。

③ 向上写（write up）：当主体安全级别低于客体信息资源的安全级别时，允许写操作。

④ 向下写（write down）：当主体安全级别高于客体信息资源的安全级别时，允许写操作。

由于强制访问控制模型通过分级的安全属性实现了信息的单向流通，因此其一直为军方所采用，其中最为著名的是 Bell-LaPadula（BLP）模型和 Biba 模型。Bell-LaPadula 模型的特点是仅允许向下读、向上写，以有效保证信息的机密性；Biba 模型的特点则是不允许向下读、向上写，以有效保证信息的完整性。

DAC 比较灵活，允许用户通过不同的配置自行决定和授权数据的访问权限，有安全隐患，很有可能某个用户对文件的权限配置错误，导致一些关键文件泄露；相反，MAC 的权限等级与限制都是固定的，用户可配置的余地较少，好处是安全性有保证。

随着计算机和网络技术的发展，自主访问控制、强制访问控制已经不能满足实际应用的需求，为此出现了基于角色的访问控制（Role-Based Access Control，RBAC）。RBAC 将用户映射到角色，用户通过角色享有许可。该模型通过定义不同的角色、角色的继承关系、角色之间的联系以及相应的限制，动态或静态地规范用户的行为。

（3）基于角色的访问控制（RBAC）：一种将用户与角色解耦的访问控制方法。与基于用户的权限访问控制不同，RBAC 提出了角色的概念，与权限直接相关；用户并不直接拥有权限，而是通过拥有一个或多个角色间接地拥有权限，从而形成“用户–角色–权限”的关系，其中“用户–角色”及“角色–权限”，一般都是多对多的关系。12.3.4 节介绍的 SELinux 中，会引入角色的概念，映射到 Linux 的系统用户，可基于角色进行权限的分配。

Linux 系统中往往存在多个用户。从功能上来看，这些用户既包括可以远程登录、用于系统管理的人所对应的用户，也包括在系统上运行程序所需要的用户。从权限上来看，Linux 系统上的用户分为超级用户和普通用户。

在 Linux 系统中，可以使用命令行来完成用户的增加（useradd）、用户密码的设置（passwd）、用户的删除（userdel）和用户属性的修改（usermod）。

/etc/passwd 文件记录了 Linux 系统中所有用户的信息，是系统的关键安全文件之一，如下为/etc/passwd 文件的一个范例。

```
root:x:0:0:root:/root:/bin/bash
daemon:x:1:1:daemon:/usr/sbin:/usr/sbin/nologin
bin:x:2:2:bin:/bin:/usr/sbin/nologin
sys:x:3:3:sys:/dev:/usr/sbin/nologin
sync:x:4:65534:sync:/bin:/bin/sync
games:x:5:60:games:/usr/games:/usr/sbin/nologin
man:x:6:12:man:/var/cache/man:/usr/sbin/nologin
...
mengning:x:1000:1000:, , , :/home/mengning:/bin/bash
```

/etc/passwd 文件中的条目以“:”为分隔符，各个字段记录的信息依次如下。

第 1 个字段记录用户名。

第 2 个字段的值 x 表示该用户的密码参照/etc/shadow 文件。

第 3 个字段记录用户的 ID。

第 4 个字段记录用户属组的组 ID。

第 5 个字段记录用户的一般信息，例如真实名字、联系信息等。

第 6 个字段记录用户的 home 目录。

第 7 个字段记录用户的 Shell。

/etc/passwd 的默认权限是 0644，属主是 root。如果该文件的权限和属主发生了变化，则表示可能发生了异常事件（例如误操作或者入侵事件），需要引起注意。

Linux 系统中用户的密码记录在/etc/shadow 文件中，如下为/etc/shadow 文件的一个范例。

```
    root: $6$9w5Td6lg$bgpsy3olsq9WwWvS5Sst2W3ZiJpuCGDY.4w4MRk3ob/i85fl38RH15wzVoom
ff9isV1 PzdcXmixzhnMVhMxbvO:15775:0:99999:7:::
    bin:*:15513:0:99999:7:::
    daemon:*:15513:0:99999:7:::
    ...
    mengning:$6$mxv57iir$Cwi6aqPCcnTIHgYrTAW8YQXdYnKQsS1/.aPTKJjesFW9IFDLHv45fz/jQIeg
c5iwvsLsl90S7CGSlxHgSnXbZ0:18408:0:99999:7:::
```

/etc/shadow 文件的每行内容以“:”分隔，各个字段的含义如下。

第 1 个字段记录了用户名。

第 2 个字段表示加密密码，是复合字段，以“$”分隔后，各个字段的含义如下。

- 第 1 个字段是散列算法，它是由配置文件/etc/login.defs 中的配置项来定义的。
- 第 2 个字段是散列算法使用的盐（salt），盐的使用是为了避免相同的原始口令散列出相同的值，这样可以提高系统的安全性。
- 第 3 个字段是散列值。

第 3 个字段表示口令修改时间，显示 1970 年 1 月 1 日以后的第多少天。

第 4 个字段的 0 表示该用户的密码可以随时修改。

第 5 个字段表示该用户的口令的修改时间。

第 6 个字段表示该用户在口令过期前的多少天内都会收到通知。

第 7 个字段表示该用户在口令过期后的多少天被禁用账号。

第 8 个字段表示该用户是在自 1970 年 1 月 1 日后的第几天被禁用账号的。

/etc/shadow 的默认权限是 0000，属主是 root。如果该文件的权限和属主发生了变化，则表示可能发生了异常事件，需要引起注意。

在 Linux 系统中，大部分文件是普通文件，它们的内容是一般的数据，例如文本文件、二进制可执行文件、图片文件和视频文件等。除了普通文件，还有以下特殊类型的文件。

（1）目录：在 Linux 系统中，目录和文件是没有区别的，仅仅是一个包含了其他文件的文件。

（2）设备文件：这是一种用于输入输出的机制，大部分特殊文件位于/dev 目录下。设备文件又分为字符设备文件和块设备文件。其中字符设备提供串行输入或者接收串行输出，例如设备/dev/null；块设备是可以随机访问的，例如磁盘分区设备/dev/sdb1。

（3）链接：使得一个文件或者目录可以在系统目录树中的多个地方可见。其又分为软链接和硬链接。

（4）套接字：用于进程间的网络通信。在套接字上的进程间通信是支持全双工的。

（5）命名管道：和套接字有点类似，它也提供了进程间通信能力，但不使用网络套接字语义。命名管道的进程间通信是单向的。

inode 是 Linux 文件系统中的数据结构，它描述了文件系统对象，例如文件或者目录。

每个 inode 都存储了文件系统对象的属性以及硬盘块位置。inode 包含文件的元信息。具体包括以下内容。

（1）文件的字节数。

（2）文件分配的块数量。

（3）块大小字节数。

（4）文件的类型。

（5）文件所在的设备位置。

（6）inode 号码。

（7）硬链接的数量。

（8）文件的属主 ID。

（9）文件的属组 ID。

（10）文件的访问权限。

（11）最后一次访问文件的日期时间。

（12）最后一次修改文件内容的日期时间。

（13）最后一次修改文件的其他属性（例如修改属主 ID、属组 ID、文件的访问权限等）的日期时间。

可以用 stat 命令查看某个文件的 inode 信息。在排查安全相关的问题时，inode 提供的文件元数据项往往可以成为一个重要的参考依据，例如文件内容的最后修改时间就可能指向了安全事件发生的时间。

Linux 系统安全模型是在 UNIX 系统上使用的安全模型，其已经被证明是相当健壮的。在 Linux 系统中，每个文件都有一个属主和一个属组。其他用户既不是这个文件的属主，也不属于这个文件的属组。对于每一个文件，都可以为属主、属组和其他用户设置读取、写入和执行的权限。通过严格控制文件的权限，可以在很大程度上提高系统的安全性。

为了系统安全，经常需要把系统中的一些关键文件设置为不可修改，或者把一些日志文件设置成只能追加，可以使用 chattr 实现这样的需求。

下面简要讨论一下 Linux 系统访问控制发展的历程。首先是 Flask，它是一个操作系统安全架构，能够灵活地提供不同的安全策略，全称是“Flux advanced security kernel”，由 Utah 大学、美国国家安全局和 SCC 公司共同开发。1995 年，该架构开始在 Mach（Utah 版本）上进行开发，一年后转移到了一个名为 Fluke（Utah 开发）的研究性微内核操作系统上，后来移植到许多不同的操作系统框架中，包括 OSKit、BSD、OpenSolaris 和 Linux。

然而，Flask 架构需要对内核进行大量的修改，尤其要在很多关键操作处进行权限检查，而 Linux 当时的模块框架无法支持 Flask 以模块的方式实现。为此，Linux 社区在 2002 年提出了 LSM（Linux Security Modules）项目，在内核的关键代码区域插入了许多 hook，包括在所有系统调用即将访问关键内核对象（如 inode、task_struct 等）之前，这些 hook 会调用模块实现的函数（即 upcall）进行访问控制、安全检查等。在 Linux 上基于 Flask 实现的 LSM，就是 SELinux。除了它，还有其他基于 LSM 实现的安全模块，例如 AppArmor、Smack、TOMOYO Linux 等。

Linux 系统访问控制的实现方式简要总结如下。

（1）自主访问控制：传统 UNIX 的访问控制机制就是采用的 DAC，它允许对象（例如文件等）的所有者基于 UID 和 GID 设定对象的访问权限。

（2）Linux Capabilities：Linux 为突破系统上传统的两级用户（root 和普通用户）授权模型，而将内核管理权限打散成多个不同维度或级别的权限子集，每个子集称为一种 Capability，例如 CAP_NET_ADMIN、CAP_SYS_TIME、CAP_SYS_PTRACE 和 CAP_SYS_ADMIN 等，从而允许进程仅具有一部分内核管理功能就能完成必要的管理任务。

（3）seccomp：全称为 secure computing mode，是 Linux 内核的安全模型，用于为默认可发起的任何系统调用进程施加控制机制，人为地禁止它发起系统调用，有效降低了程序被劫持时的危害级别。

（4）AppArmor：全称为 Application Armor，意为“应用盔甲”，是 Linux 内核的一个安全模块，通过加载到内核的配置文件来定义对程序的约束与控制。

（5）SELinux：全称为 Security-Enhanced Linux，意为安全加强的 Linux，是 Linux 内核的一个安全模块，提供了包括强制访问控制在内的访问控制安全策略机制。

下面来看看这些 Linux 系统访问控制的具体实例 Linux Capabilities、AppArmor 和 SELinux。

12.3.2 Linux Capabilities

实现访问控制有两种方法：访问控制列表和访问能力列表。

访问能力列表是权限矩阵的实现方法之一。与访问控制列表相比，访问能力列表从主体的角度出发，列出该主体所拥有的或能访问的对象及相应的权限。相比宏内核，访问能力对于微内核来说尤为重要。这是因为微内核中许多计算资源由用户态的服务进行操作，访问能力机制可以非常有效地实现对资源的访问控制与权限管理。

以进程主体为例，访问能力列表是每个进程都有的属性，但不能由进程的用户态直接访问，而是保存在内核中，内核对用户态提供对应的 Capability ID 用于操作。应用在访问某个对象或进行某项操作时，需要以该 Capability ID 作为参数，内核根据 Capability ID 找到对应的 Capability，进行权限检查，检查通过才允许相应的操作。

Capability 作为一种通用的访问控制方法，不仅可以用在文件系统中，还可以用于管理其他资源。操作系统可以支持 Capability 的传递和复制，也可以限制 Capability 不能被传递，或能传递但不能被复制，从而支持更灵活的权限管理。

在 Linux-2.2 之前，为了检查进程权限，将进程区分为特权进程（euid=0）和非特权进程，特权进程可以获取完整的 root 权限来对系统进行操作。在 Linux-2.2 之后，通过 Capabilities 机制对 root 权限进行更加细粒度的划分。如果进程不是特权进程，而且也没有 root 的有效 ID，系统就会去检查进程的 Capabilities，来确认该进程是否有执行特权操作的权限。

Linux 的这套 Capabilities 机制用于限制进程的权限操作。引入这套机制的初衷是解决 root 用户权限过高的问题。Linux 的 root 用户具有所有的权限，一旦普通用户因为需要执行某个特权操作而切换到 root 用户，则可实际执行所有的特权操作，这破坏了最小特权原则。通过 Linux Capabilities 机制，可仅分配给 root 用户的某个进程一个或几个必需的权限。可以认为 SUID 机制减小了 root 的时间窗口，而 Capabilities 则减小了 root 的权限窗口。

具体来说，首先 Linux 的 Capabilities 机制预先由内核定义，而不允许用户进程自定义；其次 Linux Capabilities 不允许传递，而是在创建进程的时候，与该进程相绑定；再次 Linux Capabilities 并没有为用户态提供 Capability ID，因此用户态无法通过 Capability ID 索引内核资源进行操作。

Linux Capabilities 分为进程 Capabilities 和文件 Capabilities。Linux 支持的 Capabilities 如表 12-1 所示。

表 12-1　Linux 支持的 Capabilities

Capability 名称	描述
CAP_AUDIT_CONTROL	启用和禁用内核审计；改变审计过滤规则；检索审计状态和过滤规则

续表

Capability 名称	描述
CAP_AUDIT_READ	允许通过multicast netlink套接字读取审计日志
CAP_AUDIT_WRITE	将记录写入内核审计日志
CAP_BLOCK_SUSPEND	使用可以阻止系统挂起的特性
CAP_CHOWN	修改文件所有者的权限
CAP_DAC_OVERRIDE	忽略文件DAC的访问限制
CAP_DAC_READ_SEARCH	忽略文件读及目录搜索的DAC的访问限制
CAP_FOWNER	忽略文件属主ID必须和进程用户ID相匹配的限制
CAP_FSETID	允许设置文件的setuid位
CAP_IPC_LOCK	允许锁定共享内存片段
CAP_IPC_OWNER	忽略IPC所有权检查
CAP_KILL	允许对不属于自己的进程发送信号
CAP_LEASE	允许修改文件锁的FL_LEASE标志
CAP_LINUX_IMMUTABLE	允许修改文件的IMMUTABLE和APPEND属性标志
CAP_MAC_ADMIN	允许MAC配置或状态更改
CAP_MAC_OVERRIDE	覆盖MAC
CAP_MKNOD	允许使用mknod系统调用
CAP_NET_ADMIN	允许执行网络管理任务
CAP_NET_BIND_SERVICE	允许绑定到小于1 024的端口
CAP_NET_BROADCAST	允许网络广播和多播访问
CAP_NET_RAW	允许使用原始套接字
CAP_SETGID	允许改变进程的GID
CAP_SETFCAP	允许为文件设置任意的Capability

续表

Capability 名称	描述
CAP_SETPCAP	参考Capabilities man page
CAP_SETUID	允许改变进程的UID
CAP_SYS_ADMIN	允许执行系统管理任务，如加载或卸载文件系统、设置磁盘配额等
CAP_SYS_BOOT	允许重新启动系统
CAP_SYS_CHROOT	允许使用chroot系统调用
CAP_SYS_MODULE	允许插入和删除内核模块
CAP_SYS_NICE	允许提升优先级及设置其他进程的优先级
CAP_SYS_PACCT	允许执行进程的BSD式审计
CAP_SYS_PTRACE	允许跟踪任何进程
CAP_SYS_RAWIO	允许直接访问/dev/port、/dev/mem、/dev/kmem及原始块设备
CAP_SYS_RESOURCE	忽略资源限制
CAP_SYS_TIME	允许改变系统时钟
CAP_SYS_TTY_CONFIG	允许配置TTY设备
CAP_SYSLOG	允许使用syslog系统调用
CAP_WAKE_ALARM	允许触发一些能唤醒系统的东西（比如CLOCK_BOOTTIME_ALARM计时器）

12.3.3 AppArmor

AppArmor 是一款与 SELinux 类似的安全框架，是 Linux 内核的一个安全模块，其主要作用是控制应用程序的各种权限。它允许系统管理员将每个程序与一个安全配置文件相关联，从而限制程序的功能。简单地说，AppArmor 是与 SELinux 类似的一个访问控制系统，通过它可以指定程序可以读、写和执行哪些文件，是否可以打开网络端口等。作为对传统 UNIX 的自主访问控制模块的补充，AppArmor 提供了强制访问控制机制，它已经被整合到 Linux-2.6 内核中。

AppArmor 有 Enforcement 和 Complain（Learning）两种工作模式。

（1）Enforcement：在这种模式下，配置文件里列出的限制条件都会得到执行，并且对于违反这些限制条件的程序会进行日志记录。

（2）Complain（Learning）：这种模式可以让系统“学习”一个特定应用的行为，以及通过对配置文件设置限制来实现安全的应用使用。在这种模式下，配置文件里的限制条件不会得到执行，AppArmor 只是对程序的行为进行记录。例如，程序可以写一个在配置文件里注明只读的文件，但 AppArmor 不会对程序的行为进行限制，只是进行记录。

如果想把某个 profile 置为 enforce 状态，执行如下命令。

```
sudo enforce <application_name>
```

如果想把某个 profile 置为 complain 状态，执行如下命令。

```
sudo complain <application_name>
```

在修改了某个 profile 的状态后，执行如下命令使之生效。

```
sudo /etc/init.d/apparmor restart
```

AppArmor 是 Ubuntu 的默认选择，但在默认情况下，系统自带安装的 profile 配置文件很少。构建 profile 主要有以下两种方式。

（1）Ubuntu 发行版预定义了一些 profile，可以通过如下命令安装。

```
sudo apt-get install apparmor-profiles
```

（2）通过工具来管理 profile，比如 apparmor-utils 可以通过如下命令进行安装。

```
sudo apt-get install apparmor-utils
```

apparmor-utils 最常用的两个命令为 aa-genprof 和 aa-logprof，前者用来生成 profile 文件，后者用来查询处于 apparmor 的日志记录。

在 Ubuntu 下通过命令 sudo apparmor_status 可以查看当前 AppArmor 的状态。AppArmor 的 profile 配置文件均保存在目录/etc/apparmor.d 下，对应的日志文件记录在/var/log/messages 中。

AppArmor 的启动、停止等操作的相关命令如下。

```
sudo systemctl start apparmor.service   # 开启服务
sudo systemctl stop apparmor.service    # 停止服务
sudo systemctl status apparmor.service  # 查询服务状态
sudo systemctl reload apparmor.service  # 重新加载配置文件
```

或者

```
sudo /etc/init.d/apparmor start     # 开启服务
```

```
sudo /etc/init.d/apparmor stop       # 停止服务
sudo /etc/init.d/apparmor reload     # 重新加载配置文件
sudo /etc/init.d/apparmor restart    # 重启服务
sudo /etc/init.d/apparmor_status     # 查询服务状态
```

AppArmor 可以对程序进行多方面的限制，例如对文件系统的访问控制如下。

```
/home/Desktop/a.c rw         # 表示程序可以对/home/Desktop/a.c 进行读和写
```

对资源的限制如下。

```
set rlimit as<=1M            # 表示该程序可以使用的虚拟内存小于或等于1M
```

对访问网络的控制如下。

```
network inet tcp             # 表示该程序可以在IPv4的情况下使用TCP
```

12.3.4 SELinux

访问控制有不同的方式和方法，操作系统需要一种机制，允许系统管理员灵活地配置不同的策略。SELinux（Security-Enhanced Linux）是一个 Linux 内核的安全模块，是 Flask 安全架构在 Linux 上的实现，提供了一套访问控制的框架，以支持不同的安全策略。该项目于 20 世纪 90 年代末由美国国家安全局发起，2000 年在通用公共许可证（GPL）下开放源代码，并于 2003 年进入 Linux 内核主线版本中。

为了能够灵活地制定安全策略，SELinux 提出了一套抽象，主要包括主体、对象、用户、策略与安全上下文。

（1）主体指访问各种对象的程序。

（2）对象指系统中的各种资源，一般来说就是文件。

（3）用户指系统中的用户，需要注意的是，SELinux 的用户与前面所提到的 Linux 系统用户并不是一回事。

（4）策略是一组规则（rule）的集合。Linux 目前提供了多种策略，默认是 Targeted，主要对服务进程进行访问控制；另一个是多级安全性（Multi-Level Security，MLS），实现了 Bell-LaPadula 强制访问控制模型，对系统中所有的进程进行访问控制；还有一个是 Minimum，类似 Targeted，但出于对资源消耗的考虑而仅应用了一些基础的策略规则，一般用于手机等平台。

（5）安全上下文是主体和对象的标签，用于访问时的权限检查。可以通过“ls -Z”命令来查看文件对应的安全上下文。

在上述基础上，SELinux 将访问控制抽象为一个问题：一个<主体>是否可以在一个<对象>上做一个<操作>？这个问题包含一个三元组，即主体、对象和操作。这些规则保存在专门的服务器中，又称安全服务器，而且一个安全服务器可以通过网络为多个 Linux 主机提供服务。在主体访问某个对象时，SELinux 会询问安全服务器，由安全服务器在规则数据库中查找并检查主体与对象对应的安全上下文，从而判断访问是否有权限。为了提高性能，内核会将这些规则缓存在访问向量缓存（Access Vector Cache，AVC）中，避免每次都去询问安全服务器。

SELinux 本质上是一个标签系统，所有的主体和对象都对应了各自的标签。标签就是安全上下文，其格式为“用户:角色:类型:MLS 安全级别:类别”。

SELinux 中可以使用“ls -Z”查看文件和目录的安全上下文，下面是 root 用户的例子。

```
System_u: object_r: admin_home_t: s0: c0
```

每一项的具体解释如下。

- 用户：SELinux 的用户与传统的 Linux 用户是两套机制，每个 Linux 的用户都会映射到一个 SELinux 的用户，在新建一个 Linux 用户时，可以指定两种用户间的映射关系。
- 角色：这是 RBAC 安全模型的一个属性，介于域和 SELinux 用户之间。用户需要认证属于哪个角色，角色需要认证属于哪个域；进程则在不同的隔离域中运行。
- 类型：类型是类型强制（Type Enforcement，TE）的一个属性，进程是否可以访问文件，主要就是看进程的安全上下文类型字段是否和文件的安全上下文类型字段相匹配，如果匹配则可以访问。每个对象都有一个类型，一个进程的类型相对特殊，通常被称为域（domain）。SELinux 的策略规则定义了类型之间如何访问：是一个域访问一个类型，还是一个域访问另一个域。
- 安全级别：安全级别是一个可选项，可由组织自定义；一个对象有且只有一个安全级别。安全级别包括 0～15 级，数值越大，代表安全级别越高，Targeted 策略默认使用 s0。
- 类别：类别是一个可选项，可以通过 seinfo -u -x 命令来查询，可由组织自定义；共 1 024 个类别，一个对象可以有多个类别。Targeted 策略不使用类别。

在安全上下文的各项中，类型是最重要的，SELinux 可以基于类型来制定策略，确定什么类型的进程可以访问什么类型的对象。每个进程的安全上下文中的角色和域为启动该进程的用户的角色和域；其中权限与域最为相关，而域的转换则由角色来控制，角色的转换则依赖于用户的身份识别。

具体来说，当用户登录系统后，SELinux 会根据用户对应的角色，分配给用户一个默认的安全上下文。这个安全上下文定义了当前的域，所以全部新的子进程均属于同样的域。通常一个角色会对应一个域，可通过 newrole -r role_r -t domain_t 命令来切换角色和域，SELinux 有对应的规则来判断是否允许切换。

每个文件（包括设备、Socket 等对象）的标签称为类型。一个域的权限由一组“允许/不允许访问某个类型”的规则组成。那么进程的域和对象的类型是什么关系呢？在安全上下文的各项中并没有域，只有类型。其实域就是类型的一种，用于进程的类型。因此，进程的安全上下文中，domain_t 中的“_t”后缀表示类型。具体来说，SELinux 会给文件一个类型标签，给进程一个域标签；域能够执行的操作在安全策略里定义。

SELinux 中主要用到 3 个命令——semanage、chcon 和 restorecon。

- semanage：查询、修改、增加、删除对象的默认类型。
- chcon：修改对象的安全上下文。
- restorecon：恢复对象的安全上下文为默认的安全上下文。

SELinux 有 3 种模式——disable、permissive 和 enforcing。

- disable：关闭，SELinux 不运行。
- permissive：SELinux 运行但仅监控系统，并不会干预系统运行。
- enforcing：SELinux 监控并且干预系统，会拒绝不符合规则的访问，是真正起作用的模式。

下面以 openEuler 为例启动和关闭 SELinux。

具体配置一般在/etc/sysconfig/selinux 文件中，openEuler 操作系统在/etc/selinux/config 文件中配置。openEuler 默认开启 SELinux Enforcing 模式，安装很多工具时会导致工具安装失败。若想关闭 SELinux 强制模式，执行以下操作。

（1）临时关闭，可以先执行 sestatus 命令查询 SELinux 状态，“Current mode”显示“enforcing”，表示 SELinux 已开启强制模式；然后执行 setenforce 0 命令将 SELinux 模式设置为“permissive”。再次查询 SELinux 状态，“Current mode”显示“permissive”，表示 SELinux 已临时关闭强制模式。

（2）永久关闭，可以先执行 sestatus 命令查询 SELinux 状态，“SELinux status”显示“enabled”，表示 SELinux 已开启；然后修改/etc/selinux/config 文件。将“SELINUX=enforcing”

改为“SELINUX=disabled”，执行 reboot 命令重启服务器。再次查询 SELinux 状态，“SELinux status” 显示 “disabled”，表示 SELinux 已关闭。

12.4　可信计算和机密计算

12.4.1　secGear 机密计算框架

可信计算是一种以硬件安全机制为基础的主动防御技术，它通过建立隔离执行的可信赖的计算环境，保障计算平台敏感操作的安全性，实现了对可信代码的保护，达到从体系结构上全面增强系统和网络信任的目的。学术界与工业界普遍认为可信计算的技术思路是通过在硬件平台上引入可信平台模块（Trusted Platform Module，TPM）提高计算机系统的安全性。同时，我国也对应提出并建立了可信密码模块（Trusted Cryptographic Module，TCM）。然而由于信息安全应用需求的不断变化，基于 TPM 或 TCM 的信任链方案已经不能满足现实场景中的应用需求，信任链传递方案存在安全隐患，无法抵御针对度量过程的时间差攻击，并且 CPU 与内存均可能被攻击。因此各种改进方法也相继被提出，如通过提供动态测量信任根（Dynamic Root of Trust for Measurement，DRTM），操作系统通过特殊指令创建动态信任链，通过主板改造等方式增强 TPM 和 TCM 的主动度量能力，通过可信平台控制模块（Trusted Platform Control Module，TPCM）主动监控平台各组件的完整性和工作状态等。然而受限于芯片和主板等硬件设计和制造能力，使用传统硬件对 TPM 和 TCM 进行加强的方案不尽如人意。

为解决 TPM 和 TCM 在设计和应用中表现出的多种问题，可信执行环境（Trusted Execution Environment，TEE）应运而生，通过扩展通用 CPU 的安全功能，在其特殊安全模式下增加内存隔离、数据代码加密及完整性保护等安全功能，使 TPM 和 TCM 可以主动监控、度量和干预主机系统。其中 ARM 公司的 TrustZone 是 TEE 的典型代表，它被设计为在系统加电后优先获得控制权，并对后续加载的启动映像进行逐级验证，以获取比主机更高的访问和控制权限，达到为计算平台提供一个隔离于平台其他软硬件资源的运行环境的目的。具体来说，在 TrustZone 运行中，物理处理器能够在常态和安全态两种模态之间切换，其中常态运行主机系统，安全态则运行 TEE 系统，负责模态切换的是 TrustZone 的扩展指令——安全监控指令（Secure Monitor Call，SMC）。可信计算仅为隐私信息处理提供一个可信赖的计算环境。

基于软硬一体化设计的机密计算容器开始崭露头角。随着适用于传输和静止的数据保护手段的加强，攻击者已将攻击重点转移到了使用中的数据上，常见的攻击手段包括内存窃取、恶意软件植入等。机密计算可以弥补数据保护策略的不足。机密计算是一种基于硬件的安全策略，可提高使用中的数据在可信执行环境中的机密性、完整性和安全性。

基于可信计算环境的机密计算聚焦计算过程中的数据保护。系统维护一个安全的空间，加密数据导入安全的内存空间后解密，对明文进行计算，调出空间时再加密。其他用户无法访问该安全的内存空间，这样就降低了数据在系统其他部分泄露的风险，同时保持对用户的透明性。特别是在多租户的公有云环境中，机密计算可保证敏感数据与系统堆栈的其他授权部分隔离。Intel SGX（Software Guard Extension）是目前实现机密计算的主要方法，其在内存中生成一个隔离环境 Enclave。SGX 使用强加密和硬件级隔离确保数据和代码的机密性以防攻击，即使在操作系统和 BIOS 固件被攻陷的情况下仍然可以保护应用和代码的安全。

当前机密计算涉及的行业领域纷杂，各行业对于机密计算框架的需求也不尽相同。各家芯片推出的机密计算解决方案从实现原理到对外接口都不相同。目前较为成熟的机密计算主要有 SGX、GP 和 Keystone 等，如图 12-7 所示，但是这些技术都存在兼容性差、生态隔离和维护成本高等问题。

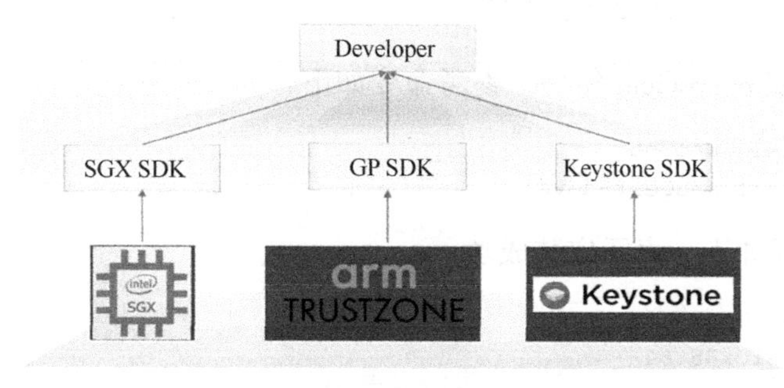

图12-7 目前较为成熟的机密计算

2020 年，华为提出了 secGear 机密计算框架，该框架包含 Base Layer、Middleware Layer 和 Service Layer 三层架构，如图 12-8 所示。

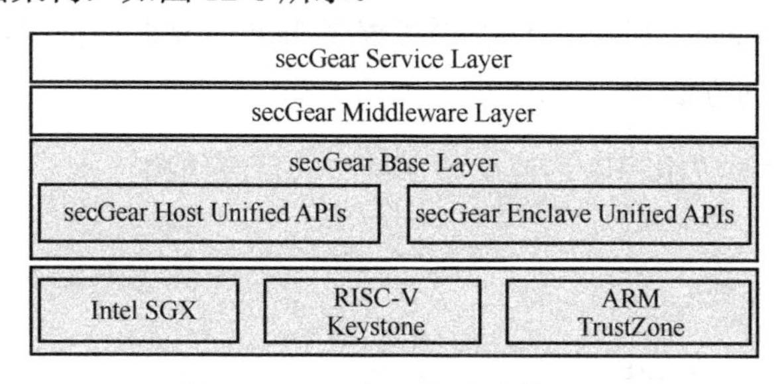

图12-8 secGear机密计算框架

secGear 机密计算框架的 Base Layer（基础层）提供丰富的 enclave 开发接口或工具，并且在安全侧支持 C POSIX API 和标准 OpenSSL 接口，用户基于这些接口可以自由开发安全应用程序。

secGear 机密计算框架的 Middleware Layer（中间件层）提供一套协议接口，满足用户基本安全应用，开发者无须感知安全侧编程，提高了应用开发的安全性。

secGear 机密计算框架的 Service Layer（服务层）提供完整的运行在安全侧的安全服务。可以提供通过 enclave 增强的服务，如提供多种安全服务组件能力，如 pkcs#11、PAKE、TLS、KMS 等。

当前 secGear 仅支持以下软硬件，后续会逐步支持更多的软硬件。

（1）处理器：当前 secGear 仅支持 64 位 x86 处理器架构，且该处理器需要支持 Intel SGX 功能。

（2）操作系统：openEuler 21.03 或更高版本。

使用 secGear 机密计算编程框架，需要安装 secGear、secGear-devel 开发包。安装前，请确保已经配置了 openEuler yum 软件源。

使用 root 权限安装 secGear 组件，参考命令如下。

```
$ sudo yum install secGear
$ sudo yum install secGear-devel
```

参考命令和回显如下，表示安装成功。

```
$ sudo rpm -q secGear
secGear-1.0-1.oe1.x86_64
$ sudo rpm -q secGear-devel
secGear-devel-1.0-1.oe1.x86_64
```

12.4.2 secGear 开发指南

这里给出使用 secGear 开发一个 C 语言程序 helloworld 的例子，方便读者理解使用 secGear 开发应用程序的方法。

使用 secGear 开发的应用程序，遵循如下统一的目录结构。

```
├── helloworld
│   ├── CMakeLists.txt
│   ├── enclave
│   │   ├── CMakeLists.txt
│   │   ├── Enclave.config.xml
│   │   ├── Enclave.lds
│   │   ├── hello.c
```

```
|   |   ├── manifest.txt.in
|   |   └── rsa_public_key_cloud.pem
|   ├── helloworld.edl
|   └── host
|       ├── CMakeLists.txt
|       └── main.c
```

首先创建程序工作目录 helloworld，并在此目录下新建 enclave 和 host 目录，同时在此目录下编写 EDL 文件 helloworld.edl。

为了确保开发代码的一致性，secGear 提供了 secgear_urts.h 和 secgear_tstdc.edl 用于屏蔽底层 Intel SGX 和 ARM iTrustee 之间的差异。因此，使用 C 语言函数库时，EDL 文件默认需要导入 secgear_urts.h 和 secgear_tstdc.edl。helloworld.edl 文件参考如下。

```
enclave {
    include "secgear_urts.h"
    from "secgear_tstdc.edl" import *;
    trusted {
        public int get_string([out, size=32]char *buf);
    };
};
```

EDL 语法详细信息参见 Intel SGX 开发指南中对应的内容。

如果使用 CMake 构建系统，那么需要在 helloworld 目录下编写文件 CMakeLists.txt。CMakeLists.txt 用于配置编译时的处理器架构、所需的 EDL 文件等信息。其中 EDL_FILE 需用户指定 EDL 文件，本例中为 helloworld.edl；DPATH 用于指明安全侧加载动态库。本例的 CMakeLists.txt 如下所示。

```
cmake_minimum_required(VERSION 3.12 FATAL_ERROR)
project(HelloWorld  C)
set(CMAKE_C_STANDARD 99)
set(CURRENT_ROOT_PATH ${CMAKE_CURRENT_SOURCE_DIR})
set(EDL_FILE helloworld.edl)
set(LOCAL_ROOT_PATH "$ENV{CC_SDK}")
    set(SECGEAR_INSTALL_PATH /lib64/)
if(CC_GP)
    set(CODETYPE trustzone)
    set(CODEGEN codegen_arm64)
    execute_process(COMMAND uuidgen -r OUTPUT_VARIABLE UUID)
    string(REPLACE "\n""" UUID ${UUID})
    add_definitions(-DPATH="/data/${UUID}.sec")
endif()
if(CC_SGX)
```

```
        set(CODETYPE sgx)
        set(CODEGEN codegen_x86_64)
        add_definitions(-DPATH="${CMAKE_CURRENT_BINARY_DIR}/enclave/enclave.signed.so")
    endif()
    add_subdirectory(${CURRENT_ROOT_PATH}/enclave)
    add_subdirectory(${CURRENT_ROOT_PATH}/host)
```

编写非安全侧代码及 CMakeLists.txt。在 host 目录下编写非安全侧代码 main.c 如下所示，其中 enclave.h 为 secGear 头文件，helloworld_u.h 为辅助代码生成工具生成的头文件。使用 cc_enclave_create 创建安全区 enclave 上下文，cc_enclave_destroy 销毁安全区上下文。get_string 为 EDL 文件中定义 trusted 的安全侧函数，注意这里与 EDL 中定义的 get_string 有差别，多出两个参数，context 为安全区上下文，retval 为 EDL 中 get_string 的返回值。res 为 get_string 调用成功标志。

```
#include <stdio.h>
#include "enclave.h"
#include "helloworld_u.h"

#define BUF_LEN 32

int main()
{
    int  retval = 0;
    char *path = PATH;
    char buf[BUF_LEN];
    cc_enclave_t *context = NULL;
    cc_enclave_result_t res;
    res = cc_enclave_create(path, AUTO_ENCLAVE_TYPE, 0, SECGEAR_DEBUG_FLAG, NULL,
          0, &context);
    ...
    res = get_string(context, &retval, buf);
    if (res != CC_SUCCESS || retval != (int)CC_SUCCESS)
    {
        printf("Ecall enclave error\n");
    }
    else
    {
        printf("%s\n", buf);
    }
     if (context != NULL)
    {
        res = cc_enclave_destroy(context);
        ...
    }
```

```
    return res;
}
```

编写非安全侧 CMakeLists.txt 如下。

```
# 设置编译环境变量
#set auto code prefix
set(PREFIX helloworld)
#set host exec name
set(OUTPUT secgear_helloworld)
#set host src code
set(SOURCE_FILE ${CMAKE_CURRENT_SOURCE_DIR}/main.c)

# 使用代码生成工具生成辅助代码。CODEGEN 和 CODETYPE 变量也在顶层 CMakeLists.txt 中定义。
--search-path 用于指定 helloworld.edl 中导入依赖的其他 EDL 文件路径
#set auto code
if(CC_GP)
    set(AUTO_FILES  ${CMAKE_CURRENT_BINARY_DIR}/${PREFIX}_u.h
        ${CMAKE_CURRENT_BINARY_DIR}/${PREFIX}_u.c
        ${CMAKE_CURRENT_BINARY_DIR}/${PREFIX}_args.h)
    add_custom_command(OUTPUT ${AUTO_FILES}
        DEPENDS ${CURRENT_ROOT_PATH}/${EDL_FILE}
        COMMAND ${CODEGEN} --${CODETYPE} --untrusted ${CURRENT_ROOT_PATH}/${EDL_FILE}
        --search-path ${LOCAL_ROOT_PATH}/inc/host_inc/gp)
endif()

if(CC_SGX)
    set(AUTO_FILES  ${CMAKE_CURRENT_BINARY_DIR}/${PREFIX}_u.h
        ${CMAKE_CURRENT_BINARY_DIR}/${PREFIX}_u.c)
    add_custom_command(OUTPUT ${AUTO_FILES}
        DEPENDS ${CURRENT_ROOT_PATH}/${EDL_FILE}
        COMMAND ${CODEGEN} --${CODETYPE} --untrusted ${CURRENT_ROOT_PATH}/${EDL_FILE}
        --search-path ${LOCAL_ROOT_PATH}/inc/host_inc/sgx  --search-path
        ${SGXSDK}/include)
endif()

# 设置编译选项和链接选项
set(CMAKE_C_FLAGS "-fstack-protector-all -W -Wall -Werror -Wextra
    -Werror=array-bounds -D_FORTIFY_SOURCE=2 -O2 -ftrapv -fPIE")
set(CMAKE_EXE_LINKER_FLAGS   "-Wl, -z, relro -Wl, -z, now -Wl, -z, noexecstack")

# 编译链接引用目录
if(CC_GP)
    if(${CMAKE_VERSION} VERSION_LESS "3.13.0")
        link_directories(${SECGEAR_INSTALL_PATH})
    endif()
```

```
    add_executable(${OUTPUT} ${SOURCE_FILE} ${AUTO_FILES})
    target_include_directories(${OUTPUT} PRIVATE
            /usr/include/secGear/host_inc
            /usr/include/secGear/host_inc/gp
            ${CMAKE_CURRENT_BINARY_DIR})
    if(${CMAKE_VERSION} VERSION_GREATER_EQUAL "3.13.0")
        target_link_directories(${OUTPUT} PRIVATE ${SECGEAR_INSTALL_PATH})
    endif()
    target_link_libraries(${OUTPUT} secgear)
endif()
if(CC_SGX)
    if(${CMAKE_VERSION} VERSION_LESS "3.13.0")
        link_directories(${SECGEAR_INSTALL_PATH}  ${SGXSDK}/lib64)
    endif()
    set(SGX_MODE HW)
    if(${SGX_MODE} STREQUAL HW)
        set(Urts_Library_Name sgx_urts)
    else()
        set(Urts_Library_Name sgx_urts_sim)
    endif()
    add_executable(${OUTPUT} ${SOURCE_FILE} ${AUTO_FILES}
       ${LOCAL_ROOT_PATH}/src/host_src/sgx/sgx_log.c)
    target_include_directories(${OUTPUT} PRIVATE
                /usr/include/secGear/host_inc
                /usr/include/secGear/host_inc/sgx
                ${CMAKE_CURRENT_BINARY_DIR})
    if(${CMAKE_VERSION} VERSION_GREATER_EQUAL "3.13.0")
        target_link_directories(${OUTPUT} PRIVATE ${SECGEAR_INSTALL_PATH}
        ${SGXSDK}/lib64)
    endif()
    target_link_libraries(${OUTPUT} secgear ${Urts_Library_Name})
endif()

# 指定二进制安装目录
set_target_properties(${OUTPUT} PROPERTIES SKIP_BUILD_RPATH TRUE)
if(CC_GP)
    install(TARGETS  ${OUTPUT}
       RUNTIME
       DESTINATION /vendor/bin/
       PERMISSIONS OWNER_EXECUTE OWNER_WRITE OWNER_READ)
endif()
if(CC_SGX)
    install(TARGETS  ${OUTPUT}
       RUNTIME
       DESTINATION ${CMAKE_BINARY_DIR}/bin/
```

```
        PERMISSIONS OWNER_EXECUTE OWNER_WRITE OWNER_READ)
endif()
```

在 enclave 目录下编写安全侧代码 hello.c 如下所示，其中 helloworld_t.h 为辅助代码生成工具通过 EDL 文件生成的安全侧头文件。

```
#include <stdio.h>
#include <string.h>
#include "helloworld_t.h"

#define TA_HELLO_WORLD  "secGear hello world!"
#define BUF_MAX 32
int get_string(char *buf)
{
    strncpy(buf, TA_HELLO_WORLD, strlen(TA_HELLO_WORLD) + 1);
    return 0;
}
```

编写安全侧 CMakeLists.txt 如下所示。

```
#set auto code prefix
set(PREFIX helloworld)

#set sign key
set(PEM Enclave_private.pem)

#set sign tool
set(SIGN_TOOL ${LOCAL_ROOT_PATH}/tools/sign_tool/sign_tool.sh)

#set enclave src code
set(SOURCE_FILES ${CMAKE_CURRENT_SOURCE_DIR}/hello.c)

#set log level
set(PRINT_LEVEL 3)
add_definitions(-DPRINT_LEVEL=${PRINT_LEVEL})

# WHITE_LIS_X 设置 itrustee 白名单，只有这些路径的主机二进制文件可以调用此安全映像，并且最多可以配置 8 个列表路径。WHITE_LIST_OWNER 设置用户，此用户将应用于所有白名单路径。DEVICEPEM 公钥由 itrustee 使用，并用于通过动态生成的 aes 密钥加密安全侧的安全动态库
if(CC_GP)
    #set signed output
    set(OUTPUT ${UUID}.sec)
    #set itrustee device key
    set(DEVICEPEM ${CMAKE_CURRENT_SOURCE_DIR}/rsa_public_key_cloud.pem)
    #set whilelist. default: /vendor/bin/teec_hello
    set(WHITE_LIST_0 /vendor/bin/helloworld)
```

```
    set(WHITE_LIST_OWNER root)
    set(WHITE_LIST_1 /vendor/bin/secgear_helloworld)
    set(WHITELIST WHITE_LIST_0 WHITE_LIST_1)

    set(AUTO_FILES  ${CMAKE_CURRENT_BINARY_DIR}/${PREFIX}_t.h
        ${CMAKE_CURRENT_BINARY_DIR}/${PREFIX}_t.c
        ${CMAKE_CURRENT_BINARY_DIR}/${PREFIX}_args.h)
    add_custom_command(OUTPUT ${AUTO_FILES}
        DEPENDS ${CURRENT_ROOT_PATH}/${EDL_FILE}
        COMMAND ${CODEGEN} --${CODETYPE} --trusted ${CURRENT_ROOT_PATH}/${EDL_FILE}
        --search-path ${LOCAL_ROOT_PATH}/inc/host_inc/gp)
endif()

# SGX 安全侧动态库签名
if(CC_SGX)
    set(OUTPUT enclave.signed.so)
    set(AUTO_FILES  ${CMAKE_CURRENT_BINARY_DIR}/${PREFIX}_t.h
        ${CMAKE_CURRENT_BINARY_DIR}/${PREFIX}_t.c)
    add_custom_command(OUTPUT ${AUTO_FILES}
        DEPENDS ${CURRENT_ROOT_PATH}/${EDL_FILE}
        COMMAND ${CODEGEN} --${CODETYPE} --trusted ${CURRENT_ROOT_PATH}/${EDL_FILE}
        --search-path ${LOCAL_ROOT_PATH}/inc/host_inc/sgx --search-path ${SGXSDK}/include)
endif()

# 设置编译选项
set(COMMON_C_FLAGS "-W -Wall -Werror  -fno-short-enums  -fno-omit-frame-pointer
    -fstack-protector \
    -Wstack-protector --param ssp-buffer-size=4 -frecord-gcc-switches -Wextra
    -nostdinc -nodefaultlibs \
    -fno-peephole -fno-peephole2 -Wno-main -Wno-error=unused-parameter \
-Wno-error=unused-but-set-variable -Wno-error=format-truncation=")

set(COMMON_C_LINK_FLAGS "-Wl, -z, now -Wl, -z, relro -Wl, -z, noexecstack -Wl, -nostdlib
    -nodefaultlibs -nostartfiles")

# itrustee 需生成 manifest.txt，指定 itrustee 编译选项和头文件、链接文件的搜索路径
if(CC_GP)
    configure_file("${CMAKE_CURRENT_SOURCE_DIR}/manifest.txt.in""${CMAKE_CURRENT_
    SOURCE_DIR}/manifest.txt")

    set(CMAKE_C_FLAGS "${COMMON_C_FLAGS}  -march=armv8-a ")
    set(CMAKE_C_FLAGS_RELEASE "${CMAKE_C_FLAGS}  -s -fPIC")
    set(CMAKE_SHARED_LINKER_FLAGS  "${COMMON_C_LINK_FLAGS} -Wl, -s")

    set(ITRUSTEE_TEEDIR ${iTrusteeSDK}/)
```

```
set(ITRUSTEE_LIBC ${iTrusteeSDK}/thirdparty/open_source/musl/libc)

if(${CMAKE_VERSION} VERSION_LESS "3.13.0")
    link_directories(${CMAKE_BINARY_DIR}/lib/)
endif()

add_library(${PREFIX} SHARED ${SOURCE_FILES} ${AUTO_FILES})

target_include_directories( ${PREFIX} PRIVATE
    ${CMAKE_CURRENT_BINARY_DIR}
    ${LOCAL_ROOT_PATH}/inc/host_inc
    ${LOCAL_ROOT_PATH}/inc/host_inc/gp
    ${LOCAL_ROOT_PATH}/inc/enclave_inc
    ${LOCAL_ROOT_PATH}/inc/enclave_inc/gp
    ${ITRUSTEE_TEEDIR}/include/TA
    ${ITRUSTEE_TEEDIR}/include/TA/huawei_ext
    ${ITRUSTEE_LIBC}/arch/aarch64
    ${ITRUSTEE_LIBC}/
    ${ITRUSTEE_LIBC}/arch/arm/bits
    ${ITRUSTEE_LIBC}/arch/generic
    ${ITRUSTEE_LIBC}/arch/arm
    ${LOCAL_ROOT_PATH}/inc/enclave_inc/gp/itrustee)

if(${CMAKE_VERSION} VERSION_GREATER_EQUAL "3.13.0")
    target_link_directories(${PREFIX} PRIVATE
    ${CMAKE_BINARY_DIR}/lib/)
endif()

foreach(WHITE_LIST ${WHITELIST})
    add_definitions(-D${WHITE_LIST}="${${WHITE_LIST}}")
endforeach(WHITE_LIST)
add_definitions(-DWHITE_LIST_OWNER="${WHITE_LIST_OWNER}")

target_link_libraries(${PREFIX} -lsecgear_tee)

add_custom_command(TARGET ${PREFIX}
   POST_BUILD COMMAND bash ${SIGN_TOOL} -d sign -x trustzone -i
   ${CMAKE_LIBRARY_OUTPUT_DIRECTORY}/lib${PREFIX}.so -m
   ${CMAKE_CURRENT_SOURCE_DIR}/manifest.txt
   -e ${DEVICEPEM} -o ${CMAKE_LIBRARY_OUTPUT_DIRECTORY}/${OUTPUT})

install(FILES ${CMAKE_LIBRARY_OUTPUT_DIRECTORY}/${OUTPUT}
    DESTINATION /data
    PERMISSIONS OWNER_EXECUTE OWNER_WRITE OWNER_READ GROUP_READ GROUP_EXECUTE
    WORLD_READ  WORLD_EXECUTE)
```

```
endif()

if(CC_SGX)
    set(SGX_DIR ${SGXSDK})
    set(CMAKE_C_FLAGS "${COMMON_C_FLAGS} -m64 -fvisibility=hidden")
    set(CMAKE_C_FLAGS_RELEASE "${CMAKE_C_FLAGS}  -s")
    set(LINK_LIBRARY_PATH ${SGX_DIR}/lib64)

    if(CC_SIM)
        set(Trts_Library_Name sgx_trts_sim)
        set(Service_Library_Name sgx_tservice_sim)
    else()
        set(Trts_Library_Name sgx_trts)
        set(Service_Library_Name sgx_tservice)
    endif()

    set(Crypto_Library_Name sgx_tcrypto)

    set(CMAKE_SHARED_LINKER_FLAGS  "${COMMON_C_LINK_FLAGS} -Wl, -z, defs -Wl, -pie
    -Bstatic -Bsymbolic -eenclave_entry \
    -Wl, --export-dynamic -Wl, --defsym, __ImageBase=0 -Wl, --gc-sections -Wl,
    --version-script=${CMAKE_CURRENT_SOURCE_DIR}/Enclave.lds")

    if(${CMAKE_VERSION} VERSION_LESS "3.13.0")
        link_directories(${LINK_LIBRARY_PATH})
    endif()

    add_library(${PREFIX}  SHARED ${SOURCE_FILES} ${AUTO_FILES})

    target_include_directories(${PREFIX} PRIVATE
        ${CMAKE_CURRENT_BINARY_DIR}
        ${SGX_DIR}/include/tlibc
        ${SGX_DIR}/include/libcxx
        ${SGX_DIR}/include
        ${LOCAL_ROOT_PATH}/inc/host_inc
        ${LOCAL_ROOT_PATH}/inc/host_inc/sgx)

    if(${CMAKE_VERSION} VERSION_GREATER_EQUAL "3.13.0")
        target_link_directories(${PREFIX} PRIVATE
        ${LINK_LIBRARY_PATH})
    endif()

    target_link_libraries(${PREFIX}  -Wl, --whole-archive ${Trts_Library_Name} -Wl,
        --no-whole-archive
```

```
-Wl, --start-group -lsgx_tstdc -lsgx_tcxx -l${Crypto_Library_Name}
        -l${Service_Library_Name}   -Wl, --end-group)
    add_custom_command(TARGET ${PREFIX}
        POST_BUILD
        COMMAND umask 0177
        COMMAND openssl genrsa -3 -out ${PEM} 3072
        COMMAND bash ${SIGN_TOOL} -d sign -x sgx -i
        ${CMAKE_LIBRARY_OUTPUT_DIRECTORY}/lib${PREFIX}.so -k ${PEM} -o ${OUTPUT} -c
        ${CMAKE_CURRENT_SOURCE_DIR}/Enclave.config.xml)
endif()

set_target_properties(${PREFIX} PROPERTIES SKIP_BUILD_RPATH TRUE)
```

针对使用 Intel SGX 的 64 位 x86 处理器架构，请编写 Enclave.config.xml 和 Enclave.lds 文件，置于安全侧 enclave 目录。文件的具体配置格式请参见 SGX 官方文档。

Enclave.config.xml 文件如下所示。

```
<EnclaveConfiguration>
<ProdID>0</ProdID>
<ISVSVN>0</ISVSVN>
<StackMaxSize>0x40000</StackMaxSize>
<HeapMaxSize>0x100000</HeapMaxSize>
<TCSNum>10</TCSNum>
<TCSPolicy>1</TCSPolicy>
<!-- Recommend changing 'DisableDebug' to 1 to make the enclave undebuggable for enclave
     release -->
<DisableDebug>0</DisableDebug>
<MiscSelect>0</MiscSelect>
<MiscMask>0xFFFFFFFF</MiscMask>
</EnclaveConfiguration>
```

Enclave.lds 文件如下所示。

```
enclave.so
{
    global:
        g_global_data_sim;
        g_global_data;
        enclave_entry;
        g_peak_heap_used;
    local:
        *;
};
```

将设备公钥文件 rsa_public_key_cloud.pem 复制到 enclave 目录。此处的设备公钥用于使用临时生成的 aes 密钥对安全区动态库进行加密。

可以使用如下命令下载 rsa_public_key_cloud.pem 文件。

```
wget https://gitee.com/openeuler/secGear/blob/master/examples/helloworld/enclave/
rsa_public_key_cloud.pem
```

SGX 版本编译命令如下，编译后将生成可执行程序 secgear_helloworld。

```
cmake -DCMAKE_BUILD_TYPE=debug -DCC_SGX=ON -DSGXSDK="PATH"  ./ && make
```

最后执行程序 secgear_helloworld，命令如下所示。

```
$ ./secgear_helloworld
Create secgear enclave
secgear hello world!
```

本章实验

结合本章内容基于 secGear 框架实现机密计算。